高等院校新型教育教材

高 等 数 学

（第 2 次修订本）

编　著　刘忠志　彭雨明　刘会灵　卢旭文

北京交通大学出版社

·北京·

内 容 简 介

本书是根据应用型本科类培养目标和学生特点而编写的基础课教材。共分 10 章，内容包括函数、极限与连续，导数与微分，导数的应用，不定积分，定积分及其应用，常微分方程，向量与空间解析几何，二元函数微分学，重积分、曲线积分与曲面积分，无穷级数。

为了与专业结合，突出应用，本书中列举了一些作者与专业老师共同完成的典型的专业案例，每章开头都有案例，不但激发学生学习数学的兴趣，而且大大培养学生应用数学的能力。

书中大部分例题都有：解法一"笔算"和解法二"电脑 Matlab 算"供学生选择，每章最后附有数学实验。这对应用型本科学生来说比较受益，简单的用笔算，复杂的用电脑算。

每章按节配置一定量的习题，书末附有答案和必要的提示；为了便于学生学习，附录 A 给出了初等数学中的常用公式。

本书适合应用型本科学生使用，也可作为大学数学教师的教学参考书。

版权所有，侵权必究。

图书在版编目（CIP）数据

高等数学/刘忠志等编著 . —北京：北京交通大学出版社，2015. 8（2023. 8 重印）
（高等院校新型教育教材）
ISBN 978 - 7 - 5121 - 2409 - 7

Ⅰ. ①高…　Ⅱ. ①刘…　Ⅲ. ①高等数学-高等学校-教材　Ⅳ. ①O13

中国版本图书馆 CIP 数据核字（2015）第 208264 号

责任编辑：熊　壮

出版发行：北京交通大学出版社　　　　　　电话：010 - 51686414
　　　　　北京市海淀区高粱桥斜街 44 号　　邮编：100044
印　刷　者：北京鑫海金澳胶印有限公司
经　　销：全国新华书店
开　　本：185×260　　印张：18　　字数：443 千字
版　　次：2019 年 6 月第 1 版第 2 次修订　　2023 年 8 月第 7 次印刷
书　　号：ISBN 978 - 7 - 5121 - 2409 - 7/O · 147
印　　数：15 501 ~ 17 500 册　　定价：47.00 元

本书如有质量问题，请向北京交通大学出版社质监组反映。对您的意见和批评，我们表示欢迎和感谢。
投诉电话：010 - 51686043，51686008；传真：010 - 62225406；E-mail：press@ bjtu. edu. cn。

前　言

本书是根据应用型本科类培养目标和学生特点而编写的。

1. 本书特点

(1) 避开烦琐理论，使之简单易懂。

(2) 在传授笔算的前提下传授电脑 Matlab 计算，达到笔算与电脑算相结合的目的，部分例题有解法一"笔算"、解法二"电脑 Matlab 算"，供学生选择。在每章最后附有数学实验"Matlab 求解问题"。

(3) 突出"微元法"应用。微元法是微积分的精华之一，运用微元法解决实际问题是本书的突出点之一。

(4) 与专业结合，突出应用。本书中列举了大量专业案例。

本书适合应用型本科学生使用，也可作为大学数学教师的教学参考书。

2. 教学模式改革

过去教学模式是"理论→单一的笔算方法→应用"。现行教学模式是"案例教学→知识传授→两算结合→应用"。

(1) 案例教学。这是一个成功的创举。首先要选择好实践工作中和生活中的案例，要实用，原汁原味的，最好是专业案例，使学生在学习数学时就大致了解数学在专业学习中的作用和重要性，从而激发学生的学习积极性，并且在专业学习时，能够得心应手地运用数学知识，培养学生运用数学知识解决实际问题的能力。

(2) 知识传授。主要达到四基（基础知识、基本方法、基本技能技巧、基本能力）的要求，不搞难题偏题，不搞过深的理论。

(3) 笔算与电脑算"两算"结合。简单的用笔算，复杂的用电脑算。随着科学技术的不断发展，笔算与电脑算相结合是未来发展的必然趋势，光用笔算不行，光用电脑算也不行，为什么呢？因为有些数学模型，用笔算很难算出，有的几乎不可能。但用电脑算（数学软件）很容易算出结果，来得快。例如，积分 $\int_0^1 e^{-x^2} dx$ 用笔算较难算出，而用电脑很容易算出结果。但不能全依赖于电脑，基本计算方法、必要的简单的笔算能力是要掌握的，有些简单的问题用笔算还快一点，再则电脑算有它的局限性，它是死算，是机器算，不是人算，过分使用它会失去数学的一个重要作用——逻辑思维能力的培养。所以我们提倡"简单的用笔算，复杂的用电脑算"，只有笔算和电脑算"两算"相结合、互相弥补才是最佳途径。

(4) 应用问题。对于应用型本科来说，对于理论证明不作要求，主要是记住公式，会用公式，应用上与专业结合。

　　本书编写成员包括：刘忠志、彭雨明、凌卫平、刘会灵、陈振宇、向毅、卢旭文、高静等。

　　由于编者水平有限，疏漏之处在所难免，请读者提出宝贵意见！

编　者
2019 年 6 月

目　　录

第1章　函数、极限与连续

1.1　函　数

1.1.1　初等数学的两个应用案例

通过下面两个案例的学习，培养我们的设计能力，进一步掌握初等数学的应用性.

案例1　一位老大娘生有两儿子，她喜欢一个人生活，两儿子每人每年给母亲 400 斤（200 kg）稻谷．一天老大娘来到附近的一个小型工厂要求帮她做一个能装 800 斤（400 kg）稻谷的圆柱形铁桶，师傅把此任务交给了刚从本科院校毕业的年轻小伙子郭亮，郭亮考虑：如何设计这个铁桶？

解　（1）首先根据老大娘的身高确定铁桶的高，铁桶高不能超过老大娘的胸部，否则使用不安全，若铁桶做矮了占地方，也不好看．因此郭亮同学首先想到人体高度的黄金分割数 0.618（一个人从脚到肚脐的高度与此人的身高之比为 0.618），郭亮量得老大娘身高 1.62 m，于是，确定铁桶的高最少不低于老大娘身高的 0.618 倍，即 0.618×1.62 m＝1 m，而铁桶高最多不能超过老大娘的胸部 1.2 m.

（2）要确定铁桶的容积，必须知道稻谷的比重，于是郭亮上网找，但是没有找到稻谷的比重，又翻阅了有关书籍也没有找到，怎么办呢？后来郭亮想了一个办法，才知道稻谷比重为每立方米 725 kg（请想，郭亮想的是什么办法？），于是得出：

$$400 \text{ kg} \div 725 \text{ kg/m}^3 = 0.55 \text{ （m}^3\text{）}$$

（3）由容积和高可以确定铁桶的底面半径 r：

若高 $h = 1$ m，　　　　$\pi r^2 \cdot 1 = 0.55$，　　　　　$r = 0.42$ m

若高 $h = 1.1$ m，　　　$\pi r^2 \cdot 1.1 = 0.55$，　　　　$r = 0.40$ m

若高 $h = 1.2$ m，　　　$\pi r^2 \cdot 1.2 = 0.55$，　　　　$r = 0.38$ m

（4）若从节约材料出发，圆柱形的底面直径与高的比为 1∶1 时，材料最省（以后学了导数就知道为什么），但是郭亮同学觉得底面直径太大，既不好看又占地方（为顾客着想）.

最后郭亮同学确定铁桶的高和底面半径后，下料做好了铁桶送给老大娘，老大娘非常满意．你说铁桶的高和底面半径到底各定多少才最佳？

由此可知，一个简单的铁桶制作都要这样精心设计，那么一个机械设备的制作，设计就更重要了.

想一想：此例变成圆台形铁桶，如何设计？

案例 2 某工厂一个青年工人做一个上底半径 30 cm，下底半径 50 cm，棱长 60 cm 的圆台形铁桶，见图 1-1。如何下料？

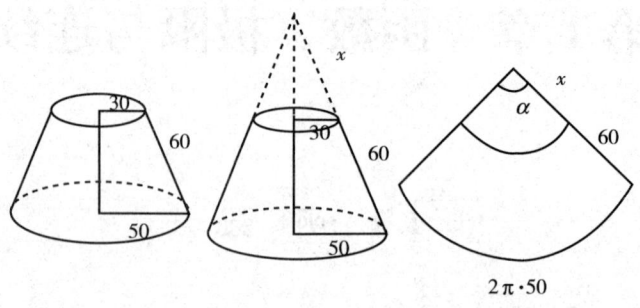

图 1-1

解 如图 1-1 所示，$\dfrac{x}{x+60}=\dfrac{30}{50}$，$x=90$，扇形半径为 $60+x=150$，下面求扇形圆心角 α，由弧长公式：$L=\dfrac{\alpha\pi r}{180°}$，得 $2\pi\cdot 50=\dfrac{\alpha\pi\cdot 150}{180°}$，解得

$$\alpha=\frac{100\times 180°}{150}=120°$$

于是可以根据扇形的小半径 $x=90$ cm，大半径为 150 cm 和圆心角为 120°，在一块铁皮上用圆规和量角器（或三角板）画好圆台侧面展开图，再裁剪下来就是圆台侧面，再做两底就成功了.

可见，学好高等数学将更为有用，函数是研究高等数学的重要工具，下面复习函数有关问题.

1.1.2 函数

1. 确定函数的定义域

(1) 若 $\dfrac{1}{f(x)}$，则 $f(x)\neq 0$（即分母不能为 0）.

(2) 若 $y=\sqrt[2k]{f(x)}$，则 $f(x)\geqslant 0$（$k\in\mathbf{N}$，即开偶次方，被开方数大于或等于 0）.

(3) 若 $y=\log_a f(x)$，则 $f(x)>0$.

(4) 若 $y=\arcsin f(x)$ 或 $y=\arccos f(x)$，则 $-1\leqslant f(x)\leqslant 1$.

(5) 分段函数的定义域是各个部分自变量取值的并集.

(6) 由几项代数和构成的函数，其定义域是各项定义域的公共部分（交集）.

例 1 填空：

(1) $y=\sqrt{\lg\dfrac{x^2-3x+2}{2}}$ 的定义域是 _____ .

(2) $y=\arcsin\ln\dfrac{x}{e}$ 的定义域是 _____ .

解 (1) $\begin{cases}\dfrac{x^2-3x+2}{2}>0\\[2mm]\lg\dfrac{x^2-3x+2}{2}\geqslant 0\end{cases}\Rightarrow\begin{cases}x^2-3x+2>0\\[2mm]\dfrac{x^2-3x+2}{2}\geqslant 1\end{cases}\Rightarrow x^2-3x+2\geqslant 2\Rightarrow x(x-3)\geqslant 0$ ，

解得 $x \geqslant 3$ 或 $x \leqslant 0$，即所求定义域为 $(-\infty,0] \bigcup [3,+\infty)$．

(2) 由 $-1 \leqslant \ln \dfrac{x}{e} \leqslant 1$ 得 $-1 \leqslant \ln x - \ln e \leqslant 1$，即 $0 \leqslant \ln x \leqslant 2$，函数的定义域是 $[1,e^2]$．

2. 函数的几种特性

(1) 奇偶性．

定义 1.1　给定函数 $y = f(x)$，定义域 D 关于原点对称，

如果对于所有的 $x \in D$，有 $f(-x) = -f(x)$，则称 $f(x)$ 为奇函数；

如果对于所有的 $x \in D$，有 $f(-x) = f(x)$，则称 $f(x)$ 为偶函数．

图形特征：奇函数的图形关于原点对称，偶函数的图形关于 y 轴对称．

例 2　判断函数 $f(x) = \ln(\sqrt{x^2+1}+x)$ 的奇偶性．

解　定义域为 $(-\infty,+\infty)$，

又 $f(-x) = \ln(\sqrt{x^2+1}-x) = \ln \dfrac{1}{\sqrt{x^2+1}+x}$

$\qquad = \ln(\sqrt{x^2+1}+x)^{-1} = -\ln(\sqrt{x^2+1}+x) = -f(x)$，

所以 $f(x) = \ln(\sqrt{x^2+1}+x)$ 是奇函数．

(2) 单调性．

定义 1.2　设函数 $y = f(x)$ 在区间 I 上有定义，对区间 I 上任意两点 x_1 和 x_2，当 $x_1 < x_2$ 时，若有 $f(x_1) < f(x_2)$，则称函数 $f(x)$ 在区间 I 上单调增加；若有 $f(x_1) > f(x_2)$，则称函数 $f(x)$ 在区间 I 上单调减少．

(3) 有界性．

定义 1.3　设函数 $y = f(x)$ 在区间 I 上有定义，如果存在一个正数 M，对于任意的 $x \in I$，恒有 $|f(x)| \leqslant M$ 成立，则称函数 $f(x)$ 在区间 I 上是有界函数．否则，称函数 $f(x)$ 是无界函数．

注意　通常讨论函数是否有界是相对于某个区间而言，如 $y = e^x$ 在 $(-\infty,+\infty)$ 内是无界的，在 $(-\infty,0]$ 内却是有界的．

几个常见的在 **R** 内有界的函数：

$$|\sin f(x)| \leqslant 1 ; \quad |\cos f(x)| \leqslant 1 ; \quad 0 < \frac{1}{1+x^2} \leqslant 1 ; \quad -1 \leqslant \frac{2x}{1+x^2} \leqslant 1$$

(4) 周期性．

定义 1.4　对于函数 $y = f(x)$，如果存在正的常数 T，使得 $f(x) = f(x+T)$ 恒成立，则称此函数为周期函数．满足这个等式的最小正数 T，称为函数的最小正周期，简称周期．

例如：$y = \sin x, y = \cos x$ 都是以 2π 为周期，$y = \tan x, y = \cot x$ 都是以 π 为周期，

$$y = A\sin(ax+\theta) \text{ 的周期是 } \frac{2\pi}{a}(a > 0).$$

若函数 $f(x)$ 的周期为 $T(T > 0)$，则函数 $f(ax)\,(a > 0)$ 的周期为 $\dfrac{T}{a}$．

3. 基本初等函数（六大类，要记住它们的定义域、基本性质、图形）

(1) 常数函数 $y = C$（C 为实常数），定义域是全体实数．

(2) 幂函数 $y = x^a$（a 为实常数），定义域根据具体的 a 而定．

（3）指数函数 $y = a^x$（$a > 0$ 且 $a \neq 1$），其定义域为 $(-\infty, +\infty)$，不论 x 为何值，总有 $a^x > 0$，且 $a^0 = 1$，所以它的图形总是在 x 轴的上方，且通过点 $(0,1)$（见图 1-2）.

当 $a > 1$ 时，函数 $y = a^x$ 严格单调增加且无界；

当 $0 < a < 1$ 时，函数 $y = a^x$ 严格单调减少且无界.

以无理数 $e = 2.718\ 281\ 8\cdots$ 为底的指数函数 $y = e^x$ 是微积分中常用的指数函数.

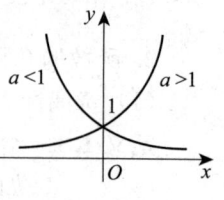

图 1-2

（4）对数函数 $y = \log_a x$（$a > 0$ 且 $a \neq 1$），如图 1-3 所示.

其定义域为 $(0, +\infty)$，其图形都通过点 $(1,0)$.

当 $a > 1$ 时，函数 $y = \log_a x$ 严格单调增加且无界；

当 $0 < a < 1$ 时，函数 $y = \log_a x$ 严格单调减少且无界.

以 10 为底的对数叫作常用对数，简记为 $y = \lg x$；

以无理数 e 为底的对数叫作自然对数，简记为 $y = \ln x$，它是微积分中常用的对数函数.

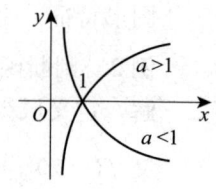

图 1-3

（5）三角函数.

① 正弦函数 $y = \sin x$，如图 1-4 所示.

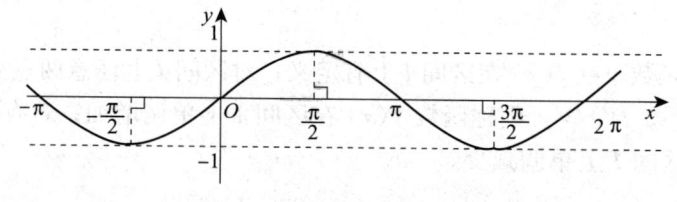

图 1-4

$y = \sin x$ 定义域为 $(-\infty, +\infty)$，值域为 $[-1, 1]$，是奇函数，是周期函数，周期为 2π.

因为 $|\sin x| \leqslant 1$，所以 $y = \sin x$ 是有界函数.

② 余弦函数 $y = \cos x$，如图 1-5 所示.

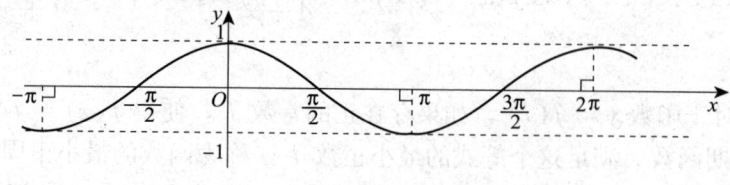

图 1-5

$y = \cos x$ 定义域为 $(-\infty, +\infty)$，值域为 $[-1, 1]$，是偶函数，是周期函数，周期为 2π.

因为 $|\cos x| \leqslant 1$，所以 $y = \cos x$ 是有界函数.

③ 正切函数 $y = \tan x$，如图 1-6 所示.

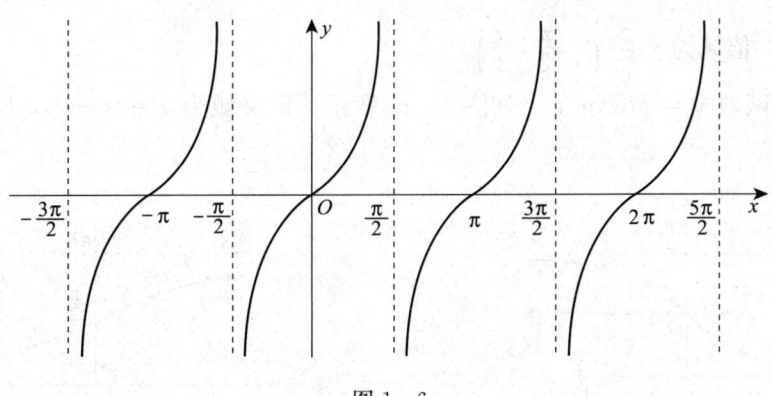

图 1-6

$y = \tan x$ 定义域为 $x \neq k\pi + \dfrac{\pi}{2}$（$k = 0, \pm 1, \pm 2, \cdots$）的一切实数，值域为 $(-\infty, +\infty)$，是奇函数，是周期函数，周期为 π.

④ 余切函数 $y = \cot x$，如图 1-7 所示.

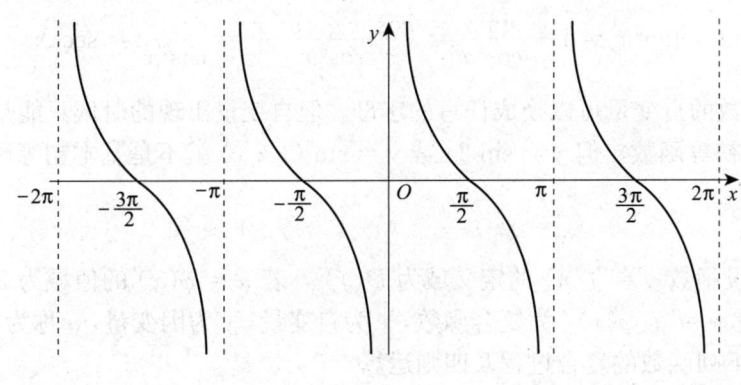

图 1-7

$y = \cot x$ 的定义域为 $x \neq k\pi$（$k = 0, \pm 1, \pm 2, \cdots$）的一切实数，值域为 $y \in (-\infty, +\infty)$，是奇函数，是周期函数，周期为 π.

⑤ 正割函数 $y = \sec x$（图略），正割函数是余弦函数的倒数

$$\sec x = \frac{1}{\cos x}$$

⑥ 余割函数 $y = \csc x$（图略），余割函数是正弦函数的倒数

$$\csc x = \frac{1}{\sin x}$$

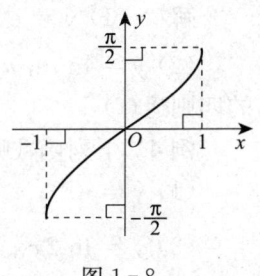

图 1-8

（6）反三角函数．常见的反三角函数有以下 4 个.

① 反正弦函数 $y = \arcsin x$，如图 1-8 所示．定义域为 $x \in [-1, 1]$，值域为 $y \in \left[-\dfrac{\pi}{2}, \dfrac{\pi}{2}\right]$.

② 反余弦函数 $y = \arccos x$，如图 1-9 所示．定义域为 $x \in [-1, 1]$，值域为 $y \in [0, \pi]$.

③ 反正切函数 $y = \arctan x$，如图 1-10 所示．定义域为 $x \in$

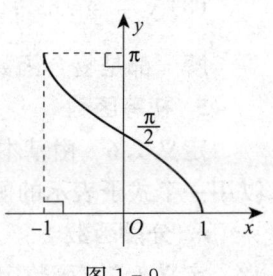

图 1-9

$(-\infty,+\infty)$，值域为 $y \in \left(-\dfrac{\pi}{2},\dfrac{\pi}{2}\right)$.

④ 反余切函数 $y = \operatorname{arccot} x$，如图 1-11 所示. 定义域为 $x \in (-\infty,+\infty)$，值域为 $y \in (0,\pi)$.

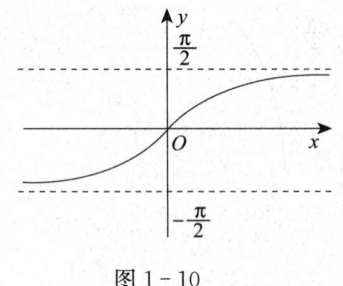

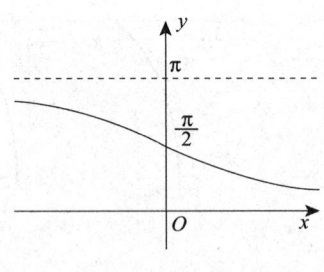

图 1-10　　　　　　　　　　　　图 1-11

今后用到两个平方关系，请读者记住：$1+\tan^2 x = \sec^2 x$；$1+\cot^2 x = \csc^2 x$，现证明第一个平方关系，第二个留给读者自己证明.

$$1+\tan^2 x = 1+\frac{\sin^2 x}{\cos^2 x} = \frac{\cos^2 x + \sin^2 x}{\cos^2 x} = \frac{1}{\cos^2 x} = \sec^2 x$$

基本初等函数的自变量可以换成任意的字母，但自变量出现的时候只能是一个字母，如 $y = \sin t$ 是基本初等函数，但 $y = \sin 2x$ 或 $y = \sin(1-x)$ 就不是基本初等函数了，是复合函数.

4. 复合函数

定义 1.5　设函数 $y = f(u)$ 的定义域为 $D(f)$，若 $u = \varphi(x)$ 的值域为 $Z(\varphi)$，$D(f) \bigcap Z(\varphi)$ 非空，则称 $y = f[\varphi(x)]$ 为复合函数，x 为自变量，y 为因变量，u 称为中间变量.

例 3　写出下列函数的复合过程及四则运算.

(1) $y = e^{\cos^2 x}$；(2) $y = \ln(x+\sqrt{1+x^2})$.

解　(1) $y = e^u$，$u = v^2$，$v = \cos x$（每一个都是基本初等函数）.

(2) $y = \ln u$，$u = x+v$，$v = \sqrt{t}$，$t = 1+x^2$（每一个都是基本初等函数或基本初等函数的四则运算）.

例 4　下列函数哪些是基本初等函数？哪些是复合函数？

(1) $y = e^{-x}$；　　　　　　　　　(2) $y = e^{2x}$；

(3) $y = \ln 2x$；　　　　　　　　(4) $y = \dfrac{1}{1-x}$；

(5) $y = \sin 6x$；　　　　　　　　(6) $y = \arctan \dfrac{1}{x}$.

解　都是复合函数

5. 初等函数

定义 1.6　由基本初等函数经过有限次的四则运算及有限次复合步骤所构成的，并且可以用一个式子表示的函数叫作初等函数.

6. 分段函数

定义 1.7　函数定义域被分成若干个互不相交的部分，在不同的部分上，函数有着不同的对应规律，这样的函数称为分段函数.

例 5　$f(x) = \begin{cases} \sin x + 1, x < 0 \\ 0, x = 0 \\ 2x - 1, x > 0 \end{cases}$，是分段函数，$x = 0$ 称为"分段点"，其定义域是 **R**.

例 6　符号函数 $y = \text{sgn}(x) = \begin{cases} 1, x > 0 \\ 0, x = 0 \\ -1, x < 0 \end{cases}$，是分段函数，分段点为 $x = 0$，定义域是

R. 符号函数在计算机编程计算中用到（参见 9.3 节例 10 的解法二）.

思考题　你学过的函数都是初等函数吗？函数 $f(x) = \sqrt{x^2} = \begin{cases} x, x \geqslant 0 \\ -x, x < 0 \end{cases}$ 是初等函数还是分段函数？分段函数是初等函数吗？

习题 1.1

1. 选择题（本题可做在书上）：

(1) 下列函数中属于偶函数的是（　　）.

　　A. $x^2 \sin x$　　　　B. $\dfrac{\sin x}{x}$　　　　C. $\dfrac{a^x - 1}{a^x + 1}$　　　　D. $\log_a(\sqrt{x^2 + 1} - x)$

(2) 下列函数中不是复合函数的是（　　）.

　　A. $y = \sqrt[3]{3x - 1}$（$x \in \mathbf{Z}^+$）　　　　B. $y = \left(\dfrac{1}{3}\right)^x$

　　C. $y = \sin(3x - 1)$　　　　D. $y = \ln^2 x$

(3) 函数 $y = 2 - \sin x$ 是（　　）.

　　A. 奇函数　　　　　　　　　　B. 偶函数

　　C. 单调增加函数　　　　　　　D. 有界函数

(4) 函数 $f(x) = \begin{cases} x + 2, -2 < x < 0 \\ 0, x = 0 \\ x^2 + 2, 0 < x \leqslant 2 \end{cases}$ 的定义域是（　　）.

　　A. $(-2, 2)$　　　　B. $(-2, 0)$　　　　C. $(-2, 2]$　　　　D. $(0, 2]$

2. 求下列函数的定义域：

(1) $y = \dfrac{\ln x}{\sqrt{2 - x}}$；　　　　　　　　(2) $y = \dfrac{1}{\sqrt{x + 2}} + \sqrt{x(x - 1)}$；

(3) $y = \arcsin \dfrac{x - 1}{2}$；　　　　　　　(4) $y = \sqrt{\lg \dfrac{5x - x^2}{4}}$.

3. 指出下列函数是由哪些基本初等函数复合而成的：

(1) $y = \sin x^3$；　　　　　　　　(2) $y = \sqrt{\lg x}$；

(3) $y = \ln \tan \dfrac{1}{x^2}$；　　　　　　(4) $y = \sin^2(\ln x)$.

1.2 极　　限

引例　我们在小学就学过圆的面积公式，但不知它是怎么来的，学了微积分可有多种方法证明它，其中用极限来证明圆的面积公式 $A = \pi r^2$ 就是方法之一.

证明　如图 1-12 所示，圆内接正 n 边形的面积为 n 个三角形面积的和，由两边及夹角求三角形面积公式得，$\triangle OAB$ 面积 $= \dfrac{1}{2} r \cdot r \sin \dfrac{2\pi}{n}$，设圆内接正 n 边形的面积为 S_n，则

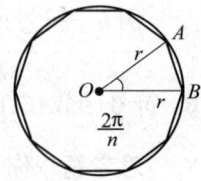

图 1-12

$$S_n = \frac{1}{2} r^2 \sin \frac{2\pi}{n} \cdot n = \frac{nr^2}{2} \sin \frac{2\pi}{n} \qquad (1-1)$$

当边数 n 无限增大时，可记为 $n \to +\infty$，则正 n 边形无限趋近于圆，即

当 $n \to +\infty$ 时，式（1-1）左边正 n 边形的面积 $S_n \to$ 圆的面积 A；

当 $n \to +\infty$ 时，式（1-1）右边 $\dfrac{nr^2}{2} \sin \dfrac{2\pi}{n} \to ?$，当然趋于 πr^2，为什么？后面 1.4 节详细介绍.

通过上面引例，我们对极限有一个大概印象，下面我们来讨论极限问题.

1.2.1 数列极限概念

例如，古代庄子说过："一尺之棰，日取其半，万世不竭."

解　第一天余下 $\dfrac{1}{2}$，第二天余下 $\dfrac{1}{2^2}$，…，第 n 天余下 $\dfrac{1}{2^n}$，…，因此产生对应关系.

第几天：1,　　2,　　3, …, n, …

余下：　$\dfrac{1}{2}$,　$\dfrac{1}{2^2}$,　$\dfrac{1}{2^3}$, …, $\dfrac{1}{2^n}$, …

当 n 无限增大时，$a_n = \dfrac{1}{2^n}$ 无限接近于 0，可以记为 $n \to +\infty$，$a_n = \dfrac{1}{2^n} \to 0$，或记为

$$\lim_{n \to +\infty} \frac{1}{2^n} = 0$$

读作 n 趋于正无穷大时，$a_n = \dfrac{1}{2^n}$ 的极限为 0. 一般地有下面定义.

定义 1.8　（数列极限定义）设有数列 $\{y_n\}$，若当 n 无限增大时，y_n 的值无限趋近于一个确定的常数 A，则称 A 为数列 $\{y_n\}$ 的极限，或说数列 $\{y_n\}$ 收敛于 A，记作

$$\lim_{n \to \infty} y_n = A \quad \text{或} \quad y_n \to A (n \to \infty)$$

若 $\{y_n\}$ 不收敛，则称 $\{y_n\}$ 发散，或说极限 $\lim\limits_{n \to \infty} y_n$ 不存在（在数列根限中，$n \to \infty$ 常常表示 n 趋于正无穷大）.

例如：$\lim\limits_{n \to \infty} \dfrac{1}{n} = 0$；$\lim\limits_{n \to \infty} 2 = 2$；$\lim\limits_{n \to \infty} n = \infty$ 不存在极限.

注意 一个数列若收敛,极限值只有一个有限值,否则发散,即极限不存在.

例如,$\lim\limits_{n\to\infty}(-1)^n$ 就不存在(因当 $n\to\infty$ 时,奇数项$\to-1$,偶数项$\to1$,极限不唯一).

又如 $\lim\limits_{n\to\infty}n^2$ 不存在(因当 $n\to\infty$ 时,极限不是有限数,而是无穷大).

1.2.2 函数的极限

1. x 趋于无穷大时 $f(x)$ 的极限

定义 1.9 当 $x\to\infty$ 时,函数 $f(x)$ 无限接近于常数 A,则称 A 为当 $x\to\infty$ 时 $f(x)$ 的极限,记为 $\lim\limits_{x\to\infty}f(x)=A$ 或 $f(x)\to A$($x\to\infty$).

$x\to\infty$ 包括 $x\to+\infty$ 和 $x\to-\infty$ 两种情况,有下面的结论.

定理 1.1 $\lim\limits_{x\to\infty}f(x)=A$ 的充分必要条件是

$$\lim\limits_{x\to+\infty}f(x)=\lim\limits_{x\to-\infty}f(x)=A$$

若 $\lim\limits_{x\to+\infty}f(x)\neq\lim\limits_{x\to-\infty}f(x)$,则 $\lim\limits_{x\to\infty}f(x)$ 不存在.

如当 $x\to+\infty$ 时,$\dfrac{1}{x}\to0$,即 $\lim\limits_{x\to+\infty}\dfrac{1}{x}=0$;

另当 $x\to-\infty$ 时,也有 $\dfrac{1}{x}\to0$,即 $\lim\limits_{x\to-\infty}\dfrac{1}{x}=0$(见

图 1-13),则有

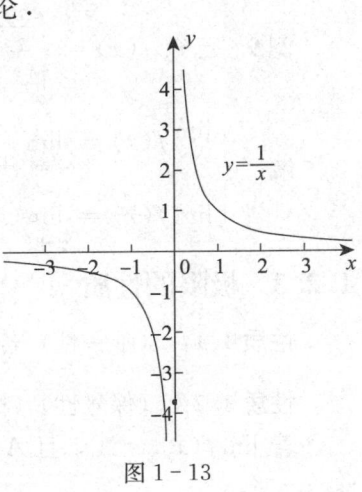

图 1-13

$$\lim\limits_{x\to+\infty}\dfrac{1}{x}=\lim\limits_{x\to-\infty}\dfrac{1}{x}=0,\text{ 于是得 }\lim\limits_{x\to\infty}\dfrac{1}{x}=0$$

又如图 1-10 所示,由 $y=\arctan x$ 的图形所知

$\lim\limits_{x\to+\infty}\arctan x=\dfrac{\pi}{2}$,$\lim\limits_{x\to-\infty}\arctan x=-\dfrac{\pi}{2}$,则 $\lim\limits_{x\to\infty}\arctan x$ 不存在.

2. $x\to x_0$ 时,$f(x)$ 的极限

定义 1.10 (函数在点 x_0 极限定义)当 $x\to x_0$ 时,函数 $f(x)$ 无限接近于常数 A,则称 A 为当 $x\to x_0$ 时 $f(x)$ 的极限,记为 $\lim\limits_{x\to x_0}f(x)=A$ 或 $f(x)\to A$($x\to x_0$).

例 7 验证 $\lim\limits_{x\to x_0}C=C$($C$ 为一常数).

证明: 因 x 的目标是趋于 x_0,则函数 $f(x)$ 的目标是趋于 C.

3. 左极限与右极限

因 $x\to x_0$ 可以从 x_0 的左、右两侧趋向于 x_0,故其有所谓左、右极限之分.

左极限 当 x 从 x_0 的左边(即 $x<x_0$)趋向于 x_0 时,$f(x)$ 的极限是 A,则称 A 为 $x\to x_0$ 时 $f(x)$ 的左极限,记作 $\lim\limits_{x\to x_0^-}f(x)=A$ 或 $f(x_0-0)=A$.

右极限 当 x 从 x_0 的右边(即 $x>x_0$)趋向于 x_0 时,$f(x)$ 的极限是 A,则称 A 为 $x\to x_0$ 时 $f(x)$ 的右极限,记作 $\lim\limits_{x\to x_0^+}f(x)=A$ 或 $f(x_0+0)=A$.

定理 1.2 当 $x\to x_0$ 时函数 $f(x)$ 以 A 为极限的充分必要条件是当 $x\to x_0$ 时,$f(x)$ 的左右极限都存在且都等于 A.即

$$\lim\limits_{x\to x_0}f(x)=A\Leftrightarrow\lim\limits_{x\to x_0^-}f(x)=\lim\limits_{x\to x_0^+}f(x)=A$$

若 $f(x)$ 的左、右极限 $\lim\limits_{x \to x_0^-} f(x)$、$\lim\limits_{x \to x_0^+} f(x)$ 都存在，但不相等，或者 $\lim\limits_{x \to x_0^-} f(x)$、$\lim\limits_{x \to x_0^+} f(x)$ 中有一个不存在，则极限 $\lim\limits_{x \to x_0} f(x)$ 不存在. 此结论经常用于判断分段函数在分界点的极限是否存在.

例 8 证明：$f(x) = \begin{cases} x-1, & x < 0 \\ 0, & x = 0 \\ x+1, & x > 0 \end{cases}$，当 $x \to 0$ 时，极限 $\lim\limits_{x \to 0} f(x)$ 不存在.

证明 因为 $\lim\limits_{x \to 0^-} f(x) = \lim\limits_{x \to 0^-} (x-1) = -1$，$\lim\limits_{x \to 0^+} f(x) = \lim\limits_{x \to 0^+} (x+1) = 1$，

所以 $\lim\limits_{x \to 0} f(x)$ 不存在.

例 9 已知 $f(x) = \begin{cases} \dfrac{x+2}{x-1}, & x \leqslant 0 \\ x^2 - 2, & x > 0 \end{cases}$，求 $\lim\limits_{x \to 0} f(x)$.

解 $\begin{cases} \lim\limits_{x \to 0^-} f(x) = \lim\limits_{x \to 0^-} \dfrac{x+2}{x-1} = -2 \\ \lim\limits_{x \to 0^+} f(x) = \lim\limits_{x \to 0^+} (x^2 - 2) = -2 \end{cases} \Rightarrow \lim\limits_{x \to 0} f(x) = -2$.

1.2.3 极限的性质

性质 1.1 （唯一性）若 $\lim\limits_{x \to x_0} f(x) = A$，$\lim\limits_{x \to x_0} f(x) = B$，则 $A = B$.

性质 1.2 （保号性）（极限值与函数值符号关系）.

若 $\lim\limits_{x \to x_0} f(x) = A$，且 $A > 0$（或 $A < 0$），则总存在 x_0 去心邻域，使得 $f(x) > 0$（或 $f(x) < 0$）.

反之，如果 $\lim\limits_{x \to x_0} f(x) = A$，且在 x_0 的某个去心邻域内 $f(x) \geqslant 0$（或 $f(x) \leqslant 0$），则有 $A \geqslant 0$（或 $A \leqslant 0$）.

例如，$f(x) = \dfrac{x^2 - 1}{x - 1}$，$\lim\limits_{x \to 1} f(x) = \lim\limits_{x \to 1} \dfrac{x^2 - 1}{x - 1} = \lim\limits_{x \to 1} (x+1) = 2$，$A = 2 > 0$，可以找到很多个 1 的去心邻域 $(1-\delta, 1) \bigcup (1, 1+\delta)$，$\delta > 0$，如 $\delta = \dfrac{1}{2}$，在 $\left(\dfrac{1}{2}, 1\right) \bigcup \left(1, \dfrac{3}{2}\right)$ 内，使得 $f(x) > 0$，但 δ 超过 2 就不行，出现 $f(x) < 0$（见图 1-14）.

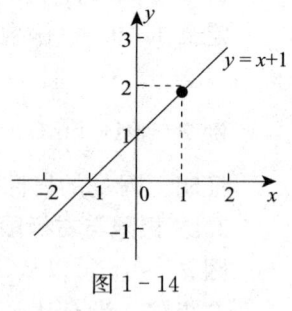

图 1-14

一般来说，δ 是很小的正数（由于没有最小正数，只能用字母代替），1 的**去心邻域**即是对称于 1 的很小开区间 $(1-\delta, 1) \bigcup (1, 1+\delta)$，但不包含 1. 邻域概念后面还用到.

1.2.4 无穷大与无穷小

1. 无穷大

对于无穷大这个概念，中学见过，是绝对值无限增大的变量，不是一个数，用极限理解如下.

定义 1.11 （无穷大定义）极限为无穷大的变量，称为无穷大量，简称无穷大.

例如，$\lim\limits_{x \to 0} \dfrac{1}{x} = \infty$，则当 $x \to 0$ 时，函数 $\dfrac{1}{x}$ 为无穷大；

$\lim\limits_{x \to 0^+} \ln x = -\infty$，则当 $x \to 0^+$ 时，函数 $\ln x$ 为负无穷大，负无穷大也是无穷大.

说"$\dfrac{1}{x}$ 是无穷大"，是错误的，因为 x 没有趋于过程.

2. 无穷小

定义 1.12　（无穷小定义）极限为零的变量，称为无穷小量，简称无穷小.

例如，$\lim\limits_{x \to 2}(2x - 4) = 2 \times 2 - 4 = 0$，所以 $2x - 4$ 是当 $x \to 2$ 时的无穷小；

$\qquad \lim\limits_{x \to \infty} \dfrac{1}{x} = 0$，所以 $\dfrac{1}{x}$ 是当 $x \to \infty$ 时的无穷小；

$\qquad$ 若 $|q| < 1$，且当 $n \to +\infty$ 时，q^n 是无穷小，等等.

注意　说一个变量是"无穷大"或"无穷小"，一定要指出是在什么条件下，即指出趋于过程.

例如，$y = \dfrac{x+2}{x-1}$ 是 $x \to 1$ 时的无穷大量，也是 $x \to -2$ 时的无穷小量，不能简单讲 $y = \dfrac{x+2}{x-1}$ 是无穷大量，或是无穷小量.

定理 1.3（函数极限与无穷小的关系定理）　$\lim\limits_{x \to x_0} f(x) = A \Leftrightarrow f(x) = A + \alpha$，其中 α 为 $x \to x_0$ 时的无穷小，即 $\lim\limits_{x \to x_0} \alpha = 0$.

理解　因为极限 $x \to x_0$，$f(x) \to A$ 等价于 $f(x) - A \to 0$.

$\qquad$ 令 $\alpha = f(x) - A \to 0 \ (x \to x_0)$，则 α 是当 $x \to x_0$ 时的无穷小，即
$$f(x) = A + \alpha$$

例如，$\lim\limits_{x \to \infty} \dfrac{x+1}{x} = 1$ 则

$\dfrac{x+1}{x} = 1 + \dfrac{1}{x} = $ 极限 + 无穷小（$\lim\limits_{x \to \infty} \dfrac{1}{x} = 0$，当 $x \to \infty$ 时，$\dfrac{1}{x}$ 是无穷小）.

3. 性质

性质 1.3　有限个无穷小的和是无穷小；

性质 1.4　有限个无穷小的乘积是无穷小；

性质 1.5　有界变量与无穷小的乘积是无穷小；

性质 1.6　常数与无穷小的乘积是无穷小.

例 10　求 $\lim\limits_{x \to \infty} \dfrac{1}{x} \cdot \sin x$.

解　因为 $\lim\limits_{x \to \infty} \dfrac{1}{x} = 0$，$|\sin x| \leqslant 1$，所以 $\lim\limits_{x \to \infty} \dfrac{\sin x}{x} = 0$. 同理 $\lim\limits_{x \to 0} x \sin \dfrac{1}{x} = 0$.

注意　无限多个无穷小之和不一定是无穷小.

例如，当 $n \to \infty$ 时，$\dfrac{1}{n}$ 是无穷小，$2n$ 个这种无穷小之和的极限 $\lim\limits_{n \to \infty} \dfrac{1}{n} \cdot 2n = 2 \neq 0$.

1.2.5　无穷小与无穷大的关系

在自变量同一变化过程中，无穷大与无穷小有以下倒数关系.

定理 1.4　在自变量同一变化中，

（1）若 $f(x)$ 为无穷大，则倒数 $\dfrac{1}{f(x)}$ 为无穷小．

（2）若 $f(x)\,[\,f(x)\neq 0\,]$ 为无穷小，则倒数 $\dfrac{1}{f(x)}$ 为无穷大．

例如，$\lim\limits_{x\to 1}(x-1)=0$，则 $\lim\limits_{x\to 1}\dfrac{1}{x-1}=\infty$；而 $\lim\limits_{x\to\infty}(2x^2-1)=\infty$，则 $\lim\limits_{x\to\infty}\dfrac{1}{2x^2-1}=0$．

思考题　你是如何理解函数极限的？

习题 1.2

1. 选择题（本题可做在书上）：

（1）$\lim\limits_{x\to 1}\dfrac{|x-1|}{x-1}=$（　　）．

    A. -1 B. 1 C. 0 D. 不存在

（2）当 $x\to 0$ 时，下列变量是无穷小的有（　　）．

    A. $x\sin\dfrac{1}{x}$ B. $\dfrac{\cos x}{x}$ C. $\ln x$ D. e^{-x}

2. 填空题：

    （1）$\lim\limits_{x\to\infty}\dfrac{\sin x}{x}=$ ＿＿＿＿＿＿＿＿；   （2）$\lim\limits_{x\to\infty}\sin\dfrac{1}{x}(\cos x+\sin x)=$ ＿＿＿＿＿＿＿．

3. 求下列函数当 $x\to 0$ 时的极限：

    （1）$f(x)=\begin{cases}-x, & x<0\\ x^2, & x\geqslant 0\end{cases}$；   （2）$f(x)=\begin{cases}x^2+1, & x<0\\ \dfrac{1}{2}, & x=0\\ x, & x>0\end{cases}$．

1.3　极限的运算法则

1.3.1　极限运算法则

定理 1.5　若 $\lim f(x)=A$、$\lim g(x)=B$ 都存在，则

（1）$\lim[f(x)\pm g(x)]=\lim f(x)\pm\lim g(x)$；

（2）$\lim[f(x)\cdot g(x)]=\lim f(x)\cdot\lim g(x)$，

    $\lim Cf(x)=C\lim f(x)$，C 为常数，

    $\lim[f(x)]^n=[\lim f(x)]^n$；

（3）$\lim\dfrac{f(x)}{g(x)}=\dfrac{\lim f(x)}{\lim g(x)}$，$\lim g(x)\neq 0$．

定理 1.5 运用无穷小的知识可以证明，下面以证明（2）为例．

证明　由定理 1.3 函数极限与无穷小的关系定理知：

$$\lim_{x\to x_0}f(x)=A\Leftrightarrow f(x)=A+\alpha,$$

$$\lim_{x\to x_0}g(x)=B\Leftrightarrow g(x)=B+\beta\ (\alpha、\beta\ \text{均为}\ x\to x_0\ \text{时的无穷小}),$$

所以 $f(x)g(x) = (A+\alpha)(B+\beta) = AB + (A\beta + B\alpha + \alpha\beta)$，

由无穷小的性质知：$A\beta + B\alpha + \alpha\beta$ 是 $x \to x_0$ 时的无穷小，所以有

$$\lim_{x \to x_0}[f(x)g(x)] = AB = \lim_{x \to x_0}f(x) \cdot \lim_{x \to x_0}g(x)$$

1. 复合函数的极限：设 $\lim_{x \to x_0}g(x) = a, \lim_{u \to a}f(u) = f(a)$，则有：

$$\lim_{x \to x_0}f[g(x)] = f[\lim_{x \to x_0}g(x)]$$

例如，$\lim_{x \to \frac{\pi}{2}}\ln\sin x = \ln\lim_{x \to \frac{\pi}{2}}\sin x = \ln 1 = 0$．

2. 幂指函数的极限

幂指函数：$y = f(x)^{g(x)}$（底变指也变），若 $\lim f(x) = A > 0$，$\lim g(x) = B$，则

$$\lim f(x)^{g(x)} = A^B = \lim f(x)^{\lim g(x)}．$$

例如，$\lim_{x \to 2}(x+1)^{x^2-1} = \lim_{x \to 2}(x+1)^{\lim_{x \to 2}(x^2-1)} = 3^3 = 27$．

1.3.2 求极限类型题

(1) $f(x)$ 是初等函数且在 x_0 点有定义，则 $\lim_{x \to x_0}f(x) = f(x_0)$．

例 11 $\lim_{x \to 2}(2x^2 + 2) = 2 \times 2^2 + 2 = 10$（直接代入法）．

例 12 $\lim_{x \to 3}\dfrac{x^2 - 9}{x + 5} = \dfrac{0}{8} = 0$．

(2) $\dfrac{0}{0}$ 型，它的极限不能直接代入，称为不定式．

方法：利用恒等变形（分解因式或有理化），去掉分母为零的因式．

例 13 求 $\lim_{x \to 1}\dfrac{x^2 + x - 2}{2x^2 + x - 3}$．（$\dfrac{0}{0}$ 型）

解 原式 $= \lim_{x \to 1}\dfrac{(x-1)(x+2)}{(x-1)(2x+3)} = \lim_{x \to 1}\dfrac{x+2}{2x+3} = \dfrac{3}{5}$．

例 14 求 $\lim_{x \to 1}\dfrac{x^7 - 1}{x - 1}$．

解 原式 $= \lim_{x \to 1}\dfrac{(x-1)(x^6 + x^5 + \cdots + x + 1)}{x - 1} = \lim_{x \to 1}(x^6 + x^5 + \cdots + x + 1) = 7$．

例 15 求 $\lim_{x \to 3}\dfrac{\sqrt{x+1} - 2}{x - 3}$（有理化）．

解 原式 $= \lim_{x \to 3}\dfrac{(\sqrt{x+1} - 2)(\sqrt{x+1} + 2)}{(x-3)(\sqrt{x+1} + 2)} = \lim_{x \to 3}\dfrac{x - 3}{(x-3)(\sqrt{x+1} + 2)}$

$= \lim_{x \to 3}\dfrac{1}{\sqrt{x+1} + 2} = \dfrac{1}{4}$．

例 16 求 $\lim_{x \to 1}\dfrac{4x - 3}{x - 1}$（$x = 1$ 代入分母为零，分子不为 0，故不能直接代入）．

解 因倒数极限 $\lim_{x \to 1}\dfrac{x - 1}{4x - 3} = \dfrac{1 - 1}{4 \times 1 - 3} = 0$，所以 $\lim_{x \to 1}\dfrac{4x - 3}{x - 1} = \infty$（无穷小的倒数为无

穷大），以后见到分母趋于 0，分子不趋于 0 时，则极限为 ∞.

（3）$\dfrac{\infty}{\infty}$ 型，也是不定式．方法是分子、分母同除以自变量的最高次幂（分子、分母是多项式时）．

例 17 求 $\lim\limits_{x\to\infty}\dfrac{2x^3-3x^2+2}{5x^3+4x^2-3}$.

解 $\lim\limits_{x\to\infty}\dfrac{2x^3-3x^2+2}{5x^3+4x^2-3}=\lim\limits_{x\to\infty}\dfrac{2-\dfrac{3}{x}+\dfrac{2}{x^3}}{5+\dfrac{4}{x}-\dfrac{3}{x^3}}=\dfrac{2}{5}$.

例 18 求 $\lim\limits_{x\to\infty}\dfrac{3x^2-1}{2x^4-x+1}$.

解 $\lim\limits_{x\to\infty}\dfrac{3x^2-1}{2x^4-x+1}=\lim\limits_{x\to\infty}\dfrac{\dfrac{3}{x^2}-\dfrac{1}{x^4}}{2-\dfrac{1}{x^3}+\dfrac{1}{x^4}}=\dfrac{0}{2}=0$.

一般地，$\lim\limits_{x\to\infty}\dfrac{a_0x^n+a_1x^{n-1}+\cdots+a_n}{b_0x^m+b_1x^{m-1}+\cdots+b_m}=\begin{cases}\dfrac{a_0}{b_0},n=m\\[2mm]0,n<m\\[2mm]\infty,n>m\end{cases}$.

例 19 求 $\lim\limits_{n\to+\infty}\dfrac{2^n-1}{3^n-1}$（$\dfrac{\infty}{\infty}$ 型，分子、分母同除以底数大的指数幂）．

解 $\lim\limits_{n\to+\infty}\dfrac{2^n-1}{3^n-1}=\lim\limits_{n\to+\infty}\dfrac{\left(\dfrac{2}{3}\right)^n-\dfrac{1}{3^n}}{1-\dfrac{1}{3^n}}=0$.

（4）$\infty-\infty$ 型，也是不定式．方法是通分或有理化等方法，化为比值的极限．

例 20 求 $\lim\limits_{x\to-1}\left(\dfrac{1}{x+1}-\dfrac{3}{x^3+1}\right)$.

解 原式 $=\lim\limits_{x\to-1}\dfrac{x^2-x-2}{(x+1)(x^2-x+1)}=\lim\limits_{x\to-1}\dfrac{(x+1)(x-2)}{(x+1)(x^2-x+1)}$（$\dfrac{0}{0}$ 型）

$=\lim\limits_{x\to-1}\dfrac{x-2}{x^2-x+1}=\dfrac{-1-2}{(-1)^2-(-1)+1}=-1$.

例 21 求 $\lim\limits_{x\to+\infty}(\sqrt{x+1}-\sqrt{x})$.

解 原式 $=\lim\limits_{x\to+\infty}\dfrac{(\sqrt{x+1}-\sqrt{x})(\sqrt{x+1}+\sqrt{x})}{\sqrt{x+1}+\sqrt{x}}=\lim\limits_{x\to+\infty}\dfrac{1}{\sqrt{x+1}+\sqrt{x}}=0$.

例 22 求 $\lim\limits_{n\to\infty}\left(\dfrac{1}{n^2}+\dfrac{2}{n^2}+\cdots+\dfrac{n}{n^2}\right)$.

解 原式 $=\lim\limits_{n\to\infty}\dfrac{1}{n^2}(1+2+\cdots+n)=\lim\limits_{n\to\infty}\dfrac{1}{n^2}\cdot\dfrac{n(n+1)}{2}=\lim\limits_{n\to\infty}\dfrac{n+1}{2n}=\dfrac{1}{2}$.

（5）有界量乘以无穷小仍为无穷小，极限为 0.

例 23 求 $\lim\limits_{x\to\infty}\dfrac{\sin x}{x-2}$.

解　因 $\lim\limits_{x\to\infty}\dfrac{1}{x-2}=0$ ，且 $|\sin x|\leqslant 1$ ，所以 $\lim\limits_{x\to\infty}\dfrac{\sin x}{x-2}=0$.

思考题　在上述极限求解方法中，你感到最难的是哪一种？

习题 1.3

1. 求下列函数的极限：

(1) $\lim\limits_{x\to 2}(2x^2+3x)$ ；

(2) $\lim\limits_{x\to\infty}\left(\cos\dfrac{1}{x}-1\right)$ ；

(3) $\lim\limits_{x\to\infty}\dfrac{x^3-3x+2}{2x^3+3x+2}$ ；

(4) $\lim\limits_{x\to\infty}\dfrac{2x^2-5x}{x^3+3x}$ ；

(5) $\lim\limits_{x\to\infty}\dfrac{x^3-5x}{2x^2+3x}$ ；

(6) $\lim\limits_{n\to+\infty}\dfrac{2^{n+1}+3^{n+1}}{2^n+3^n}$ ；

(7) $\lim\limits_{x\to 1}\dfrac{x^2-3x+2}{x^2+2x-3}$ ；

(8) $\lim\limits_{x\to 0}\dfrac{\sqrt{1+3x^2}-1}{x^2}$ ；

(9) $\lim\limits_{x\to 1}\dfrac{x^3-1}{\sqrt{x}-1}$ ；

(10) $\lim\limits_{x\to+\infty}(x-\sqrt{x^2-1})$ ；

(11) $\lim\limits_{x\to 0}x^2\sin\dfrac{1}{x}$ ；

(12) $\lim\limits_{x\to\infty}\dfrac{\arctan x}{x}$.

2. 求 $\lim\limits_{n\to\infty}\dfrac{1+2+3+\cdots+n}{n^2+3n}$.

3. 设 $\lim\limits_{x\to -1}\dfrac{x^2+ax+4}{x+1}$ 存在，求 a .

1.4　两个重要极限

1.4.1　两个极限存在准则

准则Ⅰ（夹逼准则）如果在某个变化过程中，三个变量 u、z、w 总有关系 $u\leqslant z\leqslant w$ ，且 $\lim u=\lim w=A$ ，则有 $\lim z=A$.

准则Ⅱ（单调有界准则）单调有界数列必有极限．

1.4.2　两个重要极限的证明及应用

1. $\lim\limits_{x\to 0}\dfrac{\sin x}{x}=1$ （x 以弧度为单位）

证明　$f(x)=\dfrac{\sin x}{x}$ 在 $x\neq 0$ 时是一个偶函数，其图形关于 y 轴对称，

因 $x\to 0$ ，所以不妨设 $x\in\left(0,\dfrac{\pi}{2}\right)\cup\left(-\dfrac{\pi}{2},0\right)$.

(1) 当 $0<x<\dfrac{\pi}{2}$ 时，如图 $1-15$ 所示，设圆 O 是单位圆，$\angle AOB=x\left(0<x<\dfrac{\pi}{2}\right)$ ，

则 $|AC|=\tan x$ ，

因为面积关系有：$S_{\triangle AOB} < S_{扇形AOB} < S_{\triangle AOC}$ ，即

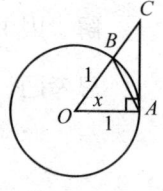

$$\frac{1}{2} \times 1 \times 1 \times \sin x < \frac{1}{2} \times 1^2 \times x < \frac{1}{2} \times 1 \times \tan x$$

即
$$\sin x < x < \tan x$$

图 1-15

同除以 $\sin x \left(0 < x < \frac{\pi}{2} \right)$ ，有 $1 < \dfrac{x}{\sin x} < \dfrac{1}{\cos x}$ ，即

$$\cos x < \frac{\sin x}{x} < 1 \qquad\qquad (1-2)$$

（2）当 x 改变符号时，即 $-\dfrac{\pi}{2} < x < 0$ ，则 $\cos x$ 与 $\dfrac{\sin x}{x}$ 都不变号，上面式（1-2）仍然

成立．又因为，$\lim\limits_{x \to 0} \cos x = \lim\limits_{x \to 0} 1 = 1$ ，所以由夹逼准则得 $\lim\limits_{x \to 0} \dfrac{\sin x}{x} = 1$（证毕）．

例 24 求 $\lim\limits_{x \to 0} \dfrac{\tan x}{x}$ ．

解 原式 $= \lim\limits_{x \to 0} \dfrac{\sin x}{\cos x} \cdot \dfrac{1}{x} = \lim\limits_{x \to 0} \dfrac{\sin x}{x} \cdot \dfrac{1}{\cos x} = 1$ ．

例 25 求 $\lim\limits_{x \to 0} \dfrac{\arcsin x}{x}$ ．

解 令 $\arcsin x = t$ ，则 $x = \sin t$ ，当 $x \to 0$ 时，$t \to 0$ ，原式 $= \lim\limits_{t \to 0} \dfrac{t}{\sin t} = \dfrac{1}{1} = 1$ ．

注意 运用重要极限 $\lim\limits_{x \to 0} \dfrac{\sin x}{x} = 1$ 时，要注意两看：

一看是 $\dfrac{0}{0}$ 型，不论 x 趋于什么，要求是 $\dfrac{0}{0}$ 型（形状 $\dfrac{\sin x}{x}$）；

二看 x 处的位置要相同，若不同，则要配成相同．

例 26 求 $\lim\limits_{x \to 0} \dfrac{\tan 2x}{\sin 3x}$ 　　$\left(\dfrac{0}{0} \text{ 型} \right)$ ．

解 原式 $= \lim\limits_{x \to 0} \dfrac{\dfrac{\tan 2x}{x}}{\dfrac{\sin 3x}{x}} = \lim\limits_{x \to 0} \dfrac{2\tan 2x}{2x} \cdot \dfrac{3x}{3\sin 3x} = 2 \times \dfrac{1}{3} = \dfrac{2}{3}$ ．

例 27 求 $\lim\limits_{x \to \pi} \dfrac{\sin x}{x - \pi}$ 　　$\left(\dfrac{0}{0} \text{ 型} \right)$ ．

解 原式 $= \lim\limits_{x \to \pi} \dfrac{\sin(\pi - x)}{x - \pi} = -\lim\limits_{x \to \pi} \dfrac{\sin(\pi - x)}{\pi - x} = -1$ ．

例 28 求 $\lim\limits_{x \to 0} \dfrac{1 - \cos x}{x^2}$ 　　$\left(\dfrac{0}{0} \text{ 型} \right)$ ．

解 原式 $= \lim\limits_{x \to 0} \dfrac{2\sin^2 \dfrac{x}{2}}{x^2} = \dfrac{1}{2} \cdot \lim\limits_{x \to 0} \left(\dfrac{\sin \dfrac{x}{2}}{\dfrac{x}{2}} \right)^2 = \dfrac{1}{2}$

例 29　再回引例，证明圆的面积 $A = \pi r^2$.

证明　前面已知正多边形面积为 $S_n = \dfrac{1}{2}r^2 \sin\dfrac{2\pi}{n} \cdot n = \dfrac{nr^2}{2}\sin\dfrac{2\pi}{n}$，圆面积

$$A = \lim_{n\to\infty} S_n = \pi r^2 \lim_{n\to\infty} \frac{\sin\dfrac{2\pi}{n}}{\dfrac{2\pi}{n}} = \pi r^2$$

2. $\displaystyle\lim_{x\to\infty}\left(1+\dfrac{1}{x}\right)^x = \mathrm{e}$（注意 $x\to\infty$，是 1^∞ 型）

令 $\dfrac{1}{x} = u$，则 $x\to\infty$ 时 $u\to 0$，可得重要极限的另一种形式 $\displaystyle\lim_{u\to 0}(1+u)^{\frac{1}{u}} = \mathrm{e}$，

即　$\displaystyle\lim_{x\to 0}(1+x)^{\frac{1}{x}} = \mathrm{e}$（注意 $x\to 0$，也是 1^∞ 型）.

所以运用时要注意两看：

一看是否为 1^∞ 型，不论 x 趋于什么，只要是 1^∞ 型即可，中间 1 与加号固定，若是减号要变为加号；

二看 $\dfrac{1}{x}$、x 的位置是否互为倒数，若不是互为倒数，则要配成互为倒数.

例 30　求 $\displaystyle\lim_{x\to\infty}\left(1+\dfrac{2}{x}\right)^{3x}$（$1^\infty$ 型）.

解　原式 $= \displaystyle\lim_{x\to\infty}\left[\left(1+\dfrac{2}{x}\right)^{\frac{x}{2}}\right]^6 = \mathrm{e}^6$.

例 31　求 $\displaystyle\lim_{x\to 0}(1-2x)^{\frac{1}{x}}$（$1^\infty$ 型）.

解　原式 $= \displaystyle\lim_{x\to 0}\left[(1-2x)^{\frac{1}{-2x}}\right]^{-2} = \mathrm{e}^{-2}$（先固定加号，再配倒数）.

例 32　求 $\displaystyle\lim_{x\to\infty}\left(\dfrac{x+a}{x-a}\right)^x$（$1^\infty$ 型）.

解法一　原式 $= \displaystyle\lim_{x\to\infty}\left(1+\dfrac{2a}{x-a}\right)^x = \lim_{x\to\infty}\left[\left(1+\dfrac{2a}{x-a}\right)^{\frac{x-a}{2a}}\right]^{\frac{2ax}{x-a}} = \mathrm{e}^{2a}$，

$\left($因 $\displaystyle\lim_{x\to\infty}\left(1+\dfrac{2a}{x-a}\right)^{\frac{x-a}{2a}} = \mathrm{e}$，$\displaystyle\lim_{x\to\infty}\dfrac{2ax}{x-a} = 2a\right)$.

解法二　原式 $= \displaystyle\lim_{x\to\infty}\left(\dfrac{1+\dfrac{a}{x}}{1-\dfrac{a}{x}}\right)^x = \lim_{x\to\infty}\dfrac{\left(1+\dfrac{a}{x}\right)^x}{\left(1-\dfrac{a}{x}\right)^x} = \lim_{x\to\infty}\dfrac{\left(1+\dfrac{a}{x}\right)^{\frac{x}{a}\cdot a}}{\left(1+\dfrac{a}{-x}\right)^{\frac{-x}{a}\cdot(-a)}} = \dfrac{\mathrm{e}^a}{\mathrm{e}^{-a}} = \mathrm{e}^{2a}$.

例 33　求 $\displaystyle\lim_{x\to\infty}\left(1-\dfrac{1}{x^2}\right)^x$（$1^\infty$ 型）.

解　原式 $= \displaystyle\lim_{x\to\infty}\left(1+\dfrac{1}{-x^2}\right)^{-x^2\cdot\frac{1}{-x}} = \left[\lim_{x\to\infty}\left(1+\dfrac{1}{-x^2}\right)^{-x^2}\right]^{\lim\limits_{x\to\infty}\frac{1}{-x}} = \mathrm{e}^0 = 1$.

例 34　（连续复利问题）现金 P 元存入银行，年利率为 r，如果以年为单位计算复利（即一年计息一次），称为离散复利，那么 t 年后本利和为 $a_t = P(1+r)^t$ 元.

如果每时每刻不停地计算复利，称为连续复利，如何求 t 年后连续复利的本利和？

解　年利率为 r，一年计息 n 次，则每次利率为 $\dfrac{r}{n}$，t 年后共计息 nt 次，

由离散复利公式得 t 年后的本利和为 $a_t = P(1+\frac{r}{n})^{nt}$，令 $n \to \infty$，则为连续计息，则 t 年后的本利和为 a_t

$$a_t = \lim_{n \to \infty} P(1+\frac{r}{n})^{nt} = P\lim_{n \to \infty}\left[(1+\frac{r}{n})^{\frac{n}{r}}\right]^{rt} = Pe^{rt}$$

上述公式称为连续复利公式.

思考题 你认为三个极限 $\lim\limits_{x \to \infty}\dfrac{\sin x}{x} = 1$，$\lim\limits_{u \to +\infty}(1+u)^{\frac{1}{u}} = e$，$\lim\limits_{x \to 0}(1+\frac{1}{x})^x = e$ 正确吗？

习题 1.4

1. 求下列函数的极限：

(1) $\lim\limits_{x \to 1}\dfrac{\sin(x-1)}{x^2+5x-6}$；

(2) $\lim\limits_{x \to 0}\dfrac{x}{\tan 5x}$；

(3) $\lim\limits_{x \to 0}\dfrac{\sin 3x}{\tan 5x}$；

(4) $\lim\limits_{x \to 0}\dfrac{\sin 4x^2}{\sqrt{x^2+1}-1}$；

(5) $\lim\limits_{n \to \infty}2^n \cdot \sin\dfrac{x}{2^n}(x \neq 0)$；

(6) $\lim\limits_{x \to 0}\dfrac{\arcsin x}{\sin 2x}$；

(7) $\lim\limits_{x \to 0}\dfrac{\tan x}{\sqrt{x+1}-1}$；

(8) $\lim\limits_{x \to 0}\dfrac{x+\sin x}{x-2\sin x}$.

2. 求下列函数的极限：

(1) $\lim\limits_{x \to +\infty}\left(1-\dfrac{2}{x}\right)^x$；

(2) $\lim\limits_{x \to 0}\left(\dfrac{x+2x^2}{x}\right)^{\frac{1}{x}}$；

(3) $\lim\limits_{x \to 0}(1+\sin x)^{\frac{1}{x}}$；

(4) $\lim\limits_{x \to \infty}\left(\dfrac{x+3}{x-3}\right)^{x+4}$；

(5) $\lim\limits_{x \to +\infty}\left(1-\dfrac{1}{x}\right)^{\sqrt{x}}$；

(6) $\lim\limits_{x \to \infty}\left(\dfrac{x^2}{x^2-1}\right)^x$

1.5 运用等价无穷小求极限

1.5.1 无穷小的比较

定义 1.13 设 α 与 β 为同一变化过程中的两个无穷小量，

(1) 若 $\lim\dfrac{\beta}{\alpha} = 0$，则称 β 是比 α 高阶的无穷小量，记为 $\beta = o(\alpha)$，即说明 β 趋向于 0 的速度比 α 快得多；

(2) 若 $\lim\dfrac{\beta}{\alpha} = \infty$，则称 β 是比 α 低阶的无穷小量；

(3) 若 $\lim\dfrac{\beta}{\alpha} = C\,(C \neq 0)$，则称 β 与 α 同阶无穷小量；

特别若 $\lim \dfrac{\beta}{\alpha} = 1$，则称 β 与 α 是等价无穷小，记为 $\alpha \sim \beta$.

例 35　$x \to 0$ 时，无穷小 $1 - \cos x$ 与 x 比较.

解　因 $\lim\limits_{x \to 0} \dfrac{1 - \cos x}{x} = \lim\limits_{x \to 0} \dfrac{2\sin^2 \frac{x}{2}}{x} = \lim\limits_{x \to 0} \dfrac{\sin \frac{x}{2}}{\frac{x}{2}} \sin \dfrac{x}{2} = 0$，

所以当 $x \to 0$ 时，$1 - \cos x$ 是比 x 高阶的无穷小量，即当 $x \to 0$ 时，$1 - \cos x$ 比 x 更快趋于 0.

例 36　证明当 $x \to 0$ 时，$\ln(1 + x) \sim x$.

证明　因 $\lim\limits_{x \to 0} \dfrac{\ln(1 + x)}{x} = \lim\limits_{x \to 0} \dfrac{1}{x} \ln(1 + x) = \lim\limits_{x \to 0} \ln(1 + x)^{\frac{1}{x}} = \ln \mathrm{e} = 1$，

所以 $\ln(1 + x) \sim x$.

例 37　证明当 $x \to 0$ 时，$\mathrm{e}^x - 1 \sim x$.

证明　需要求极限 $\lim\limits_{x \to 0} \dfrac{\mathrm{e}^x - 1}{x}$，令 $\mathrm{e}^x - 1 = t$，$x = \ln(1 + t)$，当 $x \to 0$ 时，$t \to 0$，

所以 $\lim\limits_{x \to 0} \dfrac{\mathrm{e}^x - 1}{x} = \lim\limits_{t \to 0} \dfrac{t}{\ln(1 + t)} = 1$（运用上题的极限结果），所以 $\mathrm{e}^x - 1 \sim x$.

读者自己证明 $1 - \cos x \sim \dfrac{1}{2} x^2$.

1.5.2　运用等价无穷小求极限的证明及应用

定理 1.6　设 α、α'、β、β' 都是同一变化过程中的无穷小，且 $\alpha \sim \alpha', \beta \sim \beta'$，若 $\lim \dfrac{\beta'}{\alpha'}$ 存在，则 $\lim \dfrac{\beta}{\alpha} = \lim \dfrac{\beta'}{\alpha'}$.

证明　$\lim \dfrac{\beta}{\alpha} = \lim \dfrac{\beta}{\beta'} \dfrac{\beta'}{\alpha'} \dfrac{\alpha'}{\alpha} = 1 \times \lim \dfrac{\beta'}{\alpha'} \times 1 = \lim \dfrac{\beta'}{\alpha'}$.

此定理给我们提供了一种利用等价无穷小代换求极限的方法. 请记住下列等价无穷小：

> 当 $x \to 0$ 时，
> $\sin x \sim x$；　　$\tan x \sim x$；　　$\arcsin x \sim x$；　　$\arctan x \sim x$；
> $\ln(1 + x) \sim x$；　　$\mathrm{e}^x - 1 \sim x$；　　$1 - \cos x \sim \dfrac{1}{2} x^2$.

例 38　求 $\lim\limits_{x \to 0} \dfrac{\tan 3x}{\sin 2x}$.

解　因当 $x \to 0$ 时，$\sin 2x \sim 2x$，$\tan 3x \sim 3x$，原式 $= \lim\limits_{x \to 0} \dfrac{3x}{2x} = \dfrac{3}{2}$.

例 39　求 $\lim\limits_{x \to 0} \dfrac{1 - \cos x}{\sin^2 x}$.

解 当 $x \to 0$ 时，$\sin x \sim x$，$1 - \cos x \sim \dfrac{x^2}{2}$，原式 $= \lim\limits_{x \to 0} \dfrac{\dfrac{x^2}{2}}{x^2} = \dfrac{1}{2}$.

例 40 求 $\lim\limits_{x \to 0} \dfrac{\arcsin 2x}{x^2 + 2x}$.

解 当 $x \to 0$ 时，$\arcsin 2x \sim 2x$，原式 $= \lim\limits_{x \to 0} \dfrac{2x}{x^2 + 2x} = \lim\limits_{x \to 0} \dfrac{2}{x + 2} = \dfrac{2}{2} = 1$.

例 41 求 $\lim\limits_{x \to 0} \dfrac{(e^{\sin x} - 1)^2}{\ln(1 + x^2)}$.

解 当 $x \to 0$ 时，$e^{\sin x} - 1 \sim \sin x$，$\ln(1 + x^2) \sim x^2$，原式 $= \lim\limits_{x \to 0} \dfrac{\sin^2 x}{x^2} = 1$.

注意 运用等价无穷小求极限，有时会出错误.

例 42 求 $\lim\limits_{x \to 0} \dfrac{\tan x - \sin x}{x^3}$.

错解 因 $x \to 0$，$\tan x \sim x$，$\sin x \sim x$，

所以 $\lim\limits_{x \to 0} \dfrac{\tan x - \sin x}{x^3} = \lim\limits_{x \to 0} \dfrac{x - x}{x^3} = 0$.

错误原因是：加减中也使用了上述等价无穷小代换求极限.

注意 运用定理 1.6 及上述等价无穷小代换求极限时，一般适用于乘除，不适用于加减.

正解 原式 $= \lim\limits_{x \to 0} \dfrac{\sin x \cdot \left(\dfrac{1}{\cos x} - 1\right)}{x^3} = \lim\limits_{x \to 0} \dfrac{\sin x}{x} \cdot \dfrac{1 - \cos x}{x^2 \cos x}$

$= \lim\limits_{x \to 0} \dfrac{\sin x}{x} \cdot \dfrac{\dfrac{x^2}{2}}{x^2 \cos x} = \dfrac{1}{2} \left(x \to 0，1 - \cos x \sim \dfrac{1}{2}x^2 \right)$

例 43 极限应用案例（诺贝尔奖金问题：最初诺贝尔存入银行多少钱，才能永久性发奖?）

有一人在大学学习时就立下宏愿，将来发财了，为家乡的建设出一份力，设立一项"建设奖"，奖给为家乡的建设作出突出贡献的人，一年只评奖一次，奖金一万元. 如果只评奖 10 年，那么，最初至少一次性存入银行多少钱，才能供发 10 年奖金（因钱存入银行有利息，按复利计息）；如果这样永久性发奖下去，当初存入银行多少钱呢？

解 若用"复利公式"来计算比较简单，设本金为 A，年利率为 r，按复利计算，n 年后本利和 P_n 为

$$P_n = A(1 + r)^n$$

因为每年发奖金相同，设为 P 万元.

所以供第一年发奖金 P 万元，最初应存入银行：$\dfrac{P}{1 + r}$（万元）；

供第二年发奖金 P 万元，最初应存入银行：$\dfrac{P}{(1 + r)^2}$（万元）；

$$\vdots$$

供第 n 年发奖金 P 万元，最初应存入银行：$\dfrac{P}{(1 + r)^n}$（万元）.

年	第 1 年	第 2 年	…	第 n 年
每年发奖金/万元	P	P	…	P
最初存款	$\dfrac{P}{1+r}$	$\dfrac{P}{(1+r)^2}$	…	$\dfrac{P}{(1+r)^n}$

所以最初总计存入银行资金（万元）为

$$A = \frac{P}{1+r} + \frac{P}{(1+r)^2} + \cdots + \frac{P}{(1+r)^n} = \frac{P}{1+r} \cdot \frac{1-\left(\frac{1}{1+r}\right)^n}{1-\frac{1}{1+r}} = \frac{P}{r}\left[1-\left(\frac{1}{1+r}\right)^n\right],$$

$$n \to +\infty,\ A \to \frac{P}{r}$$

（1）若 $P=1$ 万元，$r=5\%$，$n=10$，$A = \dfrac{1}{0.05}\left[1-\left(\dfrac{1}{1+0.05}\right)^{10}\right] = 7.721\,7$（万元）；

（2）若 $P=1$ 万元，$r=5\%$，永久性发奖金，即 $n\to\infty$，$A \to \dfrac{P}{r} = \dfrac{1}{0.05} = 20$（万元）.

答 若每年发奖金 1 万元，发奖 10 年，按年复利 5% 计算，最初只需存入银行 7.721 7 万元即可，若永久性发奖金，则最初只需存入银行 20 万元即可.

思考题 运用等价无穷小替换法求极限需要注意什么？

习题 1.5

1. 选择题（本题可以做在书上）：

（1）当 $x\to 0$ 时，下列函数比 x 为高阶的无穷小的是（ ）.

    A. $\sin x$ B. x^2+x^3 C. $\tan x$ D. $1-\cos x$

（2）当 $x\to 0$ 时，下列函数与 x 相比为等价无穷小量的是（ ）.

    A. $\dfrac{\sin x}{\sqrt{x}}$ B. $\ln(1+x)$

    C. $2(\sqrt{1+x}+\sqrt{1-x})$ D. $x^2(x+1)$

（3）当 $x\to 0$ 时，$x^2-\sin x$ 是 x 的（ ）；

    A. 高阶无穷小   B. 等价无穷小   C. 同阶无穷小   D. 低阶无穷小

2. 求下列函数的极限：

（1）$\lim\limits_{x\to 0} \dfrac{\ln(1+x)}{e^x-1}$；

（2）$\lim\limits_{x\to 0} \dfrac{e^{2x}-1}{\sin x}$；

（3）$\lim\limits_{x\to 0} \dfrac{1-\cos x}{x\sin x}$；

（4）$\lim\limits_{x\to 0} \dfrac{\ln(1+x^3)}{\arctan x}$；

（5）$\lim\limits_{x\to 0} \dfrac{(e^{\sin x}-1)^2\cos x}{\tan^2 x}$；

（6）$\lim\limits_{x\to 0} \dfrac{\sin(\sin x)}{\tan 2x}$.

1.6 函数的连续性

1.6.1 连续定义

现实世界中很多变量的变化是连续不断的，如气温、粮食的需求量、时间，等等．这种现象反映在数学上就是函数的连续性．

定义 1.14 （连续定义 1）设函数 $f(x)$ 在点 x_0 的某邻域内有定义，若 $\lim\limits_{x \to x_0} f(x)$ 存在，且 $\lim\limits_{x \to x_0} f(x) = f(x_0)$（简称极限值等于函数值），则称函数 $y = f(x)$ 在点 x_0 处连续．

若令 $\Delta x = x - x_0$ ，当 $x \to x_0$ 时，$\Delta x \to 0$ ，又 $x = x_0 + \Delta x$ ，则有

$$\Delta y = f(x_0 + \Delta x) - f(x_0)$$
$$\lim\limits_{\Delta x \to 0} \Delta y = \lim\limits_{\Delta x \to 0} [f(x_0 + \Delta x) - f(x_0)] = 0$$

因此又有下面的定义：

定义 1.15 （连续定义 2）设函数 $f(x)$ 在点 x_0 的某邻域内有定义，当自变量增量 $\Delta x \to 0$ 时，函数 y 相应的增量 $\Delta y \to 0$ ，即 $\lim\limits_{\Delta x \to 0} \Delta y = 0$ ，则称函数 $f(x)$ 在点 x_0 处连续，或称 x_0 是 $f(x)$ 的一个连续点．

函数 $y = f(x)$ 在 x_0 点连续的充要条件是同时满足下面三条：

(1) 函数在 x_0 点有定义；

(2) 极限 $\lim\limits_{x \to x_0} f(x)$ 存在；

(3) 极限值等于函数值：$\lim\limits_{x \to x_0} f(x) = f(x_0)$ ．

例 44 考察下列函数在 $x = 1$ 点是否连续．

(1) $f(x) = \dfrac{x^2 - 1}{x - 1}$ ；(2) $y = \begin{cases} \dfrac{1}{x-1}, & x \neq 1 \\ 3, & x = 1 \end{cases}$ ；(3) $f(x) = \begin{cases} 2x + 1, & x < 1 \\ 3, & x = 1 \\ \dfrac{1}{x} + 2, & x > 1 \end{cases}$ ．

解 (1) $f(x) = \dfrac{x^2 - 1}{x - 1}$ 在 $x = 1$ 点没有定义，函数在 $x = 1$ 点不连续．

(2) 因 $\lim\limits_{x \to 1} y = \lim\limits_{x \to 1} \dfrac{1}{x - 1} = \infty$ 极限不存在，所以 $y = \begin{cases} \dfrac{1}{x-1}, & x \neq 1 \\ 3, & x = 1 \end{cases}$ 在 $x = 1$ 点不连续．

(3) $f(x) = \begin{cases} 2x + 1, & x < 1 \\ 3, & x = 1 \\ \dfrac{1}{x} + 2, & x > 1 \end{cases}$ 在 $x = 1$ 点有定义，又因 $\lim\limits_{x \to 1^-} f(x) = \lim\limits_{x \to 1^-} (2x + 1) = 3$ ，

$\lim\limits_{x \to 1^+} f(x) = \lim\limits_{x \to 1^+} \left(\dfrac{1}{x} + 2 \right) = 3$ ，则 $\lim\limits_{x \to 1} f(x) = 3 = f(1)$ ，所以 $f(x)$ 在 $x = 1$ 点连续．

定义 1.16 （左、右连续）

若函数 $f(x)$ 在 x_0 点的左极限等于函数值 $f(x_0)$ ，即 $\lim\limits_{x \to x_0^-} f(x) = f(x_0)$ ，则称函数

$f(x)$ 在 x_0 点左连续；

若函数 $f(x)$ 在 x_0 点的右极限等于函数值 $f(x_0)$，即 $\lim\limits_{x\to x_0^+}f(x)=f(x_0)$，则称函数 $f(x)$ 在 x_0 点右连续.

定理 1.7 函数 $y=f(x)$ 在 x_0 点连续的充要条件是在点 x_0 既左连续，又右连续.

例 44 中（3）小题，函数 $f(x)$ 在 $x=1$ 处左、右都连续，所以 $f(x)$ 在 $x=1$ 处连续.

定义 1.17 （函数在区间上连续）若函数 $f(x)$ 在区间 $[a,b]$ 上每一点都连续，（左端点右连续，右端点左连续）则称函数 $f(x)$ 在区间 $[a,b]$ 上连续.

例 45 设 $f(x)=\begin{cases}\dfrac{\ln(1+2x)}{x}, & x>0 \\ k, & x=0 \\ e^x+1, & x<0\end{cases}$，问 k 为何值时，$f(x)$ 在 $(-\infty,+\infty)$ 内连续？

解 只要函数 $f(x)$ 在 $x=0$ 处连续，则 $f(x)$ 在 $(-\infty,+\infty)$ 内连续.

因 $\lim\limits_{x\to0^+}f(x)=\lim\limits_{x\to0^+}\dfrac{\ln(1+2x)}{x}=\lim\limits_{x\to0^+}\ln(1+2x)^{\frac{1}{x}}=\lim\limits_{x\to0^+}\ln(1+2x)^{\frac{1}{2x}\cdot2}=\ln e^2=2$，

又 $\lim\limits_{x\to0^-}f(x)=\lim\limits_{x\to0^-}(e^x+1)=2$，

所以 $\lim\limits_{x\to0^+}f(x)=\lim\limits_{x\to0^-}f(x)=2=f(0)=k$，

故当 $k=2$ 时，$f(x)$ 在点 $x=0$ 处连续，则 $f(x)$ 在 $(-\infty,+\infty)$ 内连续.

1.6.2 函数的间断点

定义 1.18 （间断点定义）若函数 $f(x)$ 在 x_0 点不连续，则称 x_0 为 $f(x)$ 的间断点.

由函数 $f(x)$ 在 x_0 点连续的定义可知：

(1) 若 $f(x)$ 在 x_0 点没有定义，则 $f(x)$ 在 x_0 不连续，x_0 称为 $f(x)$ 的间断点；

(2) 若 $f(x)$ 在 x_0 点有定义，但 $\lim\limits_{x\to x_0}f(x)$ 不存在，则 x_0 称为 $f(x)$ 的间断点；

(3) 若 $f(x)$ 在 x_0 点有定义，且 $\lim\limits_{x\to x_0}f(x)$ 存在，但 $\lim\limits_{x\to x_0}f(x)\neq f(x_0)$，则 x_0 为 $f(x)$ 的间断点.

间断点的类型：

第一类间断点 $\begin{cases}\text{可去间断点：极限存在但不等于函数值的点；}\\ \text{跳跃间断点：左右极限存在但不相等的点；}\end{cases}$

第二类间断点 $\begin{cases}\text{无穷间断点：极限为 }\infty\text{ 的点；}\\ \text{振荡间断点：极限不存在，但极限不是 }\infty\text{ 的点.}\end{cases}$

例 46 求 $f(x)=\dfrac{x^2+x-2}{x^2-1}$ 的间断点，并指出间断点的类型.

解 分母为 0 的点，即 $x=\pm1$ 是间断点.

在 $x=1$ 处，因 $\lim\limits_{x\to1}\dfrac{x^2+x-2}{x^2-1}=\lim\limits_{x\to1}\dfrac{(x-1)(x+2)}{(x-1)(x+1)}=\dfrac{3}{2}$，所以 $x=1$ 是第一类可去间断点.

在 $x=-1$ 处，因 $\lim\limits_{x\to-1}\dfrac{x^2+x-2}{x^2-1}=\lim\limits_{x\to-1}\dfrac{x+2}{x+1}=\infty$，所以 $x=-1$ 是第二类的无穷间断点.

注意 可去间断点可以补充定义或修正定义，使之连续.

例 46 中若补充定义：当 $x=1$ 时，$f(1) = \dfrac{3}{2}$，则 $f(x) = \dfrac{x^2 + x - 2}{x^2 - 1}$ 在 $x=1$ 处连续.

例 47 求函数 $f(x) = \begin{cases} x^2 + 1, x \leqslant 0 \\ x - 1, x > 0 \end{cases}$ 的间断点，并指出其类型.

解 分段函数一般考虑分段点，考察 $x = 0$，因 $\lim\limits_{x \to 0^-} f(x) = \lim\limits_{x \to 0^-}(x^2 + 1) = 1$，

$\lim\limits_{x \to 0^+} f(x) = \lim\limits_{x \to 0^+}(x - 1) = -1$，左、右极限不相等，所以 $x = 0$ 是第一类的跳跃间断点.

例 48 函数 $f(x) = \sin\dfrac{1}{x}$ 在 $x = 0$ 处极限不存在，但非无穷大，属于第二类振荡间断点.

1.6.3 初等函数的连续性

定理 1.8 有限个连续函数的和、差、积是连续函数，两个连续函数的商 $\dfrac{f(x)}{g(x)}$ $\big[g(x) \neq 0\big]$ 是连续函数.

定理 1.9 （反函数连续性）若函数 $f(x)$ 在点 $x = x_0$ 处连续在某区间 I_x 上单调增加（或减少）且连续，则它的反函数 $x = f^{-1}(y)$ 也在对应的区间 $I_y = \{y \mid y = f(x), x \in I_x\}$ 上单调增加（或减少）且连续.

定理 1.10 （复合函数连续性）设函数 $u = \varphi(x)$ 在点 $x = x_0$ 处连续，$\varphi(x_0) = u_0$，而函数 $y = f(u)$ 在 $u_0 = \varphi(x_0)$ 处连续，则复合函数 $y = f[\varphi(x)]$ 在 $x = x_0$ 处也是连续的，即

$$\lim_{x \to x_0} f[\varphi(x)] = f(u_0) = f\big[\lim_{x \to x_0}\varphi(x)\big]$$

结论：初等函数在其定义区间内连续.

前面求极限时之所以能直接代入函数中，如 $\lim\limits_{x \to 1}(x^2 + 1) = 1^2 + 1 = 2$，是因为有上面的结论作保证的.

1.6.4 闭区间上连续函数的性质

定理 1.11 （最值定理）若函数 $f(x)$ 在闭区间 $[a,b]$ 上连续，则 $f(x)$ 在 $[a,b]$ 上必有最大值 M 和最小值 m.

如图 1-16 直观分析，在 $[a,b]$ 上至少存在一点 ξ_1，使得 $[a,b]$ 上的一切 x 有

$$f(x) \leqslant f(\xi_1) = M$$

同时也至少存在一点 ξ_2，使得 $[a,b]$ 上的一切 x 有

$$f(x) \geqslant f(\xi_2) = m$$

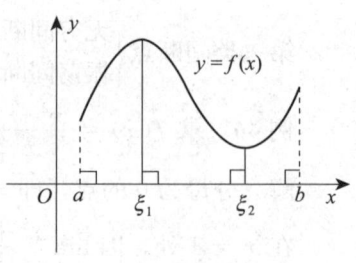

图 1-16

定理 1.12 （有界性定理）如果函数 $f(x)$ 在闭区间 $[a,b]$ 上连续，则 $f(x)$ 在 $[a,b]$ 上有界.

由定理 1.11 知：$m \leqslant f(x) \leqslant M$，即 $f(x)$ 有界.

定理 1.13 （零点定理）若函数 $f(x)$ 在闭区间 $[a,b]$ 上连续，且端点函数值 $f(a)$、$f(b)$ 异号，则在 (a,b) 内至少存在一点 ξ，使得 $f(\xi) = 0$.

上述定理也可改述为：若 $f(x)$ 在闭区间 $[a,b]$ 上连续，且 $f(a)$ 与 $f(b)$ 异号，则方程 $f(x) = 0$ 在 (a,b) 内至少有一实根.

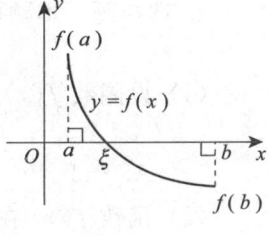

图 1-17

如图 1-17 所示，因 $f(a)$ 与 $f(b)$ 异号，故 $f(x)$ 连续由正变负（或由负变正）时图形与 x 轴至少相交一次，交点的横坐标就是方程 $f(x) = 0$ 的根，此定理的作用在于从理论上肯定了方程根的存在性.

例 49 证明：方程 $x^5 + 5x + 1 = 0$ 在 $(-1,0)$ 内有实根.

证明 令 $f(x) = x^5 + 5x + 1$，$f(x)$ 是多项式，故其在 $[-1,0]$ 内连续，且

$$f(-1) = -5 < 0, \qquad f(0) = 1 > 0$$

根据零点定理知，$f(x) = x^5 + 5x + 1 = 0$ 在 $(-1,0)$ 内有实根.

例 50 证明：方程 $x = a\sin x + b$（$a > 0, b > 0$）至少有一正根，且不超过 $a + b$.

证明 令 $f(x) = x - a\sin x - b$，在 $[0, a+b]$ 上连续，

又 $f(0) = -b < 0$，

$$f(a+b) = a + b - a\sin(a+b) - b = a[1 - \sin(a+b)] \geqslant 0$$

（1）若 $f(a+b) = 0$，则说明 $a + b$ 是 $f(x)$ 的零点，命题得证；

（2）若 $f(a+b) > 0$，又 $f(0) = -b < 0$，则由零点定理知，至少有一点 $\xi \in (0, a+b)$，使得 $f(\xi) = 0$，即在开区间 $(0, a+b)$ 内，方程 $x - a\sin x - b = 0$ 至少有一根 ξ，显然 ξ 为正根且不超过 $a + b$，命题得证.

定理 1.14 （介值定理）若函数 $f(x)$ 在闭区间 $[a,b]$ 上连续，其最小值和最大值分别为 m 和 M，则对于在 m 和 M 之间的任意实数 C（$m < C < M$），必定存在 $\xi \in (a,b)$，使得 $f(\xi) = C$.

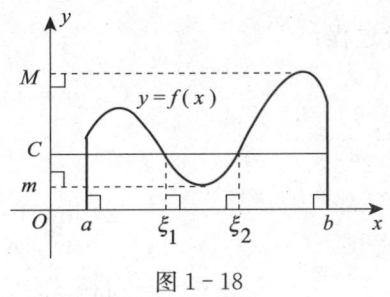

图 1-18

如图 1-18 所示，对于 $m < C < M$，有两点 ξ_1、ξ_2，使得 $f(\xi_1) = f(\xi_2) = C$.

习题 1.6

1. 填空题（本题可做在书上）：

（1）设 $f(x) = \begin{cases} \dfrac{\sin x}{x}, & x > 0 \\ 0, & x \leqslant 0 \end{cases}$，则 $x = 0$ 是 $f(x)$ 的第_____间断点；

(2) 函数 $f(x) = \dfrac{x}{\sqrt[3]{3-x}}$ 的间断点是_____；

(3) 设函数 $f(x) = \begin{cases} k\mathrm{e}^{2x}, & x < 0 \\ 1 + \cos x, & x \geqslant 0 \end{cases}$，在点 $x = 0$ 处连续，则 $k = ($　　$)$．

2. 选择题（本题可做在书上）：

(1) 设函数 $f(x) = \begin{cases} \dfrac{\sin 3x}{x}, & x \neq 0 \\ a, & x = 0 \end{cases}$，在点 $x = 0$ 处连续，则 $a = ($　　$)$．

　　A. -1 　　　　　　　B. 1 　　　　　　C. 2 　　　　　　D. 3

(2) 函数 $f(x)$ 在 x_0 处有定义，是 $f(x)$ 在 x_0 处连续的（　　）．

　　A. 必要非充分条件 　　　　　　　B. 充分非必要条件

　　C. 充要条件 　　　　　　　　　　D. 无关条件

3. 指出函数 $y = \dfrac{x^2 - 1}{x^2 + x - 2}$ 的间断点，并指出间断点的类型．

4. 确定 a、b 的值，使函数 $f(x) = \begin{cases} x + 2, & x \leqslant 0 \\ x^2 + a, & 0 < x < 1 \\ bx, & x \geqslant 1 \end{cases}$ 在定义域内连续．

5. 证明：方程 $x^4 - 3x - 1 = 0$ 至少有一个根在 1 与 2 之间．

复习题 1

1. 求下列函数的定义域：

(1) $y = \dfrac{1}{\ln(2 - x)} + \sqrt{100 - x^2}$；　　　　(2) $y = (x - 2)\sqrt{\dfrac{1 + x}{1 - x}}$．

2. 指出下复合函数的复合过程：

(1) $y = \arctan^2 \dfrac{2x}{1 - x^2}$；　　　　　(2) $y = \log_a \mathrm{e}^{\sqrt{x^2 + 1}}$．

3. 求下列极限：

(1) $\lim\limits_{x \to 0} \dfrac{\tan x}{\sqrt{1 + x} - 1}$；　　　　　(2) $\lim\limits_{x \to 0}(1 + 3\sin x)^{\frac{1}{x}}$；

(3) $\lim\limits_{x \to 0} \dfrac{\ln(1 + 2x)}{\tan 4x}$；　　　　　(4) $\lim\limits_{x \to 0} \dfrac{\tan x}{\sqrt{1 + x} - 1}$；

(5) $\lim\limits_{x \to 0} \dfrac{(\mathrm{e}^{\sin x} - 1)^2 \cos x}{\tan^2 x}$；　　　　(6) $\lim\limits_{x \to 0} \dfrac{\ln(1 + x\mathrm{e}^x)}{\sqrt{1 + x} - 1}$．

4. 由已知条件确定 a、b 的值：

(1) $\lim\limits_{x \to \infty}\left(\dfrac{x^2 + 1}{x + 1} - ax - b\right) = 0$；　(2) $\lim\limits_{x \to +\infty}\left(\sqrt{x^2 - x + 1} - ax - b\right) = 0$．

5. 求函数 $f(x) = (1 + x)^{\frac{1}{x}}$ 的间断点，并指出是第几类间断点．若是可去间断点，请补充定义．

附件 1　Matlab 7.0 简介

一、Matlab 7.0 的安装

第一步：进入安装界面，双击 setup. exe 安装；

第二步：在弹出的对话框上有两个选项，若选择 Install 按钮，则安装 Matlab 7.0，若选择另一个，则将对已安装的 Matlab 7.0 进行更新；

第三步：在弹出的对话框上单击 Next（下一步），又出现对话框，有三个选项，前面两个可任意填，第三个空一定要填注册码，填好注册码后再单击 Next；

第四步：在弹出的对话框上（协议对话框），单击 Yes，表示接受，再单击 Next；

第五步：在弹出的对话框上，若选中 Typical 按钮，将全部安装，若选中 Custom，则是选择性安装；

第六步：单击 Next，进入安装路径选择，默认的路径为：C:\matlab\，若单击 Browse 按钮，则选择新的安装路径；

第七步：单击 Next，进入安装状态，安装完以后，单击 Finish 完成.

二、界面介绍，打开 Matlab 有如下界面：

File	Edit	Debug	Distributed	Desktop	Window	Help
文件	编辑	调试		桌面	窗口	帮助

常用的 File（文件）、Edit（编辑）、Desktop（桌面）介绍：

```
┌─────────────────────────┐   ┌──────────────────────────────────────┐
│      File（文件）        │   │          Edit（编辑）                  │
│                         │   │                                        │
│ New（新建）             │   │ Undo  Ctrl+Z（撤销）                   │
│ Open（打开）            │   │ Redo  Ctrl+Y（恢复）                   │
│ Close Command History   │   │ Cut  Ctrl+X（剪切）                    │
│   （关闭历史记录）      │   │ Copy  Ctrl+C（复制）                   │
│ Import Data（导入数据） │   │ Past  Ctrl+V（粘贴）                   │
│ Save（保存）            │   │ Paste to Workspace（选择性粘贴到工作空间）│
│ Save Workspace As       │   │ Select All（全选）                     │
│   （保存工作空间）      │   │ Delete（删除）                         │
│ Set Path（设置路径）    │   │ Find（查找）                           │
│ Page Setup（页面设置）  │   │ Find Files（查找文件）                 │
│ Preferences（首选参数） │   │ Clear Command Window 清空命令窗口       │
│ Print（打印）           │   │ Clear Command History 清空历史记录      │
│                         │   │ Clear Workspace 清空工作空间            │
└─────────────────────────┘   └──────────────────────────────────────┘

          ┌──────────────────────────────────┐
          │        Desktop（桌面）           │
          │                                  │
          │ √ Command Window（命令窗口）     │
          │ √ Command History（历史记录）    │
          │ √ Workspace（当前目录）          │
          └──────────────────────────────────┘
```

三、编辑要领

1. 运算

加	减	乘	除	乘方	开方	数组（集合）运算		
+	—	*	/	^	^(1/2)	.*	.^	./

例如，>> x=[1 2 3 4]; y=[2 4 6 8];

　　　>> z= x.* y= 2　8　18　32

2. 标点符号

（1）分号"；"表示不显示计算结果；

（2）百分号"%"注释；

（3）逗号"，"表示在一行中输入多个命令语句时，使用逗号或分号，二者区别是：使用逗号显示结果，使用分号不显示结果（结果隐藏）；

（4）续行号"…"三个句号点，当碰到命令行很长时，为使看得清楚或阅读方便，可分行续写时用"…"．

3. 常用的操作命令

（1）clc：清除工作窗所有内容；

（2）clear：清除内存变量，若不清除，将会在下次操作时被调用出错，要养成好的习惯；

（3）cla：清除坐标中的图形，也可用"先选定图形再按删除键"来清除坐标中的图形；

（4）clf：清除坐标与图形；

（5）dir：显示当前目录下文件；

（6）pi：圆周率 π；

（7）inf：无穷大 ∞；

（8）pretty（$f(x)$）：把 $f(x)$ 按数学习惯显示；

（9）simplify（$f(x)$）：化简命令；

（10）三角函数：$\sin(x)$、$\cos(x)$、$\tan(x)$、$\cot(x)$、$\sec(x)$、$\csc(x)$

　　　　　反三角函数：$\operatorname{asin}(x)$、$\operatorname{acos}(x)$、$\operatorname{atan}(x)$、$\operatorname{acot}(x)$、…

　　　　　自然对数：$\ln x = \log(x)$

　　　　　以 a 为底的对数：$\log a(x)$

　　　　　以 10 为底的对数：$\log 10(x)$．例如，$\log 2(x)$：表示以 2 为底的对数．

（11）指数：$e^x = \exp(x)$（注：变量 x 的位置要加括号）．

四、Matlab 求极限

格式：>> syms x(用来声明计算中用到的字母,若没有此项,电脑不认)

　　　>> limit(f(x), x, a)（表示:x→a）,无穷大用 inf,电脑默认 x→0.

例 51　求 $\lim\limits_{x \to 0} \dfrac{x\ln(1+x)}{\sin x^2}$．

解　>> syms x;

　　>> limit(x* log(1+ x)/sin(x^2))

　　回车得：1. 原式= 1.

例 52　求 $\lim\limits_{x\to\infty}\left(\dfrac{x+a}{x-a}\right)^{x}$.

解　>> syms a x;　%:有两个字母,就要声明两个字母.

　　>> limit(((x+ a)/(x- a))^x,x,inf)

　　回车得：exp(2* a). 原式= e^{2a}.

第2章 导数与微分

案例 宏力公司有 100 个半径为 1 cm 的钢球，为了提高球面光洁度，要镀上一层厚度为 0.01 cm 的铜，主管要求员工小李去完成这一任务，小李问主管买多少铜？见主管拿起笔只用了一分多钟的时间计算，就回答说至少需要 112 g，考虑损耗，买 115 克吧！小李在买铜的路上感到纳闷，主管怎么这么快就算出结果．小李买回铜后在一个空余时间，去讨教这位主管，主管告诉他，这计算用到了微分知识，使小李恍然大悟，小李惭愧地说"还是要多读书啊！"（铜的密度是 8.9 g/cm³）．

导数与微分是高等数学中的重要组成部分之一，有着广泛的应用，本章主要讨论导数与微分的概念和计算方法，对于导数的应用将在下一章中介绍．

2.1 导数概念

2.1.1 实践的产物——两个实际问题、导数定义

1. 速度问题

（1）匀速直线运动：速度 $v = \dfrac{s}{t}$（速度是一个常数）；

（2）变速直线运动：路程 s 是时间 t 的函数，即 $s = s(t)$．若时间 t 取得增量 Δt，则路程相应地取得一个增量 Δs，则比值

$$\bar{v} = \frac{\Delta s}{\Delta t} = \frac{s(t + \Delta t) - s(t)}{\Delta t}$$

称为在 Δt 时段内物体运动的平均速度．当 $\Delta t \to 0$，如果极限 $\lim\limits_{\Delta t \to 0} \dfrac{\Delta s}{\Delta t}$ 存在，称此极限为物体在时刻 t 的瞬时速度，即

$$v(t) = \lim_{\Delta t \to 0} \frac{\Delta s}{\Delta t} = \lim_{\Delta t \to 0} \frac{s(t + \Delta t) - s(t)}{\Delta t}$$

2. 切线问题（割线的极限位置——切线）

已知点 $M(x_0, y_0)$ 在曲线上，设点 $N(x_0 + \Delta x, y_0 + \Delta y)$ 是曲线上另一点，则割线 MN 的斜率为

$$\tan \beta = \frac{\Delta y}{\Delta x} = \frac{f(x_0 + \Delta x) - f(x_0)}{\Delta x} \text{（见图 2-1）}$$

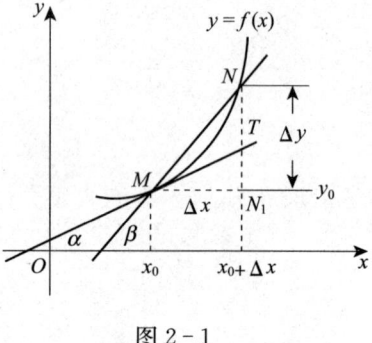

图 2-1

当 $\Delta x \to 0$，割线 MN 趋向直线 MT，我们称此直线 MT 为曲线在定点 M 处的切线，因此，切线 MT 的斜率为

$$k = \tan \alpha = \lim_{\Delta x \to 0} \frac{\Delta y}{\Delta x} = \lim_{\Delta x \to 0} \frac{f(x_0 + \Delta x) - f(x_0)}{\Delta x}.$$

以上两例虽然涉及的研究领域不同，一个是物理上的瞬时速度问题，一个是几何上的切线斜率问题，但是都表现为函数改变量与自变量的改变量之比，在自变量改变量趋于零时的极限. 这种特殊的极限称为函数的导数.

定义 2.1　（导数定义）设函数 $y = f(x)$ 在点 x_0 的某个邻域内有定义，当自变量 x 在点 x_0 处取得增量 Δx 时，函数 $f(x)$ 相应的增量 $\Delta y = f(x_0 + \Delta x) - f(x_0)$，如果当 $\Delta x \to 0$ 时，极限

$$\lim_{\Delta x \to 0} \frac{\Delta y}{\Delta x} = \lim_{\Delta x \to 0} \frac{f(x_0 + \Delta x) - f(x_0)}{\Delta x} \tag{2-1}$$

存在，则称函数在点 x_0 可导，此极限值为函数在点 x_0 处的导数（或微商），记为

$$f'(x_0), \; y'|_{x=x_0}, \; \frac{\mathrm{d}y}{\mathrm{d}x}\bigg|_{x=x_0} \text{ 或 } \frac{\mathrm{d}}{\mathrm{d}x}f(x)\bigg|_{x=x_0}$$

令 $\Delta x = x - x_0$，则 $x_0 + \Delta x = x$，当 $\Delta x \to 0$ 时，$x \to x_0$，于是得到导数的另一种表达形式.

$$f'(x_0) = \lim_{x \to x_0} \frac{f(x) - f(x_0)}{x - x_0} \tag{2-2}$$

定义 2.2　（函数在区间上可导定义）若函数 $f(x)$ 在区间 I 内的每一点都可导，则称函数 $f(x)$ 在 I 内可导. $f'(x)$ 称为区间 I 内的导函数，简称为导数，记作：

$$y' = f'(x) = \frac{\mathrm{d}y}{\mathrm{d}x} = \frac{\mathrm{d}}{\mathrm{d}x}f(x)$$

2.1.2　导数的实际意义——变化率

导数 $f'(x_0)$ 就是函数 $f(x)$ 在点 x_0 的变化率.

1. 导数的几何意义

函数 $f(x)$ 在点 (x_0, y_0) 的导数 $f'(x_0)$ 就是曲线 $f(x)$ 在点 (x_0, y_0) 的切线的斜率，其切线方程为

$$y - y_0 = f'(x_0)(x - x_0)$$

法线方程为
$$y - y_0 = -\frac{1}{f'(x_0)}(x - x_0)$$

2. 导数的物理意义

（1）设函数 $s = s(t)$ 表示一物体运动方程，则 $v(t) = \dfrac{\mathrm{d}s}{\mathrm{d}t}$ 表示该物体在时刻 t 的速度，它是路程对时间的导数，是路程对时间的变化率.

（2）设在 $[0, t]$ 这段时间内通过导线横截面的电荷量为 $q = q(t)$，则 $I = \dfrac{\mathrm{d}q}{\mathrm{d}t}$ 表示该导体的电流强度，它是电量对时间的导数，是电荷通过导体截面的速率.

（3）设函数 $m = m(x)$ 表示某纱线的质量，x 表示纱线长度，则 $\rho = \dfrac{\mathrm{d}m}{\mathrm{d}x}$ 表示该纱线的线密度，它是质量对长度 x 的导数，是质量对长度 x 的变化率．

导数还可运用到其他领域，很多专业书上的导数符号都用比值符号 $\dfrac{\mathrm{d}y}{\mathrm{d}x}$，主要是有其明显的实际意义．

2.1.3 左、右导数

定义 2.3 设函数 $y = f(x)$ 在点 x_0 的某邻域内有定义，如果

$$\lim_{\Delta x \to 0^-} \frac{f(x_0 + \Delta x) - f(x_0)}{\Delta x}$$ 存在，则称为 $y = f(x)$ 在点 x_0 处的左导数，记作 $f'_-(x_0)$；

如果 $\lim\limits_{\Delta x \to 0^+} \dfrac{f(x_0 + \Delta x) - f(x_0)}{\Delta x}$ 存在，则称为 $y = f(x)$ 在点 x_0 处的右导数，记作 $f'_+(x_0)$．

显然，函数 $f(x)$ 在点 x_0 处可导 $\Leftrightarrow$ 左导数 $f'_-(x_0)$ 和右导数 $f'_+(x_0)$ 都存在且相等．

2.1.4 可导与连续的关系

（1）如果函数 $f(x)$ 在点 x_0 处可导，则它在点 x_0 处一定连续，即可导必连续．

证法一 $y = f(x)$ 在点 x_0 可导，即 $\lim\limits_{\Delta x \to 0} \dfrac{\Delta y}{\Delta x} = f'(x_0)$ 存在，

而 $\Delta y = \dfrac{\Delta y}{\Delta x} \cdot \Delta x$，则 $\lim\limits_{\Delta x \to 0} \Delta y = \lim\limits_{\Delta x \to 0} \dfrac{\Delta y}{\Delta x} \cdot \lim\limits_{\Delta x \to 0} \Delta x = f'(x_0) \times 0 = 0$，

由连续的定义 2 知，$y = f(x)$ 在点 x_0 处连续．

证法二 因 $f(x)$ 在点 x_0 处可导，即 $f'(x_0) = \lim\limits_{x \to x_0} \dfrac{f(x) - f(x_0)}{x - x_0}$ 存在，

而分母极限 $\lim\limits_{x \to x_0} (x - x_0) = 0$，

所以必有分子极限 $\lim\limits_{x \to x_0} [f(x) - f(x_0)] = 0$，否则 $f'(x_0)$ 不存在．

即 $\quad \lim\limits_{x \to x_0} f(x) - \lim\limits_{x \to x_0} f(x_0) = 0$，即 $\lim\limits_{x \to x_0} f(x) = \lim\limits_{x \to x_0} f(x_0) = f(x_0)$

由连续的定义 1 知，$f(x)$ 在点 x_0 处连续．

（2）如果函数 $f(x)$ 在点 x_0 处连续，则 $f(x)$ 在点 x_0 处不一定可导．

例 1 证明：函数 $f(x) = |x|$ 在 $x = 0$ 处连续但不可导（见图 2-2）．

证明 因 $\lim\limits_{x \to 0} f(x) = \lim\limits_{x \to 0} |x| = 0 = f(0)$，

所以 $f(x) = |x|$ 在 $x = 0$ 处连续．

又因

$$\lim_{x \to 0^+} \frac{f(x) - f(0)}{x - 0} = \lim_{x \to 0^+} \frac{|x|}{x} = \lim_{x \to 0^+} \frac{x}{x} = 1,$$

$$\lim_{x \to 0^-} \frac{f(x) - f(0)}{x - 0} = \lim_{x \to 0^-} \frac{|x|}{x} = \lim_{x \to 0^-} \frac{-x}{x} = -1,$$

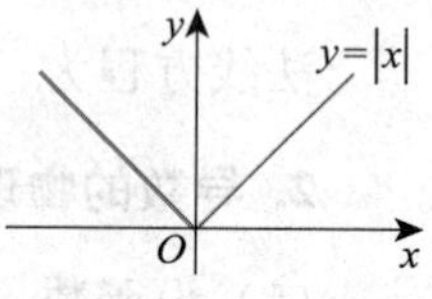

图 2-2

即 $f'_+(0) \neq f'_-(0)$，所以函数 $y = f(x)$ 在 $x = 0$ 处不可导．

思考题 导数的实质是什么？除了书上例子，还有什么可以用导数表示？

习题 2.1

1. 选择题

(1) 设 $f(x)$ 在点 x_0 处不连续，则 （　　）．

　　A. $f'(x_0)$ 必存在　　　　　　　　　B. $f'(x_0)$ 必不存在

　　C. $\lim\limits_{x \to x_0} f(x)$ 必存在　　　　　　D. $\lim\limits_{x \to x_0} f(x)$ 必不存在

(2) 设 $f(x)$ 是可导函数，且 $\lim\limits_{h \to 0} \dfrac{f(x_0 + 2h) - f(x_0)}{h} = 1$ ，则 $f'(x_0)$ 为 （　　）．

　　A. 3　　　　　　B. 0　　　　　　C. 2　　　　　　D. $\dfrac{1}{2}$

(3) 下列函数在 $x = 0$ 处可导的是 （　　）．

　　A. $y = |x|$　　　　　　　　　　B. $y = x^3$

　　C. $y = 2\sqrt{x}$　　　　　　　　D. $y = \begin{cases} x, & x \leqslant 0 \\ x^2, & x > 0 \end{cases}$

(4) 直线 l 与 x 轴平行，且与曲线 $y = x - e^x$ 相切，则切点坐标是 （　　）．

　　A. $(1,1)$　　　　B. $(-1,1)$　　　　C. $(0,-1)$　　　　D. $(0,1)$

2. 填空题（本题可以做在书上）：

(1) 已知质点的运动方程是 $s = 5t^2\,(\mathrm{m})$ ，$t = 3\,\mathrm{s}$ 时的瞬时速度为 _____；

(2) 在 $[0,t]$ 这段时间内通过导线横截面的电荷量为 $Q = t^3$ ，则 $t = 1\,\mathrm{s}$ 时的电流强度为 _____；

(3) 一细杆在 $[0,x]$ 上的质量为 $m = x^4$ ，则 $x = 1$ 时的质量密度为 _____．

3. 讨论下列函数在 $x = 0$ 处的连续性与可导性：

(1) $f(x) = |\sin x|$ ；　　　　　　(2) $f(x) = \begin{cases} x^2 \sin \dfrac{1}{x}, & x \neq 0 \\ 0, & x = 0 \end{cases}$ ．

2.2　导数运算法则与基本公式

用导数定义求导数比较麻烦和困难，能否找到一些基本公式与运算法则，借助它们来简化求导的计算呢？

2.2.1　导数的四则运算法则

若两个函数 $u(x)$ 和 $v(x)$ 在点 x 处都可导，则有

(1) $(u \pm v)' = u' \pm v'$ ；

(2) $(u \cdot v)' = u' \cdot v + u \cdot v'$ ，

　　特别 $(k \cdot u)' = k \cdot u'$ 　　（其中 k 为常数）；

(3) 当 $v \neq 0$ 时，$\left(\dfrac{u}{v}\right)' = \dfrac{u'v - uv'}{v^2}$ ，

如 $\left(\dfrac{\sin x}{x}\right)' = \dfrac{(\sin x)' \cdot x - \sin x \cdot x'}{x^2} = \dfrac{x\cos x - \sin x}{x^2}$.

上述法则用导数定义容易证明，证明从略．

2.2.2 基本导数公式（16 个）

(1) $(C)' = 0$ ；

(2) $(x^a)' = ax^{a-1}$ ，$(\sqrt{x})' = \dfrac{1}{2\sqrt{x}}$ ，$\left(\dfrac{1}{x}\right)' = \dfrac{-1}{x^2}$ ；

(3) $(a^x)' = a^x \ln a$ ；

(4) $(e^x)' = e^x$ ；

(5) $(\log_a x)' = \dfrac{1}{x\ln a}$ ；

(6) $(\ln x)' = \dfrac{1}{x}$ ；

(7) $(\sin x)' = \cos x$ ；

(8) $(\cos x)' = -\sin x$ ；

(9) $(\tan x)' = \sec^2 x$ ；

(10) $(\cot x)' = -\csc^2 x$ ；

(11) $(\sec x)' = \sec x\tan x$ ；

(12) $(\csc x)' = -\csc x\cot x$ ；

(13) $(\arcsin x)' = \dfrac{1}{\sqrt{1-x^2}}$ ；

(14) $(\arccos x)' = -\dfrac{1}{\sqrt{1-x^2}}$ ；

(15) $(\arctan x)' = \dfrac{1}{1+x^2}$ ；

(16) $(\operatorname{arccot} x)' = -\dfrac{1}{1+x^2}$ ．

下面将给出公式证明或证明思路：

1. 常数的导数 $(C)' = 0$ （C 为常数）

证明 任给 $x \in (-\infty, +\infty)$ ，有 $\Delta y = 0$ ，于是 $(C)' = \lim\limits_{\Delta x \to 0} \dfrac{\Delta y}{\Delta x} = 0$ ．

注意 常数函数的图形为水平直线，其上任一点的切线的斜率均为 0．

2. 幂函数的导数 $(x^a)' = ax^{a-1}$ （a 为非零实数）

证明 令 $y = x^a$ ，有

$$y' = \lim\limits_{\Delta x \to 0} \dfrac{(x+\Delta x)^a - x^a}{\Delta x} = \lim\limits_{\Delta x \to 0} \dfrac{x^a\left[\left(1+\dfrac{\Delta x}{x}\right)^a - 1\right]}{\Delta x} = \lim\limits_{\Delta x \to 0} \dfrac{x^a\left[e^{a\ln(1+\frac{\Delta x}{x})} - 1\right]}{\Delta x},$$

而当 $u \to 0$ 时，$e^u - 1 \sim u$ ，在上式中，$\Delta x \to 0$ ，$e^{a\ln(1+\frac{\Delta x}{x})} - 1 \sim a\ln(1+\dfrac{\Delta x}{x})$ ．

运用此等价无穷小代换，得

$$y' = \lim\limits_{\Delta x \to 0} \dfrac{x^a a\ln(1+\dfrac{\Delta x}{x})}{\Delta x}$$

当 $u \to 0$ 时，$\ln(1+u) \sim u$ ，所以当 $\Delta x \to 0$ 时，$\ln(1+\dfrac{\Delta x}{x}) \sim \dfrac{\Delta x}{x}$ ，则有

$$y' = \lim\limits_{\Delta x \to 0} \dfrac{x^a a\dfrac{\Delta x}{x}}{\Delta x} = ax^{a-1}$$

所以 $\qquad\qquad\qquad\qquad (x^a)' = ax^{a-1}$

3. 指数函数的导数 $(a^x)' = a^x \ln a$

可用上法证明（请读者完成）.

4. 对数函数的导数 $(\log_a x)' = \dfrac{1}{x \ln a}$（$a > 0, a \neq 0$）

特别地，当 $a = e$ 时，$(\ln x)' = \dfrac{1}{x}$.

证明　$(\log_a x)' = \lim\limits_{\Delta x \to 0} \dfrac{\log_a(x + \Delta x) - \log_a x}{\Delta x} = \lim\limits_{\Delta x \to 0} \dfrac{\log_a\left(\dfrac{x + \Delta x}{x}\right)}{\Delta x}$

$= \lim\limits_{\Delta x \to 0} \dfrac{1}{\Delta x} \log_a\left(1 + \dfrac{\Delta x}{x}\right) = \lim\limits_{\Delta x \to 0} \dfrac{1}{x} \cdot \dfrac{x}{\Delta x} \log_a\left(1 + \dfrac{\Delta x}{x}\right)$

$= \dfrac{1}{x} \lim\limits_{\Delta x \to 0} \log_a\left(1 + \dfrac{\Delta x}{x}\right)^{\frac{x}{\Delta x}} = \dfrac{1}{x} \log_a e = \dfrac{1}{x \ln a}$

5. 三角函数的导数

(1) $(\sin x)' = \cos x$；

证明　$(\sin x)' = \lim\limits_{\Delta x \to 0} \dfrac{\sin(x + \Delta x) - \sin x}{\Delta x}$

$= \lim\limits_{\Delta x \to 0} \dfrac{2 \cos \dfrac{2x + \Delta x}{2} \sin \dfrac{\Delta x}{2}}{\Delta x}$

$= \lim\limits_{\Delta x \to 0} \cos\left(x + \dfrac{\Delta x}{2}\right) \cdot \dfrac{\sin \dfrac{\Delta x}{2}}{\dfrac{\Delta x}{2}}$

$= \cos x$

> **和差化积公式：**
>
> $\sin\alpha + \sin\beta = 2\sin\dfrac{\alpha + \beta}{2}\cos\dfrac{\alpha - \beta}{2}$
>
> $\sin\alpha - \sin\beta = 2\cos\dfrac{\alpha + \beta}{2}\sin\dfrac{\alpha - \beta}{2}$
>
> $\cos\alpha + \cos\beta = 2\cos\dfrac{\alpha + \beta}{2}\cos\dfrac{\alpha - \beta}{2}$
>
> $\cos\alpha - \cos\beta = -2\sin\dfrac{\alpha + \beta}{2}\sin\dfrac{\alpha - \beta}{2}$

(2) $(\cos x)' = -\sin x$；

证明　$(\cos x)' = \lim\limits_{\Delta x \to 0} \dfrac{\cos(x + \Delta x) - \cos x}{\Delta x} = \lim\limits_{\Delta x \to 0} \dfrac{-2\sin\dfrac{2x + \Delta x}{2}\sin\dfrac{\Delta x}{2}}{\Delta x}$

$= -\lim\limits_{\Delta x \to 0} \sin\left(x + \dfrac{\Delta x}{2}\right) \cdot \dfrac{\sin\dfrac{\Delta x}{2}}{\dfrac{\Delta x}{2}} = -\sin x$

(3) $(\tan x)' = \sec^2 x$；

证明　$(\tan x)' = \left(\dfrac{\sin x}{\cos x}\right)' = \dfrac{(\sin x)'\cos x - \sin x(\cos x)'}{\cos^2 x} = \dfrac{\cos^2 x + \sin^2 x}{\cos^2 x} = \dfrac{1}{\cos^2 x}$

$= \sec^2 x$

(4) $(\sec x)' = \sec x \tan x$.

证明　$(\sec x)' = \left(\dfrac{1}{\cos x}\right)' = \dfrac{(1)'\cos x - 1 \times (\cos x)'}{\cos^2 x} = \dfrac{\sin x}{\cos^2 x} = \dfrac{\sin x}{\cos x}\dfrac{1}{\cos x}$

$= \sec x \tan x$

对于 $(\cot x)' = -\csc^2 x$，$(\csc x)' = -\csc x \cot x$ 的证明与上法类同.

6. 反三角函数的导数公式证明

反函数导数法则：设函数 $y = f(x)$ 与 $x = f^{-1}(y)$ 互为反函数，若函数 $f(x)$ 可导且

$f'(x) \neq 0$，则其反函数 $x = f^{-1}(y)$ 也可导，且有

$$\frac{\mathrm{d}x}{\mathrm{d}y} = \frac{1}{\frac{\mathrm{d}y}{\mathrm{d}x}}, \qquad 即 \quad x'_y = \frac{1}{y'_x}.$$

例 2　证明 $(\arcsin x)' = \dfrac{1}{\sqrt{1-x^2}}$（$x \in (-1,1)$）．

证明　令 $y = \arcsin x$，$x = \sin y$，$\dfrac{\mathrm{d}x}{\mathrm{d}y} = (\sin y)'_y = \cos y$（$y \in (-\dfrac{\pi}{2}, \dfrac{\pi}{2})$），

所以 $(\arcsin x)' = \dfrac{\mathrm{d}y}{\mathrm{d}x} = \dfrac{1}{\frac{\mathrm{d}x}{\mathrm{d}y}} = \dfrac{1}{\cos y} = \dfrac{1}{\sqrt{1-\sin^2 y}} = \dfrac{1}{\sqrt{1-x^2}}$．

同理可证　$(\arccos x)' = -\dfrac{1}{\sqrt{1-x^2}}$，$x \in (-1,1)$．

例 3　证明 $(\arctan x)' = \dfrac{1}{1+x^2}$，$x \in (-\infty, +\infty)$．

证明　令 $y = \arctan x$，$x = \tan y$，$\dfrac{\mathrm{d}x}{\mathrm{d}y} = (\tan y)'_y = \sec^2 y$，

所以 $(\arctan x)' = \dfrac{\mathrm{d}y}{\mathrm{d}x} = \dfrac{1}{\frac{\mathrm{d}x}{\mathrm{d}y}} = \dfrac{1}{\sec^2 y} = \dfrac{1}{1+\tan^2 y} = \dfrac{1}{1+x^2}$．

> 用到平方关系：
> $1 + \tan^2\alpha = \sec^2\alpha$
> $1 + \cot^2\alpha = \csc^2\alpha$

同理可证　$(\text{arccot}\, x)' = -\dfrac{1}{1+x^2}$，$x \in (-\infty, +\infty)$．

16 个基本导数公式证明完毕．

例 4　求下列函数的导数．

(1) $y = x^4 - \dfrac{1}{x} + 3$；　　(2) $y = \cos x + 2^x - \ln x$；　　(3) $y = \sqrt{x}\sin x + \cos\dfrac{\pi}{3}$．

解　(1) $y' = (x^4 - \dfrac{1}{x} + 3)' = (x^4)' - (\dfrac{1}{x})' + (3)' = 4x^3 - (-\dfrac{1}{x^2}) + 0 = 4x^3 + \dfrac{1}{x^2}$．

(2) $y' = (\cos x + 2^x - \ln x)' = (\cos x)' + (2^x)' - (\ln x)' = -\sin x + 2^x\ln 2 - \dfrac{1}{x}$．

(3) $y' = (\sqrt{x}\sin x + \cos\dfrac{\pi}{3})' = (\sqrt{x}\sin x)' + 0$

$= (\sqrt{x})'\sin x + \sqrt{x}(\sin x)' = \dfrac{1}{2\sqrt{x}}\sin x + \sqrt{x}\cos x$．

例 5　$y = \mathrm{e}^x(\arcsin x + \arctan x)$，求 y'．

解　$y' = \mathrm{e}^x(\arcsin x + \arctan x) + \mathrm{e}^x(\dfrac{1}{\sqrt{1-x^2}} + \dfrac{1}{1+x^2})$

$= \mathrm{e}^x(\arcsin x + \arctan x + \dfrac{1}{\sqrt{1-x^2}} + \dfrac{1}{1+x^2})$．

注意　在某些求导运算中，能避免使用除法求导法则的应尽量避免．

例 6　求函数 $y = \dfrac{1+x}{\sqrt{x}}$ 的导数．

解 $y = \dfrac{1}{\sqrt{x}} + \sqrt{x} = x^{-\frac{1}{2}} + x^{\frac{1}{2}}$，$y' = -\dfrac{1}{2} x^{-\frac{3}{2}} + \dfrac{1}{2} x^{-\frac{1}{2}} = \dfrac{x-1}{2\sqrt{x^3}}$.

例 7 $y = \dfrac{x^2 - 2}{\sqrt{x} + 1}$，求 $y', y'|_{x=1}$.

解 $y' = \dfrac{(x^2-2)'(\sqrt{x}+1) - (x^2-2)(\sqrt{x}+1)'}{(\sqrt{x}+1)^2} = \dfrac{2x(\sqrt{x}+1) - (x^2-2)\dfrac{1}{2\sqrt{x}}}{(\sqrt{x}+1)^2}$

$= \dfrac{4x\sqrt{x}(\sqrt{x}+1) - (x^2-2)}{2\sqrt{x}(\sqrt{x}+1)^2} = \dfrac{4x^2 + 4x\sqrt{x} - x^2 + 2}{2\sqrt{x}(\sqrt{x}+1)^2} = \dfrac{3x^2 + 4x\sqrt{x} + 2}{2\sqrt{x}(\sqrt{x}+1)^2}$，

把 $x = 1$ 代入上式得：$y'|_{x=1} = \dfrac{9}{8} = 1.125$.

习题 2.2

1. 证明：$(a^x)' = a^x \ln a$.

2. 证明：$(\operatorname{arccot} x)' = -\dfrac{1}{1+x^2}$.

3. 求下列函数的导数：

(1) $y = 3x^3 + 3^x + \log_3 x + 3$；

(2) $y = \cos x + x^2 \sin x$；

(3) $y = x \tan x - \cot x$；

(4) $y = x(\arcsin x + \arccos x)$；

(5) $y = x \ln x$；

(6) $y = \dfrac{x}{\sin x} + \dfrac{\sin x}{x}$；

(7) $y = \dfrac{x+1}{x+2}$；

(8) $y = \dfrac{x \ln x}{x + \ln x}$.

4. 求曲线 $y = \ln x$ 在点 $(1, 0)$ 处的切线方程.

5. 在曲线 $y = \sqrt{x}$ 上求一点 M_0，使过点 M_0 的切线平行于直线 $x - 2y + 5 = 0$，并求过点 M_0 的切线方程和法线方程.

2.3 求导方法与高阶导数

2.3.1 复合函数求导法

定理 2.1 $u = \varphi(x)$ 在 x 点可导，$y = f(u)$ 在与 x 对应的 u 点可导，则复合函数 $y = f[\varphi(x)]$ 在 x 点可导，且

$$\frac{\mathrm{d}y}{\mathrm{d}x} = \frac{\mathrm{d}y}{\mathrm{d}u} \frac{\mathrm{d}u}{\mathrm{d}x}，\text{或 } y'_x = y'_u \cdot u'_x$$

此法则称为复合函数求导法.

* **证明** 因 $y = f(u)$ 在 u 点可导，即 $\lim\limits_{\Delta u \to 0} \dfrac{\Delta y}{\Delta u} = f'(u)$ 存在，

所以 $\dfrac{\Delta y}{\Delta u} = f'(u) + \alpha(\Delta u)$ [其中 α 是 $\Delta u \to 0$ 的无穷小量，即 $\lim\limits_{\Delta u \to 0} \alpha(\Delta u) = 0$]；

以 Δu 乘以上式两边得

$$\Delta y = f'(u) \cdot \Delta u + \alpha(\Delta u) \cdot \Delta u$$

两边同除 Δx 得

$$\frac{\Delta y}{\Delta x} = \frac{\Delta u}{\Delta x} f'(u) + \frac{\Delta u}{\Delta x} \alpha(\Delta u)$$

则 $\lim\limits_{\Delta x \to 0} \frac{\Delta y}{\Delta x} = f'(u) \lim\limits_{\Delta x \to 0} \frac{\Delta u}{\Delta x} + \lim\limits_{\Delta x \to 0} \left[\frac{\Delta u}{\Delta x} \alpha(\Delta u) \right] = f'(u) \lim\limits_{\Delta x \to 0} \frac{\Delta u}{\Delta x} + \lim\limits_{\Delta x \to 0} \frac{\Delta u}{\Delta x} \lim\limits_{\Delta x \to 0} \alpha(\Delta u)$ ，

因 $u = \varphi(x)$ 在 x 点可导，所以 $u = \varphi(x)$ 在 x 点连续，即 $\Delta x \to 0$ 时，$\Delta u \to 0$ ，即 $\lim\limits_{\Delta x \to 0} \alpha(\Delta u) = \lim\limits_{\Delta u \to 0} \alpha(\Delta u) = 0$ ，所以有

$$\frac{\mathrm{d}y}{\mathrm{d}x} = f'(u) \frac{\mathrm{d}u}{\mathrm{d}x} + \frac{\mathrm{d}u}{\mathrm{d}x} \cdot 0 = \frac{\mathrm{d}y}{\mathrm{d}u} \cdot \frac{\mathrm{d}u}{\mathrm{d}x}$$

例 8 $y = (x^2 - 4)^3$ ，求 y' ．

解 令 $y = u^3, u = x^2 - 4$ ，

$$y'_x = y'_u \cdot u'_x = 3u^2 \cdot 2x = 6x(x^2 - 4)^2 .$$

以后为了简化，上面令 $y = u^3, u = x^2 - 4$ 这一步可以省略．

例 9 $y = \sqrt{x^2 - 1} \cdot \sin 2x$ ，求 y' ．

解 $y' = (\sqrt{x^2 - 1})' \cdot \sin 2x + \sqrt{x^2 - 1} \cdot (\sin 2x)'$ 　　　　　　　　　(2-3)

因为 $(\sqrt{x^2 - 1})' = \frac{1}{2}(x^2 - 1)^{-\frac{1}{2}} \cdot (2x) = \frac{x}{\sqrt{x^2 - 1}}$ ，

$$(\sin 2x)' = \cos 2x \cdot 2 ,$$

代入 (2-3) 式得 $y' = \frac{x}{\sqrt{x^2 - 1}} \sin 2x + 2\sqrt{x^2 - 1} \cos 2x$ ．

例 10 $y = \ln \sin 4x$ ，求 y' ．

解 $y'_x = \frac{1}{\sin 4x} \cdot (\sin 4x)' = \frac{\cos 4x}{\sin 4x}(4x)' = 4\cot 4x$ ．

例 11 求函数 $y = \mathrm{e}^{\sin \frac{1}{x}}$ 的导数．

解 $y' = \mathrm{e}^{\sin \frac{1}{x}} (\sin \frac{1}{x})' = \mathrm{e}^{\sin \frac{1}{x}} \cdot \cos \frac{1}{x} \cdot (\frac{1}{x})' = -\frac{1}{x^2} \mathrm{e}^{\sin \frac{1}{x}} \cdot \cos \frac{1}{x}$ ．

例 12 用复合函数求导法则，证明 $(x^\alpha)' = \alpha x^{\alpha - 1}$ ．

证明 $y = x^\alpha = \mathrm{e}^{\ln x^\alpha} = \mathrm{e}^{\alpha \ln x}$ ，

所以 $y' = (x^\alpha)' = \mathrm{e}^{\alpha \ln x} \cdot (\alpha \ln x)' = (x^\alpha) \cdot \alpha \cdot \frac{1}{x} = \alpha x^{\alpha - 1}$ ．

例 13 已知 $y = \arctan^2 \frac{1}{x}$ ，求 y' ．

解 $y' = 2\arctan \frac{1}{x} (\arctan \frac{1}{x})' = 2\arctan \frac{1}{x} \cdot \frac{1}{1 + (\frac{1}{x})^2} (\frac{1}{x})' = 2\arctan \frac{1}{x} \cdot \frac{1}{1 + \frac{1}{x^2}} \cdot \frac{-1}{x^2}$

$$= 2\arctan \frac{1}{x} \cdot \frac{-1}{1 + x^2} = \frac{-2}{1 + x^2} \arctan \frac{1}{x}$$

例 14　如图 $2-3$ 所示，一个圆锥形的蓄水池，高 $H=10\,\mathrm{m}$，底半径 $4\,\mathrm{m}$，水以 $5\,\mathrm{m}^3/\min$ 的速度流进此水池．问当水深为 $5\,\mathrm{m}$ 时，水面上升的速度有多快？

解　如图 $2-3$ 所示，t 时刻水的体积 V 与水深 h 的函数关系如下：

$$V=\frac{1}{3}\pi\cdot4^2\cdot10-\frac{1}{3}\pi r^2(10-h)$$

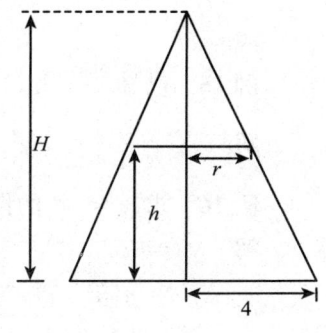

图 $2-3$

因　　　$\dfrac{r}{4}=\dfrac{10-h}{10}$，　　即　　$r=4\cdot\dfrac{10-h}{10}$，

则　　　$V=\dfrac{16\pi}{3}\cdot10-\dfrac{16\pi}{3\times10^2}(10-h)^3$，

这里，V、h 都是 t 的函数，则 V 是 t 的复合函数，两边对 t 求导得

$$\frac{\mathrm{d}V}{\mathrm{d}t}=-\frac{16\pi}{3\times10^2}\cdot3(10-h)^2\cdot\left(-\frac{\mathrm{d}h}{\mathrm{d}t}\right)$$

$$=\frac{16\pi}{10^2}(10-h)^2\frac{\mathrm{d}h}{\mathrm{d}t}，$$

解得　　　$\dfrac{\mathrm{d}h}{\mathrm{d}t}=\dfrac{1}{16\pi}\cdot\left(\dfrac{10}{10-h}\right)^2\cdot\dfrac{\mathrm{d}V}{\mathrm{d}t}$，

由已知 $\dfrac{\mathrm{d}V}{\mathrm{d}t}=5\,\mathrm{m}^3/\min,h=5\,\mathrm{m}$．代入上式，有

$$\frac{\mathrm{d}h}{\mathrm{d}t}=\frac{1}{16\pi}\cdot\left(\frac{10}{10-5}\right)^2\cdot5=\frac{5}{4\pi}(\mathrm{m}/\min)$$

故　水深 $5\,\mathrm{m}$ 时，水以 $\dfrac{5}{4\pi}\approx0.3981\,\mathrm{m}/\min$ 的速度上升．

2.3.2　高阶导数

引例 1　已知自由落体运动方程为 $s(t)=\dfrac{1}{2}gt^2$，求落体的速度、加速度．

速度 $=s'(t)=gt$，将 $s'(t)$ 再对 t 求导数 $\left[s'(t)\right]'=g$ 即为加速度．

一般地，如果函数 $y=f(x)$ 的导数 $f'(x)$ 在点 x 处可导，则称 $f'(x)$ 在点 x 处的导数为函数 $f(x)$ 在点 x 处的**二阶导数**，记作

$$y'',f''(x),\frac{\mathrm{d}^2y}{\mathrm{d}x^2},\frac{\mathrm{d}^2f}{\mathrm{d}x^2}$$

类似地，二阶导数 $y''=f''(x)$ 的导数称作函数 $y=f(x)$ 的三阶导数，记作

$$y''',f'''(x),\frac{\mathrm{d}^3y}{\mathrm{d}x^3},\frac{\mathrm{d}^3f}{\mathrm{d}x^3}$$

一般地，定义 $y=f(x)$ 的（$n-1$）阶导数的导数为 $y=f(x)$ 的 n 阶导数，记作

$$y^{(n)},f^{(n)}(x),\frac{\mathrm{d}^ny}{\mathrm{d}x^n},\frac{\mathrm{d}^nf}{\mathrm{d}x^n}$$

二阶以及二阶以上的导数称为高阶导数．函数 $y=f(x)$ 的各阶导数在点 $x=x_0$ 处的数

值记为

$$y'|_{x=x_0} , \quad y''|_{x=x_0} , \quad \cdots , \quad y^{(n)}|_{x=x_0}$$

或
$$f'(x_0) , \quad f''(x_0) , \quad \cdots , \quad f^{(n)}(x_0).$$

例 15　已知 $y = \ln(1+x)$，求 $y''(0)$.

解　$y' = \dfrac{1}{1+x}$，$y'' = \dfrac{-1}{(1+x)^2}$，$y''(0) = -\dfrac{1}{(1+x)^2}\Big|_{x=0} = -1.$

例 16　求 $y = x^n$ 的任意阶导数.

解　$y' = nx^{n-1}$,

$y'' = n(n-1)x^{n-2}$,

$y''' = n(n-1)(n-2)x^{n-3}$,

$$\vdots$$

$y^{(n)} = n(n-1)(n-2)\cdots 3 \cdot 2 \cdot 1 = n!$,

$y^{(n+1)} = y^{(n+2)} = \cdots = 0.$

例 17　求 $y = \sin x$ 的各阶导数.

解　$y' = \cos x = \sin\left(x + \dfrac{\pi}{2}\right)$,

$y'' = \cos\left(x + \dfrac{\pi}{2}\right) = \sin\left(x + 2 \cdot \dfrac{\pi}{2}\right)$,

$$\vdots$$

$y^{(n)} = \sin\left(x + \dfrac{n\pi}{2}\right)$，即 $(\sin x)^{(n)} = \sin\left(x + \dfrac{n\pi}{2}\right)$.

同理可得
$$(\cos x)^{(n)} = \cos\left(x + \dfrac{n\pi}{2}\right).$$

2.3.3　隐函数求导法

1. 隐函数

一般函数可由解析式表示. 例如，$x + y - 1 = 0$，$y^3 + 2y - x = 0$ 等，在这些解析式中，有一些很容易将 y 解出，写成 x 的表达式，如 $x + y - 1 = 0$ 可写成 $y = 1 - x$，这种将 y 明确表示出来的函数称作**显函数**.

而另外一些函数却无法或很难解出 y 来，如 $y^3 + 2y - x = 0$. 但是这一式子确定了一个函数关系. 这种没有将函数 y 解出而含在方程中的函数称为**隐函数**，一般记作 $F(x,y) = 0$.

有时为了需要，显函数也可以写成隐函数的形式，如：$y = f(x)$ 可写成 $y - f(x) = 0$.

2. 隐函数的求导

可利用复合函数的求导思想，对 $F(x,y) = 0$ 两边求 x 的导数，将 y 当作中间变量，即遇到有 y 的地方先对 y 求导，再乘以 y 对 x 的导数 $\dfrac{\mathrm{d}y}{\mathrm{d}x}$，进而解出 $\dfrac{\mathrm{d}y}{\mathrm{d}x}$ 即可.

例 18　求圆 $x^2 + y^2 = 1$ 在点 $\left(\dfrac{1}{2}, \dfrac{\sqrt{3}}{2}\right)$ 的切线方程.

解　先求切线斜率 k，即求导，两边对 x 求导得

$$2x + 2yy' = 0（不要错误认为：2x + 2y = 0），解出 y' = -\frac{x}{y}，$$

把点 $\left(\frac{1}{2}, \frac{\sqrt{3}}{2}\right)$ 代入得 $k = -\frac{1}{\sqrt{3}}$，

由点斜式得切线方程为 $y - \frac{\sqrt{3}}{2} = -\frac{1}{\sqrt{3}}\left(x - \frac{1}{2}\right)$，即 $x + \sqrt{3}y - 2 = 0$.

对于 $2x + 2yy' = 0$ 也可以这样来理解：

因　　　　　　　　　$x^2 + y^2 = 1$,　　　$y = f(x)$

即　　　　　　　　　$x^2 + [f(x)]^2 = 1$,

两边对 x 求导得　　　$2x + 2f(x)f'(x) = 0$,

即　　　　　　　　　$2x + 2yy' = 0$

例 19　由方程 $y^3 + 2y - x = 0$ 确定 $y = f(x)$，求 $\dfrac{\mathrm{d}y}{\mathrm{d}x}$.

解　两边同时对 x 求导

$$(y^3)'_x + (2y)'_x - (x)'_x = 0$$

$$3y^2 \cdot \frac{\mathrm{d}y}{\mathrm{d}x} + 2 \cdot \frac{\mathrm{d}y}{\mathrm{d}x} - 1 = 0，解得　\frac{\mathrm{d}y}{\mathrm{d}x} = \frac{1}{3y^2 + 2}.$$

例 20　由方程 $x - y + \dfrac{1}{2}\sin y = 0$ 确定 $y = f(x)$，求 $\dfrac{\mathrm{d}y}{\mathrm{d}x}$.

解　两边对 x 求导得

$$1 - y' + \frac{1}{2}\cos y \cdot y' = 0，即 (2 - \cos y)y' = 2，解得 y' = \frac{2}{2 - \cos y}.$$

例 21　由方程 $\mathrm{e}^{x+y} = xy$ 确定 $y = f(x)$，求 $\dfrac{\mathrm{d}y}{\mathrm{d}x}$.

解　两边对 x 求导得

$$\mathrm{e}^{x+y}(1 + y') = y + xy'，即 (\mathrm{e}^{x+y} - x)y' = y - \mathrm{e}^{x+y}$$

解得　　　　$y' = \dfrac{y - \mathrm{e}^{x+y}}{\mathrm{e}^{x+y} - x} = \dfrac{y - xy}{xy - x}$　　（已知 $\mathrm{e}^{x+y} = xy$）.

2.3.4　取对数求导法（此法常用于下面两类函数的求导）

1. 函数含乘、除和幂运算

在求导的四则运算法则中，乘、除运算法则用起来很繁杂，计算容易出错. 我们可以利用对数的性质将乘、除运算转化为加、减运算，再求导比较简单.

例 22　$y = 2^x \cdot \sqrt{x^2 + 1} \cdot \sin x$，求 y'.

解　两边同时取对数

$$\ln y = \ln(2^x \cdot \sqrt{x^2 + 1} \cdot \sin x)$$

$$\ln y = x\ln 2 + \frac{1}{2}\ln(x^2 + 1) + \ln\sin x$$

两边对 x 求导得

$$\frac{y'}{y} = \ln2 + \frac{2x}{2(x^2+1)} + \frac{\cos x}{\sin x} = \ln2 + \frac{x}{x^2+1} + \cot x$$

解出 y'，

$$y' = 2^x \sqrt{x^2+1}\sin x(\ln2 + \frac{x}{x^2+1} + \cot x).$$

2. 幂指函数求导

形如 $y = f(x)^{g(x)}$ 的函数（底数和指数都含有自变量 x），称为幂指函数. 对它求导可利用对数的性质，将幂运算转化为乘法运算，然后求导.

例 23 设 $y = (x+1)^x$，求 y'.

解法一 两边取对数

$$\ln y = \ln(x+1)^x = x\ln(x+1)，$$

两边对 x 求导得

$$\frac{y'}{y} = \ln(x+1) + \frac{x}{x+1}$$

解得

$$y' = (x+1)^x[\ln(x+1) + \frac{x}{x+1}].$$

解法二 此题也可把幂指函数变为指数函数，即

$$y = (x+1)^x = e^{\ln(x+1)^x} = e^{x\ln(x+1)}$$

再由复合函数求导法则进行求导，

$$y' = e^{x\ln(x+1)} \cdot \left[x\ln(x+1)\right]' = e^{x\ln(x+1)}\left[\ln(x+1) + \frac{x}{x+1}\right]$$

$$= (x+1)^x\left[\ln(x+1) + \frac{x}{x+1}\right].$$

2.3.5 参数方程求导法

已知函数由参数方程给出 $\begin{cases} x = x(t) \\ y = y(t) \end{cases}$（ t 为参数），则有

$$\frac{\mathrm{d}y}{\mathrm{d}x} = \frac{\dfrac{\mathrm{d}y}{\mathrm{d}t}}{\dfrac{\mathrm{d}x}{\mathrm{d}t}} = \frac{y'(t)}{x'(t)}.$$

例 24 已知椭圆参数方程为 $\begin{cases} x = a\cos t \\ y = b\sin t \end{cases}$，求在 $t = \frac{\pi}{4}$ 处的切线方程.

解 $\dfrac{\mathrm{d}y}{\mathrm{d}x} = \dfrac{y'(t)}{x'(t)} = \dfrac{b\cos t}{-a\sin t}$，$\quad k = \dfrac{\mathrm{d}y}{\mathrm{d}x}\Big|_{t=\frac{\pi}{4}} = \dfrac{b\cos t}{-a\sin t}\Big|_{t=\frac{\pi}{4}} = -\dfrac{b}{a}$.

当 $t = \dfrac{\pi}{4}$ 时，得点 $(\dfrac{\sqrt{2}}{2}a, \dfrac{\sqrt{2}}{2}b)$，由点斜式得所求切线方程为

$$y - \frac{\sqrt{2}}{2}b = -\frac{b}{a}\left(x - \frac{\sqrt{2}}{2}a\right)，化简得：bx + ay - \sqrt{2}ab = 0.$$

例 25　已知抛射体运动的参数方程 $\begin{cases} x = v_1 t \\ y = v_2 t - \dfrac{1}{2}gt^2 \end{cases}$，求时刻 t 的运动速度 v 的大小和方向.

解　x 轴上分速度：$v_x = \dfrac{\mathrm{d}x}{\mathrm{d}t} = v_1$，

y 轴上分速度：$v_y = \dfrac{\mathrm{d}y}{\mathrm{d}t} = v_2 - gt$，

$$|v| = \sqrt{v_x^2 + v_y^2} = \sqrt{v_1^2 + (v_2 - gt)^2}$$

且 v 的方向（轨道的切线方向）：$\tan\alpha = \dfrac{\mathrm{d}y}{\mathrm{d}x} = \dfrac{y'(t)}{x'(t)} = \dfrac{v_2 - gt}{v_1}$（$\alpha$ 为切线倾角）.

例 26　求摆线 $\begin{cases} x = a(t - \sin t) \\ y = a(1 - \cos t) \end{cases}$ 所确定的函数的二阶导数 $\dfrac{\mathrm{d}^2 y}{\mathrm{d}x^2}$.

解　$\dfrac{\mathrm{d}y}{\mathrm{d}x} = \dfrac{\mathrm{d}y/\mathrm{d}t}{\mathrm{d}x/\mathrm{d}t} = \dfrac{\sin t}{1 - \cos t}$　　　　　　　　　　　　　　　　　(2-4)

而 $\dfrac{\mathrm{d}^2 y}{\mathrm{d}x^2}$ 是表示对 x 求二阶导数.

将式（2-4）两边对 x 求导，左边是 $\dfrac{\mathrm{d}^2 y}{\mathrm{d}x^2}$，而式（2-4）的右边是 t 的表达式，由复合函数求导法则知，先对 t 求导，再 t 对 x 求导得：

$$\frac{\mathrm{d}^2 y}{\mathrm{d}x^2} = \left(\frac{\sin t}{1 - \cos t}\right)' \cdot \frac{\mathrm{d}t}{\mathrm{d}x} = \frac{\cos t(1 - \cos t) - \sin^2 t}{(1 - \cos t)^2} \cdot \frac{1}{\mathrm{d}x/\mathrm{d}t}$$

$$= \frac{\cos t - 1}{(1 - \cos t)^2} \cdot \frac{1}{a(1 - \cos t)} = -\frac{1}{a(1 - \cos t)^2}（t \neq 2n\pi）.$$

习题 2.3

1. 求下列复合函数的导数：

(1) 设函数 $y = \sin 2x \cdot \ln(1 - x)$，求 y'；

(2) 设函数 $y = \cos(\mathrm{e}^{-x})$，求 $y'(0)$；

(3) 设函数 $y = \ln\arcsin\sqrt{x}$，求 y'；

(4) 设 $y = \sqrt{1 + x^2} \cdot \sin\ln x$，求 y'.

2. 求下列隐函数的导数：

(1) 设函数 $y = y(x)$ 是由方程 $2x^2 y - xy^2 + y^3 = 1$ 确定的，求 $\dfrac{\mathrm{d}y}{\mathrm{d}x}$；

(2) 设函数 $y = y(x)$ 是由方程 $\mathrm{e}^y = a\cos(x + y)$ 确定的，求 $\dfrac{\mathrm{d}y}{\mathrm{d}x}$；

(3) 设函数 $y = y(x)$ 是由方程 $\sin(x^2 + y) = xy$ 确定的，求 $\dfrac{\mathrm{d}y}{\mathrm{d}x}$；

(4) 设函数 $y = y(x)$ 是由方程 $y^3 = x + \arccos(xy)$ 确定的，求 $\dfrac{\mathrm{d}y}{\mathrm{d}x}$.

3. 求下列函数的导数：

(1) 设 $y = x^{\cos x}$，求 y'；　　　　　　(2) 设函数 $y = (\cot x)^{\frac{1}{x}}$，求 y'；

(3) 设函数 $y = \sqrt{\dfrac{x}{(2-x)(3-x)}}$，求 $y'(1)$；

(4) 已知参数方程 $\begin{cases} x = \cos t \\ y = \sin t - t \cdot \cos t \end{cases}$，求 $\dfrac{\mathrm{d}y}{\mathrm{d}x}$.

4. 求下列函数的高阶导数：

(1) 设 $y = \mathrm{e}^{\cos x}$，求 y''；　　　　　　(2) 设 $y = (1+x^2) \cdot \arctan x$，求 y''；

(3) 设 $y = \dfrac{x}{\ln x}$，求 y''；　　　　　　(4) 设函数 $y = \ln\tan x$，求 y''.

5. 在一新陈代谢实验中，葡萄糖的含量为 $m = 5 - 0.02t^2$（t 的单位为 h），求 1 h 后葡萄糖含量的变化率.

2.4 微　分

2.4.1 微分的定义

引例 2　一个边长为 x，面积为 y 的正方形，有 $y = x^2$，若给边长 x 一个增量 Δx，则 y 相应地有增量 Δy（如图 2-4 所示的阴影面积），即

$$\Delta y = (x + \Delta x)^2 - x^2 = 2x\Delta x + (\Delta x)^2 \tag{2-5}$$

从上式可以看出 Δy 被分成两部分 $2x\Delta x$ 和 $(\Delta x)^2$，也即图中阴影处的两个矩形面积.

当 Δx 很小时，$(\Delta x)^2$ 更小，可以忽略不计，

$$\Delta y \approx 2x\Delta x \tag{2-6}$$

例如，当正方形的边长 x 由 1 增到 1.06 时，面积增大多少？

若用式（2-5）计算 $\Delta y = 2 \times 1 \times 0.06 + 0.06^2 = 0.1236$，若用式（2-6）计算 $\Delta y \approx 2 \times 1 \times 0.06 = 0.12$，只相差 0.0036，误差较小.

所以用式（2-6）计算一来计算比较简捷，二来精确度比较高.

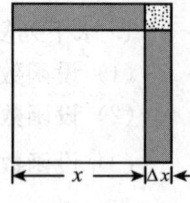

图 2-4

从式（2-5）进一步分析发现 $\Delta y = 2x\Delta x + (\Delta x)^2 = (x^2)'\Delta x + (\Delta x)^2$，其中 $(\Delta x)^2$ 是一个较 Δx 的高阶无穷小（当 $\Delta x \to 0$ 时），$(x^2)'$ 与 Δx 无关.

一般的函数 $f(x)$ 是否有这一结论呢？即 $\Delta y = f'(x)\Delta x + o(\Delta x)$，其中 $o(\Delta x)$ 是 Δx 的高阶无穷小（当 $\Delta x \to 0$ 时），$f'(x)$ 与 Δx 无关？

回答是肯定的，只要函数 $y = f(x)$ 在点 x 处可导，即有上述结论，下面证明之.

因 $y = f(x)$ 可导，即 $\lim\limits_{\Delta x \to 0} \dfrac{\Delta y}{\Delta x} = f'(x)$ 存在，由极限与无穷小的关系定理知

$$\frac{\Delta y}{\Delta x} = f'(x) + \alpha$$

其中 α 是 $\Delta x \to 0$ 时的无穷小，即 $\lim\limits_{\Delta x \to 0} \alpha = 0$，且 $f'(x)$ 与 Δx 无关．

则 $\Delta y = f'(x)\Delta x + \alpha \Delta x$，其中 $\alpha \Delta x$ 是 Δx（当 $\Delta x \to 0$ 时）的高阶无穷小（因 $\lim\limits_{\Delta x \to 0} \dfrac{\alpha \Delta x}{\Delta x} = \lim\limits_{\Delta x \to 0} \alpha = 0$）．

反之，若有结论：$\Delta y = f'(x)\Delta x + o(\Delta x)$〔其中 $o(\Delta x)$ 是 Δx（当 $\Delta x \to 0$ 时）的高阶无穷小〕成立，则 $f(x)$ 在点 x 处可导，这是显然的．

所以有下面的定义．

定义 2.4（微分定义） 如果对于自变量在点 x 处的增量 Δx，函数 $y = f(x)$ 相应的增量

$$\Delta y = f(x + \Delta x) - f(x)$$

可表示为

$$\Delta y = f'(x)\Delta x + o(\Delta x)$$

其中 $o(\Delta x)$ 是 Δx（当 $\Delta x \to 0$ 时）的高阶无穷小，$f'(x)$ 与 Δx 无关，则称函数 $y = f(x)$ 在点 x 处可微，并称 $f'(x)\Delta x$ 为函数 $y = f(x)$ 在点 x 处的微分，记作

$$\mathrm{d}y = f'(x)\Delta x$$

因
$$\mathrm{d}y = f'(x)\Delta x = y'\Delta x$$
所以
$$\mathrm{d}x = x'\Delta x = 1 \cdot \Delta x = \Delta x$$

所以函数微分也可写成

$$\mathrm{d}y = f'(x)\mathrm{d}x \qquad (\mathrm{d}x \text{ 是自变量 } x \text{ 的微分，} \mathrm{d}y \text{ 是函数 } y \text{ 的微分})$$

所以导数 $f'(x) = \dfrac{\mathrm{d}y}{\mathrm{d}x}$ 也叫微商（函数微分与自变量微分的商）．可微与可导的关系有下面的定理．

定理 2.2 函数 $y = f(x)$ 在点 x 处可微的充分必要条件是函数 $y = f(x)$ 在点 x 处可导，即函数 $f(x)$ 的可微性与可导性是等价的．

例 27 求函数 $y = x^2$ 在 $x = 1$ 处的微分 $\mathrm{d}y|_{x=1}$．

解 $\mathrm{d}y|_{x=1} = (x^2)'|_{x=1}\Delta x = 2x|_{x=1}\Delta x = 2\Delta x$，

　　或 $\mathrm{d}y|_{x=1} = (x^2)'|_{x=1}\mathrm{d}x = 2x|_{x=1}\mathrm{d}x = 2\mathrm{d}x$．

2.4.2 基本微分公式

(1) $\mathrm{d}C = 0\mathrm{d}x$；

(2) $\mathrm{d}(x^a) = \alpha x^{\alpha-1}\mathrm{d}x$；

(3) $\mathrm{d}(a^x) = a^x \ln a \mathrm{d}x$；

(4) $\mathrm{d}(\mathrm{e}^x) = \mathrm{e}^x \mathrm{d}x$；

(5) $\mathrm{d}(\log_a x) = \dfrac{1}{x\ln a}\mathrm{d}x$；

(6) $\mathrm{d}(\ln x) = \dfrac{1}{x}\mathrm{d}x$；

(7) $\mathrm{d}(\sin x) = \cos x\mathrm{d}x$；

(8) $\mathrm{d}(\cos x) = -\sin x\mathrm{d}x$；

(9) $\mathrm{d}(\tan x) = \sec^2 x\mathrm{d}x$；

(10) $\mathrm{d}(\cot x) = -\csc^2 x\mathrm{d}x$；

(11) $\mathrm{d}(\sec x) = \sec x\tan x\mathrm{d}x$；

(12) $\mathrm{d}(\csc x) = -\csc x\cot x\mathrm{d}x$；

(13) $\mathrm{d}(\arcsin x) = \dfrac{1}{\sqrt{1-x^2}}\mathrm{d}x$；

(14) $\mathrm{d}(\arccos x) = -\dfrac{1}{\sqrt{1-x^2}}\mathrm{d}x$；

(15) $d(\arctan x) = \dfrac{1}{1+x^2}dx$ ；　　　　　　(16) $d(\text{arccot } x) = -\dfrac{1}{1+x^2}dx$ ．

2.4.3　微分运算法则

(1) $d(u \pm v) = du \pm dv$ ．

(2) $d(Cu) = Cdu$ （ C 为常数 ）．

(3) $d(u \cdot v) = vdu + udv$ ．

(4) $d\left(\dfrac{u}{v}\right) = \dfrac{vdu - udv}{v^2}$ ．

用微分定义来证明它们很容易，下面只证第三个，其他类同．

证明　$d(uv) = (uv)'dx = (u'v + uv')dx = vu'dx + uv'dx$

$\qquad\qquad = vdu + udv.$

(5) 微分形式不变性（复合函数微分法则）．

若函数 $y = f(u)$ 对 u 是可导的，则有：

① 当 u 是自变量时，函数的微分形式为 $dy = f'(u)du$ ；

② 当 u 是 x 的函数 $u = u(x)$ 时，则 y 是 x 的复合函数，也有 $dy = f'(u)du$ ．

这是因为，y 对 x 的导数为 $\dfrac{dy}{dx} = f'(u)u'(x)$ ，所以有

$$dy = f'(u)u'(x)dx = f'(u)du$$

不论 u 是自变量还是中间变量（关于自变量 x 的函数），$y = f(u)$ 的微分形式都可以表示为

$$dy = f'(u)du$$

这种性质称为微分形式不变性，如 $d(\sin x) = \cos xdx$ ，$d(\sin\sqrt{x}) = \cos\sqrt{x}d(\sqrt{x})$ ．

例 28　已知 $y = e^{1-3x}\cos x$ ，求 dy ．

解法一　　$y' = (e^{1-3x}\cos x)' = (-3e^{1-3x}\cos x - e^{1-3x}\sin x)$ ，

所以　　　　$dy = -e^{1-3x}(3\cos x + \sin x)dx$ ．

解法二　（运用微分运算法则）

$$\begin{aligned}
dy &= d(e^{1-3x}\cos x) = \cos x \cdot d(e^{1-3x}) + e^{1-3x}d(\cos x) \\
&= \cos x \cdot e^{1-3x}d(1-3x) - e^{1-3x}\sin xdx \\
&= \cos x \cdot e^{1-3x}(-3)dx - e^{1-3x}\sin xdx \\
&= -(3\cos x + \sin x)e^{1-3x}dx
\end{aligned}$$

例 29　已知 $xe^y - \ln y + 5 = 0$ ，定义 $y = f(x)$ ，求 dy ．

解　两边微分 $d(xe^y - \ln y + 5) = d0$ ，

即　　　　　　$d(xe^y) - d(\ln y) + d5 = 0$

即　　　　　　$e^ydx + xd(e^y) - \dfrac{1}{y}dy = 0$

即　　　　　　$e^ydx + xe^ydy - \dfrac{1}{y}dy = 0$

解得 $\qquad \mathrm{d}y = \dfrac{y\mathrm{e}^y}{1-xy\mathrm{e}^y}\mathrm{d}x \qquad (1-xy\mathrm{e}^y \neq 0)$

例 30 填空：

(1) $x\mathrm{d}x = \mathrm{d}(\quad)$ ；　　　(2) $\mathrm{d}(\quad) = \sin 5x\mathrm{d}x$ ；　　(3) $\mathrm{d}(\sqrt{1-x^2}) = (\quad)$ ．

解 (1) $\dfrac{1}{2}x^2 + C$ ；　　(2) $-\dfrac{1}{5}\cos 5x + C$ ；　　(3) $-\dfrac{x}{\sqrt{1-x^2}}\mathrm{d}x$ ．

2.4.4 微分在近似计算中的应用

由微分定义 $\Delta y = \mathrm{d}y + o(\Delta x)$（其中，$o(\Delta x)$ 为 Δx 的高阶无穷小）知：

当 $|\Delta x|$ 很小时，有近似计算公式

$$\Delta y \approx \mathrm{d}y$$

即 $\qquad\qquad f(x+\Delta x) - f(x) \approx f'(x)\Delta x$

即 $\qquad\qquad f(x+\Delta x) \approx f(x) + f'(x)\Delta x$

即 $\qquad\qquad f(x_0+\Delta x) \approx f(x_0) + f'(x_0)\Delta x \qquad\qquad\qquad (2-7)$

例 31 解答本章开始提出的案例，已知球体体积为 $V = \dfrac{4}{3}\pi R^3$（R 为自变量）．

解 每一球镀铜层的体积为：$\Delta V \approx \mathrm{d}V = V' \cdot \Delta R = 4\pi R^2 \cdot \Delta R$，$R = 1$，$\Delta R = 0.01$，
于是得

$$\Delta V \approx 4 \times \pi \times 1^2 \times 0.01 = 0.04\pi(\mathrm{cm}^3)$$

每一个球用铜量为 $\qquad 0.04\pi \times 8.9 = 0.356\pi(\mathrm{g})$

100 个球用铜量为 $\qquad 100 \times 0.356\pi = 35.6\pi = 35.6 \times 3.14 \approx 112(\mathrm{g})$

所以公司主管很快算出所用镀铜量至少为 112g，考虑损耗，应购比 112g 多一点，所以定为 115g．

有了电脑 Matlab 算，复杂的问题都可算出，所以近似计算，我们只用电脑 Matlab 算就行了，笔算不作要求．上面的案例用笔计算，其目的有两个：一来熟悉微分近似计算公式 $\Delta y \approx \mathrm{d}y$ 的应用；二来知道有时笔算加巧算也比较好、比较快，得到令人满意的效果．

例 32 求 $\sqrt[3]{65}$ 的近似值．

解法一（笔算） 因 $\sqrt[3]{65} = \sqrt[3]{64+1} = \sqrt[3]{64\left(1+\dfrac{1}{64}\right)} = 4\sqrt[3]{1+\dfrac{1}{64}}$，

设 $f(x) = \sqrt[3]{x}$，则 $\sqrt[3]{x} \approx \sqrt[3]{x_0} + \dfrac{1}{3}x_0^{-\frac{2}{3}} \cdot \Delta x$，

将 $\Delta x = \dfrac{1}{64}$，$x_0 = 1$ 代入上式得

$$\sqrt[3]{65} = 4\sqrt[3]{1+\dfrac{1}{64}} \approx 4\left(1+\dfrac{1}{3} \cdot \dfrac{1}{64}\right) = 4 + \dfrac{1}{48} = 4.020\,8$$

解法二（电脑Matlab算）

```
>> 65^(1/3)
回车得 ans=4.0208.
```

例 33 求 $\sin 45°10'$ 的近似值.

> **解** （电脑 Matlab 算）首先将角度化为弧度数
>
> $$\sin 45°10' = \sin\left[\left(45 + \frac{1}{6}\right)\frac{\pi}{180}\right]$$
>
> $\gg$ sin((45+ 1/6)* pi/180)
>
> 回车得 ans=0.7092.

思考题 请读者笔算本例题.

2.4.5 微分的几何意义

如图 2-5 所示，MT 是曲线 $y = f(x)$ 在点 x_0 处的切线. 根据 $\left.\dfrac{\mathrm{d}y}{\mathrm{d}x}\right|_{x=x_0} = f'(x_0) = K_{切}$，在图中找到 $\mathrm{d}x = \Delta x$，再找到 $\mathrm{d}y$，进一步找到 Δy.

当 Δy 是曲线的纵坐标的增量时，$\mathrm{d}y$ 就是切线纵坐标的增量. 当 $|\Delta x|$ 很小时，用 $\mathrm{d}y$ 代替 Δy，其误差 $o(\Delta x)$ 为 $|\Delta x|$ 的高阶无穷小（当 $\Delta x \to 0$ 时），即比 $|\Delta x|$ 更快趋于 0.

思考题 谈谈微分与导数的区别.

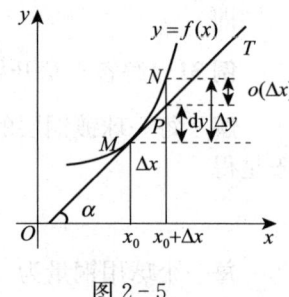

图 2-5

习题 2.4

1. 在下列括号中填入适当的函数，使等式成立：

(1) $x^2 \mathrm{d}x = \mathrm{d}(\quad)$； 　　 (2) $\cos 3x\, \mathrm{d}x = \mathrm{d}(\quad)$；

(3) $\mathrm{d}(\quad) = 4x^3 \mathrm{d}x$； 　　 (4) $\dfrac{1}{1+x^2} \mathrm{d}x = \mathrm{d}(\quad)$.

2. 求下列函数的微分：

(1) 设 $y = \mathrm{e}^{\sin x}$； 　　 (2) 设函数 $y = \cos^2(1-x)$；

(3) 设 $y = \ln\cos\sqrt{x}$；

(4) 设 y 是由方程 $x + \mathrm{e}^y = \ln(x+y)$ 所确定的函数.

3. 设半径为 10 cm 的金属圆球，如果受热其半径伸长 2 mm，问球的体积约增加多少？

4. 计算下列近似值（可用电脑 Matlab 算）：

(1) $\sqrt[3]{996}$； 　　 (2) $\sqrt[6]{65}$； 　　 (3) $\tan 45°10'$.

复习题 2

1. 讨论下列函数在 $x = 0$ 处的连续性与可导性：

(1) $f(x) = \begin{cases} \ln(1+x), & -1 < x \leqslant 0 \\ \sqrt{1+x} - \sqrt{1-x}, & 0 < x < 1 \end{cases}$； 　　 (2) $f(x) = \begin{cases} x^2 \sin\dfrac{1}{x}, & x \neq 0 \\ 0, & x = 0 \end{cases}$.

2. 求下列函数在指定点的导数:

(1) $y = \dfrac{\cos x}{2x^2 + 3}, y'\big|_{x=\frac{\pi}{2}}$;

(2) $y = \dfrac{1 + \ln x}{x}, y'\big|_{x=e}$;

(3) $f(x) = \arctan \dfrac{2x}{1 - x^2}, f'(0)$;

(4) $f(x) = \dfrac{1}{\sqrt{2\pi}\sigma} e^{-\frac{(x-\mu)^2}{2\sigma^2}}, f'(\mu)$.

3. 求下列函数的导数 y' :

(1) $y = \left(\arcsin \dfrac{1}{x} \right)^2$;

(2) $y = \cos e^{x^2 + 2x + 2}$;

(3) $y = (\tan x)^x$;

(4) $y = \sqrt{\dfrac{1 + \sin x}{1 - \sin x}}$.

4. 求下列隐函数的导数.

(1) 已知 $e^{xy} + y\ln x = \sin 2x$,求 $\dfrac{dy}{dx}$;(2) 已知 $xy^2 + \arctan y = \dfrac{\pi}{4}$,求 $\dfrac{dy}{dx}\big|_{x=0}$.

5. 求下列参数方程指定的导数:

(1) 已知 $\begin{cases} x = e^t \sin t \\ y = e^t \cos t \end{cases}$,求当 $t = \dfrac{\pi}{3}$ 时, $\dfrac{dy}{dx}$ 的值;(2) 已知 $\begin{cases} x = \dfrac{t^2}{2} \\ y = 1 - t \end{cases}$,求 $\dfrac{d^2 y}{dx^2}$.

6. 求下列函数的 n 阶导数:

(1) $y = e^{ax}$;

(2) $y = \ln(1 + x)$.

7. 求下列函数的微分:

(1) $y = \tan^2 3x$;

(2) $y = (e^x + e^{-x})^2$.

8. 一气球在离开观察员 500 m 处离地往上升,上升速率是 140 m/min,当气球高度为 500 m 时,观察员视线的仰角增加的速率是多少?

附件 2 数学实验:用 Matlab 求导数

一、一元函数求导数

格式: `syms  x  y`(用来声明计算中用到的所有字母,若没有此项,电脑不认)

`y= f(x)` 用 Matlab 的格式书写

`dy= diff(y,x,n)` (n:表示求导的阶数,一阶导数可以省略 1).

例 34 $y = \dfrac{xe^x - 1}{\sin x}$,求 y' .

解 `>> syms x y;`

`>> y= (x* exp(x)- 1)/sin(x);`

`>> dy= diff(y,x)` `%:回车显示答案不习惯.`

`>> pretty(dy)` `%:回车按数学习惯显示答案` $y' = \dfrac{e^x + xe^x}{\sin x} - \dfrac{(xe^x - 1)\cos x}{\sin^2 x}$.

例 35 $y = \ln \dfrac{x + 2}{1 - x}$,求 y''' .

解 `>> syms x y;`

```
>> y= log((x+ 2)/(1- x));
>> dy= diff(y,x,3)      %:回车显示答案不习惯；
>> pretty(dy)      %:回车按数学习惯显示答案(太繁)；
>> simplify(dy)   %:回车(化简)得 - 18* (x^2+ x+ 1)/(x+ 2)^3/(- 1+ x)^3.
```

即
$$y''' = \frac{-18(x^2 + x + 1)}{(x+2)^3(x-1)^3}.$$

提问：若此题求 $y'''(0)$，如何求呢？（提示：先输入 $x = 0$，再复制粘贴上面的答案，回车即得 2.25）.

二、使用符号函数计算器求导

```
>> funtool  回车打开三个窗口
```
在主窗口的第一行"f= "处键入函数，单击 df/dx 即得结果.

第3章 导数的应用

案例1 一个专门制作圆柱形易拉罐的工厂接到订单，用同一种材料制作王老吉罐与椰子汁罐，喝过这两种饮料的人都知道，它们的容积相等，都是 250 ml，而王老吉罐的底面直径与其高接近相等，椰子汁罐的高比其底面直径高出很多. 来签约订货的同志王某与厂长谈价争论，王某认为因这两种罐的容积一样大，制作材料也一样，所以单价应一样，而厂长认为因这两种罐的结构不一样，制作椰子汁罐所用材料比王老吉罐所用材料要多，所以椰子汁罐定价要高. 请你评理谁正确，为什么？

这个问题的解答需用到导数求最值问题，下面我们进一步学习. 本章先介绍三个中值定理，然后用导数作为工具讨论函数的一些性态，并作出函数图形，同时解决实际应用中的求最值问题.

3.1 中值定理与洛必达法则

3.1.1 微分中值定理

定理3.1（罗尔定理）

若 $f(x)$ 满足：

(1) $f(x)$ 在闭区间 $[a,b]$ 上连续；

(2) $f(x)$ 在开区间 (a,b) 内可导；

(3) 在端点函数值相等，即 $f(a) = f(b)$.

则在 (a,b) 内至少存在一点 ξ，使得 $f'(\xi) = 0$.

罗尔定理的几何含义如图 3-1 所示，若 $f(x)$ 满足定理的三个条件，则在 (a,b) 内至少存在一点 ξ，使得该点切线斜率 $f'(\xi) = 0$，也就是在 ξ 点切线平行于 x 轴.

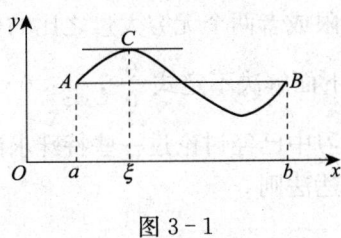

图 3-1

定理3.2（拉格朗日定理）

若 $f(x)$ 满足：

(1) $f(x)$ 在闭区间 $[a,b]$ 上连续；

（2）$f(x)$ 在开区间 (a,b) 内可导．

则在 (a,b) 内至少存在一点 ξ，使得 $f'(\xi) = \dfrac{f(b)-f(a)}{b-a}$．

拉格朗日定理是罗尔定理的推广，当 $f(a) = f(b)$ 时，拉格朗日定理变为罗尔定理．

拉格朗日定理的几何意义如图 3-2 所示，若 $f(x)$ 满足拉格朗日定理的条件，则在（a，b）内必有切线平行于弦 AB．

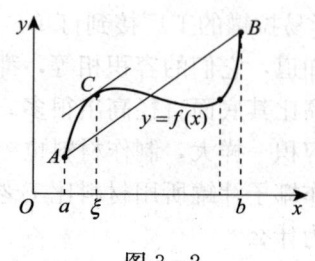

图 3-2

推论 3.1　如果在 (a,b) 内恒有 $f'(x) = 0$，则在 (a,b) 内 $f(x)$ 恒为常数．

推论 3.2　如果 $f(x)$ 与 $g(x)$ 在 (a,b) 内恒有 $f'(x) = g'(x)$，则在 (a,b) 内有

$$f(x) = g(x) + C$$

其中，C 为常数，即两个导函数相等的函数最多相差一个常数．

定理 3.3（柯西定理）

设 $f(x)$ 与 $g(x)$ 满足：

（1）$f(x)$ 与 $g(x)$ 在 $[a,b]$ 上连续；

（2）$f(x)$ 与 $g(x)$ 在 (a,b) 内可导，且 $g'(x) \neq 0$．

则在 (a,b) 内至少存在一点 ξ，使得 $\dfrac{f'(\xi)}{g'(\xi)} = \dfrac{f(b)-f(a)}{g(b)-g(a)}$．

此结论与拉格朗日定理的结论相比较，显然，当 $g(x) = x$ 时，柯西定理就成为拉格朗日定理，因此柯西定理可以看成拉格朗日定理的推广．上面三个微分中值定理在理论上有很大作用．

3.1.2　洛必达法则

由于两个无穷小量之比的极限或者两个无穷大量之比的极限有时存在，有时不存在，因此，称这类极限为"不定式"．下面解决不定式 $\dfrac{0}{0}$，$\dfrac{\infty}{\infty}$，$0 \cdot \infty$，$\infty - \infty$，0^0，∞^0，1^∞ 等类型的极限求解问题．在前面的学习中已经讨论过一些特殊求法，现在我们可用导数来解决这类极限问题，这就是所谓的洛必达法则．

1. $\dfrac{0}{0}$ 型的极限

若：

（1）$\lim\limits_{x \to a} f(x) = 0$，$\lim\limits_{x \to a} g(x) = 0$；

（2）$f(x)$、$g(x)$ 在点 a 的某去心邻域内可导，且 $g'(x) \neq 0$；

(3) $\lim\limits_{x \to a} \dfrac{f'(x)}{g'(x)} = A$ （或无穷大）.

则有 $\lim\limits_{x \to a} \dfrac{f(x)}{g(x)} = \lim\limits_{x \to a} \dfrac{f'(x)}{g'(x)} = A$ （或无穷大）.

2. $\dfrac{\infty}{\infty}$ 型的极限

若：

(1) $\lim\limits_{x \to a} f(x) = \infty$，$\lim\limits_{x \to a} g(x) = \infty$；

(2) $f(x)$、$g(x)$ 在点 a 的某去心邻域内可导，且 $g'(x) \neq 0$；

(3) $\lim\limits_{x \to a} \dfrac{f'(x)}{g'(x)} = A$ （或无穷大）.

则有 $\lim\limits_{x \to a} \dfrac{f(x)}{g(x)} = \lim\limits_{x \to a} \dfrac{f'(x)}{g'(x)} = A$ （或无穷大）.

若 $\lim\limits_{x \to a} \dfrac{f'(x)}{g'(x)}$ 仍是 $\dfrac{0}{0}$ 或 $\dfrac{\infty}{\infty}$ 型，且满足 $\dfrac{0}{0}$ 型或 $\dfrac{\infty}{\infty}$ 型的条件，则可继续使用洛必达法则，即

$$\lim\limits_{x \to a} \dfrac{f'(x)}{g'(x)} = \lim\limits_{x \to a} \dfrac{f''(x)}{g''(x)} = \cdots$$

例 1　求 $\lim\limits_{x \to 2} \dfrac{\ln(x^2 - 3)}{x^2 - 3x + 2}$．（$\dfrac{0}{0}$ 型）

解　原式 $= \lim\limits_{x \to 2} \dfrac{\dfrac{2x}{x^2 - 3}}{2x - 3} = 4$．

例 2　求 $\lim\limits_{x \to 0} \dfrac{e^x - e^{-x} - 2x}{x - \sin x}$．（$\dfrac{0}{0}$ 型）

解　原式 $= \lim\limits_{x \to 0} \dfrac{e^x + e^{-x} - 2}{1 - \cos x} \overset{\frac{0}{0}}{=} \lim\limits_{x \to 0} \dfrac{e^x - e^{-x}}{\sin x} \overset{\frac{0}{0}}{=} \lim\limits_{x \to 0} \dfrac{e^x + e^{-x}}{\cos x} = 2$．

例 3　求 $\lim\limits_{x \to +\infty} \dfrac{\ln x}{x^n}$（$n$ 为正整数）．（$\dfrac{\infty}{\infty}$ 型）

解　原式 $= \lim\limits_{x \to +\infty} \dfrac{\dfrac{1}{x}}{nx^{n-1}} = \lim\limits_{x \to +\infty} \dfrac{1}{nx^n} = 0$．

例 4　求 $\lim\limits_{x \to +\infty} \dfrac{x^n}{e^{nx}}$（$n$ 为正整数）．（$\dfrac{\infty}{\infty}$ 型）

解　原式 $= \lim\limits_{x \to +\infty} \dfrac{nx^{n-1}}{ne^{nx}} = \lim\limits_{x \to +\infty} \dfrac{n(n-1)x^{n-2}}{n^2 e^{nx}} = \cdots = \lim\limits_{x \to +\infty} \dfrac{n!}{n^n e^{nx}} = 0$．

3. 洛必达法则与等价无穷小替代法相结合求极限

例 5　求 $\lim\limits_{x \to 0} \dfrac{e^x - \cos x}{x \sin x}$．

解　因 $x \to 0$，$\sin x \sim x$，

原式 $= \lim\limits_{x \to 0} \dfrac{e^x - \cos x}{x \sin x} = \lim\limits_{x \to 0} \dfrac{e^x - \cos x}{x^2} = \lim\limits_{x \to 0} \dfrac{e^x + \sin x}{2x} = \infty$．

注意　上式最后不能再用洛必达法则了，每次使用洛必达法则之前，必须验证是否满足

洛必达法则使用的条件，否则容易导致错误.

例 6 求 $\lim\limits_{x\to 0}\dfrac{e^x-x-1}{x(e^x-1)}$.

解 因 $x\to 0,e^x-1\sim x$

原式 $=\lim\limits_{x\to 0}\dfrac{e^x-x-1}{x^2}=\lim\limits_{x\to 0}\dfrac{e^x-1}{2x}=\lim\limits_{x\to 0}\dfrac{e^x}{2}=\dfrac{1}{2}$.

4. 其他类型的极限

其他类型如 $0\cdot\infty$、$\infty-\infty$、0^0、1^∞ 型等，都可以转化为 $\dfrac{0}{0}$ 或 $\dfrac{\infty}{\infty}$ 型，再用洛必达法则求解极限.

例 7 求 $\lim\limits_{x\to+\infty}x(\dfrac{\pi}{2}-\arctan x)$. （$\infty\cdot 0$ 型）

解 原式 $=\lim\limits_{x\to+\infty}\dfrac{\dfrac{\pi}{2}-\arctan x}{\dfrac{1}{x}}=\lim\limits_{x\to+\infty}\dfrac{-\dfrac{1}{1+x^2}}{-\dfrac{1}{x^2}}=\lim\limits_{x\to+\infty}\dfrac{x^2}{1+x^2}=1$.

注意

（1）$\infty\cdot 0$ 类型极限式既可以转化为 $\dfrac{0}{0}$ 型未定式，也可以转化为 $\dfrac{\infty}{\infty}$ 型未定式，有时候其中一种才是有效的转化；

（2）使用洛必达法则后，如果出现繁分式，一般先化简，再考虑下一步的计算.

例 8 求 $\lim\limits_{x\to 0}\left(\dfrac{1}{\ln(1+x)}-\dfrac{1}{x}\right)$. （$\infty-\infty$ 型）

解 原式 $=\lim\limits_{x\to 0}\dfrac{x-\ln(1+x)}{x\ln(1+x)}\overset{\frac{0}{0}}{=}\lim\limits_{x\to 0}\dfrac{x-\ln(1+x)}{x^2}=\lim\limits_{x\to 0}\dfrac{1-\dfrac{1}{1+x}}{2x}$

$=\lim\limits_{x\to 0}\dfrac{x}{2x(1+x)}\overset{\frac{0}{0}}{=}\lim\limits_{x\to 0}\dfrac{1}{2+2x}=\dfrac{1}{2}$.

注意 $\infty-\infty$ 型极限式求解，一般是先化为分式，再考虑是否使用洛必达法则.

例 9 求 $\lim\limits_{x\to 0^+}x^{\tan x}$. （$0^0$ 型）

解 $\lim\limits_{x\to 0^+}x^{\tan x}=\lim\limits_{x\to 0^+}e^{\ln x^{\tan x}}=\lim\limits_{x\to 0^+}e^{\tan x\cdot\ln x}=e^{\lim\limits_{x\to 0^+}\tan x\cdot\ln x}$,

因为 $\lim\limits_{x\to 0^+}\tan x\cdot\ln x=\lim\limits_{x\to 0^+}x\ln x$（因 $x\to 0,\tan x\sim x$）$=\lim\limits_{x\to 0^+}\dfrac{\ln x}{\dfrac{1}{x}}=\lim\limits_{x\to 0^+}\dfrac{\dfrac{1}{x}}{-\dfrac{1}{x^2}}=0$,

所以原式 $=e^0=1$.

5. 洛必达法则并非万能

有些不定式本身的极限存在，但不能用洛必达法则来求. 因当 $\lim\limits_{x\to a}\dfrac{f'(x)}{g'(x)}$ 不存在时（等于无穷大的情形除外），但 $\lim\limits_{x\to a}\dfrac{f(x)}{g(x)}$ 有可能存在.

例 10　求 $\lim\limits_{x\to\infty}\dfrac{x-\sin x}{x}$．（$\dfrac{\infty}{\infty}$ 型）

解　如果直接使用洛必达法则：$\lim\limits_{x\to\infty}\dfrac{x-\sin x}{x}=\lim\limits_{x\to\infty}\dfrac{1-\cos x}{1}$ 不存在，此题洛必达法则失效，主要的原因在于这个例题并不满足洛必达法则使用的条件，因此使用洛必达法则，从一开始就是错误的．

实际上此题有极限，正确求解如下：

$$\lim_{x\to\infty}\frac{x-\sin x}{x}=\lim_{x\to\infty}\left(1-\frac{\sin x}{x}\right)=1$$

思考题　求 $\lim\limits_{x\to+\infty}\dfrac{\sqrt{1+x^2}}{x}$．（$\dfrac{\infty}{\infty}$ 型）

本题是否符合使用罗比达法则的条件？如果符合条件，使用法则后能否求出结果？本题正确的求解应该怎样？

习题 3.1

求下列函数的极限：

(1) $\lim\limits_{x\to a}\dfrac{x^m-a^m}{x^n-a^n}(a\neq 0)$；

(2) $\lim\limits_{x\to 0}\dfrac{e^x-x-1}{x^2}$；

(3) $\lim\limits_{x\to 0}\dfrac{e^x+\sin x-1}{\ln(1+x)}$；

(4) $\lim\limits_{x\to 0}\dfrac{e^x+e^{-x}-2}{\sin^2 x}$

(5) $\lim\limits_{x\to 0}\dfrac{\cos nx-\cos mx}{x^2}$（$m,n$ 是常数）；

(6) $\lim\limits_{x\to 0}\dfrac{x-\arctan x}{\ln(1+x^3)}$；

(7) $\lim\limits_{x\to\frac{\pi}{2}}\dfrac{\ln\sin x}{(\pi-2x)^2}$；

(8) $\lim\limits_{x\to 0^+}\dfrac{\ln\sin 2x}{\ln\sin x}$；

(9) $\lim\limits_{x\to+\infty}\dfrac{\ln(1+e^x)}{5x}$；

(10) $\lim\limits_{x\to 1^-}\dfrac{\ln\tan\frac{\pi}{2}x}{\ln(1-x)}$；

(11) $\lim\limits_{x\to+\infty}x(e^{\frac{1}{x}}-1)$；

(12) $\lim\limits_{x\to+\infty}x^2\left(\dfrac{\pi}{2}-\arctan 3x^2\right)$；

(13) $\lim\limits_{x\to 1^+}(x-1)\tan\dfrac{\pi}{2}x$；

(14) $\lim\limits_{x\to 1}\left(\dfrac{x}{x-1}-\dfrac{1}{\ln x}\right)$；

(15) $\lim\limits_{x\to 0}\left(\dfrac{1}{x}-\dfrac{1}{e^x-1}\right)$；

(16) $\lim\limits_{x\to 0^+}x^x$；

(17) $\lim\limits_{x\to 0^+}\left(\ln\dfrac{1}{x}\right)^x$；

(18) $\lim\limits_{x\to 0}(\cos x)^{\frac{1}{x}}$．

3.2　函数的单调性与极值

利用导数判定函数的单调性，比较简捷．本节先讨论函数单调性的判定，然后再利用单调性来求函数的极值．

3.2.1 函数单调性

假设函数 $y=f(x)$ 在区间 (a,b) 上每一点都存在导数，回顾函数单调性的定义，从图形不难得出以下结论：

（1）如图 3-3 所示，单调增加的函数，曲线上任一点切线的倾斜角（即与 x 轴正向的夹角）小于 $\frac{\pi}{2}$，故切线斜率大于 0，即 $f'(x)>0$．

（2）如图 3-4 所示，单调减少的函数，曲线上任一点切线的倾斜角大于 $\frac{\pi}{2}$，故切线斜率小于 0，即 $f'(x)<0$．

图 3-3 　　　　　　　　　　　　　　图 3-4

因此，函数的单调性与导数的符号有着密切的关系，于是得到下面的定理．

定理 3.4　（函数单调性的判定法）

设函数 $y=f(x)$ 在 $[a,b]$ 上连续，在 (a,b) 内可导：

（1）如果在 (a,b) 内 $f'(x)>0$，那么函数 $y=f(x)$ 在 $[a,b]$ 上单调增加；

（2）如果在 (a,b) 内 $f'(x)<0$，那么函数 $y=f(x)$ 在 $[a,b]$ 上单调减少．

证明　只证明（1），类似的可以证明（2）

$\forall x_1,x_2 \in [a,b]$，且 $x_1<x_2$，则由拉格朗日中值定理得

$$f(x_1)-f(x_2)=f'(\xi)(x_1-x_2) \quad (x_1<\xi<x_2),$$

因 $f'(x)>0$，则 $f'(\xi)>0$，而 $x_1-x_2<0$，所以 $f(x_1)-f(x_2)<0$，即

$$f(x_1)<f(x_2)$$

由单调性的定义知 $f(x)$ 在 $[a,b]$ 上单调增加。

根据函数单调性判定定理，要找出函数单调区间，只要找出 $f'(x)>0$ 或 $f'(x)<0$ 的区间即可．

注意　将上面定理中的 $f'(x)>0$，换成 $f'(x)\geqslant0$，或将 $f'(x)<0$ 换成 $f'(x)\leqslant0$，一般不影响结论．

一个函数 $y=f(x)$ 在其定义域内的导数 $f'(x)$ 只有 4 种情况：$f'(x)>0$、$f'(x)<0$、$f'(x)=0$ 和 $f'(x)$ 不存在，因此，我们可以先在 $f(x)$ 的定义域内求出 $f'(x)=0$ 和 $f'(x)$ 不存在的点，用这些点把函数的定义域分成若干个小区间，在这些小区间内考虑 $f'(x)$ 的符号，然后利用单调性的判定定理，确定出 $f(x)$ 的单调区间．

求函数单调区间的方法和步骤如下．

（1）确定定义域．

（2）求出 $f'(x)=0$ 及 $f'(x)$ 不存在的点 $x_1,x_2,\cdots,x_n$（不在定义域内的点去掉）．

（3）用这些点将定义域划分为若干个小区间，在各个小区间上讨论 $f'(x)$ 符号，利用单调性的判定定理得出结论．

例 11　确定函数 $f(x)=2x^3-9x^2+12x-3$ 的单调区间．

解　该函数的定义域为 $(-\infty,+\infty)$，而

$$f'(x)=6x^2-18x+12=6(x-1)(x-2)$$

令 $f'(x)=0$，得 $x_1=1,x_2=2$．列表如下：

x	$(-\infty,1)$	1	$(1,2)$	2	$(2,+\infty)$
$f'(x)$	+	0	−	0	+
$f(x)$	↗		↘		↗

函数 $f(x)$ 在区间 $(-\infty,1)$ 和 $(2,+\infty)$ 内单调增加，在区间 $[1,2]$ 内单调减少．

例 12　求函数 $f(x)=(x-1)\cdot\sqrt[3]{x^2}$ 的单调区间．

解　该函数的定义域为 $(-\infty,+\infty)$，而

$$f'(x)=\sqrt[3]{x^2}+(x-1)\cdot\frac{2}{3}\cdot\frac{1}{\sqrt[3]{x}}=\frac{5x-2}{3\sqrt[3]{x}}$$

令 $f'(x)=0$，得 $x=\dfrac{2}{5}$；$f'(x)$ 不存在的点为 $x=0$．列表如下：

x	$(-\infty,0)$	0	$\left(0,\frac{2}{5}\right)$	$\frac{2}{5}$	$\left(\frac{2}{5},+\infty\right)$
$f'(x)$	+	不存在	−	0	+
$f(x)$	↗		↘		↗

函数 $f(x)$ 在区间 $(-\infty,0)$ 和 $\left(\dfrac{2}{5},+\infty\right)$ 内单调增加，在区间 $\left[0,\dfrac{2}{5}\right]$ 内单调减少．

利用函数的单调性还可以证明一些不等式．

例 13　证明：当 $x\neq 0$ 时，$\mathrm{e}^x>x+1$．

证明　设函数 $f(x)=\mathrm{e}^x-x-1$，则

$$f'(x)=\mathrm{e}^x-1$$

当 $x>0$ 时，$f'(x)>0$，$f(x)$ 单调增加，则有 $f(x)>f(0)=0$；

当 $x<0$ 时，$f'(x)<0$，$f(x)$ 单调减少，则有 $f(x)>f(0)=0$；

综上所得，当 $x\neq 0$ 时，恒有

$$f(x)=\mathrm{e}^x-x-1>0，即 \mathrm{e}^x>x+1（证毕）$$

思考题　例 13 中如何确定函数 $f'(x)=0$ 及 $f'(x)$ 不存在的点？

3.2.2　函数的极值

如果函数在整个区间上是连续的，那么前面所讨论的单调区间之间的转折点，就形成了

函数的"波峰"与"波谷",我们把它称为函数的极值点.

1. 极值的定义

定义 3.1 设函数 $f(x)$ 在 x_0 某一邻域内有定义,若对于 x_0 某去心邻域内任一 x,有 $f(x) < f(x_0)$ 或 $f(x) > f(x_0)$,则称 $x = x_0$ 为函数的极大(极小)值点,$f(x_0)$ 是函数 $f(x)$ 的一个极大值(极小值).

函数的极大值与极小值统称为函数的**极值**,极大值点和极小值点统称为**极值点**.

注意 函数的极大值和极小值是局部的最值,极值只是与极值点邻近的所有点的函数值相比较而言,并不意味着它在函数的整个定义区间内最大或最小.而函数的最大值和最小值是对整个定义域而言的,是整体上的最值,两者是有区别的.

2. 极值存在的必要条件

定理 3.5 设函数 $f(x)$ 在点 x_0 处可导,且在点 x_0 处取得极值,那么 $f'(x_0) = 0$.

我们把一阶导数 $f'(x_0) = 0$ 的点 x_0 称为驻点.

定理 3.5 可叙述为可导函数 $f(x)$ 的极值点必定是函数的驻点.但是反过来,函数 $f(x)$ 的驻点却不一定是极值点.

例如,$f(x) = x^3$,$x = 0$,是 $f(x) = x^3$ 的驻点,但 $x = 0$ 不是函数 $f(x) = x^3$ 的极值点.

定理 3.5 是对函数在点 x_0 处可导而言的.在导数不存在的点,函数也可能有极值.

例如,$y = |x|$,在 $x = 0$ 处不可导,但在 $x = 0$ 处函数却有极小值 $y(0) = 0$;在导数不存在的点,也可能没有极值,如 $y = x^{\frac{1}{3}}$,$y' = \frac{1}{3}x^{-\frac{2}{3}}$,$y'(0)$ 不存在,并且在 $x = 0$ 处函数也没有极值.

由此,我们知道,函数的极值点必是函数的驻点或导数不存在的点.但是,驻点或导数不存在的点不一定就是函数的极值点.下面介绍函数取得极值的充分条件,也就是判断极值的方法.

3. 极值存在的充分条件

定理 3.6(第一充分条件) 设函数 $f(x)$ 在点 x_0 的某去心邻域内可导 [但 $f(x)$ 在点 x_0 处可以不可导,而 $f(x)$ 在点 x_0 处连续].在此邻域内,当 x 由小到大经过 x_0 时,如果:

(1) $f'(x)$ 的符号由负变正,那么 $f(x)$ 在 x_0 处取得极小值;

(2) $f'(x)$ 的符号由正变负,那么 $f(x)$ 在 x_0 处取得极大值;

(3) $f'(x)$ 的符号不改变,那么 $f(x)$ 在 x_0 处没有极值.

确定极值点和极值的方法和步骤如下.

(1) 求函数定义域.

(2) 求出 $f(x)$ 的全部驻点和不可导点(不在定义域内的点要去掉).

(3) 列表判断.

(4) 确定函数的极值点和极值.

例 14 求函数 $f(x) = x^3 - 3x^2 - 9x + 5$ 的极值.

解 $f'(x) = 3x^2 - 6x - 9 = 3(x+1)(x-3)$,函数没有不可导的点.

令 $f'(x) = 0$,得驻点 $x_1 = -1$,$x_2 = 3$.列表判断如下:

x	$(-\infty,-1)$	-1	$(-1,3)$	3	$(3,+\infty)$
$f'(x)$	$+$	0	$-$	0	$+$
$f(x)$	↗	极大值	↘	极小值	↗

所以极大值 $f(-1)=10$，极小值 $f(3)=-22$．

例 15 求函数 $f(x)=(x-4)\sqrt[3]{(x+1)^2}$ 的极值．

解 显然函数 $f(x)$ 在 $(-\infty,+\infty)$ 内连续，且 $f'(x)=\dfrac{5(x-1)}{3\sqrt[3]{x+1}}$．

令 $f'(x)=0$，得驻点 $x=1$，而 $x=-1$ 为 $f(x)$ 的不可导点．列表判断如下：

x	$(-\infty,-1)$	-1	$(-1,1)$	1	$(1,+\infty)$
$f'(x)$	$+$	不可导	$-$	0	$+$
$f(x)$	↗	极大值 0	↘	极小值 $-3\sqrt[3]{4}$	↗

所以极大值为 $f(-1)=0$，极小值为 $f(1)=-3\sqrt[3]{4}$．

定理 3.7（第二充分条件） 设点 x_0 是 $f(x)$ 的驻点〔即 $f'(x_0)=0$〕且 $f''(x_0)$ 存在，若：

(1) $f''(x_0)<0$，则函数 $f(x)$ 在 x_0 处取得极大值；

(2) $f''(x_0)>0$，则函数 $f(x)$ 在 x_0 处取得极小值．

说明：

(1) 如果函数 $f(x)$ 在驻点 x_0 处的二阶导数 $f''(x_0)\neq0$，那么该点 x_0 一定是极值点，并可以按 $f''(x_0)$ 的符号来判定 $f(x_0)$ 是极大值还是极小值．

(2) 如果 $f''(x_0)=0$，第二充分条件就不能应用，只能用第一充分条件判别，对一阶导数不存在的点也只有应用第一充分条件．

例如，讨论函数 $f(x)=x^4$，$g(x)=x^3$ 在点 $x=0$ 是否有极值．

对于 $f(x)=x^4$，因为 $f'(x)=4x^3$，$f''(x)=12x^2$，所以 $f'(0)=0$，$f''(0)=0$，但当 $x<0$ 时 $f'(x)<0$，当 $x>0$ 时 $f'(x)>0$，所以 $f(0)$ 为极小值．

对于 $g(x)=x^3$，$g'(x)=3x^2$，$g''(x)=6x$，所以 $g'(0)=0$，$g''(0)=0$，但 $g(0)$ 不是极值．

例 16 求函数 $f(x)=x^3-12x$ 的极值．

解 $f'(x)=3x^2-12=3(x^2-4)$，令 $f'(x)=0$，得驻点：$x_1=-2$，$x_2=2$；

$f''(x)=6x$，因为 $f''(-2)=-12<0$，所以 $f(-2)=16$ 为极大值；

而 $f''(2)=12>0$，所以 $f(2)=-16$ 为极小值．

例 17 求函数 $f(x)=(x^2-1)^3+1$ 的极值．

解 $f'(x)=6x(x^2-1)^2$，令 $f'(x)=0$，求得驻点 $x_1=-1$，$x_2=0$，$x_3=1$．又

$$f''(x)=6(x^2-1)(5x^2-1)$$

因为 $f''(0)=6>0$，所以 $f(x)$ 在 $x=0$ 处取得极小值，极小值为 $f(0)=0$．

由于 $f''(-1)=f''(1)=0$，所以用极值存在的第二充分条件无法判别．改用极值存在

的第一充分条件列表讨论如下：

x	$(-\infty,-1)$	-1	$(-1,0)$	0	$(0,1)$	1	$(1,+\infty)$
$f'(x)$	$-$	0	$-$	0	$+$	0	$+$
$f(x)$	↘	无极值	↘	极小值	↗	无极值	↗

由上表可知，$f(x)$ 在 $x=-1$ 处的左右邻域内 $f'(x)<0$，所以 $f(x)$ 在 $x=-1$ 处没有极值；而 $f(x)$ 在 $x=1$ 处的左右邻域内 $f'(x)>0$，因此 $f(x)$ 在 $x=1$ 处也没有极值．

故只有极小值为 $f(0)=0$．

思考题 函数的极大值一定大于极小值吗？以函数 $f(x)=x+\dfrac{1}{x}(x\neq 0)$ 为例说明．

3.2.3 最大值与最小值及其应用

在生产实践、科学技术及研究实验中，常常会遇到怎样做才能使"用料最省""投资最小""效益最好""利润最大"等问题．这类问题在数学上就是最大值、最小值问题．

（1）我们已经知道，在 $[a,b]$ 上连续的函数 $f(x)$ 一定有最大值和最小值，一般说来，其最大值与最小值，可以由区间端点函数值 $f(a),f(b)$ 与区间内使 $f'(x)=0$ 及 $f'(x)$ 不存在点的函数值相比较，其中最大的就是函数在 $[a,b]$ 上的最大值，最小的就是函数在 $[a,b]$ 上的最小值．

（2）如果函数 $f(x)$ 在 $[a,b]$ 上单调增加，则 $f(a)$ 是 $f(x)$ 在 $[a,b]$ 上的最小值，$f(b)$ 是 $f(x)$ 在 $[a,b]$ 上的最大值．如果函数 $f(x)$ 在 $[a,b]$ 上单调减少，则 $f(a)$ 是 $f(x)$ 在 $[a,b]$ 上的最大值，$f(b)$ 是 $f(x)$ 在 $[a,b]$ 上的最小值．

（3）如果连续函数在区间 (a,b) 内有且仅有一个极大值，而没有极小值，则此极大值就是函数在区间 $[a,b]$ 上的最大值．同样，如果连续函数在区间 (a,b) 内有且仅有一个极小值，而没有极大值，则此极小值就是函数在区间 $[a,b]$ 上的最小值．

（4）在应用实际问题中，如果可以肯定问题的最大值（最小值）存在，而在研究过程中发现函数只有唯一的一个极大值点（极小值点），则可以肯定这个唯一的极大值点（极小值点）就是我们所要求的最大值点（最小值点）．

例 18 求 $f(x)=x^4-2x^2+1$ 在 $[-2,1]$ 上的最值．

解 $f'(x)=4x^3-4x=4x(x^2-1)$，

由 $f'(x)=0$，得驻点：$x=-1,0,1$，

$f(-1)=0$，$f(0)=1$，$f(1)=0$，另一端点函数值为 $f(-2)=9$，

比较可知，最大值为 $f(-2)=9$，最小值为 $f(-1)=f(1)=0$．

例 19 求 $f(x)=x-\sqrt{1-x}$ 在 $[-1,0]$ 上的最值．

解 由于 $f'(x)>0$，所以 $f(x)$ 单调增加，

最值在端点取得：最小值为 $f(-1)=-1-\sqrt{2}$，最大值为 $f(0)=-1$．

例 20 将边长为 a 的一块正方形铁皮，四角各截去一个大小相同的小正方形，然后将四边形折起来做成一个无盖的方盒．问截掉的小正方形边长为多大时，所得方盒的容积最大？

解 设小正方形的边长为 x，则盒底的边长为 $a-2x$，因此，方盒的容积为

$$V = x(a - 2x)^2 , \ x \in \left(0, \frac{a}{2}\right)$$

求得 $V' = (a - 2x)(a - 6x)$ ，令 $V' = 0$ ，得 $x_1 = \frac{a}{6}$ ，$x_2 = \frac{a}{2}$（舍去）．

只有点 $x_1 = \frac{a}{6}$ 在区间 $\left(0, \frac{a}{2}\right)$ 内，显然，当 $x \in \left(0, \frac{a}{6}\right)$ 时，$V' > 0$；当 $x \in \left(\frac{a}{6}, \frac{a}{2}\right)$ 时，$V' < 0$ ，所以函数 V 在点 $x_1 = \frac{a}{6}$ 处取得极大值，这个极大值就是函数 V 的最大值．由此可知，当截去的小正方形的边长等于所给正方形铁皮边长的 $\frac{1}{6}$ 时，所做成的方盒容积最大．

例 21 解答本章开始提出的案例．先把它一般化，要做一个容积为 V（定值）的圆柱形铝罐，怎样设计才能使所用材料最省？

解 显然，要材料最省，就是要铝罐的表面积最小．设铝罐的底半径为 r ，高为 h ，则它的侧面积为 $2\pi rh$ ，底面积为 πr^2 ，因此表面积为

$$S = 2\pi r^2 + 2\pi rh$$

由体积公式 $V = \pi r^2 h$ ，得 $h = \dfrac{V}{\pi r^2}$ ，则 $S = 2\pi r^2 + \dfrac{2V}{r}$（$r > 0$）

$$S' = 4\pi r - \frac{2V}{r^2} = \frac{2(2\pi r^3 - V)}{r^2} , \ 令 S' = 0 , \ 得 r = \sqrt[3]{\frac{V}{2\pi}} , \quad S'' = 4\pi + \frac{4V}{r^3} > 0$$

因此，在点 $r = \sqrt[3]{\dfrac{V}{2\pi}}$ 处，S 有极小值，因极值点唯一，所以极小值就是最小值．这时相应的高为

$$h = \frac{V}{\pi r^2} = \frac{Vr}{\pi r^3} = \frac{Vr}{\pi \cdot \dfrac{V}{2\pi}} = 2r$$

于是得出结论：当所做圆柱形铝罐的高与底面直径相等时，所用材料最省．

本章开始提出的案例中，因王老吉罐的高与底面直径比较接近，而椰子汁罐的高比底面直径高出很多，所以制作王老吉罐比椰子汁罐要省料一些，即厂长说的是正确的．

例 22（专业应用案例：材料力学问题） 李诚《营造法式》："凡梁之大小，各随其广分为三，以二分为厚."如图 3-5 所示，从圆木中锯出的叫作矩形截面梁（或叫矩形横梁），矩形的 宽 : 高 =？时，才能最有效利用材料？意为矩形横梁的 宽 : 高 = $b : h$ = $2 : 3$ 时，矩形横梁的强度最大，试证明之．

（李诚：河南郑州人，宋代建筑学家．他编著的《营造法式》一书，是我国古代一部非常有价值的建筑学著作．）

证明 如图 3-5 所示，由材料力学知识可知，矩形横梁的强度与矩形的高的平方和宽成正比，即

$$y = kbh^2 = kb(d^2 - b^2) = k(bd^2 - b^3) \qquad （k \ 为比例系数，属于常数；d \ 为圆木直径）.$$

本题即求矩形横梁的强度 y 何时最大，也即是材料最有效的利用，即求

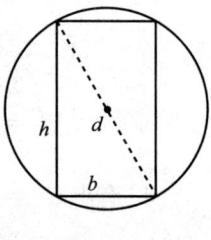

$$y = bh^2 = b(d^2 - b^2) = bd^2 - b^3 \text{ 的最大值}$$

$$y' = d^2 - 3b^2 = 0 \text{，得驻点 } b = \frac{\sqrt{3}}{3}d$$

$$y'' = -6b < 0 \text{，} y \text{ 有极大值}$$

图 3-5

而驻点唯一，所以极大值就是最大值，极大值点就是最大值点

即当
$$b = \frac{\sqrt{3}}{3}d \text{，} y \text{ 有最大值}$$

这时
$$h = \sqrt{d^2 - b^2} = \sqrt{d^2 - \frac{1}{3}d^2} = \frac{\sqrt{6}}{3}d \text{，}$$

$$\frac{b}{h} = \frac{1}{\sqrt{2}} = \frac{\sqrt{2}}{2} = \frac{1.414}{2} \approx 0.7$$

而已知中的 $\frac{b}{h} = \frac{2}{3} \approx 0.67$，与上面 0.7 比较接近，为了实际操作方便，所以矩形横梁的宽与高之比为 $2 : 3$，可使矩形横梁的强度最大，也即材料的最佳利用（请读者观察某些教室里上面的横梁结构）.

思考题 在最值的实际应用中，如果可以肯定这个最值（最大值或最小值）是客观存在的，而函数只有唯一的驻点，那么能否确定这就是我们要找的那个唯一的极值点，从而确定它就是唯一的那个最值（最大值或最小值）点呢？

习题 3.2

1. 求下列函数的单调区间：

(1) $y = x^3 - 3x^2 - 9x + 4$ ；

(2) $y = 2x^2 - \ln x$ ；

(3) $y = \frac{2x}{1 + x^2}$ ；

(4) $y = x + \sin x$ ；

2. 求下列函数的极值：

(1) $y = x - \ln(x + 1)$ ；

(2) $y = x^3 - 3x$ ；

(3) $y = (x - 2)\sqrt[3]{x^2}$ ；

(4) $y = \frac{x}{1 + x^2}$ ；

(5) $y = x^2 \ln x$ ；

(6) $y = x - \sin x$.

(7) $y = \arctan x - \frac{1}{2}\ln(1 + x^2)$.

3. a 为何值时，函数 $f(x) = a\sin x + \frac{1}{3}\sin 3x$ 在 $x = \frac{\pi}{3}$ 处取到极值？它是极大值还是极小值？并求此极值.

4. 求函数 $y = 2x^2 - \ln x$ 在区间 $\left[\frac{1}{2}, 3\right]$ 上的最大值与最小值.

5. 证明不等式：当 $x > 1$ 时，$2\sqrt{x} > 3 - \dfrac{1}{x}$．

6. 证明方程 $e^x - x = 3$ 在 $(0,3)$ 内有且仅有一个实根．

7. 如图 3-6 所示，有一块宽 $2a$ 的长方形铁片，将它的两个边缘向上折起成一开口水槽，使其横截面为一矩形，矩形高为 x，问 x 取何值时，水槽的截面积最大．

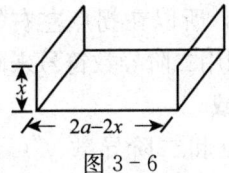

图 3-6

8. 如图 3-7 所示，铁路线 AB 段的距离为 $100\ \text{km}$，工厂 C 距 A 处为 $20\ \text{km}$，AC 垂直于 AB，为了运输需要，要在 AB 线上选定一点 D，向工厂修筑一条公路．已知铁路每千米货运的运费与公路上每千米货运的运费之比为 $3:5$，为了使货物从供应站 B 运到工厂 C 的运费最省，问 D 点应选在何处？

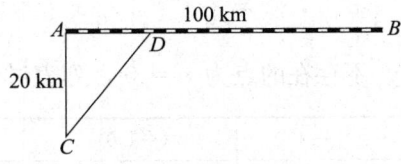

图 3-7

9. 欲用围墙围成面积为 $216\ \text{m}^2$ 的一块矩形场地，并在正中间用一堵墙将其隔成两块，问此场地的长和宽各为多少米时，才能使所用建筑材料最省？

3.3　曲线的凹向与拐点、函数作图

在研究函数图形的变化状况时，知道它的上升和下降规律很有好处，但还不能完全反映它的变化规律．在描绘函数的图形时，除了要了解函数的单调性与极值外，还要知道弯曲方向，就是所谓曲线的凹向性．

3.3.1　曲线的凹向性

定义 3.2　如果在某区间内，函数曲线上任意一点的切线位于曲线的上方，则称该曲线在这个区间上是向下凹的（如图 3-8 中 AB 弧段）；如果函数曲线上任意一点的切线位于曲线的下方，则称该曲线在这个区间上是向上凹的（如图 3-8 中 BC 弧段）．

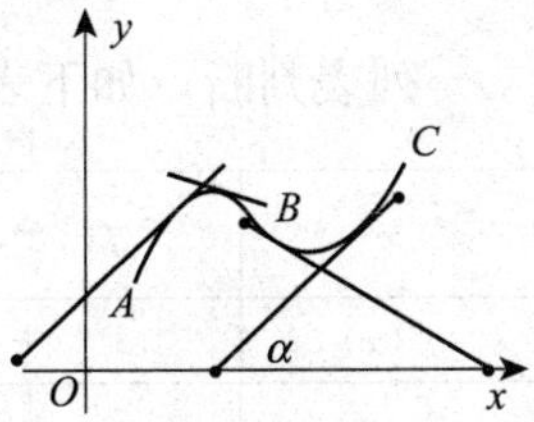

定理 3.7　设 $f(x)$ 在 $[a,b]$ 上连续，在 (a,b) 内具有二阶导数．

(1) 若在 (a,b) 内 $f''(x) < 0$，则 $f(x)$ 在 (a,b) 内的图形向下凹．

(2) 若在 (a,b) 内 $f''(x) > 0$，则 $f(x)$ 在 (a,b) 内的图形向上凹．

因为 $f''(x) < 0$ 时，$f'(x)$ 单调减少，即切线斜率 $\tan\alpha$ 由大变小，只有切线位于曲线的上方，所以由定义 3.2 知曲线是向下凹的（如图 3-8 中 AB 弧段）．

图 3-8

如果 $f''(x) > 0$，则 $f'(x)$ 单调增加，即切线斜率 $\tan \alpha$ 由小变大，只有切线位于曲线的下方，所以由定义 3.2 知曲线是向上凹的（如图 3-8 中 BC 弧段）.

3.3.2 拐点

定义 3.3 曲线上凹和下凹的分界点称为曲线的拐点.

拐点既然是上凹与下凹的分界点，所以在拐点左右邻近 $f''(x)$ 必然异号，因而在拐点处 $f''(x) = 0$，或 $f''(x)$ 不存在. 我们利用二阶导数符号来确定某点是否为拐点，其步骤如下.

(1) 确定函数 $y = f(x)$ 的定义域.

(2) 求二阶导数 $f''(x) = 0$ 的点和二阶导数 $f''(x)$ 不存在的点（不在定义域内的去掉）.

(3) 列表判断，确定出曲线凹向区间和拐点.

例 23 求曲线 $y = x^{\frac{4}{3}} - 2x^{\frac{1}{3}}$ 的凹向区间和拐点.

解 该函数定义域为 $(-\infty, +\infty)$

$$y' = \frac{4}{3}x^{\frac{1}{3}} - \frac{2}{3}x^{-\frac{2}{3}}, \quad y'' = \frac{4}{9}x^{-\frac{2}{3}} + \frac{4}{9}x^{-\frac{5}{3}} = \frac{4}{9} \cdot \frac{x+1}{\sqrt[3]{x^5}},$$

令 $y'' = 0$，得 $x = -1$；y'' 不存在的点为 $x = 0$，列表讨论如下：

x	$(-\infty, -1)$	-1	$(-1, 0)$	0	$(0, +\infty)$
$f''(x)$	$+$	0	$-$	不存在	$+$
$f(x)$	∪	拐点 $(-1, 3)$	∩	拐点 $(0, 0)$	∪

因此，在 $(-\infty, -1)$ 和 $(0, +\infty)$ 内曲线向上凹，在 $(-1, 0)$ 内曲线向下凹.

所以点 $(-1, 3)$ 和 $(0, 0)$ 是曲线的拐点.

注意 拐点是用点的横纵两个坐标来表示的，而极值点只用横坐标一个坐标来表示.

例 24 求曲线 $y = 3x^4 - 4x^3 + 1$ 的凹向区间与拐点.

解 该函数的定义域为 $(-\infty, +\infty)$，

$$y' = 12x^3 - 12x^2, \quad y'' = 36x^2 - 24x = 36x\left(x - \frac{2}{3}\right)$$

令 $y'' = 0$，得 $x_1 = 0$，$x_2 = \frac{2}{3}$.

列表判断，如下表：

x	$(-\infty, 0)$	0	$\left(0, \frac{2}{3}\right)$	$\frac{2}{3}$	$\left(\frac{2}{3}, +\infty\right)$
$f''(x)$	$+$	0	$-$	0	$+$
$f(x)$	∪	拐点 $(0, 1)$	∩	拐点 $\left(\frac{2}{3}, \frac{11}{27}\right)$	∪

因此曲线在 $(-\infty, 0)$ 和 $\left(\frac{2}{3}, +\infty\right)$ 内向上凹，在 $\left(0, \frac{2}{3}\right)$ 内向下凹.

所以点 $(0,1)$ 和 $(\frac{2}{3}, \frac{11}{27})$ 是拐点.

3.3.3　渐近线

有些函数的定义域与值域都是有限区间，此时函数的图形局限于一定的范围之内，如圆、椭圆等．而有些函数的定义域或值域是无穷区间，此时函数的图形向无穷远处延伸，如双曲线、抛物线等．有些无穷远延伸的曲线，呈现出越来越接近某一直线的形态，这种直线就是曲线的渐近线.

定义 3.4　如果曲线上的一点沿着曲线趋于无穷远时，该点与某条直线的距离趋于 0，则称此直线为曲线的渐近线.

1. 水平渐近线

引例　从第 1 章中反正切函数 $y = \arctan x$ 的图形可知：

当 $x \to +\infty$ 时，$y \to \frac{\pi}{2}$，则 $y = \frac{\pi}{2}$ 是水平渐近线（见图 3-9）；

当 $x \to -\infty$ 时，$y \to -\frac{\pi}{2}$，则 $y = -\frac{\pi}{2}$ 是水平渐近线.

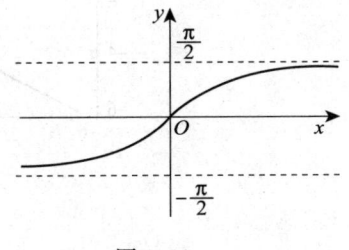

一般地有下面定义.

如果曲线 $y = f(x)$ 的定义域是无限区间，且当 $x \to \infty$（或 $x \to +\infty$，或 $x \to -\infty$）时，$y \to b$，则称直线 $y = b$ 为曲线 $y = f(x)$ 的渐近线，称为水平渐近线.

即 $\lim\limits_{x \to \infty} f(x) = b$（或 $\lim\limits_{x \to +\infty} f(x) = b$，或 $\lim\limits_{x \to -\infty} f(x) = b$），则直线 $y = b$ 为曲线 $y = f(x)$ 的水平渐近线.

图 3-9

例 25　求曲线 $y = \dfrac{1}{x-1}$ 的水平渐近线.

解　因为 $x \to \infty$，$y \to 0$，所以，$y = 0$ 是曲线的一条水平渐近线.

2. 铅垂渐近线

在例 25 中，对于曲线 $y = \dfrac{1}{x-1}$，当 $x \to 1$ 时，$y \to \infty$，称 $x = 1$ 是曲线的铅垂渐近线.

一般地，如果曲线 $y = f(x)$，当 $x \to a$（或 $x \to a^+$，或 $x \to a^-$）时，$y \to \infty$，即 $\lim\limits_{x \to a} f(x) = \infty$（或 $\lim\limits_{x \to a^+} f(x) = \infty$，或 $\lim\limits_{x \to a^-} f(x) = \infty$），则直线 $x = a$ 为曲线 $y = f(x)$ 的铅垂渐近线.

3.3.4　一元函数作图

运用前面讨论过的单调性与极值、凹向与拐点以及渐近线和对称性可以描出函数图形的大致变化趋势，因此可以依据这些性质作出函数的图形．现在一般用电脑作图，本书介绍用 Matlab 软件作图，常用一元函数作图命令有两个：

命令 3.1　ezplot，格式：ezplot（'f'，[a,b]）：绘制函数 $y = f(x)$ 或 $f(x,y) = 0$ 在 [a,b] 上的图形，默认区间为 $[-2\pi, 2\pi]$；

ezplot（'f'，'g'，[a,b]）：绘制参数方程 $\begin{cases} x = f(t) \\ y = g(t) \end{cases}$ 在区间 $a \leqslant t \leqslant b$ 上的图形.

命令 3.2 plot，格式：plot（x，y）（数值计算作图，如果已知一组数据，作出函数图形，则用此命令）；

下面以命令 3.1 为例，这个命令可以作显函数图形，也可以作隐函数图形．

例 26 作图 $y = x + \dfrac{1}{x}$．

解 >> ezplot('x+ 1/x') 或 ezplot('x+ 1/x- y')

回车即得如图 3-10 的图形．

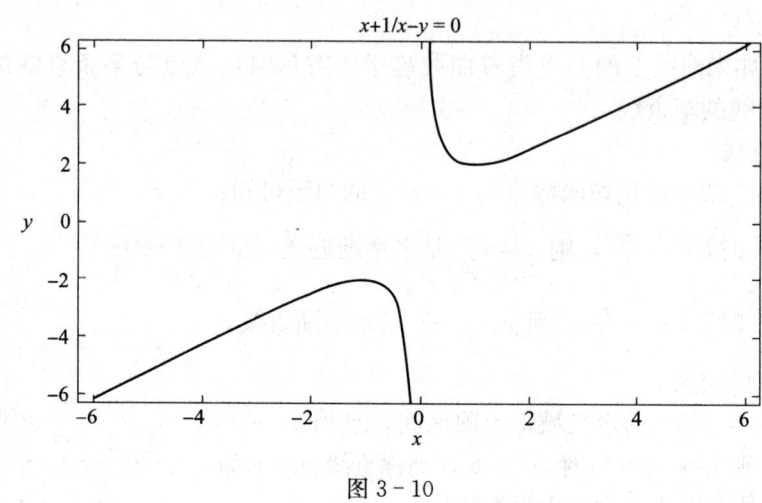

图 3-10

例 27 作图：

(1) $y = \sin x + x$；

(2) $y = x^2 e^{-x^2}$．

解 >> ezplot ('sin(x)+ x')　%:显函数作图形式,回车得图 3-11;

>> ezplot ('x^2* exp(- x^2)')　%:回车得图 3-12.

绘图时，一个图一个图地绘，若同时绘两个或两个以上图形，则要另加命令 figure，否则若不加 figure，将会覆盖前面图形．若在同一坐标系里作两个或两个以上图形，详见本章最后附件 3．

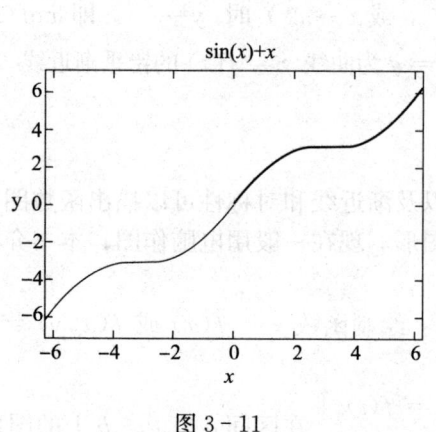

图 3-11

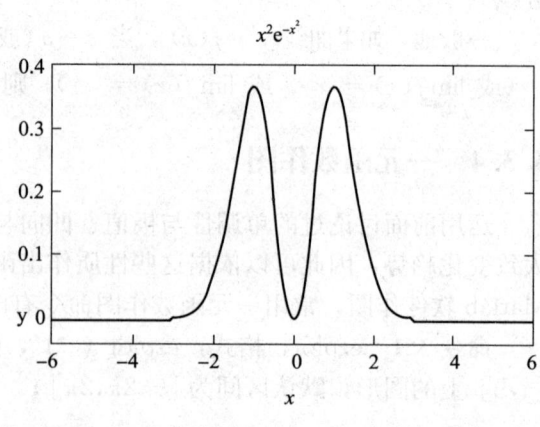

图 3-12

例 28 作图 $x^3 + y^3 - 5xy + \dfrac{1}{5} = 0$.（隐函数作图）

解 >> ezplot('x^3+ y^3- 5* x* y+ 1/5= 0')

回车即得图 3-13.

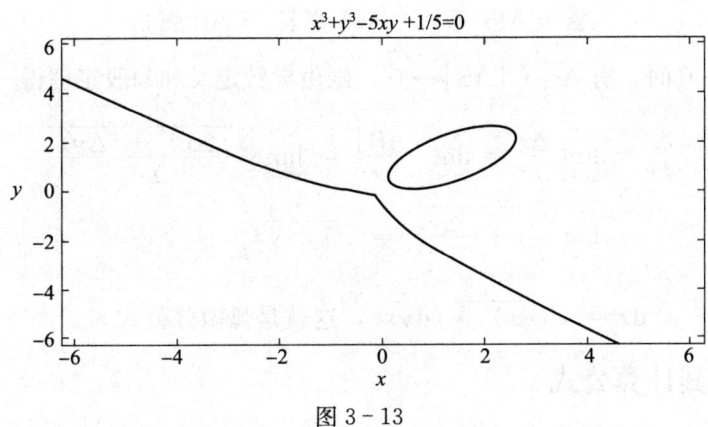

图 3-13

有关作图问题参见本章最后的附件 3.

习题 3.3

1. 讨论下列曲线的凹向与拐点：

(1) $y = x\arctan x$ ；

(2) $y = x^4 - 6x^3 + 12x^2 - 10$ ；

(3) $y = \dfrac{\ln x}{x}$ ；

(4) $y = 2 + (x-4)^{\frac{1}{3}}$.

2. 求曲线 $y = \dfrac{(x-1)^2}{(x+3)^3}$ 的水平渐近线和铅垂渐近线.

3. 作出下列函数的图形（用电脑 Matlab 作图）：

(1) $y = \dfrac{1}{1+x^2}$ ；

(2) $y = 2x^3 - 3x^2$ ；

(3) $y = x\sqrt{3-x}$ ；

(4) $y = \dfrac{1}{\sqrt{2\pi}} \mathrm{e}^{-\frac{x^2}{2}}$.

3.4 曲 率

引例 有一工件表面的截线为抛物线 $y = 0.2x^2$ ，现在要用砂轮磨削其内表面. 现考虑顶点处要用直径多大的砂轮才比较合适？若砂轮大了放不下，若砂轮小了容易把顶点磨薄. 用曲率知识可以解决这一问题.

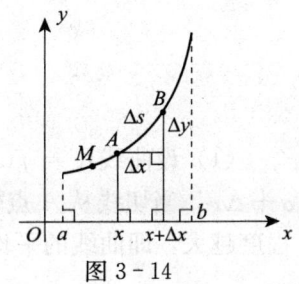

图 3-14

3.4.1 弧微分

如图 3-14 所示，曲线 $y = f(x)$ 在 $[a,b]$ 内有连续导数，规

定由 a 到 b 方向的有向弧 $\overgroup{MA}$ 的值 $s>0$，反之 $s<0$，s 的绝对值 $|s|$ 等于这段弧的长度.

设 $A(x,y)$，$B(x+\Delta x,y+\Delta y)$ 是曲线上邻近的两点，这样不论 M 点在曲线上的哪一位置，都有弧长 s 的增量为

$$\Delta s = MB \text{ 弧长} - MA \text{ 弧长} = AB \text{ 弧长}$$

显然当 $\Delta x \to 0$ 时，有 $\Delta s \to |AB| \to 0$，则由导数定义和勾股定理得

$$\frac{ds}{dx} = \lim_{\Delta x \to 0}\frac{\Delta s}{\Delta x} = \lim_{\Delta x \to 0}\frac{|AB|}{\Delta x} = \lim_{\Delta x \to 0}\frac{\sqrt{(\Delta x)^2+(\Delta y)^2}}{\Delta x}$$

$$= \lim_{\Delta x \to 0}\sqrt{1+\left(\frac{\Delta y}{\Delta x}\right)^2} = \sqrt{1+y'^2}$$

即 $ds = \sqrt{1+y'^2}\,dx = \sqrt{(dx)^2+(dy)^2}$，这就是弧微分公式.

3.4.2 曲率及其计算公式

定义 3.5（曲率定义）刻画曲线在一点弯曲程度大小的数称为曲率.

曲线在一点的曲率计算公式为

$$k = \frac{|y''|}{(1+y'^2)^{\frac{3}{2}}}$$

在证明曲率计算公式之前，我们先看一个事实：

引例 1 我们坐汽车时，公路拐弯程度在车里有感觉，我们说这个弯大，那个弯小，通常是从两方面说的：一方面指公路的方向改变的大小，如原来向北后来向西，我们说方向改变了 $90°$，方向改变得越大，弯曲程度越大；另一方面指在多远的路程上改变了这个角度.如果两个弯都是改变了 $90°$，但一个是在 $50\ m$ 内改变的，另一个是在 $150\ m$ 内改变的，谁弯曲得厉害呢？当然我们说前者比后者弯曲得厉害.由此我们得出结论：弯曲程度与方向改变的大小成正比，与改变这个方向所经过的路程成反比.

下面我们证明曲率计算公式（见图 3-15）.

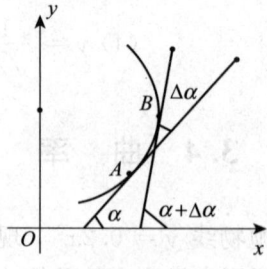

图 3-15

（1）设曲线 $y = f(x)$ 在 $[a,b]$ 内有连续导数，在 A 点和 B 点的切线的倾角分别为 α 和 $\alpha+\Delta \alpha$，当切线从 A 点转向 B 点时，切线倾角的改变量 $\Delta \alpha$ 越大，曲线 AB 弧段的平均弯曲程度越大，即曲线的平均弯曲程度与切线倾角的改变量 $\Delta \alpha$ 成正比，即

$$平均曲率与 \Delta \alpha 成正比$$

而改变这个角度 $\Delta\alpha$ 所经过的路程则是弧长 AB，我们可以认为它是弧长的改变量，记为 Δs；

（2）显然 AB 弧长 Δs 越长，AB 弧的平均弯曲程度越小，反之若 AB 弧长 Δs 越短，AB 弧的平均弯曲程度越大，即

平均曲率与弧长的改变量 Δs 成反比

因此，我们可以认为 AB 弧上的平均曲率为 $\left|\dfrac{\Delta\alpha}{\Delta s}\right|$（比例系数可设为 1）.

当 $\Delta s \to 0$，$\left|\dfrac{\Delta\alpha}{\Delta s}\right| \to A$ 点的曲率，所以曲线在 A 点的曲率为

$$k = \lim_{\Delta s \to 0}\left|\frac{\Delta\alpha}{\Delta s}\right| = \left|\frac{\mathrm{d}\alpha}{\mathrm{d}s}\right|$$

因 $\tan\alpha = y'$，$\alpha = \arctan y'$，所以 $\mathrm{d}\alpha = \dfrac{y''}{1+y'^2}\mathrm{d}x$，

又由弧微分公式 $\mathrm{d}s = \sqrt{1+y'^2}\,\mathrm{d}x$，所以

$$k = \lim_{\Delta s \to 0}\left|\frac{\Delta\alpha}{\Delta s}\right| = \left|\frac{\mathrm{d}\alpha}{\mathrm{d}s}\right| = \left|\frac{\dfrac{y''}{(1+y'^2)}}{\sqrt{1+y'^2}}\right| = \frac{|y''|}{(1+y'^2)^{\frac{3}{2}}}$$

这就是曲线 $y = f(x)$ 在一点的曲率公式，曲率 k 越大，曲线的弯曲程度越大，曲率 k 越小，曲线的弯曲程度越小.

例 29 求直线 $y = ax + b$ 任一点的曲率.

解 将 $y' = a$、$y'' = 0$ 代入曲率公式得 $k = 0$（直线本来就没有弯曲）.

例 30 证明：半径为 R 的圆上任一点的曲率是定值.

证明 设圆：$\begin{cases} x = R\cos t \\ y = R\sin t \end{cases}$ $\quad(0 \leqslant t \leqslant 2\pi)$，

$$y' = \frac{\mathrm{d}y}{\mathrm{d}x} = \frac{R\cos t}{-R\sin t} = -\cot t$$

因一般来说 y'' 是表示 y' 对 x 再一次求导，而现在这里 y' 是 t 的表达式，所以要求 y''，先将 y' 对 t 求导，再 t 对 x 求导（复合函数求导法则）. 用另一导数符号即

$$y'' = \frac{\mathrm{d}^2 y}{\mathrm{d}x^2} = \frac{\mathrm{d}}{\mathrm{d}x}\left(\frac{\mathrm{d}y}{\mathrm{d}x}\right) = \frac{\mathrm{d}}{\mathrm{d}x}(-\cot t) = \frac{\mathrm{d}}{\mathrm{d}t}(-\cot t)\cdot\frac{\mathrm{d}t}{\mathrm{d}x} = \csc^2 t \cdot \frac{1}{\dfrac{\mathrm{d}x}{\mathrm{d}t}}$$

$$= \csc^2 t \cdot \frac{1}{-R\sin t} = -\frac{1}{R\sin^3 t}$$

由曲率公式得

$$k = \frac{|y''|}{(1+y'^2)^{\frac{3}{2}}} = \frac{\left|\dfrac{1}{R\sin^3 t}\right|}{(1+\cot^2 t)^{3/2}} = \frac{\dfrac{1}{R}\cdot|\csc^3 t|}{(\csc^2 t)^{3/2}} = \frac{1}{R}$$

即圆上任一点的弯曲程度一样.

例 31 问抛物线 $y = ax^2 + bx + c$ 哪一点处的曲率最大?

解 $y' = 2ax + b$,$y'' = 2a$,

由曲率公式得

$$k = \frac{|2a|}{[1 + (2ax + b)^2]^{\frac{3}{2}}}$$

要使 k 最大,即分母最小,即 $2ax + b = 0$,解得 $x = -\dfrac{b}{2a}$,$k_{最大} = |2a|$,所以抛物线顶点处的曲率最大.

3.4.3 曲率圆与曲率半径

定义 3.6 (曲率圆定义)与曲线内切且在切点 M 处的曲率与曲线的曲率相同的圆,称为曲线在点 M 处的曲率圆(见图 3-16).

设曲线 $y = f(x)$ 在点 M 处的曲率为 $k(k \neq 0)$,上面已证明半径为 R 的圆的曲率为 $\dfrac{1}{R}$,由曲率圆定义在 M 点有 $k = \dfrac{1}{R}$,所以在点 M 处曲率圆的半径为 $R = \dfrac{1}{k}$,简称曲率半径.

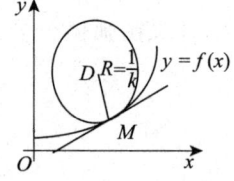

图 3-16

在 M 点作与曲线相内切的圆有无穷多个,但是曲率圆是最佳的,因它与曲线在切点处有相同的曲率.

从曲率半径 $R = \dfrac{1}{k}$ 可知,若曲线弯曲程度越大(即曲率越大),则曲率半径越小;若曲线弯曲程度越小(即曲率越小),则曲率半径越大.

例 32 (本节开始提出的引例)设工件表面的截线为抛物线 $y = 0.2x^2$,现在要用砂轮磨削其内表面的顶点处,问用直径多大的砂轮才比较合适?

解 砂轮的半径应等于抛物线顶点处的曲率半径,

$$y' = 0.4x,\quad y'' = 0.4,$$

已知抛物线在顶点 $(0,0)$ 处的曲率最大,即曲率半径最小,

$$y'(0) = 0,\quad y''(0) = 0.4$$

代入曲率公式,得

$$k = \frac{|y''|}{(1 + y'^2)^{\frac{3}{2}}} = 0.4$$

抛物线顶点处的曲率半径为

$$R = \frac{1}{k} = \frac{1}{0.4} = 2.5$$

所以选用半径为 2.5 个单位的砂轮磨削顶点处.

思考题 速率一定的火车在弯曲度不同的轨道上行驶,曲率大的轨道上容易脱轨还是曲

率小的轨道上容易脱轨？

习题 3. 4

1. 计算曲线 $y = \sin x$ 在点 $(\frac{\pi}{2}, 1)$ 处的曲率.

2. 求抛物线 $y = x^2 - 4x + 3$ 顶点处的曲率及曲率半径.

3. 求曲线 $y = \ln x$ 上曲率最大的点.

复习题 3

1. 求下列极限：

(1) $\lim\limits_{x \to 0} \dfrac{e^x - e^{-x} - 2x}{x - \sin x}$;

(2) $\lim\limits_{x \to +\infty} \dfrac{\ln\left(\dfrac{2}{\pi}\arctan x\right)}{e^{-x}}$;

(3) $\lim\limits_{x \to \frac{\pi}{2}}(\sec x - \tan x)$;

(4) $\lim\limits_{x \to 0}\left[\dfrac{1}{x} - \dfrac{\ln(1+x)}{x^2}\right]$.

2. 求下列函数的极值：

(1) $y = 3x^4 - 8x^3 + 6x^2$;

(2) $y = x - \dfrac{3}{2}x^{\frac{2}{3}}$.

3. 由材料力学知道，一个截面为矩形的横梁的强度与矩形的高的平方和宽成正比，欲将一根直径为 d 的圆木切割成具有最大强度而截面为矩形的横梁，问矩形的高与宽之比应是多少？

4. 求下列函数在指定点的曲率：

(1) 曲线 $xy = 4$ 在点 $(2, 2)$ 处；

(2) 椭圆 $\begin{cases} x = a\cos t \\ y = b\sin t \end{cases}$ 在点 $t = \dfrac{\pi}{2}$ 处 .

5. 作出下列函数的图形（用电脑 Matlab 作图）：

(1) $y = 3x - x^3$;

(2) $y = \ln(1 + x^2)$;

(3) $y = (x - 4)^{\frac{5}{3}}$;

(4) $2x^2 y - xy^2 + y^3 = 1$.

附件 3 数学实验：Matlab 作一元函数图形

一、用 ezplot 作图（详见 3.3 节的作图，这里再举一例）

例 33 在同一坐标系中作两个图形：$y^2 = x$ 与 $y = x - 2$.

解 在 M 文件中输入（即点击界面左上角的白色图标，出现一个对话框即为 M 文件）：

```
ezplot('y^2- x')
hold on;    %:保持图形
```

```
ezplot('x- 2')   % :在 M 文件中点击一个向下的红色箭头即可作出下图.
```
　如图 3 - 17 所示.

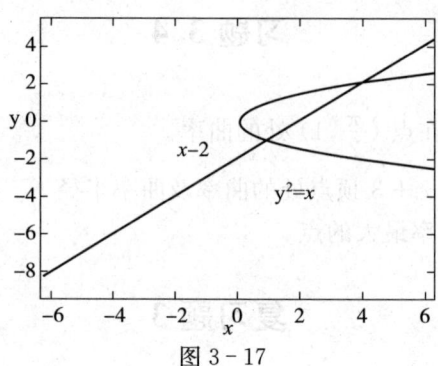

图 3 - 17

若加 axis off 则去掉坐标轴,加 axis on 或不加,则显示坐标轴.

二、用 plot 作图

例 34　作图 $y = x^{\frac{4}{3}} - 2x^{\frac{1}{3}}$

解法一　`>> ezplot('x^(4/3)- 2* x^(1/3)')`

　　　　回车得图 3 - 18(不全,y 轴左边没有图形).

解法二　**(用 plot 作图)**

　　　　`>> x= - 6:0.01:6;` % :表示区间[- 6,6]内间隔为 0.01 的点集

　　　　`>> y= x. ^(4/3)- 2. * x.^(1/3);` % :表示函数表达式,一定要"点乘、点乘方等".

　　　　`>> plot(x,y)` % :回车得图 3 - 19

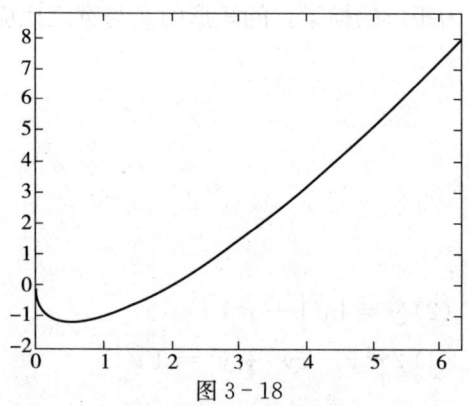

图 3 - 18

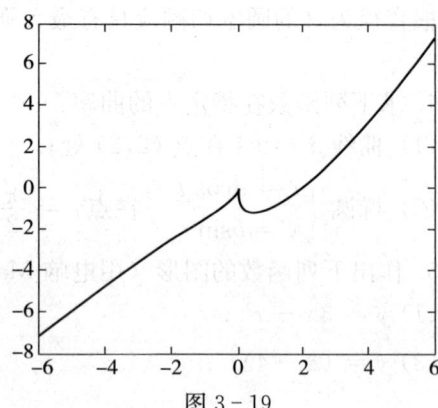

图 3 - 19

例 35　在同一坐标系里作图:$y = \sin x$、$y = \cos x$.

解　在 M 文件里输入:

```
x= 0:0.01:2* pi;   % :构造一组 x 的值
y1= sin(x);
y2= cos(x);
plot(x,y1,x,y2,'r')   % :r 表示第二个图形是红色
legend('sin(x)','cox(x)')   % :标注 sin(x)和 cos(x),得图 3 - 20.
```

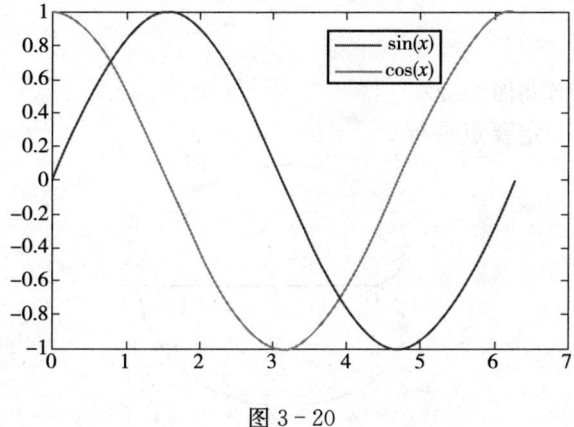

图 3-20

例 36 已知某商店的商品销售利润 y 万元与商品进货额 x 万元的一组统计资料如下表：

商品进货额 x /万元	15	25	37	40	48	50	55	65
商品销售利润 y /万元	4	6	8	10	15	12	16	20

请作出散点图.

解 >> x=[15 25 37 40 48 50 55 65];

>> y=[4 6 8 10 15 12 16 20];

>> plot(x,y,'*')

('*':表示作散点图) 回车得图 3-21.

从散点图来看，像直线.

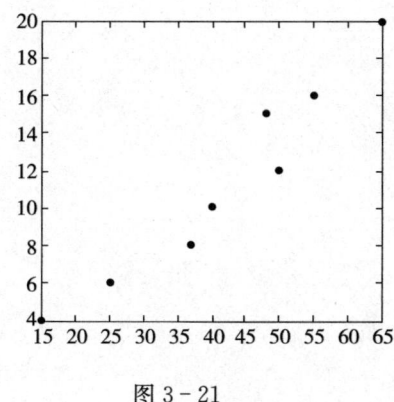

图 3-21

三、作极坐标下的图形

例 37 作心脏线 $r = a(1+\cos\theta)$，$a=1$，$\theta \in [0,2\pi]$ 的图形.

解 t= 0:2* pi/30:2* pi;   %:构造 t 的一组值

r= 1+ cos(t);

x= r.* cos(t); y= r.* sin(t);   %:极、直角坐标关系

```
plot(x,y)
axis off
```

（去掉坐标轴）回车得图 3 - 22.

极、直角坐标关系一定要点乘等.

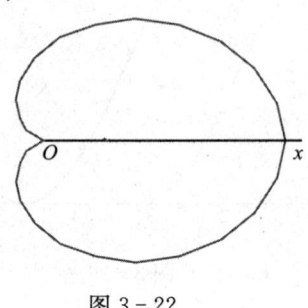

图 3 - 22

四、如何把图形放到 Word 文档里去?

在所作的图形框上点击第二行的第二个命令"Edit"，会出现一个下拉采单，在此下拉采单上点击"Copy Figure"（是复制的意思），再在 Word 文档里粘贴到适当位置即可。

第4章 不定积分

引例 一质点在直线上运动，瞬时速度 $v(t) = -t^2 + 3t + 1$，且 $t = 0, s = 2$，如何确定质点的运动方程？

要寻求这类问题的解答，我们不但要学习微分学知识，还需要学习微分学某种意义上的逆运算——积分学的知识．一元函数积分学包括不定积分和定积分，不定积分是为定积分的学习做准备的．

4.1 不定积分的概念与性质

4.1.1 原函数、不定积分定义

例1 已知 $s'(x) = 3x^2$，求 $s(x)$．

我们知道：$\qquad (x^3)' = 3x^2$，$\qquad$ 则 $s(x) = x^3 + C$．

$$\qquad\qquad \downarrow \qquad\quad \downarrow$$

$$\qquad\qquad 原函数，导函数$$

称 x^3 是 $3x^2$ 的一个原函数，$3x^2$ 是 x^3 的导函数．

因 $(x^3 + 1)' = 3x^2$，$(x^3 + 2)' = 3x^2$，$\cdots$，$(x^3 + C)' = 3x^2$．

所以 $x^3 + 1$，$x^3 + 2$，$\cdots$ 也都是 $3x^2$ 的原函数，一个函数的原函数不唯一，一般地有以下定义．

定义 4.1 （原函数定义）若在某区间 I 上，有 $F'(x) = f(x)$，或 $\mathrm{d}F(x) = f(x)\mathrm{d}x$，则称 $F(x)$ 是 $f(x)$ 在该区间 I 上的一个原函数．

原函数存在性：连续函数 $f(x)$ 一定有原函数 $F(x)$．

定理 4.1 若 $F(x)$ 是 $f(x)$ 的一个原函数，则 $F(x) + C$（C 为任意常数）为 $f(x)$ 的所有原函数．即一个函数 $f(x)$ 的原函数如果不同，最多只能相差一个常数．

定义 4.2 （不定积分定义）若函数 $F(x)$ 是 $f(x)$ 的一个原函数，则 $f(x)$ 的所有原函数 $F(x) + C$ 称为 $f(x)$ 的不定积分，即称 $f(x)$ 的不定积分为 $f(x)$ 的所有原函数 $F(x) + C$，记为

$$\int f(x)\mathrm{d}x = F(x) + C$$

其中，$f(x)$ 称为被积函数；$f(x)\mathrm{d}x$ 称为被积表达式；x 称为积分变量；$\int$ 称为积分号．

如例1中：$x^3 + C$ 是 $3x^2$ 的所有原函数（C 为任意常数），即 $3x^2$ 的不定积分为 $x^3 + C$，记为

$$\int 3x^2 \mathrm{d}x = x^3 + C$$

注意 （1）求 $f(x)$ 的不定积分 $\int f(x)\mathrm{d}x$，就是求 $f(x)$ 的所有原函数，在计算中，只要求出一个原函数，再加上任意常数 C 即可，一个原函数不是不定积分，只有所有原函数才是不定积分，所以不要漏掉 C；

（2）要验证一个不定积分的求解是否正确，只要将右边的函数求导，看其结果是否等于被积函数即可.

例 2 $\int \cos x\mathrm{d}x = \sin x + C$. 因 $(\sin x)' = \cos x$.

例 3 $\int \mathrm{e}^x\mathrm{d}x = \mathrm{e}^x + C$. 因 $(\mathrm{e}^x)' = \mathrm{e}^x$.

例 4 $\int \dfrac{1}{1+x^2}\mathrm{d}x = \arctan x + C$. 因 $(\arctan x)' = \dfrac{1}{1+x^2}$.

例 5 求不定积分 $\int \dfrac{1}{x}\,\mathrm{d}x$.

解 当 $x > 0$ 时，因 $(\ln x)' = \dfrac{1}{x}$，所以 $\int \dfrac{1}{x}\mathrm{d}x = \ln x + C$；

当 $x < 0$ 时，因 $[\ln(-x)]' = \dfrac{1}{-x}(-x)' = \dfrac{1}{x}$，所以 $\int \dfrac{1}{x}\mathrm{d}x = \ln(-x) + C$.

综合得：$\int \dfrac{1}{x}\mathrm{d}x = \ln|x| + C \quad (x \neq 0)$.

注意 这个积分公式是 13 个基本积分公式中比较特殊的一个公式，需要特别留意.

4.1.2 不定积分的性质（下面的函数在没有特别声明时都假设是连续的）

性质 4.1 导数（或微分）与不定积分的关系运算：

(1) $\left[\int f(x)\mathrm{d}x\right]' = f(x)$，或 $\mathrm{d}\int f(x)\mathrm{d}x = f(x)\mathrm{d}x$；

(2) $\int f'(x)\mathrm{d}x = f(x) + C$，或 $\int \mathrm{d}f(x) = f(x) + C$.

性质 4.2 常数因子提到积分号外面来：$\int kf(x)\mathrm{d}x = k\int f(x)\mathrm{d}x\ (k \neq 0)$.

性质 4.3 和差的不定积分等于不定积分的和差 $\int [f(x) \pm g(x)]\mathrm{d}x = \int f(x)\mathrm{d}x \pm \int g(x)\mathrm{d}x$.

注意 函数积商的不定积分等于不定积分的积商是一个错误的结论.

4.1.3 基本初等函数积分公式（13 个）

(1) $\int 0\mathrm{d}x = C$；

(2) $\int x^\alpha\mathrm{d}x = \dfrac{1}{\alpha+1}x^{\alpha+1} + C \quad (\alpha \neq -1)$；

(3) $\int \dfrac{1}{x}\,\mathrm{d}x = \ln|x| + C$；

(4) $\int a^x\mathrm{d}x = \dfrac{a^x}{\ln a} + C \quad (a > 0 \text{ 且 } a \neq 1)$；

(5) $\int \mathrm{e}^x\mathrm{d}x = \mathrm{e}^x + C$；

(6) $\int \sin x\mathrm{d}x = -\cos x + C$；

(7) $\int \cos x\mathrm{d}x = \sin x + C$；

(8) $\int \sec^2 x\mathrm{d}x = \int \dfrac{1}{\cos^2 x}\,\mathrm{d}x = \tan x + C$；

(9) $\int \csc^2 x \mathrm{d}x = \int \dfrac{1}{\sin^2 x}\,\mathrm{d}x = -\cot x + C$；

(10) $\int \dfrac{1}{\sqrt{1-x^2}}\mathrm{d}x = \arcsin x + C$；　　　(11) $\int \dfrac{1}{1+x^2}\mathrm{d}x = \arctan x + C$；

(12) $\int \sec x \tan x \mathrm{d}x = \sec x + C$；　　　(13) $\int \csc x \cot x \mathrm{d}x = -\csc x + C$．

如何求解一个函数的不定积分呢？下面我们学习第一种求解方法：直接积分法．

4.1.4　直接积分法

利用不定积分性质、函数的变形或函数之间的关系将函数转化为可以直接使用上面 13 个积分公式进行计算的方法称为直接积分法．常见问题类型有下面三种形式．

(1) 直接利用性质计算，如下面例 6.

(2) 利用三角函数关系转化，再使用性质计算，如下面例 7 和例 8.

(3) 拆项，如下面例 9 和例 10.

例 6　求 $\displaystyle\int \left(2\sin x - \dfrac{3}{x} + \sqrt[3]{x} + 2^x \mathrm{e}^x\right)\mathrm{d}x$．

解　原式 $= \displaystyle\int 2\sin x \mathrm{d}x - \int \dfrac{3}{x}\mathrm{d}x + \int \sqrt[3]{x}\,\mathrm{d}x + \int (2\mathrm{e})^x\,\mathrm{d}x$

$\qquad = 2\displaystyle\int \sin x \mathrm{d}x - 3\int \dfrac{1}{x}\mathrm{d}x + \int x^{\frac{1}{3}}\mathrm{d}x + \int (2\mathrm{e})^x \mathrm{d}x$

$\qquad = -2\cos x - 3\ln|x| + \dfrac{3}{4}x^{\frac{4}{3}} + \dfrac{(2\mathrm{e})^x}{\ln(2\mathrm{e})} + C$

$\qquad = -2\cos x - 3\ln|x| + \dfrac{3}{4}x^{\frac{4}{3}} + \dfrac{(2\mathrm{e})^x}{1+\ln 2} + C$

例 7　求 $\displaystyle\int \tan^2 x \mathrm{d}x$．

解　原式 $= \displaystyle\int (\sec^2 x - 1)\mathrm{d}x = \int \sec^2 x \mathrm{d}x - \int \mathrm{d}x = \tan x - x + C$．

注意　电脑计算结果没有加 C，读者自己补上 C 即可．电脑 Matlab 计算不定积分参见本章最后附件 4，以下各题请读者自己完成电脑计算．

例 8　求 $\displaystyle\int \cos^2 \dfrac{x}{2}\mathrm{d}x$．

解　原式 $= \displaystyle\int \dfrac{1+\cos x}{2}\mathrm{d}x = \dfrac{1}{2}\int (1+\cos x)\mathrm{d}x$

$\qquad = \dfrac{1}{2}(x + \sin x) + C$

例 9　求 $\displaystyle\int \dfrac{x^2-1}{x^2+1}\,\mathrm{d}x$．

解　原式 $= \displaystyle\int \dfrac{x^2+1-2}{x^2+1}\,\mathrm{d}x = \int \left(1 - \dfrac{2}{x^2+1}\right)\mathrm{d}x$

$\qquad = x - 2\arctan x + C$

> 用到半角公式：
>
> $\sin \dfrac{\alpha}{2} = \pm\sqrt{\dfrac{1-\cos \alpha}{2}}$
>
> $\cos \dfrac{\alpha}{2} = \pm\sqrt{\dfrac{1+\cos \alpha}{2}}$

例 10 求 $\int \dfrac{1}{x^2(1+x^2)}\mathrm{d}x$.

解 原式 $= \int\left(\dfrac{1}{x^2}-\dfrac{1}{1+x^2}\right)\mathrm{d}x = -\dfrac{1}{x}-\arctan x+C$.

思考题 如何求解本章开始提出的引例?

习题 4.1

1. 填空题 (本题可以做在书上):

(1) 函数 $4x^3$ 是 _____ 的一个原函数;

(2) 函数 _____ 是 $4x^3$ 的一个原函数;

(3) $\dfrac{1}{2\sqrt{x}}$ 的原函数是 _____;

(4) $\dfrac{1}{2\sqrt{x}}$ 的不定积分是 _____;

(5) $\mathrm{d}u = -\dfrac{1}{x^2}\mathrm{d}x$,则 $u =$ _____;

(6) 若 $\int f(x)\mathrm{d}x = \arctan x+C$,则 $f(x) =$ _____;

(7) $\int f'(x)\mathrm{d}x =$ _____;

(8) 若 $\int \dfrac{f'(\ln x)}{x}\mathrm{d}x = x^2+C$,则 $f(x) =$ _____;

(9) 设 e^{-x} 是 $f(x)$ 的一个原函数,则 $\int f(x)\mathrm{d}x =$ _____,$\int f'(x)\mathrm{d}x =$ _____;

(10) 设 $f(x) = \sin x+\cos x$,则 $\int f(x)\mathrm{d}x =$ _____;$\int f'(x)\,\mathrm{d}x =$ _____.

2. 选择题 (本题可以做在书上):

(1) 下列式子中正确的是 (   ).

    A. $\int \ln|x|\,\mathrm{d}x = \dfrac{1}{x}+C$ B. $\int \arctan x\mathrm{d}x = \dfrac{1}{1+x^2}+C$

    C. $\int \dfrac{1}{1+x^2}\mathrm{d}(x^2) = \arctan x+C$ D. $\int \dfrac{1}{1+x}\mathrm{d}x = \ln|1+x|+C$

(2) 若 $\int f(x)\mathrm{d}x = x^2\mathrm{e}^{2x}+C$,则 $f(x) =$ (   ).

    A. $2x\mathrm{e}^{2x}$ B. $2x^2\mathrm{e}^{2x}$ C. $x\mathrm{e}^{2x}$ D. $2x(x+1)\mathrm{e}^{2x}$

(3) 若 $\int f(x)\mathrm{d}x = F(x)+C$,则 $\int f(2-x)\mathrm{d}x =$ (   ).

    A. $-F(2-x)+C$ B. $F(2-x)+C$

    C. $-\dfrac{1}{2}F(2-x)+C$ D. $\dfrac{1}{2}F(2-x)+C$

3. 求下列不定积分：

(1) $\int \left(3 + \sqrt[3]{x} + \dfrac{1}{x^3} + 3^x\right) \mathrm{d}x$；

(2) $\int \left(\dfrac{1}{x} + \mathrm{e}^x\right) \mathrm{d}x$；

(3) $\int \left(\sin x + \dfrac{2}{\sqrt{1-x^2}}\right) \mathrm{d}x$；

(4) $\int 3^x \mathrm{e}^x \mathrm{d}x$；

(5) $\int \sin^2 \dfrac{x}{2} \, \mathrm{d}x$；

(6) $\int \cot^2 x \mathrm{d}x$；

(7) $\int \dfrac{\cos 2x}{\sin^2 x \cos^2 x} \, \mathrm{d}x$；

(8) $\int \csc x(\csc x - \cot x) \mathrm{d}x$；

(9) $\int \dfrac{1 + \cos^2 x}{1 + \cos 2x} \, \mathrm{d}x$；

(10) $\int \dfrac{\cos 2x}{\cos x + \sin x} \mathrm{d}x$；

(11) $\int \dfrac{1 + 2x^2}{x^2(1 + x^2)} \, \mathrm{d}x$；

(12) $\int \dfrac{2x^2}{1 + x^2} \mathrm{d}x$；

(13) $\int \dfrac{1 + x + x^2}{x + x^3} \, \mathrm{d}x$；

(14) $\int \dfrac{x^4}{1 + x^2} \mathrm{d}x$．

4.2　第一换元积分法——凑微分法

提问：下列计算对吗？为什么？

(1) $\int \mathrm{e}^{2x} \mathrm{d}x = \mathrm{e}^{2x} + C$；

(2) $\int \cos 2x \mathrm{d}x = \sin 2x + C$．

答：不对，因用导数验证等号右边的函数的导数并不等于被积函数．

由于受复合函数求导法的影响，所以要学习与之对应的积分方法．"凑微分法"就是用来计算这类函数积分的一个有效的方法，支撑这个方法的理论依据是"不定积分第一换元积分法定理"．

定理 4.2（不定积分第一换元积分法定理）

设 $f(u)$ 具有原函数，$u = \varphi(x)$ 可导，则有换元公式：

$$\int f[\varphi(x)]\varphi'(x)\mathrm{d}x = \int f[\varphi(x)]\mathrm{d}\varphi(x) = \int f(u)\mathrm{d}u \quad [\diamondsuit\, \varphi(x) = u]$$

对于上面积分，后一积分 $\int f(u)\mathrm{d}u$ 比较容易计算（记得计算结果要代回原变量）．该公式称为"第一类换元积分公式"，这种积分方法称为"第一换元积分法"．由于这种方法的思想主要是将被积函数（一般表现为两个函数的积）中一个函数和后面的" $\mathrm{d}x$ "结合在一起，凑成另一个函数的微分形式，再考虑应用基本积分公式推广来进行计算的，因此也把它称为"凑微分法"．

注意　要熟练运用"凑微分法"，必须对基本微分公式和基本积分公式非常熟悉和了解，这些公式是我们使用"凑微分法"的基础．

例 11　求 $\int \cos 2x \mathrm{d}x$．

解 原式 $= \dfrac{1}{2} \displaystyle\int \cos 2x \mathrm{d}2x = \dfrac{1}{2} \sin 2x + C.$

例 12 求 $\displaystyle\int \dfrac{\ln x}{x} \mathrm{d}x.$

解 原式 $= \displaystyle\int \ln x \mathrm{d}\ln x = \dfrac{1}{2} (\ln x)^2 + C.$

例 13 求 $\displaystyle\int \dfrac{1}{3x-4} \mathrm{d}x.$

解 原式 $= \displaystyle\int \dfrac{1}{3x-4} \mathrm{d}(3x-4) \cdot \dfrac{1}{3} = \dfrac{1}{3} \displaystyle\int \dfrac{1}{3x-4} \mathrm{d}(3x-4).$

假若现在不知道用哪个公式，利用换元：令 $3x-4=u$ ，则上式为

原式 $= \dfrac{1}{3} \displaystyle\int \dfrac{1}{3x-4} \mathrm{d}(3x-4) = \dfrac{1}{3} \displaystyle\int \dfrac{1}{u} \mathrm{d}u = \dfrac{1}{3} \ln|u| + C = \dfrac{1}{3} \ln|3x-4| + C.$

为了简单起见，以后我们常用凑微分法的形式，但是，当遇到不知道用哪一个积分公式的时候，应采用换元来分析，因换了元之后的式子比较简单，自然就会想到所用的积分公式了，如例 13.

例 14 求 $\displaystyle\int (1+2x)^{10} \mathrm{d}x.$

解 原式 $= \dfrac{1}{2} \displaystyle\int (1+2x)^{10} \mathrm{d}(2x) = \dfrac{1}{2} \displaystyle\int (1+2x)^{10} \mathrm{d}(1+2x) = \dfrac{1}{22} (1+2x)^{11} + C.$

例 15 求 $\displaystyle\int \sin^2 x \cdot \cos x \mathrm{d}x.$

解 原式 $= \displaystyle\int \sin^2 x \mathrm{d}\sin x = \dfrac{1}{3} \sin^3 x + C.$

例 16 求 $\displaystyle\int \sin^2 x \mathrm{d}x.$

解 想到用半角公式 $\sin^2 x = \dfrac{1-\cos 2x}{2}$ 降幂，

$$原式 = \int \dfrac{1-\cos 2x}{2} \mathrm{d}x = \dfrac{1}{2} \int \mathrm{d}x - \dfrac{1}{2} \int \cos 2x \mathrm{d}x$$
$$= \dfrac{1}{2} x - \dfrac{1}{4} \int \cos 2x \mathrm{d}2x = \dfrac{1}{2} x - \dfrac{1}{4} \sin 2x + C$$

例 17 求 $\displaystyle\int \dfrac{\sin \sqrt{x}}{\sqrt{x}} \mathrm{d}x.$

解 原式 $= 2 \displaystyle\int \sin (\sqrt{x}) \mathrm{d}(\sqrt{x}) = -2\cos \sqrt{x} + C.$

例 18 求 $\displaystyle\int \dfrac{2x}{\sqrt{3x^2-1}} \mathrm{d}x.$

解 原式 $= \displaystyle\int \dfrac{1}{\sqrt{3x^2-1}} \mathrm{d}(x^2) = \dfrac{1}{3} \displaystyle\int \dfrac{1}{\sqrt{3x^2-1}} \mathrm{d}(3x^2-1) = \dfrac{1}{3} \displaystyle\int (3x^2-1)^{-\frac{1}{2}} \mathrm{d}(3x^2-1)$

$$= \frac{1}{3} \cdot \frac{1}{-\frac{1}{2}+1}(3x^2-1)^{-\frac{1}{2}+1} = \frac{2}{3}(3x^2-1)^{\frac{1}{2}}+C$$

例 19 求 $\int \frac{\sqrt{1+\ln x}}{x}\mathrm{d}x$.

解 原式 $= \int \sqrt{1+\ln x}\mathrm{d}(1+\ln x) = \frac{2}{3}(1+\ln x)^{\frac{3}{2}}+C$.

例 20 求 $\int \frac{\mathrm{e}^x}{1+\mathrm{e}^{2x}}\mathrm{d}x$.

解 原式 $= \int \frac{1}{1+\mathrm{e}^{2x}}\mathrm{d}\mathrm{e}^x = \int \frac{1}{1+(\mathrm{e}^x)^2}\mathrm{d}(\mathrm{e}^x) = \arctan(\mathrm{e}^x)+C$.

例 21 求 $\int \sec^4 x\mathrm{d}x$.

解 原式 $= \int (1+\tan^2 x)\sec^2 x\mathrm{d}x = \int (1+\tan^2 x)\mathrm{d}(\tan x)$

$$= \int \mathrm{d}(\tan x) + \int \tan^2 x\, \mathrm{d}(\tan x) = \tan x + \frac{1}{3}\tan^3 x + C$$

例 22 求 $\int \frac{1}{a^2-x^2}\,\mathrm{d}x$.

解 原式 $= \int \frac{1}{(a-x)(a+x)}\,\mathrm{d}x = \frac{1}{2a}\int (\frac{1}{a-x}+\frac{1}{a+x})\mathrm{d}x$

$$= \frac{1}{2a}\Big[\int \frac{1}{a-x}\mathrm{d}x + \int \frac{1}{a+x}\,\mathrm{d}x\Big]$$

$$= \frac{1}{2a}\Big[-\int \frac{1}{a-x}\mathrm{d}(a-x) + \int \frac{1}{a+x}\,\mathrm{d}(a+x)\Big]$$

$$= \frac{1}{2a}(-\ln|a-x|+\ln|a+x|)+C = \frac{1}{2a}\ln\left|\frac{a+x}{a-x}\right|+C$$

例 23 求 $\int \cos^2 x\sin^3 x\mathrm{d}x$.

解 原式 $= -\int \cos^2 x\sin^2 x\mathrm{d}\cos x = -\int \cos^2 x(1-\cos^2 x)\mathrm{d}\cos x$

$$= \int (\cos^4 x - \cos^2 x)\mathrm{d}\cos x = \frac{1}{5}\cos^5 x - \frac{1}{3}\cos^3 x + C$$

注意 用笔算凑微分法时，把函数放到 d 的后面去变形是积分，d 后面的函数移到 d 的前面来是求导，这一点是笔算凑微分法的关键，可见熟记导数公式和积分公式多么重要.

例 24 求 $\int \sec x\mathrm{d}x$.

解法一 原式 $= \int \frac{1}{\cos x}\mathrm{d}x = \int \frac{1}{\cos^2 x}\cdot \cos x\,\mathrm{d}x = \int \frac{1}{\cos^2 x}\,\mathrm{d}\sin x = \int \frac{1}{1-\sin^2 x}\mathrm{d}\sin x$

$$= \int \frac{1}{(1+\sin x)(1-\sin x)}\,\mathrm{d}\sin x = \frac{1}{2}\int (\frac{1}{1-\sin x}+\frac{1}{1+\sin x})\mathrm{d}\sin x$$

$$= \frac{1}{2}\int \frac{1}{1-\sin x}\,\mathrm{d}\sin x + \frac{1}{2}\int \frac{1}{1+\sin x}\,\mathrm{d}\sin x$$

$$= -\frac{1}{2}\int \frac{1}{1-\sin x}\mathrm{d}(1-\sin x) + \frac{1}{2}\int \frac{1}{1+\sin x}\mathrm{d}(1+\sin x)$$

$$=-\frac{1}{2}\ln(1-\sin x)+\frac{1}{2}\ln(1+\sin x)+C=\frac{1}{2}\ln\frac{1+\sin x}{1-\sin x}+C$$

$$=\frac{1}{2}\ln\frac{(1+\sin x)^2}{\cos^2 x}+C=\ln\left|\frac{1+\sin x}{\cos x}\right|+C$$

$$=\ln|\sec x+\tan x|+C$$

解法二 $\int\sec x\mathrm{d}x=\int\frac{\sec x(\sec x+\tan x)}{\sec x+\tan x}\mathrm{d}x=\int\frac{\sec^2 x+\sec x\tan x}{\sec x+\tan x}\mathrm{d}x$

$$=\int\frac{1}{\sec x+\tan x}\mathrm{d}(\sec x+\tan x)=\ln|\sec x+\tan x|+C$$

同理可得：$\int\csc x\mathrm{d}x=\ln|\csc x-\cot x|+C$.（读者自己用 Matlab 证明）

以下两个可作为公式用，请大家记住公式：

公式： 1. $\int\sec x\mathrm{d}x=\ln|\sec x+\tan x|+C$；

2. $\int\csc x\mathrm{d}x=\ln|\csc x-\cot x|+C$.

注意 不定积分有时有多种解，其表面上不相同，但实际上只相差一个常数，并不是计算有错，而是出现不同形式的原函数.

例 25 $\int(x+1)\mathrm{d}x=\int x\mathrm{d}x+\int\mathrm{d}x=\frac{1}{2}x^2+x+C$.

另解： $\int(x+1)\mathrm{d}x=\int(x+1)\mathrm{d}(x+1)=\frac{1}{2}(x+1)^2+C$.

这两种答案都是正确的，因它们只差一个常数 $\frac{1}{2}$.

例 26 求 $\int\frac{1}{1+\cos x}\mathrm{d}x$.

解 原式 $=\int\frac{1-\cos x}{\sin^2 x}\mathrm{d}x=\int\frac{1}{\sin^2 x}\mathrm{d}x-\int\frac{\cos x}{\sin^2 x}\mathrm{d}x$

$$=-\cot x-\int\frac{1}{\sin^2 x}\mathrm{d}\sin x$$

$$=-\cot x+\frac{1}{\sin x}+C=\csc x-\cot x+C$$

例 27 求 $\int\frac{\mathrm{d}x}{x^2+2x+3}$（分母不能分解因式）.

解 $\int\frac{\mathrm{d}x}{x^2+2x+3}=\int\frac{1}{x^2+2x+1+2}\mathrm{d}x=\int\frac{1}{(x+1)^2+2}\mathrm{d}x$

$$=\frac{1}{2}\int\frac{1}{1+\frac{(x+1)^2}{2}}\mathrm{d}x$$

$$=\frac{1}{\sqrt{2}}\int\frac{1}{1+\left(\frac{x+1}{\sqrt{2}}\right)^2}\mathrm{d}\left(\frac{x+1}{\sqrt{2}}\right)=\frac{1}{\sqrt{2}}\arctan\frac{x+1}{\sqrt{2}}+C$$

例 28 求 $\displaystyle\int \frac{1}{x^2+2x-3}\,\mathrm{d}x$（分母能分解因式）.

解 原式 $\displaystyle=\int \frac{\mathrm{d}x}{(x+3)(x-1)}=\frac{1}{4}\int \left(\frac{1}{x-1}-\frac{1}{x+3}\right)\mathrm{d}x=\frac{1}{4}(\ln|x-1|-\ln|x+3|)+C$

$$=\frac{1}{4}\ln\left|\frac{x-1}{x+3}\right|+C$$

思考题：（1）能用几种方法来计算 $\displaystyle\int \sin x\cos x\,\mathrm{d}x$？

（2）从例 27 和例 28，你能小结一下这类"有理分式函数"积分的方法吗？

习题 4.2

求下列不定积分（简单的用笔算，复杂的用电脑算）：

(1) $\displaystyle\int \mathrm{e}^{-3x}\mathrm{d}x$；

(2) $\displaystyle\int \cos 2x\mathrm{d}x$；

(3) $\displaystyle\int \cos^2 x\mathrm{d}x$；

(4) $\displaystyle\int \cos^3 x\mathrm{d}x$；

(5) $\displaystyle\int \frac{x}{1+x^2}\mathrm{d}x$；

(6) $\displaystyle\int \frac{1}{1-x}\mathrm{d}x$；

(7) $\displaystyle\int \frac{1}{2x-1}\,\mathrm{d}x$；

(8) $\displaystyle\int (2-3x)^{20}\mathrm{d}x$；

(9) $\displaystyle\int x\sqrt{4+x^2}\,\mathrm{d}x$；

(10) $\displaystyle\int \frac{1}{x^2}\mathrm{e}^{\frac{1}{x}}\mathrm{d}x$；

(11) $\displaystyle\int \tan x\mathrm{d}x$；

(12) $\displaystyle\int \frac{\sin\sqrt{x}}{\sqrt{x}}\,\mathrm{d}x$；

(13) $\displaystyle\int \frac{1+\ln x}{x}\,\mathrm{d}x$；

(14) $\displaystyle\int \frac{\sin^2 x\cos x}{1+\sin^3 x}\,\mathrm{d}x$；

(15) $\displaystyle\int \frac{x}{\sqrt{1-x^2}}\mathrm{d}x$；

(16) $\displaystyle\int \sqrt{\frac{\arcsin x}{1-x^2}}\,\mathrm{d}x$；

(17) $\displaystyle\int \frac{1}{1+4x^2}\mathrm{d}x$；

(18) $\displaystyle\int \frac{1}{4+9x^2}\,\mathrm{d}x$；

(19) $\displaystyle\int \frac{1}{4-9x^2}\,\mathrm{d}x$；

(20) $\displaystyle\int \frac{1}{\mathrm{e}^x+\mathrm{e}^{-x}}\mathrm{d}x$；

(21) $\displaystyle\int \frac{\cos x}{9-\sin^2 x}\,\mathrm{d}x$；

(22) $\displaystyle\int \frac{1}{\sqrt{5-2x-x^2}}\,\mathrm{d}x$；

(23) $\displaystyle\int \frac{1}{x^2+4x+8}\,\mathrm{d}x$；

(24) $\displaystyle\int \frac{2x+5}{x^2+2x+10}\mathrm{d}x$；

(25) $\displaystyle\int \frac{1}{x^2-5x+6}\,\mathrm{d}x$；

(26) $\displaystyle\int \frac{1}{x(2x-3)}\,\mathrm{d}x$.

4.3 第二换元积分法

我们在做积分题目时，有些题看起来比较难积，但作适当变量代换就变得容易积出来了．

例 29 $\int \dfrac{1}{1+\sqrt{x}}\mathrm{d}x$ ，令 $\sqrt{x}=t$ ，即 $x=t^2$ ，$\mathrm{d}x=2t\mathrm{d}t$ ，

通过上述变量代换，$\int \dfrac{1}{1+\sqrt{x}}\mathrm{d}x=\int \dfrac{1}{1+t}2t\mathrm{d}t$，显然后一个积分容易求得，这种方法叫第二换元积分法．

定理 4.3 （不定积分第二换元积分法定理）

设 $x=\varphi(t)$ 为单调、可导的函数，且 $\varphi'(t)\neq 0$ ，又设 $f[\varphi(t)]\varphi'(t)$ 具有原函数，则有换元公式：

$$\int f(x)\mathrm{d}x=\int f[\varphi(t)]\varphi'(t)\,\mathrm{d}t$$

此处 $t=\varphi^{-1}(x)$ 是 $x=\varphi(t)$ 的反函数．

常用的第二换元积分法解决的积分有下面两种类型：根式代换类型问题；三角代换类型问题．

4.3.1 根式代换

例 30 求 $\int \dfrac{\sqrt{x-1}}{x}\mathrm{d}x$ ．

解法一（笔算） 令 $\sqrt{x-1}=t$ ，则 $x=t^2+1$ ，$\mathrm{d}x=2t\mathrm{d}t$ ，

$$原式 =\int \dfrac{t}{t^2+1}\cdot 2t\mathrm{d}t=2\int \dfrac{t^2}{t^2+1}\mathrm{d}t=2\int \dfrac{t^2+1-1}{t^2+1}\,\mathrm{d}t$$

$$=2\int (1-\dfrac{1}{t^2+1})\mathrm{d}t=2(t-\arctan t)+C$$

$$=2(\sqrt{x-1}-\arctan \sqrt{x-1})+C$$

解法二 （电脑 Matlab 算)>> syms x y；
>> int((x- 1)^(1/2)/x,x)
回车得
ans = 2* (x- 1)^(1/2)- 2* atan((x- 1)^(1/2))
答案一致,要注意加 C,所以原式 = $2(\sqrt{x-1}-\arctan \sqrt{x-1})+C$.

例 31 求 $\int \dfrac{x+1}{\sqrt[3]{3x+1}}\mathrm{d}x$ ．

解法一（笔算） 令 $\sqrt[3]{3x+1}=t$ ，则 $x=\dfrac{t^3-1}{3}$ ，$\mathrm{d}x=t^2\mathrm{d}t$ ，

$$\text{原式} = \int \frac{\frac{1}{3}(t^3 - 1) + 1}{t} \cdot t^2 dt = \frac{1}{3} \int (t^4 + 2t) dt = \frac{1}{3}(\frac{1}{5}t^5 + t^2) + C$$

$$= \frac{1}{3}\left[\frac{1}{5}(3x+1)^{\frac{5}{3}} + (3x+1)^{\frac{2}{3}}\right] + C = \frac{1}{5}(x+2)\sqrt[3]{(3x+1)^2} + C$$

解法二（电脑 Matlab 算） 读者自己完成.

例 32　求 $\int \dfrac{1}{\sqrt{x} + \sqrt[3]{x}} dx$.

解　令 $\sqrt[6]{x} = t$，则 $x = t^6$，$dx = 6t^5 dt$，

$$\text{原式} = \int \frac{1}{t^3 + t^2} 6t^5 dt = 6 \int \frac{t^3}{1+t} dt = 6 \int (t^2 - t + 1 - \frac{1}{1+t}) dt$$

$$= 2t^3 - 3t^2 + 6t - 6\ln(1+t) + C \quad (\text{注意 } t > 0)$$

$$= 2\sqrt{x} - 3\sqrt[3]{x} + 6\sqrt[6]{x} - 6\ln(1 + \sqrt[6]{x}) + C$$

4.3.2　三角代换

当被积函数表达式中出现 $\sqrt{x^2 - a^2}$，$\sqrt{a^2 - x^2}$，$\sqrt{x^2 + a^2}$ 项时，可以考虑使用三角代换.

例 33　求 $\int \sqrt{1 - x^2}\, dx$.

解法一（笔算）　设法去掉根号令 $x = \sin t$，则 $dx = \cos t dt$，

$$\text{原式} = \int \cos t \cdot \cos t dt = \int \cos^2 t\, dt = \int \frac{1 + \cos 2t}{2} dt$$

$$= \frac{1}{2}(\int dt + \int \cos 2t dt) = \frac{1}{2}(t + \frac{1}{2}\sin 2t) + C$$

$$= \frac{1}{2}(t + \sin t \cos t) + C$$

$$= \frac{1}{2}(\arcsin x + x \cdot \sqrt{1 - x^2}) + C$$

> **思路：** 此题用平方关系
> $$\sin^2 t + \cos^2 t = 1$$
> 去掉根号.

解法二　（电脑Matlab算）>> syms x ;
>> int((1- x^2)^(1/2),x)
回车得
ans = 1/2* x* (1- x^2)^(1/2)+ 1/2* asin(x)
$$\text{原式} = \frac{1}{2}(\arcsin x + x \cdot \sqrt{1 - x^2}) + C.$$

例 34　求 $\int \dfrac{1}{\sqrt{x^2 + a^2}} dx \quad (a > 0)$.

解法一（笔算）　设法去掉根号，

令 $x = a\tan t$，则 $dx = a\sec^2 t dt$，

> **思路：** 此题用平方关系
> $$1 + \tan^2 t = \sec^2 t$$
> 去掉根号.

$$原式 = \int \frac{1}{\sqrt{a^2\tan^2 t + a^2}} a\sec^2 t \, \mathrm{d}t = \int \frac{1}{\sqrt{a^2\sec^2 t}} a\sec^2 t \, \mathrm{d}t = \int \frac{1}{a\sec t} a\sec^2 t \mathrm{d}t$$

$$= \int \sec t \mathrm{d}t = \ln|\sec t + \tan t| + C_1 = \ln\left|\frac{\sqrt{x^2+a^2}}{a} + \frac{x}{a}\right| + C_1$$

$$= \ln\left|\sqrt{x^2+a^2} + x\right| + C \quad (C = C_1 - \ln a)$$

$$= \ln(\sqrt{x^2+a^2} + x) + C$$

上式中在变量还原时，由所设 $x = a\tan t$，作直角三角形，角为 t，对边为 x，邻边为 a，斜边为 $\sqrt{x^2+a^2}$，则 $\sec t = \dfrac{\sqrt{x^2+a^2}}{a}$，$\tan t = \dfrac{x}{a}$（见图 4-1）.

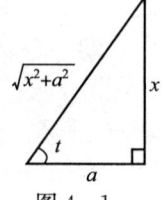

注意 在三角代换中经常将角 t 当作锐角来计算处理，一般不影响最终计算结果. 请读者自己思考原因.

图 4-1

解法二 （电脑 Matlab 算）
```
>> syms  x  a;
>> int((1/(x^2+ a^2)^(1/2),x) 回车得
ans = log(x+ (x^2+ a^2)^(1/2))
```
原式 $= \ln\left|x + \sqrt{x^2-a^2}\right| + C$

例 35 求 $\displaystyle\int \frac{1}{\sqrt{x^2-a^2}} \, \mathrm{d}x$ $(a > 0)$.

思路： 此题用平方关系
$$\sec^2 t - 1 = \tan^2 t$$
去掉根号.

解法一（笔算） 设法去掉根号，

令 $x = a\sec t$，$\mathrm{d}x = a\sec t\tan t\mathrm{d}t$，

$$原式 = \int \frac{1}{\sqrt{a^2\sec^2 t - a^2}} a\sec t\tan t\mathrm{d}t$$

$$= \int \frac{1}{\sqrt{a^2(\sec^2 t - 1)}} a\sec t\tan t\mathrm{d}t = \int \frac{1}{a\tan t} a\sec t\tan t\mathrm{d}t = \int \sec t\mathrm{d}t$$

$$= \ln|\sec t + \tan t| + C_1 = \ln\left|\frac{x}{a} + \frac{\sqrt{x^2-a^2}}{a}\right| + C_1$$

$$= \ln\left|x + \sqrt{x^2-a^2}\right| - \ln a + C_1 = \ln\left|x + \sqrt{x^2-a^2}\right| + C$$

上式中在变量还原时，由所设 $x = a\sec t$，作直角三角形（见图 4-2），角为 t，斜边为 x，邻边为 a，对边为 $\sqrt{x^2-a^2}$，

则 $\sec t = \dfrac{x}{a}$，$\tan t = \dfrac{\sqrt{x^2-a^2}}{a}$.

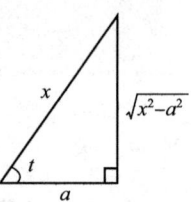

解法二（电脑算） 读者自己完成.

注意 笔算这类积分主要思路是设法去掉根号，常用关系式有下面两个：

图 4-2

$$\sin^2 x + \cos^2 x = 1 , 1 + \tan^2 x = \sec^2 x$$

思考题 换元积分法为什么分为第一换元积分法和第二换元积分法，二者有什么不同？下列回答是否令你满意？

答 第一换元积分法可以通过凑微分来实现，而第二换元积分法较难通过凑微分来实现，以后我们只要通过换元法分析就能找到解题的思路，这是关键，不必严格区分第一换元积分法还是第二换元积分法．

习题 4. 3

求下列不定积分：

(1) $\int (2x+3)^4 \mathrm{d}x$；

(2) $\int \dfrac{\mathrm{d}x}{\sqrt{3+2x}}$；

(3) $\int \mathrm{e}^{-2x} \mathrm{d}x$；

(4) $\int \dfrac{1}{2x+3} \mathrm{d}x$；

(5) $\int \dfrac{\mathrm{d}x}{(3-2x)^{2015}}$；

(6) $\int x\mathrm{e}^{-x^2} \mathrm{d}x$；

(7) $\int \dfrac{\sin x}{\sqrt{\cos^3 x}} \mathrm{d}x$；

(8) $\int \dfrac{\mathrm{d}x}{1+\mathrm{e}^x}$；

(9) $\int \dfrac{(3+\ln x)^2}{x} \mathrm{d}x$；

(10) $\int \dfrac{\mathrm{e}^x}{\mathrm{e}^x+2} \mathrm{d}x$；

(11) $\int \dfrac{1}{1+\sqrt{2x}} \mathrm{d}x$；

(12) $\int \dfrac{1}{\sqrt{x}(1+x)} \mathrm{d}x$；

(13) $\int \dfrac{x^3}{x^2+9} \mathrm{d}x$；

(14) $\int \dfrac{1}{x\sqrt{x^2+1}} \mathrm{d}x$；

(15) $\int \dfrac{x+2}{x^2+2x+2} \mathrm{d}x$；

(16) $\int \dfrac{x^2}{\sqrt{2-x^2}} \mathrm{d}x$；

(17) $\int \dfrac{1}{x\sqrt{9-x^2}} \mathrm{d}x$；

(18) $\int \dfrac{1}{(x^2+a^2)^{\frac{3}{2}}} \mathrm{d}x \ (a>0)$．

4. 4　分部积分法

上节中凑微分法实际上是由复合函数微分法推导的，这里我们再由乘积的微分法则推出分部积分法．

4.4.1　分部积分法产生的原因

例如，$\int x\mathrm{e}^{x^2} \mathrm{d}x = \dfrac{1}{2}\int \mathrm{e}^{x^2} \mathrm{d}x^2 = \dfrac{1}{2}\mathrm{e}^{x^2}+C$ 凑微分法成功．

而 $\int x\mathrm{e}^x \mathrm{d}x = \dfrac{1}{2}\int \mathrm{e}^x \mathrm{d}x^2$ 不能套基本积分公式，凑微分法不能解决这样的问题．于是，产生新的积分方法——分部积分法．

4.4.2　分部积分公式及其运用

因 $\qquad \mathrm{d}(uv) = u\mathrm{d}v + v\mathrm{d}u$

所以 $\qquad \int \mathrm{d}(uv) = \int u\mathrm{d}v + \int v\mathrm{d}u$

即 $\qquad uv = \int u\mathrm{d}v + \int v\mathrm{d}u$

即 $\qquad \int u\mathrm{d}v = uv - \int v\mathrm{d}u$ （这就是分部积分公式）

若等号右边的积分 $\int v\mathrm{d}u$ 比左边积分 $\int u\mathrm{d}v$ 简单就算成功，否则失败.

使用分部积分公式关键是若被积函数有两个因子，设法把一个因子吸到 d 的后面去，与 $\mathrm{d}x$ 相结合凑成 $\mathrm{d}v$.

引例 求 $\int x\mathrm{e}^x\mathrm{d}x$.

错解 $\int x\mathrm{e}^x\mathrm{d}x = \dfrac{1}{2}\int \mathrm{e}^x\mathrm{d}(x^2) = \dfrac{1}{2}x^2\mathrm{e}^x - \dfrac{1}{2}\int x^2\mathrm{e}^x\mathrm{d}x$

（把 x 吸到 d 的后面去，一个简单的积分变成一个复杂的积分，所以失败了）.

正解 $\int x\mathrm{e}^x\mathrm{d}x = \int x\mathrm{d}\mathrm{e}^x = x\mathrm{e}^x - \int \mathrm{e}^x\mathrm{d}x = x\mathrm{e}^x - \mathrm{e}^x + C$（把 e^x 吸到 d 的后面去，成功了）.

注意 当 d 前面的函数吸到 d 的后面去时，不要乱吸，一般来说"多指吸指，多弦吸弦"：被积函数是多项式（或单项式）乘以指数的形式，把指数吸到 d 的后面去；若被积函数是多项式（或单项式）乘以正弦或余弦的形式，把正弦（或余弦）吸到 d 的后面去.

（1）多指结构：被积函数是多项式（或单项式）乘以指数的形式，口诀"多指吸指".

例 36 求 $\int x^2\mathrm{e}^x\mathrm{d}x$.（多指结构）

解 $\int x^2\mathrm{e}^x\mathrm{d}x = \int x^2\mathrm{d}\mathrm{e}^x = x^2\mathrm{e}^x - \int \mathrm{e}^x\mathrm{d}x^2 = x^2\mathrm{e}^x - 2\int x\mathrm{e}^x\mathrm{d}x = x^2\mathrm{e}^x - 2\int x\mathrm{d}\mathrm{e}^x$

$\qquad = x^2\mathrm{e}^x - 2(x\mathrm{e}^x - \int \mathrm{e}^x\mathrm{d}x) = x^2\mathrm{e}^x - 2(x\mathrm{e}^x - \mathrm{e}^x) + C$

$\qquad = \mathrm{e}^x(x^2 - 2x + 2) + C$

（2）多弦结构：被积函数是多项式（或单项式）乘以正弦或余弦的形式，口诀"多弦吸弦".

例 37 求 $\int x\cos 2x\mathrm{d}x$.（多弦结构）

解 原式 $= \int x\mathrm{d}(\dfrac{1}{2}\sin 2x) = \dfrac{1}{2}x\sin 2x - \int \dfrac{1}{2}\sin 2x\mathrm{d}x$

$\qquad = \dfrac{1}{2}x\sin 2x + \dfrac{1}{4}\cos 2x + C$

（3）多对结构：被积函数是多项式（或单项式）乘以对数的形式.

例 38 求 $\int x\ln x\mathrm{d}x$.（多对结构）

解 思路：只有吸 x 了，因 $\ln x$ 吸不动（即一眼看不出哪个函数求导等于 $\ln x$）.

$\qquad$ 原式 $= \dfrac{1}{2}\int \ln x\mathrm{d}x^2 = \dfrac{1}{2}(x^2\ln x - \int x\mathrm{d}x) = \dfrac{1}{2}(x^2\ln x - \dfrac{1}{2}x^2) + C$.

（4）多反结构：被积函数是多项式（或单项式）乘以反三角函数的形式.

例 39 求 $\int \arctan x\mathrm{d}x$.（多反结构）

解　原式 $= x\arctan x - \int \dfrac{x}{1+x^2}\mathrm{d}x = x\arctan x - \dfrac{1}{2}\int \dfrac{1}{1+x^2}\mathrm{d}(x^2+1)$

$\qquad\qquad = x\arctan x - \dfrac{1}{2}\ln(1+x^2) + C$

（5）指弦结构：被积函数是指数乘以正弦或余弦的形式.

例 40　求 $\displaystyle\int \mathrm{e}^x \sin x\,\mathrm{d}x$.

解　思路：被积函数是指数函数乘以正弦或余弦的形式，两个中任吸一个都行.

$$\int \mathrm{e}^x \sin x\,\mathrm{d}x = \int \sin x\,\mathrm{d}\mathrm{e}^x = \mathrm{e}^x \sin x - \int \mathrm{e}^x \cos x\,\mathrm{d}x = \mathrm{e}^x \sin x - \int \cos x\,\mathrm{d}\mathrm{e}^x$$

$$= \mathrm{e}^x \sin x - \mathrm{e}^x \cos x - \int \mathrm{e}^x \sin x\,\mathrm{d}x$$

即

$$2\int \mathrm{e}^x \sin x\,\mathrm{d}x = \mathrm{e}^x(\sin x - \cos x) + C_1$$

所以

$$\int \mathrm{e}^x \sin x\,\mathrm{d}x = \dfrac{1}{2}\mathrm{e}^x(\sin x - \cos x) + C$$

例 40 也可以把 $\sin x$ 吸到 d 的后面去，可得出同样答案，读者不妨一试，但要注意一旦确定吸哪个函数，以下各步均吸它，不要改变. 要吸两次才能成功.

为了帮助理解和记忆，把上面分部积分 5 种情况概括为下面的口决："多指吸指，多弦吸弦，多对多反恰相反，指弦择一吸两番"，前面两句已作解释，第三句是说被积函数是多项式与对数（或反三角函数）乘积时，恰与前面相反，把多项式吸到 d 的后面去，第四句前面已有解释.

以上各例请读者用电脑 Matlab 再做一遍.

有时分部积分法与凑微分法、换元积分法结合使用. 请看下面例题.

例 41　求 $\displaystyle\int x^3 \mathrm{e}^{x^2}\,\mathrm{d}x$.

解　原式 $= \dfrac{1}{2}\displaystyle\int x^2 \mathrm{e}^{x^2}\,\mathrm{d}x^2$ （令 $x^2 = t$） $= \dfrac{1}{2}\displaystyle\int t\mathrm{e}^t\,\mathrm{d}t = \dfrac{1}{2}\displaystyle\int t\,\mathrm{d}\mathrm{e}^t = \dfrac{1}{2}\left(t\mathrm{e}^t - \displaystyle\int \mathrm{e}^t\,\mathrm{d}t\right)$

$\qquad\qquad = \dfrac{1}{2}(t\mathrm{e}^t - \mathrm{e}^t) + C = \dfrac{1}{2}\mathrm{e}^t(t-1) + C = \dfrac{1}{2}\mathrm{e}^{x^2}(x^2 - 1 + C)$

例 42　求 $\displaystyle\int \dfrac{1}{\sqrt{x}}(\ln x)^2\,\mathrm{d}x$.

解法一（笔算）　令 $\sqrt{x} = t$，$x = t^2$，$\mathrm{d}x = 2t\mathrm{d}t$

原式 $= \displaystyle\int \dfrac{1}{t}(\ln t^2)^2 \, 2t\mathrm{d}t = 2\displaystyle\int (2\ln t)^2\,\mathrm{d}t = 8\displaystyle\int (\ln t)^2\,\mathrm{d}t = 8\left[t(\ln t)^2 - \displaystyle\int t\,\mathrm{d}(\ln t)^2\right]$

$\qquad = 8t\ln^2 t - 8\displaystyle\int t \cdot 2\ln t \cdot \dfrac{1}{t}\,\mathrm{d}t = 8t\ln^2 t - 16\displaystyle\int \ln t \cdot \mathrm{d}t = 8t\ln^2 t - 16\left(t\ln t - \displaystyle\int \mathrm{d}t\right)$

$\qquad = 8t\ln^2 t - 16(t\ln t - t) + C = 8\sqrt{x}(\ln\sqrt{x})^2 - 16(\sqrt{x}\ln\sqrt{x} - \sqrt{x}) + C$

$\qquad = 2\sqrt{x}(\ln x)^2 - 8\sqrt{x}\ln x + 16\sqrt{x} + C$

解法二 （电脑 Matlab 算）
```
>> syms x
>> int(1/x^(1/2)* (log(x))^2,x)
```
回车得
```
ans = 2* x^(1/2)* log(x)^2- 8* x^(1/2)* log(x)+ 16* x^(1/2)
```
注电脑算没有加 C,最后写答案时要加上 C
所以原式 $= 2\sqrt{x}(\ln x)^2 - 8\sqrt{x}\ln x + 16\sqrt{x} + C.$

分部积分法笔算小结：

（1）要理解记忆且会用分部积分公式；

（2）要明确在什么情况下运用分部积分法？一般在被积函数是乘积形式或单独一个函数并且凑微分法失效时，可考虑用分部积分法；

（3）在积分过程中，由 d 前面的函数吸到 d 的后面去时，是积分，由 d 后面的函数拿到 d 的前面去是微分，一定要熟练，积分、微分时时相互检验. 例如

$$xdx = \frac{1}{2}dx^2 , \sin xdx = -d(\cos x)$$

关键是导数的基本公式和积分基本公式要熟练，要多做练习.

注意 虽然我们在前面学了四种计算不定积分的方法（直接积、凑微分法、第二换元积分法和分部积分法），能求解很多积分问题，但不是所有的不定积分都能用这些方法积出来. 许多初等函数的原函数本身就不是初等函数，因此出现"积不出"的现象，现列出部分"积不出来"的不定积分如下：

（1）积分平方：$\int e^{x^2}dx$ 、$\int e^{-x^2}dx$ 、$\int \sin x^2 dx$ 、$\int \cos x^2 dx$.

（2）积分指数、对数：$\int \frac{e^x}{x}dx$ 、$\int \frac{1}{\ln x} dx$.

（3）积分正弦、余弦：$\int \frac{\sin x}{x} dx$ 、$\int \frac{\cos x}{x} dx$ 等.

待学了第 10 章级数以后就会明白上述积分的结果. 简单的用笔算，复杂的用电脑算.

思考题 $\int e^{\sqrt{x}}dx$ 、$\int \sin\sqrt{x}dx$ 能用分部积分法计算吗？若能用，它们属于上述五类分部积分法中的哪一类？怎么积分？

习题 4.4

1. 求下列不定积分（用笔算或电脑 Matlab 算，最好两种方法都算）：

（1）$\int x\sin 2xdx$ ；

（2）$\int (x+1)\cos 4xdx$ ；

（3）$\int x^2\cos xdx$ ；

（4）$\int xe^{-x}dx$ ；

（5）$\int x^2 2^x dx$ ；

（6）$\int (x^2-1)e^x dx$ ；

(7) $\displaystyle\int (x-1)\ln x\mathrm{d}x$;　　(8) $\displaystyle\int \ln(x+1)\mathrm{d}x$;　　(9) $\displaystyle\int x^3\ln x\mathrm{d}x$

(10) $\displaystyle\int \arcsin x\mathrm{d}x$;　　(11) $\displaystyle\int \arctan x\mathrm{d}x$;　　(12) $\displaystyle\int x\,\mathrm{arccot}\,x\mathrm{d}x$;

(13) $\displaystyle\int \mathrm{e}^x\cos x\mathrm{d}x$;　　(14) $\displaystyle\int \mathrm{e}^{-x}\cos 2x\mathrm{d}x$;　　(15) $\displaystyle\int 2^x\sin x\mathrm{d}x$;

(16) $\displaystyle\int \frac{\ln(1+x)}{\sqrt{x}}\mathrm{d}x$;　　(17) $\displaystyle\int \ln(x+\sqrt{1+x^2}\,)\mathrm{d}x$.

2. 设 e^{2x} 是 $f(x)$ 的一个原函数，求 $\displaystyle\int xf'(x)\mathrm{d}x$.

复习题 4

求下列不定积分：

(1) $\displaystyle\int x^2\sqrt[4]{1+x^3}\mathrm{d}x$;　　(2) $\displaystyle\int \frac{1}{4+9x^2}\mathrm{d}x$;　　(3) $\displaystyle\int \frac{1}{\sqrt{x}(1+x)}\mathrm{d}x$;

(4) $\displaystyle\int \frac{1}{x^2+6x+5}\mathrm{d}x$;　　(5) $\displaystyle\int \frac{1}{4x^2+4x+10}\mathrm{d}x$;　　(6) $\displaystyle\int \frac{1}{1+\sqrt[3]{x}}\mathrm{d}x$;

(7) $\displaystyle\int \frac{\sqrt{x+2}}{1+\sqrt{x+2}}\mathrm{d}x$;　　(8) $\displaystyle\int \sqrt{1-4x^2}\mathrm{d}x$;　　(9) $\displaystyle\int \frac{1}{x\sqrt{x^2+4}}\mathrm{d}x$;

(10) $\displaystyle\int \frac{1}{\sqrt{\mathrm{e}^x+1}}\mathrm{d}x$;　　(11) $\displaystyle\int \sqrt{x}\ln x\,\mathrm{d}x$.

附件 4　数学实验：用 Matlab 求解不定积分

用 Matlab 求不定积分格式：

>> syms x a（用来声明计算中用到的所有字母,若没有此项,电脑不认）

>> int (f(x), x)（f(x)是被积函数,x是积分变量）

例 43　求 $\displaystyle\int \frac{x+1}{\sqrt[3]{3x+1}}\mathrm{d}x$.

解　格式一（二行式）：

```
>> syms x;
>> int((x+ 1)/((3* x+ 1)^(1/3)),x)
```
回车得答案:ans= 1/5* (3* x+ 1)^(2/3)* (2+ x)（注:电脑算的答案里没有 C）

$\therefore$ 原式 $=\dfrac{1}{5}(x+2)(3x+1)^{\frac{2}{3}}+C$.

格式二（三行式）：

```
>> syms x y;
>> y= (x+ 1)/((3* x+ 1)^(1/3));
>> int(y,x)
```
回车得 ans= 1/5* (3* x+ 1)^(2/3)* (2+ x)+ C.

例 44　求 $\displaystyle\int \frac{1}{\sqrt{x^2+a^2}}\mathrm{d}x$.

解　>> syms x y a;

　　 >> int(1/((x^2+ a^2)^(1/2)),x)

　　回车得答案：$\ln(x+\sqrt{x^2+a^2})$，$\therefore$ 原式 $= \ln(x+\sqrt{x^2+a^2})+C$.

例 45　求 $\int x\arctan x\,dx$.

解　>> syms x y;

　　 >> int(x* atan(x),x)

　　回车得　ans= 1/2* atan(x)* x^2- 1/2* x+ 1/2* atan(x).

原式 $= \dfrac{1}{2}x^2\arctan x - \dfrac{1}{2}x + \dfrac{1}{2}\arctan x + C$.

第 5 章　定积分及其应用

案例　一养殖专业户有一圆柱形的鱼塘，底面半径为 100 m，高 4 m，现要放干水抓鱼和修补鱼塘，而出水道下面正在建房，不能随便从出口放水，现有两种方法：一种是若从出水口放水，那就要请民工修一条简易水沟，穿过建房处，让水流过时不影响别人建房，事后要填平水沟（因别人的地盘），估计修这条水沟和填平若 4 人需要 1 天，每人每天工资 150 元，还要吃一餐晚饭；另一种方法是用抽水机抽干，需要付电费，已知每度电 0.8 元，请你帮他算一下哪种方法合算.

这个问题可用定积分解答，下面我们学习定积分.

定积分与不定积分有着密切的联系，但又有很大区别，不定积分是一簇原函数，而定积分是一个数. 定积分可通过不定积分的方法而求得. 定积分在几何上、物理学、工程计算、生物、化学和经济学等领域里有着广泛的应用.

5.1　定积分定义与性质

5.1.1　实践的产物、定积分定义

引例 1（曲边梯形面积）设 $y = f(x)$ 在 $[a,b]$ 上非负且连续，由直线 $x = a$，$x = b$，$y = 0$ 及曲线 $y = f(x)$ 所围成的图形，称为曲边梯形，求其面积.

解　思路：如图 5-1 所示，把曲边梯形分割成若干个小曲边梯形，若分割得很细，每个小曲边梯形可看成矩形，这些小矩形的面积之和将接近于曲边梯形的面积. 具体做法如下.

（1）细分区间 $[a,b]$.

在 $[a,b]$ 上插入 $n-1$ 个分点 $x_1,x_2,\cdots,x_{n-1}$，

$$a = x_0 < x_1 < x_2 \cdots < x_{n-1} < x_n = b$$

长度依次为：$\Delta x_1 = x_1 - x_0, \Delta x_2 = x_2 - x_1, \cdots, \Delta x_n = x_n - x_{n-1}$.

（2）近似代替.

任取 $\xi_i \in [x_{i-1}, x_i]$，用高为 $f(\xi_i)$，底边长度为 $\Delta x_i = x_i - x_{i-1}$ 的小矩形代替该小曲边梯形，则该小曲边梯形的面积为

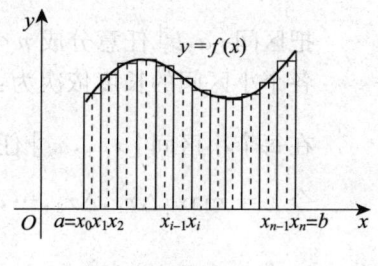

图 5-1

$$\Delta A_i \approx f(\xi_i) \cdot \Delta x_i \quad (i = 1, 2, \cdots, n)$$

整个曲边梯形的面积为

$$A \approx f(\xi_1)\Delta x_1 + f(\xi_2)\Delta x_2 + \cdots + f(\xi_n)\Delta x_n = \sum_{i=1}^{n} f(\xi_i)\Delta x_i$$

（3）取极限，近似变精确．

设 $\lambda = \max\{\Delta x_1, \Delta x_2, \cdots, \Delta x_n\}$，当 $\lambda \to 0$ 时，则有 $n \to \infty$，即无限细分区间 $[a, b]$，则

$$A = \lim_{\lambda \to 0} \sum_{i=1}^{n} f(\xi_i)\Delta x_i$$

引例 2（求变速直线运动的路程）设某物体做变速直线运动，其速度为 $v = v(t)$（是 t 的连续函数），求该物体在时间段 $[a, b]$ 内所走过的路程．

解 以前我们学过匀速下的路程为 $s = vt$（速度×时间）现在变速下如何求路程呢？用上面同样的思路，具体做法如下．

（1）细分区间 $[a, b]$：$a = t_0 < t_1 < t_2 < \cdots t_{n-1} < t_n = b$，

$$\Delta t_i = t_i - t_{i-1} \quad (i = 1, 2, \cdots, n)$$

（2）近似代替：任取 $\xi_i \in [t_{i-1}, t_i]$，$\Delta s_i \approx v(\xi_i)\Delta t_i \quad (i = 1, 2, \cdots, n)$，

$$s \approx v(\xi_1)\Delta t_1 + v(\xi_2)\Delta t_2 + \cdots + v(\xi_n)\Delta t_n = \sum_{i=1}^{n} v(\xi_i)\Delta t_i$$

（3）取极限：设 $\lambda = \max\{\Delta t_1, \Delta t_2, \cdots, \Delta t_n\}$，则变速下的路程为

$$s = \lim_{\lambda \to 0} \sum_{i=1}^{n} v(\xi_i)\Delta t$$

在实践中，类似上面引例 1、引例 2 这样的问题还有很多，它们的处理方法是相同的，有必要把它抽出来研究，于是得到下面定义．

定义 5.1 （定积分定义）设函数 $f(x)$ 在 $[a, b]$ 上有界，在 $[a, b]$ 上任意插入 $n-1$ 个分点 $x_1, x_2, \cdots, x_{n-1}$，使

$$a = x_0 < x_1 < x_2 \cdots < x_{n-1} < x_n = b$$

把区间 $[a, b]$ 任意分成 n 个小区间：$[x_0, x_1], [x_1, x_2], \cdots, [x_{n-1}, x_n]$，

各个小区间的长度依次为：$\Delta x_1 = x_1 - x_0, \Delta x_2 = x_2 - x_1, \cdots, \Delta x_n = x_n - x_{n-1}$，

在每个小区间 $[x_{i-1}, x_i]$ 任取一点 $\xi_i (i = 1, 2, \cdots, n)$，作和 $\sum_{i=1}^{n} f(\xi_i)\Delta x_i$，

令 $\lambda = \max\{\Delta x_1, \Delta x_2, \cdots, \Delta x_n\}$，当 $\lambda \to 0$ 时，若和式的极限

$$I = \lim_{\lambda \to 0} \sum_{i=1}^{n} f(\xi_i)\Delta x_i$$

存在，且该极限值与区间 $[a, b]$ 的分法及 ξ_i 的取法无关，则称函数 $f(x)$ 在区间 $[a, b]$ 上是可积的，并将此极限值 I 称为函数 $f(x)$ 在 $[a, b]$ 上的定积分，记为 $\int_a^b f(x)\mathrm{d}x$，即

$$\int_a^b f(x)\mathrm{d}x = \lim_{\lambda \to 0} \sum_{i=1}^{n} f(\xi_i)\Delta x_i$$

其中 $f(x)$ 叫作被积函数，$f(x)\mathrm{d}x$ 叫作被积表达式，x 叫作积分变量，a 叫作积分下限，b 叫作积分上限，$[a,b]$ 叫作积分区间，$\int$ 叫作积分号. 若定积分 $\int_a^b f(x)\mathrm{d}x$ 存在，则称 $f(x)$ 在 $[a,b]$ 上可积.

说明：

(1) 定积分 $\int_a^b f(x)\mathrm{d}x$ 是一个数.

(2) 定积分 $\int_a^b f(x)\mathrm{d}x$ 只与被积函数 $f(x)$ 和积分区间 $[a,b]$ 有关，与区间 $[a,b]$ 的分法无关，与 ξ_i 的取法无关，所以 ξ_i 可以取为 x_i 或 x_{i-1} ，则

$$\int_a^b f(x)\mathrm{d}x = \lim_{\lambda \to 0}\sum_{i=1}^n f(x_i)\Delta x_i = \lim_{\lambda \to 0}\sum_{i=1}^n f(x_{i-1})\Delta x_i$$

(3) 定积分 $\int_a^b f(x)\mathrm{d}x$ 与积分变量用什么字母无关，即

$$\int_a^b f(x)\mathrm{d}x = \int_a^b f(t)\mathrm{d}t = \int_a^b f(u)\mathrm{d}u$$

(4) 当 $a = b$ 时，$\int_a^a f(x)\mathrm{d}x = 0$ ；当 $a \ne b$ 时，$\int_a^b f(x)\mathrm{d}x = -\int_b^a f(x)\mathrm{d}x$.

(5) 定积分的几何意义，若 $f(x) \geqslant 0$ ，则 $\int_a^b f(x)\mathrm{d}x =$ 曲边梯形的面积 A ；

$$若 f(x) < 0 ，则 \int_a^b f(x)\mathrm{d}x = -A.$$

例 1　求 $\int_{-2}^2 \sqrt{4-x^2}\,\mathrm{d}x$.

解　因被积函数 $y = \sqrt{4-x^2}$ 的图形表示圆心在原点，半径为 2 的上半圆周（见图 5-2），所以

$$\int_{-2}^2 \sqrt{4-x^2}\,\mathrm{d}x = 上半圆的面积$$

$$= \frac{1}{2}\pi \cdot 2^2 = 2\pi$$

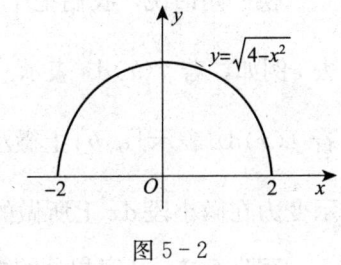

图 5-2

注意　有时用定积分几何意义计算定积分比较简单，但要知其面积. 定积分的计算在下一节介绍.

(6) 可积的两个充分条件：

定理 5.1　若函数 $f(x)$ 在 $[a,b]$ 上连续，则 $f(x)$ 在 $[a,b]$ 上可积.

定理 5.2　若函数 $f(x)$ 在 $[a,b]$ 上有界，且只有有限个间断点，则 $f(x)$ 在 $[a,b]$ 上可积.

5.1.2　进一步理解定积分的定义

1. 定积分定义"细分、求和、取极限"

即 $\int_a^b f(x)\mathrm{d}x = \lim_{\lambda \to 0}\sum_{i=1}^n f(x_i)\Delta x_i$，细分区间 $[a,b]$：$a = x_0 < x_1 < x_2 < \cdots < x_{n-1} < x_n = b$，

其中 Δx_i 表示第 i 个小区间的长度，λ 表示这些小区间长度的最大者。因为取极限 $\lambda \to 0$，所以 Δx_i 为无穷小，可用 dx 代替。因此，$f(x_i)\Delta x_i$ 重写成 $f(x)dx$，可知 $f(x)dx$ 仍为无穷小 $[f(x)$ 有界，有界量乘以无穷小仍为无穷小]。而求和符号 $\sum_{i=1}^{n}$ 表示有限项之和，当令 $\lambda \to 0$（即 $n \to \infty$），和的极限 $\lim\limits_{\lambda \to 0}\sum_{i=1}^{n}$ 表示无穷项的和，可用更简单的符号 $\int_{a}^{b}$ 来代替，即 $\int_{a}^{b} = \lim\limits_{\lambda \to 0}\sum_{i=1}^{n}$，即

$$\int_{a}^{b} f(x)dx = \lim_{\lambda \to 0}\sum_{i=1}^{n} f(x)dx,$$

这样定积分 $\int_{a}^{b} f(x)dx$ 就表示 $[a,b]$ 上无穷个"无穷小 $f(x)dx$"的和。符号 $\int_{a}^{b}$ 表示连续型问题求和，$\sum_{i=1}^{n}$ 表示离散型问题求和，这一点在以后的应用中常常用到，请读者记住。

离散型变量：其变量值能一个个列出来；

连续型变量：其变量值不能一一列出来。

2. 微元法思想

在引例 1 中，微分 $f(x)dx[f(x) \geqslant 0]$ 表示微小的一块面积，甚至是无穷小面积，称为面积微元；则定积分 $\int_{a}^{b} f(x)dx$ 表示整块面积——整体量。

在引例 2 中，微分 $v(t)dt$ 表示微小的一段路程，则定积分 $\int_{a}^{b} v(t)dt$ 为整段路程——整体量。

这种由微小量推算总体量的方法称为微元法，以后经常用到，这也是积分有着广泛应用的关键之一。

换一句话说，我们把 $\int_{a}^{b} f(x)dx$ 叫作数学模型，这个数学模型可以运用到各个领域中去。例如，若 $f(x)dx$ 表示 $[a,b]$ 上微小部分体积，则 $\int_{a}^{b} f(x)dx$ 表示 $[a,b]$ 上整体的体积；若 $f(x)dx$ 表示 $[a,b]$ 上微小部分路程，则 $\int_{a}^{b} f(x)dx$ 表示 $[a,b]$ 上整体路程；若 $f(x)dx$ 表示变力在微小段 dx 上所做的功，则 $\int_{a}^{b} f(x)dx$ 表示 $[a,b]$ 上整体变力所做的功，等等。

定义 5.2　（定积分的微元法定义）函数 $f(x)$ 在 $[a,b]$ 上连续，任取点 $x \in [a,b]$，必有长度微元 dx，若乘积微元 $f(x)dx$ 有实际意义，为某一问题在 $[a,b]$ 上的微元量，当点 x 取遍 $[a,b]$ 时，就有无穷多个乘积微元量 $f(x)dx$，这无穷多个乘积微元量 $f(x)dx$ 的和（存在）就是某问题在 $[a,b]$ 上的总量，即为函数 $f(x)$ 在 $[a,b]$ 上的积分，这个积分称为定积分，记为 $\int_{a}^{b} f(x)dx$，即

$$\int_{a}^{b} f(x)dx = 某问题在 [a,b] 上的总量$$

运用微元法步骤如下。

第一步：取微段，在 $[a,b]$ 上任取一点 x，必有长度微元 dx，即必有微段
$$[x, x+dx].$$

第二步：求问题的微元 $\mathrm{d}F$.

第三步：求问题总量即积分，即问题在 $[a,b]$ 上总量 $F = \int_a^b f(x)\mathrm{d}x$.

例 2 用微元法求曲边梯形的面积.

解 如图 5-3 所示，任取点 $x \in [a,b]$，必有长度微元 $\mathrm{d}x$，即有微段 $[x, x+\mathrm{d}x]$；在微段 $[x, x+\mathrm{d}x]$ 上，由于长度微元 $\mathrm{d}x$ 很小，所以图中阴影部分可看成是高为 $f(x)$、长为 $\mathrm{d}x$ 的矩形. 于是得面积微元：

$$\mathrm{d}A = f(x)\mathrm{d}x$$

则曲边梯形的面积为 $A = \int_a^b f(x)\mathrm{d}x$.

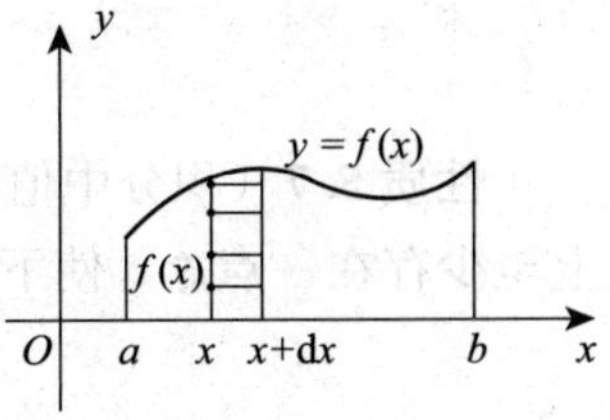

图 5-3

例 3 （求变速运动下的路程）某物体做直线运动，已知某物体运动速度为 $v(t) = t^2$（$\dfrac{m}{s}$），求 2 s 至 5 s 之间的路程.

解 取微段：$[t, t+\mathrm{d}t]$，如图 5-4 所示，路程微元为

$$\mathrm{d}s = v(t) \cdot \mathrm{d}t$$

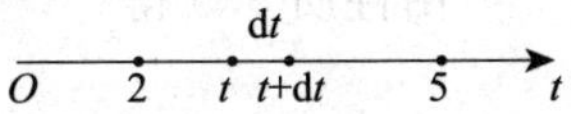

图 5-4

所求总路程为 $s = \int_2^5 v(t)\mathrm{d}t = \int_2^5 t^2 \mathrm{d}t = \dfrac{117}{3}$（m）$= 39$（m）（计算方法见 5.2 节）.

5.1.3 定积分的性质（设下列积分均存在）

性质 5.1 常数因子可以提到积分符号外面来，即 $\int_a^b kf(x)\mathrm{d}x = k\int_a^b f(x)\mathrm{d}x$.

性质 5.2 两个可积函数代数和的定积分等于它们定积分的代数和，即

$$\int_a^b [f(x) \pm g(x)]\mathrm{d}x = \int_a^b f(x)\mathrm{d}x \pm \int_a^b g(x)\mathrm{d}x$$

性质 5.3（可加性）不论 a、b、c 是什么实数，恒有

$$\int_a^b f(x)\mathrm{d}x = \int_a^c f(x)\mathrm{d}x + \int_c^b f(x)\mathrm{d}x$$

性质 5.4 $\int_a^b \mathrm{d}x = b-a$（区间长度）.

性质 5.5（比较定理）在 $[a,b]$ 上，若 $f(x) \leqslant g(x)$，则

$$\int_a^b f(x)\mathrm{d}x \leqslant \int_a^b g(x)\mathrm{d}x.$$

特别当 $f(x) \leqslant 0$ 时，$\int_a^b f(x)\mathrm{d}x \leqslant 0$.

上述 5 条性质很容易用定积分定义或定积分的几何意义证明，证明从略.

性质 5.6（估值定理）设 M 与 m 分别是函数 $f(x)$ 在 $[a,b]$ 上的最大值及最小值，则

$$m(b-a) \leqslant \int_a^b f(x)\mathrm{d}x \leqslant M(b-a) \ (a < b)$$

证明 因 $m \leqslant f(x) \leqslant M$，根据比较定理有 $\int_a^b m\mathrm{d}x \leqslant \int_a^b f(x)\mathrm{d}x \leqslant \int_a^b M\mathrm{d}x$，则得

$$m(b-a) \leqslant \int_a^b f(x)\mathrm{d}x \leqslant M(b-a)$$

性质 5.7（积分中值定理）如果函数 $f(x)$ 在闭区间 $[a,b]$ 上连续，则在积分区间 $[a,b]$ 上至少存在一点 ξ，使下式成立

$$\int_a^b f(x)\mathrm{d}x = f(\xi)(b-a) \ (a \leqslant \xi \leqslant b)$$

证明 由性质 5.5 及闭区间上连续函数的介值定理可以证得. 因 $f(x)$ 在 $[a,b]$ 上连续，所以 $f(x)$ 在 $[a,b]$ 上有最小值 m，有最大值 M，则 $\quad m \leqslant f(x) \leqslant M$.

由性质 5.5 得 $\qquad m(b-a) \leqslant \int_a^b f(x)\mathrm{d}x \leqslant M(b-a)$

即 $\qquad m \leqslant \dfrac{1}{b-a}\int_a^b f(x)\mathrm{d}x \leqslant M$

由介值定理得：在 $[a,b]$ 上至少有一点 ξ 使得 $f(\xi) = \dfrac{1}{b-a}\int_a^b f(x)\mathrm{d}x$，

即 $\qquad \int_a^b f(x)\mathrm{d}x = f(\xi)(b-a)$. （证毕）

一般称 $f(\xi) = \dfrac{1}{b-a}\int_a^b f(x)\mathrm{d}x$ 为函数 $f(x)$ 在闭区间 $[a,b]$ 上的积分平均值.

思考题 微元法是微积分的精华之一，你能理解微元法吗？

习题 5.1

1. 填空题（本题可做在书上）：

(1) 用 $>$ 或 $<$ 填空，$\int_0^1 \mathrm{e}^x\mathrm{d}x$ _____ $\int_0^1 \mathrm{e}^{x^2}\mathrm{d}x$；

(2) $\int_0^2 \sqrt{4-x^2}\,\mathrm{d}x =$ _____（用定积分的几何意义计算）.

2. 仔细阅读"5.1.2 进一步理解定积分的定义"，特别要理解微元法思想.

5.2 定积分的计算公式

如果我们用定积分定义来求定积分的值，那是很麻烦的，下面介绍定积分的求解方法.

5.2.1 牛顿－莱布尼茨公式

定理 5.3 若函数 $f(x)$ 在区间 $[a,b]$ 上连续，且 $F(x)$ 是 $f(x)$ 的一个原函数，则

$$\int_a^b f(x)\mathrm{d}x = F(b) - F(a) = F(x)\bigg|_a^b \qquad (5-1)$$

式 (5-1) 叫作牛顿－莱布尼茨公式.

证明　因 $F(x)$ 是 $f(x)$ 的原函数, 所以有

$$F'(x) = f(x)$$

即 $\mathrm{d}F = F'(x)\mathrm{d}x = F'(x)\Delta x = f(x) \cdot \Delta x$

根据微分定义知, $F(x+\Delta x) - F(x) = F'(x)\Delta x + o(\Delta x) = f(x)\Delta x + o(\Delta x)$, 其中 $o(\Delta x)$ 是 Δx ($\Delta x \to 0$) 的高阶无穷小.

当然在区间长度 Δx 很小的区间 $[x, x+\Delta x] \subset [a,b]$ 上有

$$F(x+\Delta x) - F(x) \approx F'(x)\Delta x = f(x)\Delta x \text{（} \Delta x \text{ 越小越精确）},$$

在区间 $[a,b]$ 插入 $n-1$ 个分点 $x_1, x_2, \cdots, x_{n-1}$, 即

$$a = x_0 < x_1 < x_2 \cdots < x_{n-1} < x_n = b$$

则对于每个长度很小的区间 $[x_{i-1}, x_i]$ 上也有

$$F(x_i) - F(x_{i-1}) \approx f(x_{i-1})\Delta x_i$$

即　　　$f(x_{i-1})\Delta x_i \approx F(x_i) - F(x_{i-1})$, $\Delta x_i = x_i - x_{i-1}$ 　$(i = 1, 2, \cdots, n)$

则 $\displaystyle\sum_{i=1}^n f(x_{i-1})\Delta x_i \approx \sum_{i=1}^n [F(x_i) - F(x_{i-1})]$,

$$= [F(x_1) - F(x_0)] + [F(x_2) - F(x_1)] + [F(x_3) - F(x_2)] + \cdots + [F(x_n) - F(x_{n-1})]$$

$$= [F(x_1) - F(a)] + [F(x_2) - F(x_1)] + [F(x_3) - F(x_2)] + \cdots + [F(b) - F(x_{n-1})]$$

$$= F(b) - F(a) \text{（中间项 } F(x_1), F(x_2), \cdots, F(x_{n-1}) \text{ 全部抵消）}, \qquad (5-2)$$

尽管无限细分区间 $[a,b]$, 即 $\lambda = \max\{\Delta x_1, \Delta x_2, \Delta x_3, \cdots, \Delta x_n, \cdots\} \to 0$ 时.

式中间的 $F(x_1)$, $F(x_2)$, $\cdots$, $F(x_{n-1})$, $\cdots$ 也都相互抵消了, 只剩下 $F(b) - F(a)$, 与分法无关.

又因 $f(x)$ 在 $[a,b]$ 上连续, 所以 $f(x)$ 在 $[a,b]$ 上可积, 即 $\displaystyle\int_a^b f(x)\mathrm{d}x = \lim_{\lambda \to 0} \sum_{i=1}^n f(x_{i-1})\Delta x_i$ 存在. 故由式 (5-2) 两边取极限, 近似变为精确了, 于是得

$$\lim_{\lambda \to 0} \sum_{i=1}^n f(x_{i-1})\Delta x_i = F(b) - F(a)$$

即　　　　　$$\int_a^b f(x)\mathrm{d}x = F(b) - F(a) = F(x)\bigg|_a^b$$

这就用定积分的定义证明了牛顿－莱布尼茨公式.

牛顿－莱布尼茨公式解决了定积分的计算问题.

例 4　对于积分 $\displaystyle\int_{-1}^1 \frac{1}{x^2}\mathrm{d}x$, 下列解法是否正确?

解 原式 $= -\dfrac{1}{x}\Big|_{-1}^{1} = -(1 - \dfrac{1}{-1}) = -2$

答 不正确，因 $f(x) = \dfrac{1}{x^2}$ 在区间 $[-1,1]$ 上无界，这类积分称为广义积分，详见本章 5.6 节.

例 5 求 $\displaystyle\int_0^{\frac{\pi}{2}} \sin 2x \mathrm{d}x$.

解 原式 $= \displaystyle\int_0^{\frac{\pi}{2}} \sin 2x \mathrm{d}2x \cdot \dfrac{1}{2} = -\dfrac{1}{2}\cos 2x \Big|_0^{\frac{\pi}{2}} = -\dfrac{1}{2}(\cos \pi - \cos 0) = 1$

例 6 求 $\displaystyle\int_0^1 \dfrac{x}{1+x^2} \mathrm{d}x$.

解 原式 $= \dfrac{1}{2}\displaystyle\int_0^1 \dfrac{1}{1+x^2} \mathrm{d}(x^2 + 1) = \dfrac{1}{2}\ln(1+x^2)\Big|_0^1 = \dfrac{1}{2}\ln 2$.

例 7 求 $\displaystyle\int_0^{\pi} |\cos x| \mathrm{d}x$.

解 原式 $= \displaystyle\int_0^{\frac{\pi}{2}} \cos x \mathrm{d}x + \int_{\frac{\pi}{2}}^{\pi}(-\cos x)\mathrm{d}x = \sin x\Big|_0^{\frac{\pi}{2}} - \sin x\Big|_{\frac{\pi}{2}}^{\pi} = 1 - (-1) = 2$.

例 8 已知 $f(x) = \begin{cases} x^2, & -1 \leqslant x < 0 \\ x-1, & 0 \leqslant x \leqslant 1 \end{cases}$，求 $\displaystyle\int_{-1}^1 f(x)\mathrm{d}x$.

解 $x = 0$ 是间断点，$f(x)$ 在 $[-1,1]$ 上有界，是可积的，于是

$$\int_{-1}^1 f(x)\mathrm{d}x = \int_{-1}^0 x^2 \mathrm{d}x + \int_0^1 (x-1)\mathrm{d}x = \dfrac{1}{3}x^3\Big|_{-1}^0 + (\dfrac{1}{2}x^2 - x)\Big|_0^1 = \dfrac{1}{3} + \dfrac{1}{2} - 1 = -\dfrac{1}{6}$$

例 9 求 $\displaystyle\int_0^{\ln 2} \mathrm{e}^x(1+\mathrm{e}^x)^2 \mathrm{d}x$.

解 原式 $= \displaystyle\int_0^{\ln 2}(1+\mathrm{e}^x)^2 \mathrm{d}(\mathrm{e}^x + 1) = \dfrac{1}{3}(1+\mathrm{e}^x)^3\Big|_0^{\ln 2} = 9 - \dfrac{8}{3} = \dfrac{19}{3} = 6.333\,3$

5.2.2 变上限的函数

设函数 $f(x)$ 在区间 $[a,b]$ 上连续，任取 $x \in [a,b]$，则 $f(x)$ 在区间 $[a,x]$ 上也可积，即定积分

$$\int_a^x f(x)\mathrm{d}x = \int_a^x f(t)\mathrm{d}t$$

存在（上式后一积分的积分变量改为 t 是为了与上限 x 区别开来，定积分的积分变量用什么字母不影响定积分的结果）.

如果上限 x 在 $[a,b]$ 上变动，积分 $\displaystyle\int_a^x f(t)\mathrm{d}t$ 也跟着变动，即任给 $[a,b]$ 上一个值 x，都有一个确定的积分值 $\displaystyle\int_a^x f(t)\mathrm{d}t$ 与之对应，因此积分 $\displaystyle\int_a^x f(t)\mathrm{d}t$ 可看成积分上限 x 的函数，称为变上限的函数，记为

$$\Phi(x) = \int_a^x f(t)\mathrm{d}t \ (a \leqslant x \leqslant b)$$

定理 5.4 若 $f(x)$ 在区间 $[a,b]$ 上连续，则变上限的函数 $\boldsymbol{\Phi}(x) = \int_a^x f(t)\mathrm{d}t \ (a \leqslant x \leqslant b)$ 是 $f(x)$ 在区间 $[a,b]$ 上的一个原函数，即

$$\boldsymbol{\Phi}'(x) = \left[\int_a^x f(t)\mathrm{d}t\right]' = f(x)$$

证明 由牛顿－莱布尼茨公式知

$$\int_a^x f(t)\mathrm{d}t = F(x) - F(a) \text{，其中 } F(x) \text{ 是 } f(x) \text{ 的原函数，则}$$

$$\left[\int_a^x f(t)\mathrm{d}t\right]' = \left[F(x) - F(a)\right]' = F'(x) = f(x) \left[F(a) \text{ 是常数}\right]$$

所以 $\int_a^x f(t)\mathrm{d}t$ 是 $f(x)$ 的一个原函数．

进一步推广，由复合函数求导法，可得如下推论．

推论 5.1 若函数 $\varphi(x)$ 可微，又函数 $f(x)$ 连续，则有

$$\left[\int_a^{\varphi(x)} f(t)\mathrm{d}t\right]' = f[\varphi(x)] \cdot \varphi'(x).$$

例 10 求 $F(x) = \int_x^5 \sqrt{1+t^2}\,\mathrm{d}t$ 的导数．

解 $F(x) = -\int_5^x \sqrt{1+t^2}\,\mathrm{d}t$，$F'(x) = -\sqrt{1+x^2}$．

例 11 设 $F(x) = \int_3^{x^3} \dfrac{1}{1+t^2}\mathrm{d}t$，求 $\dfrac{\mathrm{d}F(x)}{\mathrm{d}x}$．

解 $\dfrac{\mathrm{d}F(x)}{\mathrm{d}x} = \dfrac{1}{1+(x^3)^2} \cdot (x^3)' = \dfrac{3x^2}{1+x^6}$．

例 12 求 $\lim\limits_{x \to 0} \dfrac{\int_0^{x^2} \cos t\,\mathrm{d}t}{x^2}$．

解 此极限是 $\dfrac{0}{0}$ 型，用洛必达法则，原式 $= \lim\limits_{x \to 0} \dfrac{\cos x^2 \cdot 2x}{2x} = 1$．

思考题 牛顿—莱布尼茨公式是定积分通往不定积分的一座天桥，运用它时要注意什么？

习题 5.2

1. 填空题（本题可做在书上）：

(1) 设 $f(x) = \begin{cases} x, 0 \leqslant x \leqslant 1 \\ 1, 1 < x \leqslant 2 \end{cases}$，则 $\int_0^2 f(x)\mathrm{d}x = $ _____；

(2) $\dfrac{\mathrm{d}}{\mathrm{d}x} \int_0^{x^2} \sin t^2 \mathrm{d}t = $ _____ ； (3) $\dfrac{\mathrm{d}}{\mathrm{d}x} \int_0^1 \mathrm{e}^{\sin x}\mathrm{d}x = $ _____；

(4) $\lim\limits_{x\to 0}\dfrac{\displaystyle\int_0^x(1-\cos t)\mathrm{d}t}{x^3}=$ _____ .

2. 单项选择题（本题可做在书上）：

(1) 若 $f(x)=\begin{cases}\sin x, & x\leqslant 0\\ x, & x>0\end{cases}$，则 $\displaystyle\int_{-\frac{\pi}{2}}^{\frac{\pi}{2}}f(x)\mathrm{d}x=(\quad)$.

  A. $\dfrac{\pi^2}{4}-1$ B. 0

  C. $\dfrac{\pi^2}{8}-1$ D. 1.

(2) 设函数 $f(x)$ 在区间 $[a,b]$ 上连续，则下列结论不正确的是（ ）.

  A. $\displaystyle\int_a^b f(x)\mathrm{d}x$ 是 $f(x)$ 的一个原函数

  B. $\displaystyle\int_a^x f(t)\mathrm{d}t$ 是 $f(x)$ 的一个原函数（$a<x<b$）

  C. $-\displaystyle\int_x^b f(t)\mathrm{d}t$ 是 $f(x)$ 的一个原函数（$a<x<b$）

  D. $f(x)$ 在区间 $[a,b]$ 上是可积的

3. 计算下列定积分（可用笔算，也可用电脑 Matlab 算，最好是两种方法都算）：

(1) $\displaystyle\int_1^3(1+2x^2)\mathrm{d}x$;   (2) $\displaystyle\int_1^2(x+\dfrac{1}{x^2})\mathrm{d}x$;

(3) $\displaystyle\int_0^1 x(\sqrt{x}+1)\mathrm{d}x$;   (4) $\displaystyle\int_{-1}^1|x^3|\mathrm{d}x$;

(5) $\displaystyle\int_1^2(1-x)^3\mathrm{d}x$;   (6) $\displaystyle\int_0^1\dfrac{1}{\sqrt{4-x^2}}\mathrm{d}x$;

(7) $\displaystyle\int_0^{\frac{\sqrt{3}}{3}a}\dfrac{1}{a^2+x^2}\mathrm{d}x$;   (8) $\displaystyle\int_1^e\dfrac{\ln x}{x}\mathrm{d}x$;

(9) $\displaystyle\int_1^2\dfrac{x}{(1+x^2)^2}\mathrm{d}x$;   (10) $\displaystyle\int_{-\pi}^0\dfrac{\sin x}{\sqrt{4+\cos x}}\mathrm{d}x$;

(11) $\displaystyle\int_0^{\frac{\pi}{2}}\sin^2 x\mathrm{d}x$;   (12) $\displaystyle\int_0^{\frac{\pi}{2}}\sin^3 x\mathrm{d}x$.

5.3　定积分的换元积分法与分部积分法

5.3.1　定积分的换元积分法

引例 3　计算 $\displaystyle\int_0^a\sqrt{a^2-x^2}\mathrm{d}x$ （$a>0$）.

解　设 $x=a\sin t$，则 $\mathrm{d}x=a\cos t\mathrm{d}t$，当 $x=0$ 时，$t=0$；当 $x=a$ 时，$t=\dfrac{\pi}{2}$.

$$\int_0^a\sqrt{a^2-x^2}\mathrm{d}x=a^2\int_0^{\frac{\pi}{2}}\cos^2 t\mathrm{d}t=\dfrac{a^2}{2}\int_0^{\frac{\pi}{2}}(1+\cos 2t)\mathrm{d}t$$

$$= \frac{a^2}{2}\left(t + \frac{1}{2}\sin 2t\right)\Big|_0^{\frac{\pi}{2}} = \frac{\pi a^2}{4}$$

定积分的换元积分法 **"换元必换限，不必代回原变量"**，这是定积分的换元积分法与不定积分换元积分法的区别，读者必须注意. 如果像不定积分的换元积分法一样代回原变量，而积分上、下限不变，其结果一样，但那样做太麻烦.

例 13　求 $\int_0^4 \frac{\mathrm{d}x}{1 + \sqrt{x}}$.

解　（根式代换）令 $\sqrt{x} = u$，则 $x = u^2$，$\mathrm{d}x = 2u\mathrm{d}u$.

当 $x = 0$ 时，$u = 0$；

当 $x = 4$ 时，$u = 2$.

原式 $= \int_0^2 \frac{2u}{1+u}\mathrm{d}u = 2\int_0^2 \left(1 - \frac{1}{1+u}\right)\mathrm{d}u = 2[u - \ln(1+u)]\Big|_0^2 = 4 - 2\ln 3 = 1.802\ 8$

例 14　求 $\int_0^{\ln 2} \sqrt{\mathrm{e}^x - 1}\mathrm{d}x$.

解　（根式代换）令 $\sqrt{\mathrm{e}^x - 1} = u$，则 $x = \ln(u^2 + 1)$，$\mathrm{d}x = \frac{2u}{1+u^2}\mathrm{d}u$.

当 $x = 0$ 时，$u = 0$；

当 $x = \ln 2$ 时，$u = 1$.

原式 $= \int_0^1 u \frac{2u}{1+u^2}\mathrm{d}u = 2\int_0^1 \frac{u^2 + 1 - 1}{1+u^2}\mathrm{d}u = 2\int_0^1 \left(1 - \frac{1}{1+u^2}\right)\mathrm{d}u = 2(u - \arctan u)\Big|_0^1$

$$= 2\left(1 - \frac{\pi}{4}\right)$$

$$= 0.429\ 2.$$

例 15　计算 $\int_0^{\frac{1}{2}} \frac{x^3}{\sqrt{1-x^2}}\mathrm{d}x$.

解　（三角代换）令 $x = \sin u$，则 $\mathrm{d}x = \cos u\mathrm{d}u$.

$$\text{当 } x = 0 \text{ 时，} u = 0；$$

$$\text{当 } x = \frac{1}{2} \text{ 时 } u = \frac{\pi}{6}.$$

原式 $= \int_0^{\frac{\pi}{6}} \frac{\sin^3 u}{\cos u}\cos u\mathrm{d}u = \int_0^{\frac{\pi}{6}} \sin^3 u\mathrm{d}u = -\int_0^{\frac{\pi}{6}} (1 - \cos^2 u)\mathrm{d}\cos u$

$$= \left(\frac{\cos^3 u}{3} - \cos u\right)\Big|_0^{\frac{\pi}{6}} = \frac{2}{3} - \frac{3\sqrt{3}}{8} = 0.0171.$$

对于被积函数是奇函数或偶函数，并且积分区间又是对称区间时，求定积分有下面的定理.

定理 5.5　已知函数 $f(x)$ 在对称区间 $[-a, a]$ 上连续，

若 $f(x)$ 为奇函数，则 $\int_{-a}^a f(x)\mathrm{d}x = 0$；

若 $f(x)$ 为偶函数，则 $\int_{-a}^{a} f(x)\mathrm{d}x = 2\int_{0}^{a} f(x)\mathrm{d}x$.

积分 $\int_{-a}^{a} f(x)\mathrm{d}x$ 称为对称区间 $[-a,a]$ 上的定积分.

定理 5.5 用定积分的几何意义容易理解，请读者自行画图分析.

例 16 求下列定积分.

(1) $\int_{-\frac{\pi}{2}}^{\frac{\pi}{2}} x^3 \sin^4 x \mathrm{d}x$; (2) $\int_{-1}^{1} \frac{\sin^3 x + (\arctan x)^2}{1+x^2}\mathrm{d}x$.

解 (1) 因被积函数是奇函数，积分区间又是对称区间. 所以 原式 $= 0$.

(2) 原式 $= \int_{-1}^{1} \frac{\sin^3 x}{1+x^2}\mathrm{d}x + \int_{-1}^{1} \frac{(\arctan x)^2}{1+x^2}\mathrm{d}x = 0 + 2\int_{0}^{1} \frac{(\arctan x)^2}{1+x^2}\mathrm{d}x$

$$= 2\int_{0}^{1} (\arctan x)^2 \mathrm{d}(\arctan x) = \frac{2}{3}(\arctan x)^3 \Big|_{0}^{1} = \frac{2}{3}\left(\frac{\pi}{4}\right)^3 = \frac{\pi^3}{96}$$

5.3.2 定积分的分部积分法

由不定积分的分部积分法直接推导出定积分的分部积分公式

$$\int_{a}^{b} u\mathrm{d}v = uv \Big|_{a}^{b} - \int_{a}^{b} v\mathrm{d}u$$

例 17 求 $\int_{0}^{1} x\mathrm{e}^{2x}\mathrm{d}x$

解 原式 $= \frac{1}{2}\int_{0}^{1} x\mathrm{d}\mathrm{e}^{2x} = \frac{1}{2}\left(x\mathrm{e}^{2x}\Big|_{0}^{1} - \int_{0}^{1}\mathrm{e}^{2x}\mathrm{d}x \right) = \frac{1}{2}\mathrm{e}^2 - \frac{1}{4}\mathrm{e}^{2x}\Big|_{0}^{1}$

$$= \frac{1}{2}\mathrm{e}^2 - \frac{1}{4}(\mathrm{e}^2 - 1) = \frac{1}{4}(\mathrm{e}^2 + 1)$$

例 18 求 $\int_{0}^{\frac{1}{\sqrt{2}}} \arccos x \mathrm{d}x$.

解 原式 $= x\arccos x \Big|_{0}^{\frac{1}{\sqrt{2}}} + \int_{0}^{\frac{1}{\sqrt{2}}} \frac{x}{\sqrt{1-x^2}}\mathrm{d}x = \frac{1}{\sqrt{2}} \cdot \frac{\pi}{4} - \sqrt{1-x^2}\Big|_{0}^{\frac{1}{\sqrt{2}}}$

$$= \frac{\pi}{4\sqrt{2}} - \frac{1}{\sqrt{2}} + 1$$

$$= 0.848\ 3$$

例 19 求 $\int_{0}^{\sqrt{\ln 2}} x^3 \mathrm{e}^{x^2}\mathrm{d}x$.

解 原式 $= \frac{1}{2}\int_{0}^{\sqrt{\ln 2}} x^2 \mathrm{e}^{x^2}\mathrm{d}x^2$ ，令 $x^2 = t$,

当 $x = 0$ 时, $t = 0$;

当 $x = \sqrt{\ln 2}$ 时, $t = \ln 2$.

原式 $= \frac{1}{2}\int_{0}^{\ln 2} t\mathrm{e}^t \mathrm{d}t = \frac{1}{2}\int_{0}^{\ln 2} t\mathrm{d}\mathrm{e}^t = \frac{1}{2}\left(t\mathrm{e}^t \Big|_{0}^{\ln 2} - \int_{0}^{\ln 2}\mathrm{e}^t\mathrm{d}t \right)$

$$= \ln 2 - \frac{1}{2}e^t \Big|_0^{\ln 2} = \ln 2 - \frac{1}{2} = 0.193\ 1$$

例 20　证明公式

$$I_n = \int_0^{\frac{\pi}{2}} \sin^n x \,\mathrm{d}x = \begin{cases} \dfrac{n-1}{n} \cdot \dfrac{n-3}{n-2} \cdots \dfrac{3}{4} \cdot \dfrac{1}{2} \cdot \dfrac{\pi}{2}, n \text{ 为正偶数；} \\[3mm] \dfrac{n-1}{n} \cdot \dfrac{n-3}{n-2} \cdots \dfrac{4}{5} \cdot \dfrac{2}{3}, n \text{ 为大于 1 的正奇数．} \end{cases}$$

$$= \begin{cases} \dfrac{(n-1)!!}{n!!} \cdot \dfrac{\pi}{2}, n \text{ 为正偶数；} \\[3mm] \dfrac{(n-1)!!}{n!!}, n \text{ 为大于 1 的正奇数．} \end{cases}$$

证明　由分部积分公式可得

$$I_n = -\int_0^{\frac{\pi}{2}} \sin^{n-1}x \,\mathrm{d}\cos x = -\cos x \cdot \sin^{n-1}x \Big|_0^{\frac{\pi}{2}} + (n-1)\int_0^{\frac{\pi}{2}} \sin^{n-2}x \cdot \cos^2 x \,\mathrm{d}x$$

$$= 0 + (n-1)\int_0^{\frac{\pi}{2}} \sin^{n-2}x \cdot (1 - \sin^2 x)\,\mathrm{d}x$$

$$= (n-1)\int_0^{\frac{\pi}{2}} \sin^{n-2}x \,\mathrm{d}x - (n-1)\int_0^{\frac{\pi}{2}} \sin^n x \,\mathrm{d}x = (n-1)I_{n-2} - (n-1)I_n$$

故　　$I_n = \dfrac{n-1}{n}I_{n-2}$ ，由此递推公式可得所证明的等式．

$$I_{n-2} = \frac{n-3}{n-2}I_{n-4} ， \cdots,$$

$$I_n = \frac{n-1}{n}I_{n-2} = \frac{n-1}{n} \cdot \frac{n-3}{n-2}I_{n-4} = \cdots$$

$$= \frac{n-1}{n} \cdot \frac{n-3}{n-2} \cdot \frac{n-5}{n-4} \cdots ． \text{（规律：分子比分母小 1）}$$

当 n 为偶数时 $I_n = \dfrac{n-1}{n} \cdot \dfrac{n-3}{n-2} \cdot \dfrac{n-5}{n-4} \cdots \dfrac{3}{4} \cdot \dfrac{1}{2}I_0$ ，（ $I_0 = \int_0^{\frac{\pi}{2}} \sin^0 x \,\mathrm{d}x = \int_0^{\frac{\pi}{2}} 1\mathrm{d}x = \dfrac{\pi}{2}$ ）

当 n 为奇数时 $I_n = \dfrac{n-1}{n} \cdot \dfrac{n-3}{n-2} \cdot \dfrac{n-5}{n-4} \cdots \dfrac{4}{5} \cdot \dfrac{2}{3}I_1$ ．（ $I_1 = \int_0^{\frac{\pi}{2}} \sin x = -\cos x \Big|_0^{\frac{\pi}{2}} = 1$ ）

为了记忆方便，引进双阶乘，如 $6!! = 6 \times 4 \times 2$ ， $5!! = 5 \times 3 \times 1$ ，所以上面结果可简记为

$$I_n = \int_0^{\frac{\pi}{2}} \sin^n x \,\mathrm{d}x = \begin{cases} \dfrac{(n-1)!!}{n!!} \cdot \dfrac{\pi}{2}, n \text{ 为正偶数；} \\[3mm] \dfrac{(n-1)!!}{n!!}, n \text{ 为大于 1 的正奇数．} \end{cases}$$

注意　$I_n = \int_0^{\frac{\pi}{2}} \sin^n x \,\mathrm{d}x = \int_0^{\frac{\pi}{2}} \cos^n x \,\mathrm{d}x$（令 $x = \dfrac{\pi}{2} - t$ 即可证得）．上述结论，请大家记住．

例 21 求 $\int_{-\frac{\pi}{2}}^{\frac{\pi}{2}} \cos^4 \theta d\theta$.

解 原式 $= 2\int_0^{\frac{\pi}{2}} \cos^4 \theta d\theta = 2 \cdot \frac{3!!}{4!!} \cdot \frac{\pi}{2} = 2 \cdot \frac{3}{4} \cdot \frac{1}{2} \cdot \frac{\pi}{2} = \frac{3\pi}{8}$.

例 22 求 $\int_0^{\pi} \sin^6 \theta d\theta$.

解 原式 $= \int_0^{\frac{\pi}{2}} \sin^6 \theta d\theta + \int_{\frac{\pi}{2}}^{\pi} \sin^6 \theta d\theta$ ，前一积分与后一积分是相等的，事实上令 $\theta = \pi - t$ ，

$d\theta = - dt$ ，则 $\int_{\frac{\pi}{2}}^{\pi} \sin^6 \theta d\theta = \int_{\frac{\pi}{2}}^0 \sin^6(\pi - t)(-dt) = \int_0^{\frac{\pi}{2}} \sin^6 t dt = \int_0^{\frac{\pi}{2}} \sin^6 \theta d\theta$

所以，原式 $= 2\int_0^{\frac{\pi}{2}} \sin^6 \theta d\theta = 2 \cdot \frac{5!!}{6!!} \cdot \frac{\pi}{2} = 2 \times \frac{5 \times 3 \times 1}{6 \times 4 \times 2} \times \frac{\pi}{2} = \frac{5\pi}{16}$.

注意 运用例 20 的结论时，要注意积分区间是 $\left[0, \frac{\pi}{2}\right]$ ，以后很多地方用到例 20 的结论．

思考题 定积分的换元积分法、分部积分法与不定积分的换元积分法、分部积分法有什么区别和联系？

习题 5.3

1. 填空题：

(1) $\int_0^{\frac{\pi}{2}} \sin^4 x dx =$ _____ ；   (2) $\int_0^{\frac{\pi}{2}} \sin^5 x dx =$ _____ ；

(3) 设 $f(x) = 1 + x^2$ ，则 $\int_{-a}^{a} x^2 [f(x) - f(-x)] dx =$ _____ ；

(4) $\int_{-\frac{\pi}{2}}^{\frac{\pi}{2}} x \cos x dx =$ _____ ；   (5) 定积分 $\int_{-1}^{1} x^2 \sin x dx =$ _____ ；

(6) $\int_{-1}^{1} \frac{x \sin^2 x}{1 + \cos x} =$ _____ .

2. 单项选择题（本题可做在书上）：

(1) 下列定积分为 0 的是（   ）.

     A. $\int_{-1}^{1} x^2 dx$ B. $\int_0^{\frac{\pi}{2}} x \cos x dx$ C. $\int_1^{-1} x^3 \cos x dx$ D. $\int_{-1}^{1} x e^x dx$

(2) 设 $f(x)$ 为 $[-a, a]$ 上的连续函数，则 $\int_{-a}^{a} f(-x) dx = ($ ）.

     A. 0   B. $2\int_0^{a} f(x) dx$

     C. $-\int_{-a}^{a} f(x) dx$ D. $\int_{-a}^{a} f(x) dx$

(3) 设函数 $f(x)$ 在 $[0, 1]$ 上连续，令 $t = 2x$ ，则 $\int_0^1 f(2x) dx = ($ ）.

     A. $\int_0^2 f(t) dt$ B. $\frac{1}{2}\int_0^1 f(t) dt$

C. $2\displaystyle\int_0^2 f(t)\mathrm{d}t$ 　　　　　　　　　　D. $\dfrac{1}{2}\displaystyle\int_0^2 f(t)\mathrm{d}t$

3. 计算下列定积分（可用笔算，也可用电脑 Matlab 算，最好是两种方法都算）：

(1) $\displaystyle\int_1^9 \frac{x\mathrm{d}x}{1+\sqrt{x}}$；　　　　　　(2) $\displaystyle\int_0^3 \frac{x}{1+\sqrt{x+1}}\mathrm{d}x$；

(3) $\displaystyle\int_0^{\ln 2} \sqrt{\mathrm{e}^x-1}\,\mathrm{d}x$；　　　　　(4) $\displaystyle\int_0^4 \frac{1}{\sqrt{x^2+9}}\mathrm{d}x$.

4. 计算下列定积分（可用笔算，也可用电脑 Matlab 算，最好是两种方法都算）：

(1) $\displaystyle\int_0^2 x\mathrm{e}^{-x}\mathrm{d}x$；　　　　　　(2) $\displaystyle\int_1^{\mathrm{e}} x\ln x\mathrm{d}x$；

(3) $\displaystyle\int_0^1 x\,\mathrm{arccot}\,x\mathrm{d}x$；　　　　(4) $\displaystyle\int_0^{\pi} x^2\sin x\mathrm{d}x$；

(5) $\displaystyle\int_0^1 x^2\mathrm{e}^{-x}\mathrm{d}x$；　　　　　(6) $\displaystyle\int_1^{\mathrm{e}} \ln^2 x\mathrm{d}x$；

(7) $\displaystyle\int_0^4 \mathrm{e}^{\sqrt{x}}\mathrm{d}x$；　　　　　(8) $\displaystyle\int_0^1 (\arcsin x)^2\mathrm{d}x$.

5.4　定积分在几何上的应用

5.4.1　平面图形的面积

1. 直角坐标系下平面图形的面积

（1）我们已经知道定积分的几何意义是在区间 $[a,b]$ 上，一条连续曲线 $y=f(x)\geqslant 0$ 与直线 $x=a$、$x=b$ 及 x 轴所围成的曲边梯形的面积 $A=\displaystyle\int_a^b f(x)\mathrm{d}x$（见图 5-5）.

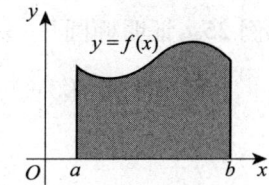

图 5-5

（2）如图 5-6 所示，在区间 $[a,b]$ 上，若 $g(x)\leqslant f(x)$，则由连续曲线 $y=f(x)$、$y=g(x)$ 与直线 $x=a$、$x=b$ 所围成的平面图形的面积为

$$A=\int_a^b f(x)\mathrm{d}x-\int_a^b g(x)\mathrm{d}x=\int_a^b [f(x)-g(x)]\mathrm{d}x$$

$$=\int_a^b (上-下)\mathrm{d}x（积分变量为 x）$$

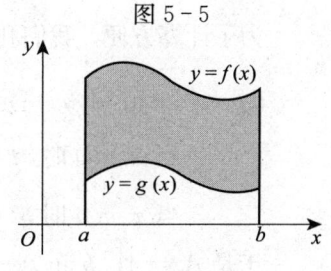

图 5-6

（3）如图 5-7 所示，在区间 $[c,d]$ 上，若 $\Psi(y)\leqslant\varphi(y)$，则由连续曲线 $x=\varphi(y)$、$x=\Psi(y)$ 与直线 $y=c$、$y=\mathrm{d}$ 所围成的平面图形的面积 A 为

$$A=\int_c^d [\varphi(y)-\Psi(y)]\mathrm{d}y$$

$$=\int_c^d (右-左)\mathrm{d}y（积分变量为 y）$$

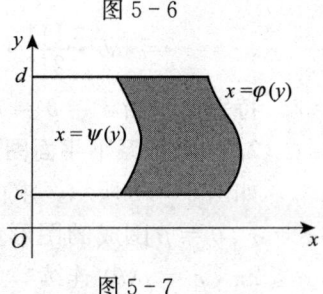

图 5-7

例 23 求两条抛物线 $y^2 = x$ 与 $y = x^2$ 所围成的平面图形的面积.

解 如图 5-8 所示,

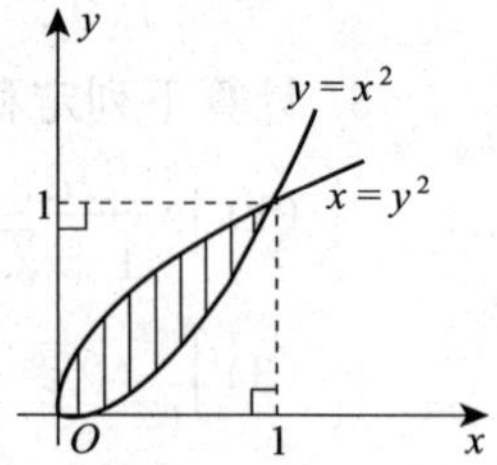

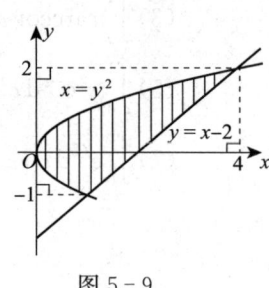

$$解方程组 \begin{cases} y^2 = x \\ y = x^2 \end{cases}, 得 \begin{cases} x = 0 \\ y = 0 \end{cases} 及 \begin{cases} x = 1 \\ y = 1 \end{cases},$$

即两抛物线交点为 $(0,0)$ 和 $(1,1)$. 所求面积为

$$A = \int_0^1 (\sqrt{x} - x^2) \mathrm{d}x = \left(\frac{2}{3} x^{\frac{3}{2}} - \frac{x^3}{3} \right) \Big|_0^1 = \frac{1}{3}$$

图 5-8

例 24 求抛物线 $y^2 = x$ 与直线 $y = x - 2$ 所围成平面图形的面积.

解 作出图形,如图 5-9 所示.

$$由 \begin{cases} y^2 = x \\ y = x - 2 \end{cases} 解得交点 (1, -1) 和 (4, 2),$$

取 y 为积分变量,确定积分区间为 $[-1, 2]$.

所求面积为

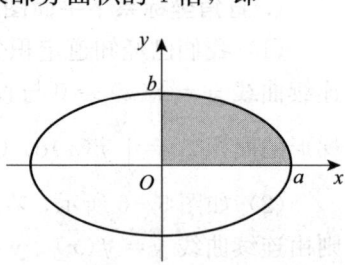

$$A = \int_{-1}^2 (y + 2 - y^2) \mathrm{d}y = \left(\frac{y^2}{2} + 2y - \frac{y^3}{3} \right) \Big|_{-1}^2 = \frac{9}{2}$$

图 5-9

注意 此题若选取 x 为积分变量,则要分区域计算,比较麻烦.

例 25 证明椭圆 $\dfrac{x^2}{a^2} + \dfrac{y^2}{b^2} = 1$ 的面积 $A = \pi ab$,进而证明圆面积 $A = \pi R^2$.

证明 如图 5-10 所示,考虑对称性,椭圆面积为第一象限部分面积的 4 倍,即

$$A = 4 \int_0^a y \mathrm{d}x$$

为了计算方便,我们利用椭圆的参数方程 $\begin{cases} x = a\cos t \\ y = b\sin t \end{cases}$,

$\mathrm{d}x = -a\sin t \mathrm{d}t$,由定积分的换元积分法知

当 $x = 0$ 时,$t = \dfrac{\pi}{2}$;

当 $x = a$ 时,$t = 0$.

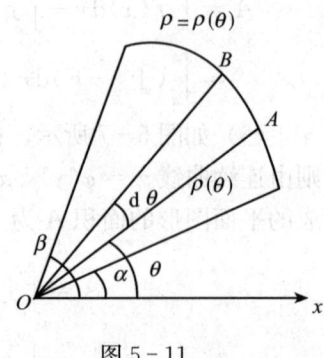

图 5-10

于是 $A = 4 \displaystyle\int_{\frac{\pi}{2}}^0 b\sin t(-a\sin t)\mathrm{d}t = 4ab \int_0^{\frac{\pi}{2}} \sin^2 t \mathrm{d}t$

$\qquad = 4ab \cdot \dfrac{1!!}{2!!} \cdot \dfrac{\pi}{2} = \pi ab$.

特别地,当 $a = b = R$ 时,得圆面积公式 $A = \pi R^2$.

2. 极坐标系下平面图形的面积

如图 5-11 所示,求由曲线 $\rho = \rho(\theta)$ $(\alpha \leqslant \theta \leqslant \beta)$ 与射线 $\theta = \alpha$、$\theta = \beta$ 围成的图形面积(称曲边扇形面积),其中 $\beta - \alpha \leqslant 2\pi$,$\rho = \rho(\theta)$ 连续.

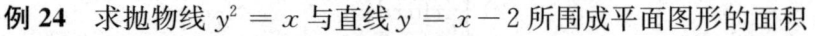

图 5-11

用微元法求解，取微段 $[\theta, \theta + \mathrm{d}\theta]$，则曲边扇形 OAB 可近似地看成圆扇形，于是得面积微元，即扇形 OAB 的面积为

$$\mathrm{d}A = \frac{1}{2}\rho^2(\theta)\mathrm{d}\theta$$

则所求面积为

$$A = \frac{1}{2}\int_\alpha^\beta \rho^2(\theta)\mathrm{d}\theta.$$

例 26 求心形线 $\rho = a(1 + \cos\theta)$ 所围图形的面积 $(0 \leqslant \theta \leqslant \pi)$，其图形可用 Matlab 作出.

解 所求面积为

$$A = \frac{1}{2}\int_\alpha^\beta \rho^2 \mathrm{d}\theta = \frac{1}{2}\int_0^\pi a^2(1 + \cos\theta)^2 \mathrm{d}\theta = \frac{1}{2}a^2\int_0^\pi 4\cos^4\frac{\theta}{2}\mathrm{d}\theta \quad (\diamondsuit \frac{\theta}{2} = t)$$

$$= 4a^2\int_0^{\frac{\pi}{2}} \cos^4 t\,\mathrm{d}t = 4a^2 \cdot \frac{3!!}{4!!} \cdot \frac{\pi}{2} = \frac{3}{4}\pi a^2$$

5.4.2 求旋转体的体积

问题 5.1 由曲线 $y = f(x) \geqslant 0$、直线 $x = a$、$x = b\,(a < b)$、x 轴所围的曲边梯形 $aABb$（见图 5-12）绕 x 轴旋转一周所得旋转体的体积（见图 5-13）.

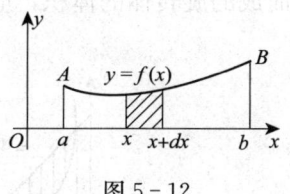

图 5-12

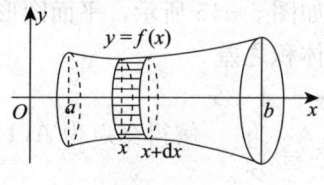

图 5-13

用微元法. 如图 5-13 所示，选取 x 作积分变量，在 $[a,b]$ 上任取一个微小区间 $[x, x + \mathrm{d}x]$，则在 x 至 $x + \mathrm{d}x$ 之间的部分可看成一个圆柱体的薄片，以此薄片为体积微元，则体积微元为

$$\mathrm{d}V = \pi[f(x)]^2 \mathrm{d}x$$

所以绕 x 轴旋转一周的旋转体体积为

$$V_x = \pi\int_a^b [f(x)]^2 \mathrm{d}x = \pi\int_a^b y^2 \mathrm{d}x$$

问题 5.2 由曲线 $x = \varphi(y) \geqslant 0$、直线 $y = c$、$y = d\,(c < d)$、y 轴所围成的曲边梯形绕 y 轴旋转体的体积为

$$V_y = \pi\int_c^d [\varphi(y)]^2 \mathrm{d}y = \pi\int_c^d x^2 \mathrm{d}y \quad （读者自证）$$

例 27 运用定积分证明圆锥的体积为 $V = \frac{1}{3}\pi r^2 h$，其中 r 为圆锥的底面半径，h 为圆锥的高.

解 如图 5 - 14 所示，设圆锥是由直角三角形 OAB 绕 x 轴旋转一周而成的，

OA 的方程：$y = \dfrac{r}{h}x$ ，

所以 $V_x = \pi \displaystyle\int_a^b y^2 \mathrm{d}x = \pi \int_0^h \left(\dfrac{r}{h}x\right)^2 \mathrm{d}x$

$= \pi \cdot \dfrac{r^2}{h^2} \cdot \dfrac{1}{3}x^3 \Big|_0^h = \dfrac{1}{3}\pi r^2 h$

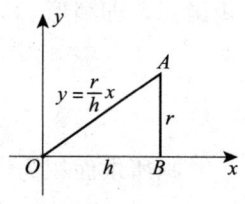

图 5 - 14

例 28 计算椭圆 $\dfrac{x^2}{a^2} + \dfrac{y^2}{b^2} = 1$ 绕 x 轴旋转一周而得旋转体的体积

解 $y^2 = \dfrac{b^2}{a^2}(a^2 - x^2)$

$V_x = \pi \displaystyle\int_{-a}^a y^2 \mathrm{d}x = \pi \int_{-a}^a \dfrac{b^2}{a^2}(a^2 - x^2)\mathrm{d}x = 2\pi \int_0^a \dfrac{b^2}{a^2}(a^2 - x^2)\mathrm{d}x$

$= 2\pi \dfrac{b^2}{a^2}\left(a^2 x - \dfrac{1}{3}x^3\right)\Big|_0^a = \dfrac{4}{3}\pi ab^2$

同理可证 $V_y = \dfrac{4}{3}\pi a^2 b$（读者自证），特别当 $a = b$ ，$V = \dfrac{4}{3}\pi a^3$（半径为 a 的球的体积）.

例 29 求直线 $x + y = 4$ 与曲线 $xy = 3$ 所围成的平面图形绕 x 轴旋转所得旋转体体积.

解 如图 5 - 15 所示，平面图形阴影部分绕 x 轴旋转而成的旋转体的体积，应该是两个旋转体的体积之差.

由 $\begin{cases} y = 4 - x \\ y = \dfrac{3}{x} \end{cases}$ 解得交点为 $A(1,3)$ ，$B(3,1)$.

所求旋转体的体积为

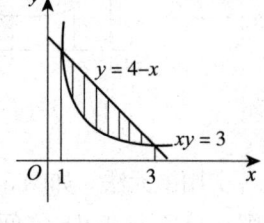

图 5 - 15

$$V_x = \pi \int_1^3 (4 - x)^2 \mathrm{d}x - \pi \int_1^3 \left(\dfrac{3}{x}\right)^2 \mathrm{d}x$$

$$= \pi \left[-\dfrac{(4-x)^3}{3}\right]\Big|_1^3 + \pi \cdot \dfrac{9}{x}\Big|_1^3 = \dfrac{8}{3}\pi$$

一般地，若是两曲线 $y = f(x)$ 、$y = g(x)$ $[f(x) > g(x)]$ 和两直线 $x = a$ 、$x = b$ 所围图形绕 x 轴旋转体的体积为

$$V_x = \pi \int_a^b [f^2(x) - g^2(x)]\mathrm{d}x = \pi \int_a^b (上^2 - 下^2)\mathrm{d}x$$

同理可得：若是两曲线 $x = \varphi(y)$ 、$x = h(y)$ $[\varphi(y) > h(y)]$ 和两直线 $y = c$ 、$y = d$ 所围图形绕 y 轴旋转体的体积为

$$V_y = \pi \int_c^d [\varphi^2(y) - h^2(y)]\mathrm{d}y = \pi \int_c^d (右^2 - 左^2)\mathrm{d}y .$$

5.4.3 平面曲线的弧长

（1）直角坐标下，已知曲线 $y = f(x)$ 在 $[a, b]$ 上有连续导数，计算这曲线弧 AB 的长度（见图 5 - 16）.

在 $[a,b]$ 上取微段 $[x, x+\mathrm{d}x]$，有弧长微元 $\mathrm{d}s$，由第 3 章 3.4 节的弧微分公式（可用图 5-16 理解）：

$$\mathrm{d}s = \sqrt{(\mathrm{d}x)^2 + (\mathrm{d}y)^2} = \sqrt{1 + y'^2}\,\mathrm{d}x$$

所求的弧长为 $\quad s = \displaystyle\int_a^b \sqrt{1 + y'^2}\,\mathrm{d}x$

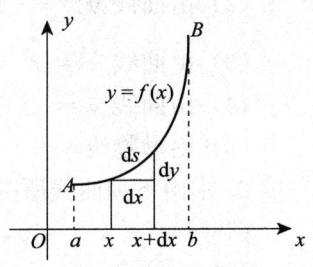

例 30 求悬链线 $y = \dfrac{\mathrm{e}^x + \mathrm{e}^{-x}}{2}$ 从 $x = 0$ 到 $x = a$ 那一段的弧长（见图 5-17）．

图 5-16

解 $\qquad\qquad y' = \dfrac{\mathrm{e}^x - \mathrm{e}^{-x}}{2}$

代入公式得

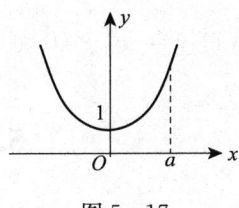

$$s = \int_0^a \sqrt{1 + y'^2}\,\mathrm{d}x = \int_0^a \sqrt{1 + \left(\frac{\mathrm{e}^x - \mathrm{e}^{-x}}{2}\right)^2}\,\mathrm{d}x$$

图 5-17

$$= \int_0^a \sqrt{\frac{(\mathrm{e}^x)^2 + 2 + (\mathrm{e}^{-x})^2}{4}}\,\mathrm{d}x = \int_0^a \sqrt{\left(\frac{\mathrm{e}^x + \mathrm{e}^{-x}}{2}\right)^2}\,\mathrm{d}x$$

$$= \int_0^a \frac{\mathrm{e}^x + \mathrm{e}^{-x}}{2}\,\mathrm{d}x = \frac{\mathrm{e}^a - \mathrm{e}^{-a}}{2}$$

（2）已知曲线的参数方程，求弧长．

若弧段 AB 参数方程为 $\begin{cases} x = x(t) \\ y = y(t) \end{cases}, t \in [\alpha, \beta]$，

因弧微分为 $\mathrm{d}s = \sqrt{(\mathrm{d}x)^2 + (\mathrm{d}y)^2} = \sqrt{[x'(t)\mathrm{d}t]^2 + [y'(t)\mathrm{d}t]^2} = \sqrt{[x'(t)]^2 + [y'(t)]^2}\,\mathrm{d}t$，所求弧段 AB 的长度为

$$s = \int_\alpha^\beta \sqrt{[x'(t)]^2 + [y'(t)]^2}\,\mathrm{d}t$$

例 31 证明：半径为 R 的圆的周长为 $s = 2\pi R$．

证明 设圆的参数方程为 $\begin{cases} x = R\cos t \\ y = R\sin t \end{cases} (0 \leqslant t \leqslant 2\pi)$，

因

$$\mathrm{d}s = \sqrt{(\mathrm{d}x)^2 + (\mathrm{d}y)^2} = \sqrt{R^2(-\sin t)^2 + R^2\cos^2 t}\,\mathrm{d}t = R\,\mathrm{d}t$$

所以 $\qquad s = \displaystyle\int_0^{2\pi} R\,\mathrm{d}t = 2\pi R$

思考题 你能用两种方法证明半径为 R 的球体体积公式 $V = \dfrac{4}{3}\pi R^3$ 吗？

习题 5.4

1. 求下列平面图形的面积：

（1）由曲线 $y = x^2$ 与直线 $x = -1$、$x = 2$，及 x 轴所围成的图形；

(2) 由曲线 $y = \dfrac{1}{x}$ 与直线 $x = 1$、$x = 2$，及 x 轴所围成的图形；

(3) 由曲线 $y = x^2$ 与 $x = y^2$ 所围的图形；

(4) 由曲线 $y = x^2$ 及 $y = 4 - x^2$ 所围的图形；

(5) 由抛物线 $y + 1 = x^2$ 与直线 $y = x + 1$ 所围的图形．

2. 求由下列曲线所围成的图形绕 x 轴旋转所成旋转体的体积：

(1) $y = x^2$，$y = 0$，$x = 1$，$x = 2$；   (2) $y = x^2$，$x = y^2$；

(3) $y = x^2$，$y = x$；   (4) $y = \sin x\ (0 \leqslant x \leqslant \pi)$，$y = 0$．

3. 计算下列曲线的弧长：

(1) $y = x^{\frac{3}{2}}$ $(0 \leqslant x \leqslant 4)$；   (2) 摆线 $\begin{cases} x = t - \sin t \\ y = 1 - \cos t \end{cases} (0 \leqslant t \leqslant 2\pi)$．

5.5   定积分在物理和工程上的应用

5.5.1   变力沿直线做功

以前学过常力做功，一物体受一常力做直线运动，力的方向与运动方向一致，当物体有位移 s 时，则力 F 所做的功为

$$W = F \cdot s$$

问题 5.3 当力不是常力，而是变力时，如何求变力所做的功呢？设一物体沿 x 轴正向运动，且从点 a 移动到点 b 的过程中，受到与 x 轴正向一致的变力 F 作用，由于物体位于 x 轴上不同位置时，所受的力的大小不同，力 F 可看作是 x 的函数

$$F = F(x)$$

试求变力 F 在区间 $[a, b]$ 上所做的功．

解 用微元法，如图 5-18 所示，
在 $[a, b]$ 上取一微段 $[x, x + \mathrm{d}x]$，功微元为

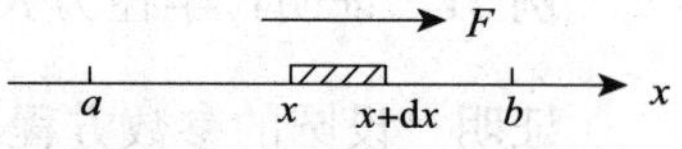

$$\mathrm{d}W = F(x)\mathrm{d}x$$

图 5-18

所以在 $[a, b]$ 上所做的功为

$$W = \int_a^b \mathrm{d}W = \int_a^b F(x)\mathrm{d}x$$

例 32 解答本章开始提出的案例．

解 若选择抽水，计算如下：建立坐标系如图 5-19 所示，取一微段区间：$[x, x + \mathrm{d}x]$；在小区间 $[x, x + \mathrm{d}x]$ 上的薄片水层到水池顶部 O 的距离可视为 x，水密度为

$$\rho = \frac{1\mathrm{t}}{\mathrm{m}^3} = \frac{1\,000\ \mathrm{kg}}{\mathrm{m}^3}$$

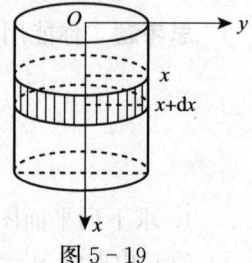

图 5-19

每立方米水的重力为

$$\rho g = 10^3\ kg \times 9.8\ m/s^2 = 9\ 800\ (N)$$

体积微元为　$dV = \pi \times 100^2 \cdot dx$

功微元为

$$dW = (dV \cdot \rho g) \cdot x = \pi \cdot 100^2 \cdot \rho g x dx\ (J),$$

抽出全部水所作的功为

$$W = \int_0^4 dW = \int_0^4 \pi \cdot 100^2 \rho g x dx = \pi \cdot 100^2 \rho g \cdot \frac{x^2}{2}\Big|_0^4 = 8 \times 10^4 \pi \rho g\ (J)$$

$$= 8 \times 10^4 \times 3.14 \times 10^3 \times 9.8 (J) \approx 2.462 \times 10^9 (J)。$$

因 1 度电 $= 3.6 \times 10^6\ (J)$，所以抽水所用的电数为 $\dfrac{2.462 \times 10^9 (J)}{3.6 \times 10^6 (J)} \approx 684\,(\text{度}).$

$$684 \times 0.8 = 547.2\,(\text{元})$$

若选择挖沟放水，计算方法是：民工工资 $4 \times 150 +$ 饭钱 $= 600$ 元 $+$ 饭钱

比较可知：民工工资 600 元 $+$ 饭钱 $>$ 电费 547（元），所以应选择抽水比较合算．

5.5.2　求液体的压力

以前学过，在稳定状态的液体中的任一点，在任何方向所受的压强均相同，在液体深为 h 处的压强为 $p = \rho g h$，其中 ρ 为液体密度，$g = \dfrac{9.8\text{m}}{\text{s}^2}$．若一面积为 A 的平板，水平地放置在液体深度为 h 处（板面与液面平行），则平板一侧所受的压力为

$$F = pA = \rho g h A$$

问题 5.4　当压强随深度的变化而变化时，如何求液体压力？现将一平板垂直于液面置放在液体中，深度不同时，其压强不同，试问应如何计算平板一侧所受的压力？

解　建立坐标系如图 5-20 所示，沿液面为 y 轴，且形状为曲边梯形的平板位于液体中的位置为 $aABb$，其中曲边 $y = f(x) \geqslant 0$．

在 $[a,b]$ 上取一微段：$[x, x + \mathrm{d}x]$，得到一微块，此微块的深度为 x，面积微元为

$$\mathrm{d}A = y\mathrm{d}x$$

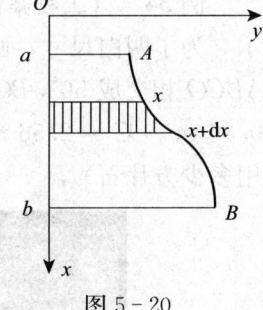

图 5-20

压力微元为

$$\mathrm{d}F = (\rho g x)(y\mathrm{d}x) = \rho g x f(x) \cdot \mathrm{d}x$$

在 $[a,b]$ 上整块板所受压力为

$$F = \int_a^b \mathrm{d}F = \rho g \int_a^b x f(x)\mathrm{d}x$$

例33 有一块等腰梯形水闸如图 5-21 所示，它的顶宽为 20 m，底宽为 8 m，高为 12 m，当水面与闸门顶平齐时，试求闸门所受的压力．

解 选取坐标系如图 5-21 所示，由题设知：$A(0,10)$，$B(12,4)$，AB 的方程为 $y = -\dfrac{x}{2} + 10$，

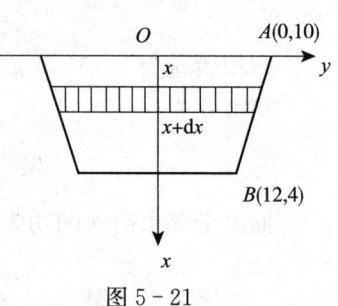

图 5-21

在 $[0,12]$ 上取一微段：$[x, x+dx]$，得面积微元为

$$dA = 2y \cdot dx$$

压力微元为

$$dF = (\rho g x) \cdot (2y dx) = 2\rho g \cdot x\left(-\frac{x}{2} + 10\right)dx$$

整块板所受的压力

$$F = 2\rho g \int_0^{12} x\left(-\frac{x}{2} + 10\right)dx = 2\rho g\left(-\frac{x^3}{6} + 5x^2\right)\Big|_0^{12} = 864\rho g$$
$$= 864 \times 9.8 \times 10^3 = 8.467 \times 10^6 (\text{N}). \quad (可用电脑算)$$

5.5.3 定积分在工程上的应用

在建筑施工现场经常会遇到一些异形体的构造物．计算其工程量时一般采用的方法为平均面积法和棱台体积公式，但这两种方法均很难保证计算结果的精度．

首先，平均面积法缺乏严格的数学依据，一般只应用在精度不高的情况；其次，土木工程施工现场所遇到的异形体一般不能满足棱台的条件，因棱台各棱边的延长线必交于一点，而施工现场异形体的各边延长线往往交于一条线，所以采用棱台体积公式也同样存在弊端．

为了精确计算土木施工现场的异形体工程量，介绍一种微积分的计算方法——微元法．

例34 **（工程案例）** 以某段高速公路盖板涵洞进口八字翼墙为例，如图 5-22（a）所示．为了明白尺寸，画出图 5-23，此八字翼墙的斜面 $ABEF$ 是矩形且与垂直于地面的面 $ABCO$ 相交成 $50°$，BCE 面是一斜面，AOF 面垂直于地面，且垂直于 $ABCO$ 面，量得 $AB = 0.86$ m，$OC = 2.56$ m，$OA = 4.39$ m，洞口八字翼墙采用片石砌筑，试计算此工程量（即用多少方片石）．

(a)

(b)

图 5-22

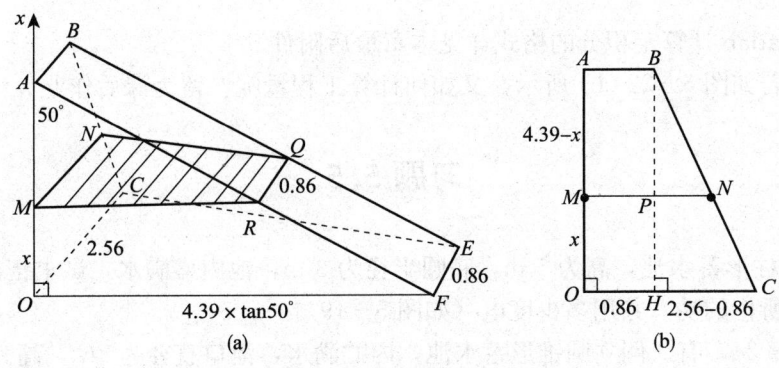

图 5 - 23

解（微元法） 如图 5 - 23（a）所示，以 O 点作为坐标原点，OA 为 x 轴正向．在 OA 上任取 x（$OM = x$），必有长度微元 $\mathrm{d}x$，过 M 且垂直于 x 轴的截面为直角梯形 $MNQR$．因高 $\mathrm{d}x$ 很小的立体可看成直棱柱，直棱柱的底面为直角梯形 $MNQR$，此直棱柱就是体积微元，即是工程量微元 ＝ 底面积×高．

直角梯形 $MNQR$ 的上底为 $QR = 0.86$，下底 $MN \doteq$? 高 $MR =$?

如图 5 - 23（b）所示，因 $\dfrac{PN}{HC} = \dfrac{BP}{BH}$，即 $\dfrac{PN}{2.56 - 0.86} = \dfrac{4.39 - x}{4.39}$，即

$$PN = 1.7 \times \frac{4.39 - x}{4.39},$$

所以 $\qquad MN = 0.86 + 1.7 \times \dfrac{4.39 - x}{4.39}$，

如图 5 - 23（a）所示，$\dfrac{MR}{OF} = \dfrac{AM}{AO}$，即 $\dfrac{MR}{4.39 \times \tan 50°} = \dfrac{4.39 - x}{4.39}$

所以梯形高 $\qquad MR = (4.39 - x) \times \tan 50°$

梯形面积为

$$S = \frac{1}{2} \times (0.86 + 0.86 + 1.7 \times \frac{4.39 - x}{4.39}) \times (4.39 - x) \times \tan 50°$$

$$= 0.5 \times (1.72 + 1.7 \times \frac{4.39 - x}{4.39}) \times (4.39 - x) \times \tan 50°$$

工程量微元为 $\qquad \mathrm{d}V = S \cdot \mathrm{d}x$

则工程量为：

$$V = \int_0^{4.39} S \mathrm{d}x = \int_0^{4.39} 0.5 \times (1.72 + 1.7 \times \frac{4.39 - x}{4.39}) \times (4.39 - x) \times \tan 50° \mathrm{d}x$$

$$\approx 16.38 \ \mathrm{m}^3.$$

用电脑 Matlab 算如下：

```
>> Syms x
>> int(0.5* (1.72+ 1.7* (4.39- x)/4.39)* 4.39* (4.39- x)* tan(50* pi/180),x,0,4.39)
```

回车得：ans= 16.38.

用电脑 Matlab 计算定积分的格式详见本章最后附件 5.

思考题 若如图 5-22(b) 所示，又如何计算工程量呢？留为课后作业.

习题 5.5

1. 有一圆柱形蓄水池，高为 5 m，底圆半径为 3 m，池内盛满水，试求把池内的水从顶端全部抽出时所作的功，共用多少度电（如图 5-19）？

2. 如图 5-24，有一倒立圆锥形蓄水池，内贮满水，池口直径为 $2R$，高为 H，欲将池内的水从顶端全部抽到池外，需作多少功？

3. 如图 5-25，一半径为 R（米）的球形容器装满水，现在要把球内的水从顶端全部吸出来，问要作多少功？（提示：球面在 xOy 平面上的投影方程为：$(x-R)^2 + y^2 = R^2$，则 $\mathrm{d}V = \pi y^2 \mathrm{d}x$，$\mathrm{d}W = x\rho g \pi y^2 \mathrm{d}x = \pi g x y^2 \mathrm{d}x (\rho = 1)$.

图 5-24　　　　　　　　　　图 5-25

4. 一块等腰梯形水闸，它的顶宽为 10 m，底宽为 6 m，高为 20 m，当水面与闸门顶平齐时，试求闸门所受的水压力（参见本节例 33 图形，图 5-21）.

5. 若盖板涵洞进口八字翼墙如图 5-22(b) 所示，如何计算工程量？要求：

(1) 具体量出图中哪些线段的长度就可算出工程量，并计算出结果；(2) 通过本题的计算进一步拓展，例如你在专业学习中、或者在校园内或其他地方或在生活中等遇到的类似问题，你是如何解决的？

5.6　广义积分

前面我们所学习的定积分都要求：积分区间是有限区间；被积函数在积分区间上有界. 这是定积分的必要条件，这样的定积分就称为常义积分. 若上述两条件不满足，即积分区间是无穷区间或被积函数在积分区间上无界的积分均称为广义积分.

5.6.1　无穷区间的广义积分

引例 4　求由曲线 $y = \dfrac{1}{x^2}$ 与直线 $x = 1$、$y = 0$ 所围成的图形的面积.

解　如图 5-26 所示，积分区间为无穷区间 $[1, +\infty)$，面积

$$A = \int_1^{+\infty} \frac{1}{x^2} \mathrm{d}x = \left(-\frac{1}{x}\right)\Big|_1^{+\infty}$$

$$= -\lim_{x \to +\infty} \frac{1}{x} + 1 = 1$$

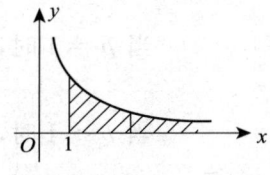

图 5 - 26

定义 5.3　（无穷区间广义积分）若 $f(x)$ 在 $[a, +\infty)$ 上连续，则形如 $\int_a^{+\infty} f(x)\mathrm{d}x$ 的积分称为无穷区间上的广义积分，设 $f(x)$ 的原函数为 $F(x)$，则

$$\int_a^{+\infty} f(x)\mathrm{d}x = F(x)\Big|_a^{+\infty} = \lim_{x \to +\infty} F(x) - F(a).$$

若极限 $\lim\limits_{x \to +\infty} F(x)$ 存在，则称广义积分 $\int_a^{+\infty} f(x)\mathrm{d}x$ 收敛，否则，称广义积分发散.

一般地，无穷区间上的积分有下面三种情况：

$$\int_a^{+\infty} f(x)\mathrm{d}x, \qquad \int_{-\infty}^b f(x)\mathrm{d}x, \qquad \int_{-\infty}^{+\infty} f(x)\mathrm{d}x$$

设 $f(x)$ 在讨论区间上连续，$F(x)$ 为 $f(x)$ 的原函数，则

(1) $\int_a^{+\infty} f(x)\mathrm{d}x = F(x)\Big|_a^{+\infty} = F(+\infty) - F(a) = \lim\limits_{x \to +\infty} F(x) - F(a)$；

(2) $\int_{-\infty}^b f(x)\mathrm{d}x = F(x)\Big|_{-\infty}^b = F(b) - F(-\infty) = F(b) - \lim\limits_{x \to -\infty} F(x)$；

(3) $\int_{-\infty}^{+\infty} f(x)\mathrm{d}x = F(x)\Big|_{-\infty}^{+\infty} = F(+\infty) - F(-\infty) = \lim\limits_{x \to +\infty} F(x) - \lim\limits_{x \to -\infty} F(x)$.

与常义积分一样，只是 $F(+\infty)$、$F(-\infty)$ 以求极限的方法处理，若此极限存在，则称广义积分收敛，否则发散.

例 35　求 $I = \int_0^{+\infty} x\mathrm{e}^{-x^2} \mathrm{d}x$.

解
$$I = \frac{1}{2}\int_0^{+\infty} \mathrm{e}^{-x^2} \mathrm{d}x^2 = -\frac{1}{2}\int_0^{+\infty} \mathrm{e}^{-x^2} \mathrm{d}(-x^2)$$

$$= -\frac{1}{2}\mathrm{e}^{-x^2}\Big|_0^{+\infty} = \lim_{x \to +\infty}\left(-\frac{1}{2}\mathrm{e}^{-x^2}\right) - \left(-\frac{1}{2}\right) = \frac{1}{2}.$$

例 36　计算广义积分 $\int_0^{+\infty} t\mathrm{e}^{-pt}\mathrm{d}t$（$p$ 是常数，且 $p > 0$）.

解　$\int_0^{+\infty} t\mathrm{e}^{-pt}\mathrm{d}t = \left(-\frac{t}{p}\mathrm{e}^{-pt}\right)\Big|_0^{+\infty} - \frac{1}{p^2}\mathrm{e}^{-pt}\Big|_0^{+\infty} = -\frac{1}{p}\lim_{t \to +\infty} t\mathrm{e}^{-pt} - 0 - \frac{1}{p^2}(0 - 1).$

$$= -\frac{1}{p}\lim_{t \to +\infty} t\mathrm{e}^{-pt} + \frac{1}{p^2} = -\frac{1}{p}\lim_{t \to +\infty}\frac{t}{\mathrm{e}^{pt}} + \frac{1}{p^2} = \frac{1}{p^2}\text{（用洛必达法则求极限）}.$$

例 37　讨论广义积分 $\int_1^{+\infty} \frac{1}{x^p}\mathrm{d}x$，$p$ 为何值时收敛? p 为何值时发散?

解　当 $p > 1$ 时，$\int_1^{+\infty} \frac{1}{x^p}\mathrm{d}x = \frac{1}{1-p}x^{1-p}\Big|_1^{+\infty} = \frac{1}{p-1}$，

当 $p = 1$ 时，$\int_1^{+\infty} \dfrac{1}{x^p}\mathrm{d}x = \ln x \Big|_1^{+\infty} = +\infty$，

当 $p < 1$ 时，$\int_1^{+\infty} \dfrac{1}{x^p}\mathrm{d}x = \dfrac{1}{1-p}x^{1-p}\Big|_1^{+\infty} = +\infty$，

综上所述，当 $p > 1$ 时，收敛；当 $p \leqslant 1$ 时，发散．

例 38 计算广义积分 $\int_{-\infty}^{+\infty} \dfrac{1}{1+x^2}\mathrm{d}x$．

解 $\int_{-\infty}^{+\infty} \dfrac{1}{1+x^2}\mathrm{d}x = \arctan x\Big|_{-\infty}^{+\infty} = \lim\limits_{x \to +\infty}\arctan x - \lim\limits_{x \to -\infty}\arctan x = \dfrac{\pi}{2} + \dfrac{\pi}{2} = \pi$．

5.6.2 无界函数的广义积分（也叫瑕积分）

引例 5 $\int_0^1 \dfrac{1}{x^2}\mathrm{d}x = -\dfrac{1}{x}\Big|_0^1 = -1 + \lim\limits_{x \to 0^+}\dfrac{1}{x} = +\infty$．（$x = 0$ 称为瑕点）

定义 5.4 （瑕积分定义）设函数 $f(x)$ 在 $(a,b]$ 上连续，且 $\lim\limits_{x \to a^+}f(x) = \infty$，积分 $\int_a^b f(x)\mathrm{d}x$ 称为函数 $f(x)$ 在 $(a,b]$ 上无界函数的广义积分，设 $f(x)$ 的原函数为 $F(x)$，则

$$\int_a^b f(x)\mathrm{d}x = F(x)\Big|_a^b = F(b) - \lim\limits_{x \to a^+}F(x) \quad (a \text{ 称为瑕点})$$

若极限 $\lim\limits_{x \to a^+}F(x)$ 存在，则称广义积分 $\int_a^b f(x)\mathrm{d}x$ 收敛；若 $\lim\limits_{x \to a^+}F(x)$ 不存在，则称广义积分发散．

类似地，设函数 $f(x)$ 在 $[a,b)$ 上连续，且 $\lim\limits_{x \to b^-}f(x) = \infty$，积分 $\int_a^b f(x)\mathrm{d}x$ 称为函数 $f(x)$ 在 $[a,b)$ 上无界函数的广义积分，设 $f(x)$ 的原函数为 $F(x)$，则

$$\int_a^b f(x)\mathrm{d}x = F(x)\Big|_a^b = \lim\limits_{a \to b^-}F(x) - F(a)$$

若极限 $\lim\limits_{x \to b^-}F(x)$ 存在，则称广义积分 $\int_a^b f(x)\mathrm{d}x$ 收敛；若 $\lim\limits_{x \to b^-}F(x)$ 不存在，则称广义积分发散．

例 39 求 $\int_0^1 \ln x\mathrm{d}x$．

解 $\int_0^1 \ln x\mathrm{d}x = x\ln x\Big|_0^1 - \int_0^1 \mathrm{d}x = -\lim\limits_{x \to 0^+}x\ln x - x\Big|_0^1$

$$= -\lim\limits_{x \to 0^+}\dfrac{\ln x}{\dfrac{1}{x}} - 1 = -\lim\limits_{x \to 0^+}\dfrac{\dfrac{1}{x}}{-\dfrac{1}{x^2}} - 1 = 0 - 1 = -1$$

例 40 计算广义积分 $\int_0^a \dfrac{\mathrm{d}x}{\sqrt{a^2 - x^2}}$（$a > 0$）．

解　$\displaystyle\int_0^a \frac{\mathrm{d}x}{\sqrt{a^2-x^2}} = \int_0^a \frac{1}{\sqrt{1-\left(\dfrac{x}{a}\right)^2}}\mathrm{d}\left(\frac{x}{a}\right) = \left(\arcsin\frac{x}{a}\right)\Big|_0^a = \arcsin 1 = \frac{\pi}{2}.$

例 41　证明广义积分 $\displaystyle\int_a^b \frac{\mathrm{d}x}{(x-a)^q}$ 当 $q<1$ 时收敛；当 $q\geqslant 1$ 时发散.

证明　当 $q=1$ 时，$\displaystyle\int_a^b \frac{\mathrm{d}x}{x-a} = \ln(x-a)\Big|_a^b = \infty$，积分发散；

当 $q\neq 1$ 时，$\displaystyle\int_a^b \frac{\mathrm{d}x}{(x-a)^q} = \frac{(x-a)^{1-q}}{1-q}\Big|_a^b = \begin{cases} \dfrac{(b-a)^{1-q}}{1-q}, & q<1 \\[2mm] \infty, & q>1 \end{cases}$，故命题得证.

习题 5.6

判断下列广义积分是否收敛，若收敛，求出积分值：

(1) $\displaystyle\int_2^{+\infty} \frac{1}{x^4}\mathrm{d}x$；

(2) $\displaystyle\int_0^{+\infty} \frac{\ln x}{x}\mathrm{d}x$；

(3) $\displaystyle\int_1^{+\infty} x^2 \mathrm{e}^{-x^3}\mathrm{d}x$；

(4) $\displaystyle\int_0^{+\infty} x\mathrm{e}^{-x}\mathrm{d}x$；

(5) $\displaystyle\int_1^{\mathrm{e}} \frac{1}{x\sqrt{1-(\ln x)^2}}\mathrm{d}x$；

(6) $\displaystyle\int_0^1 x\ln x\,\mathrm{d}x$.

复习题 5

1. 证明：不等式 $\dfrac{\pi}{2} < \displaystyle\int_0^{\frac{\pi}{2}} \mathrm{e}^{\sin x}\mathrm{d}x < \dfrac{\pi}{2}\mathrm{e}$.

2. 求下列极限：

(1) $\displaystyle\lim_{x\to 0} \frac{1}{x^2}\int_0^x \arctan t\,\mathrm{d}t$；

(2) $\displaystyle\lim_{x\to 0} \frac{1}{2x}\int_0^x \arctan t^2\,\mathrm{d}t$.

3. 计算下列定积分：

(1) $\displaystyle\int_0^1 \sqrt{1+x}\,\mathrm{d}x$；

(2) $\displaystyle\int_0^{\frac{\pi}{4}} \frac{\sin x}{\sqrt{\cos x}}\mathrm{d}x$；

(3) $\displaystyle\int_1^{\mathrm{e}^3} \frac{1}{x\sqrt{1+\ln x}}\mathrm{d}x$；

(4) $\displaystyle\int_0^2 \frac{\mathrm{e}^x}{\mathrm{e}^{2x}+1}\mathrm{d}x$；

(5) $\displaystyle\int_0^1 (\mathrm{e}^x-1)^4 \mathrm{e}^x\,\mathrm{d}x$；

(6) $\displaystyle\int_0^{\pi} \sqrt{\sin x - \sin^3 x}\,\mathrm{d}x$；

(7) $\displaystyle\int_0^1 \frac{\sqrt{x}}{1+x}\mathrm{d}x$；

(8) $\displaystyle\int_0^4 \frac{x+2}{\sqrt{1+2x}}\mathrm{d}x$；

(9) $\displaystyle\int_1^2 \frac{\sqrt{x^2-1}}{x}\mathrm{d}x$；

(10) $\displaystyle\int_0^{\mathrm{e}-1} \ln(x+1)\mathrm{d}x$；

(11) $\displaystyle\int_0^{\frac{\pi}{2}} \mathrm{e}^x \sin x\,\mathrm{d}x$；

(12) $\displaystyle\int_{-\frac{\pi}{2}}^{\frac{\pi}{2}} x^2 \cos x\,\mathrm{d}x$.

4. 求由抛物线 $y^2 = 2x+1$ 与直线 $x-y-1=0$ 所围的面积.

5. 求由 $y=\mathrm{e}^{-x}\ (0\leqslant x<+\infty)$ 与 $y=0$ 所围图形绕 x 轴、y 轴旋转所成旋转体体积.

附件5 数学实验：用 Matlab 求解定积分

用 Matlab 求解定积分有两个命令：符号解命令 int 和数值解命令 quad

符号解格式：>> syms x y

      >> int (f(x), x,a, b) (f(x)是被积函数,a,b是积分区间)

数值解格式：>> quad('f(x)',a,b)

使用数值解命令 quad 时注意：

(1) $f(x)$ 中的乘要点乘、除要用点除、乘方要点乘方等；

(2) $f(x)$ 一定要加单引号 '$f(x)$'；

(3) 积分区间 a,b 前面不要输入 x；

(4) 使用数值解命令时，一定要是数，不能是字母，如 $\int_0^a \sqrt{a^2-x^2}\,\mathrm{d}x$ 不能用数值解命令解.

例 42 $\int_0^{\frac{\pi}{2}} \dfrac{\cos 2x}{\sin x + \cos x}\,\mathrm{d}x$.

解 >> syms x y；

  >> int(cos(2* x)/(sin(x)+ cos(x)),x,0,pi/2)

  回车得 0 原式= 0.

例 43 $\int_0^a \sqrt{a^2-x^2}\,\mathrm{d}x$.

解 >> syms x y a；

  >> y= (a^2- x^2)^(1/2)；

  >> int(y,x,0,a)

  回车得:1/4* (a^2)^(1/2)* pi/(1/a^2)^(1/2) $= \dfrac{\pi a^2}{4}$, $\therefore$原式 $= \dfrac{\pi a^2}{4}$..

例 44 $\int_1^5 \dfrac{1}{1+\sqrt{x-1}}\,\mathrm{d}x$.

解法一 >> syms x y；

   >> y= 1 /(1+ (x- 1)^(1/2))；

   >> int(y,x,1,5)

回车得:ans= 4/pi* (- 1/2* pi* log(2)- 1/4* pi* log(3/4)+ pi- 1/2* pi* atanh(1/2))

>> simple(ans) (化简) 回车得:

ans= - log(3)+ 4- 2* atanh(1/2). (用到反双曲正切)

再复制,粘贴到下一个命令提示符>> ,回车得:

ans 1.8028, 原式= 1.8028

反双曲正切：atanhx= $\dfrac{1}{2}\ln\dfrac{1+x}{1-x}$,所以：atanh(1/2)= $\dfrac{1}{2}\ln\dfrac{1+\dfrac{1}{2}}{1-\dfrac{1}{2}}=\dfrac{1}{2}\ln 3$

所以:- log(3)+ 4- 2* atanh(1/2) = 4- 2ln3(用 Matlab 再算一次答案都为 1.8028)

原式= 4-2ln3= 1.8028.

解法二 >> quad('1. /(1+ (x- 1). ^(1/2))) ',1,5) （一定要点除、点乘方等）回车得：
ans= 1. 8028（此题用数值解命令较简）.

例 45 $\int_{-\infty}^{+\infty} \dfrac{1}{x^2+2x+3}dx$.

解 >> syms x y;
>> y= 1/(x^2+ 2* x+ 3);
>> int (y,x,- inf,inf)

回车得：ans = 1/2* pi* 2^(1/2)= $\dfrac{1}{2}\sqrt{2}\pi$ ，∴ 原式= $\dfrac{1}{2}\sqrt{2}\pi$.

例 46 $\int_{1}^{e} x\ln xdx$.

解法一 >> syms x y;
>> y= x* log(x);
>> int (y,x,1,exp(1)) 回车得：ans =
- 8099090798701270632748702911993/5070602400912917605986812821504+ 936674
139892950003424540 6117369/2535301200456458802993406410752 * log (3060513
257434037) - 234168534973237500856135152934225/12676506002282294014967032
05376* log (2) （太繁）

再将上面数据复制，粘贴到下一个命令提示符>> 中，回车得：2.0973 .

解法二 quad('x. * log(x)',1,exp(1))
回车得：ans = 2. 0973 .

例 47 $\int_{0}^{1} \dfrac{\sin x}{x}dx$. （笔算积不出）

解 >> syms x
>> int (sin(x)/x,0,1) 回车得 ans = sinint (1)，读者可能不认识，作下面处理：把 sinint (1)
复制，再粘贴到下一个命令提示符>> 中，回车得答案：0. 9461.
请读者再用数值解命令完成.

例 48 $\int_{0}^{1} e^{-x^2}dx$. （笔算积不出）

解 syms x
int (exp(- x^2),0,1) 回车得 1/2* erf(1)* pi^(1/2)，不认识吧，不要急，
把 1/2* erf(1)* pi^(1/2)复制，再粘贴到下一个命令提示符>> 中，回车得答案：0. 7468.
请读者再用数值解命令完成.

例 49 $\int_{0}^{1} e^{x^2}dx$ （笔算积不出）

解 注：此题用符号解命令解不出，得用数值解命令：
quad('exp(x. ^2)',0,1) 回车得（说明：quad 是数值积分命令，一定要点乘方等）.
ans= 1. 4627

练习

求下列定积分：

(1) $\int_{0}^{1} \dfrac{\sqrt{x}}{2-\sqrt{x}}dx$;   （答案：$8\ln 2 - 5$）

(2) $\int_{-1}^{1} \dfrac{x}{\sqrt{5-4x}} \mathrm{d}x$;　　　（答案：$\dfrac{1}{6}$ ）

(3) $\int_{0}^{\frac{1}{2}} \dfrac{x^2}{\sqrt{1-x^2}} \mathrm{d}x$;　　　（答案：$\dfrac{\pi}{12} - \dfrac{\sqrt{3}}{8}$ ）

(4) $\int_{0}^{\pi} t\sin 2t \mathrm{d}t$;　　　（答案：$-\dfrac{\pi}{2}$ ）

(5) $\int_{0}^{\frac{\pi}{2}} x^2 \cos x \mathrm{d}x$;　　　（答案：$\dfrac{\pi^2}{4} - 2$ ）

(6) $\int_{-1}^{0} \dfrac{1}{x^2 - 5x + 4} \mathrm{d}x$;　　（答案：$\dfrac{1}{3}\ln\dfrac{8}{5}$ ）

(7) $\int_{0}^{1} (\arcsin x)^2 \mathrm{d}x$;　　（答案：$\dfrac{\pi^2}{4} - 2$ ）

(8) $\int_{1}^{e} (\dfrac{\ln x}{x})^2 \mathrm{d}x$;　　（用定积分的数值解，答案：$2 - \dfrac{5}{e} = 0.160\ 6$ ）

(9) $\int_{1}^{+\infty} \dfrac{1}{\sqrt{x}(x+1)} \mathrm{d}x$.　　（答案：$\dfrac{\pi}{2}$ ）．

第 6 章　常微分方程

案例（冷却问题）　某公安局于晚上 7：30 发现一具尸体，当晚 8：25，法医测得受害者尸体体温为 32℃，一小时后尸体被抬走的时候再次测量，测得体温约为 30.5℃，当时环境温度为 20℃，正常人体温为 36.5℃．由案情分析得知张某为此案的主要嫌疑犯，但张某一口否认，并有证人说："下午张某一直在办公室，下午 5 点钟打了一个电话后才离开办公室．"已知从办公室到案发现场步行需要 5 min，问张某是否被排除在嫌疑犯之外？

这个案例的解答要用到微分方程的知识．

通过微积分的学习使我们体会到：只要有了函数关系式就可以利用微积分对函数的性质等进行研究．因此寻找变量之间的函数关系就显得更重要了．而在有些实际问题中，直接找到所需要的函数关系往往很困难，但是可以根据实际情况，有时候可以列出包含所求函数导数的关系式，这种关系式就是微分方程．本章主要介绍微分方程的基本概念、几类微分方程的解法，并通过一些运动学和电学的实例，简单介绍了如何利用微分方程在实际问题中建立模型找到未知函数．

6.1　常微分方程的相关概念及可分离变量的微分方程

6.1.1　常微分方程基本概念

1. 常微分方程定义

定义 6.1　含有未知一元函数的导数（或微分）的方程叫作常微分方程．而方程中未知函数的最高阶导数的阶数称为该常微分方程的阶．

例如，(1) $y'' = 2(y')^3 + 3y - 4x^2$；

(2) $(3x + y)dx + (2 + 3y)dy = 0$；

(3) $xy \dfrac{dy}{dx} = x^2 + y^2$；

(4) $xy''' + 2y'' + x^2 y = 0$；

这些方程都是常微分方程，其中（2）、（3）为一阶的常微分方程，（1）为二阶的常微分方程，（4）为三阶的常微分方程．

我们再看下面几个具体例子．

例 1　已知某曲线上任一点切线斜率等于该点横坐标的两倍，且该曲线经过（0,1）点，求此曲线的方程．

解　设所求曲线方程为 $y = y(x)$，则曲线上任一点切线斜率为 $\dfrac{dy}{dx}$，依题意可以得到

$$\frac{\mathrm{d}y}{\mathrm{d}x} = 2x$$

对上式两侧积分得

$$y = \int 2x \mathrm{d}x = x^2 + C$$

曲线经过（0，1）点，即满足条件 $y\big|_{x=0} = 1$．将条件代入，得 $C = 1$，则所求曲线的方程为 $y = x^2 + 1$．

例2 质量为 m 的物体在空中由静止开始下落（不计空气阻力），求下落距离 s 随着时间 t 变化的函数关系．

解 取物体下落铅直线为 s 轴，指向朝下（与物体下落方向一致），并选取物体开始降落位置为作坐标原点，如图 6-1 所示．

设在时刻 t 物体位置为 $s = s(t)$．据牛顿第二定律 $F = ma$，又 $a = \dfrac{\mathrm{d}^2 s}{\mathrm{d}t^2}$，可得

$$F = m\frac{\mathrm{d}^2 s}{\mathrm{d}t^2}.$$

物体在下落过程中仅受到重力 $G = mg$ 的作用，即 $F = G$．故 $m\dfrac{\mathrm{d}^2 s}{\mathrm{d}t^2} = mg$，即得微分方程

$$\frac{\mathrm{d}^2 s}{\mathrm{d}t^2} = g$$

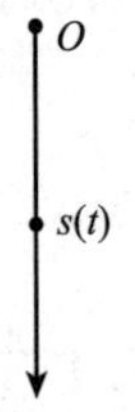

积分得

$$\frac{\mathrm{d}s}{\mathrm{d}t} = gt + C_1$$

再积分得

图 6-1

$$s = \frac{1}{2}gt^2 + C_1 t + C_2$$

根据题意可知，当时间 t 为 0 时，下落距离 s 和初始速度都为 0，即 $s\big|_{t=0} = 0$，$\dfrac{\mathrm{d}s}{\mathrm{d}t}\big|_{t=0} = 0$．把条件代入求得 $C_1 = 0, C_2 = 0$，故所求函数关系式为

$$s = \frac{1}{2}gt^2$$

例3 列车在平直线路上以 30 m/s（相当于 108 km/h）的速度行驶；当制动时列车获得加速度 -0.6 m/s^2．问开始制动后多长时间列车才能停住，以及列车在这段时间里行驶了多少路程？

解 设列车在开始制动后 t（s）内行驶了 s（m）．根据题意，反映制动阶段列车运动规律的函数 $s = s(t)$ 应满足关系式

$$\frac{\mathrm{d}^2 s}{\mathrm{d}t^2} = -0.6$$

此外，未知函数 $s = s(t)$ 还应满足下列条件：$t = 0$ 时，$s = 0$，$v = \dfrac{\mathrm{d}s}{\mathrm{d}t} = 30$，即

$$s\Big|_{t=0} = 0 , \quad \frac{\mathrm{d}s}{\mathrm{d}t}\Big|_{t=0} = 30$$

对微分方程 $\dfrac{\mathrm{d}^2 s}{\mathrm{d}t^2} = -0.6$ 两端积分一次，得

$$v = \frac{\mathrm{d}s}{\mathrm{d}t} = -0.6t + C_1$$

再积分一次，得

$$s = -0.3t^2 + C_1 t + C_2$$

这里 C_1、C_2 都是任意常数．

把条件 $v\Big|_{t=0} = 30$，$s\Big|_{t=0} = 0$ 分别代入上两式，得 $C_1 = 30$，$C_2 = 0$，所以

$$v = -0.6t + 30 , \quad s = -0.3t^2 + 30t$$

令 $v = 0$，得到列车从开始制动到完全停住所需的时间为

$$t = \frac{30}{0.6} = 50 \,(\mathrm{s})$$

再把 $t = 50$ 代入 $s = -0.3t^2 + 30t$，得到列车在制动阶段行驶的路程为

$$s = -0.3 \times 50^2 + 30 \times 50 = 750 \,(\mathrm{m})$$

2. 微分方程的解、通解、特解

定义 6.2　代入微分方程能使两端恒等的函数 $y = y(x)$，称为微分方程的**解**．

通解和特解是微分方程的两种重要解．

包含任意常数，且任意常数的个数与方程阶数相等的解叫作微分方程的**通解**．但要注意，这些任意常数必须是彼此独立的（即不能进行合并）．如 $y = (C_1 + C_2)\mathrm{e}^x$ 中的 $C_1 + C_2$ 能合并成一个任意常数，所以这两个常数不是独立的；又如 $y = C_1 \mathrm{e}^x + C_2$ 中的 C_1、C_2 不能合并，所以这两个任意常数是独立的．

如果不含任意常数，或者按照问题所给予的特定条件，从通解中确定了任意常数的值而得到的解叫作微分方程的**特解**．

3. 初始条件

若 n 阶微分方程的未知函数是 $y = y(x)$，用来确定任意常数的条件往往这样给出：当 $x = x_0$ 时，$y = y_0$，$y' = y_1$，$y'' = y_2$，…，$y^{(n-1)} = y_{n-1}$；或者写成

$$y\Big|_{x=x_0} = y_0 , \ y'\Big|_{x=x_0} = y_1 , \ y''\Big|_{x=x_0} = y_2 , \ \cdots , \ y^{(n-1)}\Big|_{x=x_0} = y_{n-1}$$

其中 y_0，y_1，…，y_{n-1} 为已知实数，这样一种形式的条件称为**初始条件**．如例 2 方程中的形

如 $s\Big|_{t=0}=0$，$\dfrac{\mathrm{d}s}{\mathrm{d}t}\Big|_{t=0}=0$，称为微分方程 $\dfrac{\mathrm{d}^2 s}{\mathrm{d}t^2}=g$ 的初始条件.

一个函数是否为微分方程的通解，要满足两个条件：

（1）首先是解，将函数代入所给微分方程中，看是否恒等；

（2）再看函数式中所含独立常数的个数是否与方程阶数相同.

例 4 验证函数 $y=(x^2+C)\sin x$（C 为任意常数）是方程

$$y'-y\cot x-2x\sin x=0$$

的通解，并求满足初始条件 $y\Big|_{x=\frac{\pi}{2}}=0$ 的特解.

解 先对 $y=(x^2+C)\sin x$ 求导得

$$y'=2x\sin x+(x^2+C)\cos x$$

再将 y,y' 代入微分方程，显然微分方程等号两侧恒等；且该函数中只含有一个任意常数，所以是微分方程的通解.

把条件 $y\Big|_{x=\frac{\pi}{2}}=0$ 代入通解 $y=(x^2+C)\sin x$ 中得 $C=-\dfrac{\pi^2}{4}$

所求特解为 $y=\left(x^2-\dfrac{\pi^2}{4}\right)\sin x$.

6.1.2 可分离变量的微分方程

形如

$$\frac{\mathrm{d}y}{\mathrm{d}x}=f(x)\cdot g(y) \text{ 或 } \frac{\mathrm{d}y}{g(y)}=f(x)\mathrm{d}x \tag{6-1}$$

的微分方程，称为可分离变量的微分方程.

解 采用分离变量法，首先把微分方程写成等号的一端只含 y 和 $\mathrm{d}y$，而另一端只含 x 和 $\mathrm{d}x$，即

$$\frac{\mathrm{d}y}{g(y)}=f(x)\mathrm{d}x$$

然后对方程两侧分别积分

$$\int\frac{\mathrm{d}y}{g(y)}=\int f(x)\mathrm{d}x$$

即可求出其解.

例 5 求微分方程 $\dfrac{\mathrm{d}y}{\mathrm{d}x}=2xy$ 的通解.

解 方程是可分离变量的，将变量分离，得

$$\frac{\mathrm{d}y}{y}=2x\mathrm{d}x$$

两侧积分，得

$$\ln|y|=x^2+C_1 \tag{*}$$

从而得到

$$y = \pm \, e^{x^2 + C_1} = \pm \, e^{C_1} e^{x^2}$$

记 $C = \pm \, e^{C_1}$，则 C 是任意的非零常数. 显然 $y = 0$ 也为方程的解，故 C 可以是任意常数，而方程的通解为

$$y = C e^{x^2}$$

在以后的计算中，为了简便，可以把 $\ln |y|$ 写为 $\ln y$，而把 C_1 写为 $\ln C$. 可以更方便地利用对数规律简化通解表达式.

如上面（＊）式可以写成 $\qquad \ln y = x^2 + \ln C$

即 $\qquad\qquad\qquad\qquad \ln y - \ln C = x^2$

即 $\qquad\qquad\qquad\qquad \ln \dfrac{y}{C} = x^2 , \ \dfrac{y}{C} = e^{x^2}$

所以得到所求的通解为 $\qquad y = C e^{x^2}$

例 6　求方程 $xy' = y \ln y$ 满足条件 $y \big|_{x=1} = e$ 的特解.

解　将方程化为标准形式

$$\frac{\mathrm{d}y}{\mathrm{d}x} = \frac{1}{x} \cdot y \ln y$$

分离变量得 $\qquad \dfrac{\mathrm{d}y}{y \ln y} = \dfrac{1}{x} \mathrm{d}x$

积分得 $\qquad \displaystyle\int \dfrac{\mathrm{d}y}{y \ln y} = \int \dfrac{1}{x} \mathrm{d}x$

> **解题步骤：**
> 第一步，化为标准形式；
> 第二步，分离变量；
> 第三步，积分、化简即得.

即 $\ln(\ln y) = \ln x + \ln C = \ln Cx$（这里加 $\ln C$，也可加 C，由于 C 的任意性，是一样的），

即 $\qquad\qquad\qquad\qquad \ln y = Cx , \ y = e^{Cx}$

把条件 $y \big|_{x=1} = e$ 代入得 $C = 1$，故所求特解为 $y = e^x$.

例 7　解答本章开始提出的案例.

解　根据牛顿冷却定律：温度为 u 的物体，在温度为 u_0 的周围环境中冷却的速率与温差 $u - u_0$ 成正比，即

$$\frac{\mathrm{d}u}{\mathrm{d}t} = -k(u - u_0) \ (k > 0 \text{ 为比例常数，负号，是因为随时间 } t \text{ 增加，温度 } u \text{ 减少} .)$$

这里 $u_0 = 20$，则 $\dfrac{\mathrm{d}u}{\mathrm{d}t} = -k(u - 20)$，初始条件 $u(0) = 32$，

分离变量再积分得：$\displaystyle\int \dfrac{\mathrm{d}u}{u - 20} = \int -k \mathrm{d}t$，即 $u = 20 + C e^{-kt}$，把 $u(0) = 32$ 代入得：$C = 12$

$$\therefore \quad u = 20 + 12 e^{-kt} \qquad \text{（下面确定 } k \text{）}$$

由题设当 $t = 1$ 时，$u = 30.5$，代入上式得：

$\qquad 30.5 = 20 + 12 e^{-k}$，$\qquad$ 即 $e^{-k} = 0.875$，

所以 $u = 20 + 12 \times 0.875^t \qquad (t \geq 0)$.

下面推测死亡时间．人的正常体温设为 $u = 36.5$，那么当 $u = 36.5$ 时，代入得

$$36.5 = 20 + 12 \times 0.875^t$$

```
>> solve('1.375= 0.875^t')
回车得 ans = - 2.385
```

即 $1.375 = 0.875^t$，得到（可以用 Matlab 解）：$t = -2.385 \approx -2$ 小时 23 分．

这就是说死者约 2 小时 23 分前死亡，即离晚上 8：25 前 2 小时 23 分死亡，即傍晚约 6 点过 2 分钟死亡，张某下午 5 点钟离开办公室，5 分钟可到达案发现场，中间约有 57 分钟时间作案，若事先预谋准备的话，会有足够的作案时间，所以不能排除张某为嫌疑犯．

例 8 设降落伞从跳伞塔下落后，所受空气阻力与速度成正比，并设降落伞离开跳伞塔时速度为 0，求降落伞下落速度与时间的函数关系．

解 设降落伞下落速度为 $v = v(t)$，降落伞所受外力为

$$F = mg - kv（k \text{ 为比例系数}）$$

根据牛顿第二运动定律：$F = ma$，得函数 $v(t)$ 应满足的方程为

$$m\frac{\mathrm{d}v}{\mathrm{d}t} = mg - kv$$

初始条件为 $v\big|_{t=0} = 0$，分离变量得 $\dfrac{\mathrm{d}v}{mg - kv} = \dfrac{\mathrm{d}t}{m}$，两边积分得

$$\int \frac{\mathrm{d}v}{mg - kv} = \int \frac{\mathrm{d}t}{m}$$

即

$$-\frac{1}{k}\int \frac{1}{mg - kv}\mathrm{d}(mg - kv) = \int \frac{\mathrm{d}t}{m}$$

即

$$-\frac{1}{k}\ln(mg - kv) = \frac{t}{m} + \ln C_1$$

即

$$\ln(mg - kv) = -\frac{kt}{m} - k\ln C_1 = -\frac{kt}{m} - \ln C_1^k$$

即

$$\ln C_1^k(mg - kv) = -\frac{kt}{m}，\text{即 } C_1^k(mg - kv) = \mathrm{e}^{-\frac{kt}{m}}$$

即

$$mg - kv = \frac{1}{C_1^k}\mathrm{e}^{-\frac{kt}{m}}，\quad v = \frac{mg}{k} - \frac{1}{kC_1^k}\mathrm{e}^{-\frac{k}{m}t}$$

令 $\dfrac{1}{kC_1^k} = C$，于是得到 $v = \dfrac{mg}{k} - C\mathrm{e}^{-\frac{k}{m}t}$

将初始条件 $v\big|_{t=0}=0$ 代入得 $C=\dfrac{mg}{k}$，所求的函数关系为 $v=\dfrac{mg}{k}(1-\mathrm{e}^{-\frac{k}{m}t})$．

思考题　微分方程和普通方程的不同之处是什么？

习题 6.1

1. 判断题（在后面的括号内打上√或×，本题可做在书上）：
(1) $y=C\mathrm{e}^{2x}$（C 为任意常数）是 $y'=2x$ 的特解；　　　　　　　　　　　　　（　　）
(2) $y=(y'')^3$ 是二阶微分方程；　　　　　　　　　　　　　　　　　　　　　　　（　　）
(3) 若微分方程的解中含有任意常数 C，则这个解称为通解．　　　　　　　　　　（　　）

2. 填空题（本题可做在书上）：
(1) 微分方程 $(7x-6y)\mathrm{d}x+\mathrm{d}y=0$ 的阶数是_____；
(2) 微分方程 $y\mathrm{d}x-4x\mathrm{d}y=0$ 的通解为_____；
(3) 已知 $y\big|_{x=0}=1$，则微分方程 $y'=3x^2$ 的特解是_____．

3. 求下列微分方程的通解或给定初始条件下的特解：
(1) $x^2\mathrm{d}x+(x^3+5)\mathrm{d}y=0$；　　　　　　　(2) $\mathrm{e}^{x+y}\mathrm{d}x+\mathrm{d}y=0$；
(3) $2\ln x\mathrm{d}x+x\mathrm{d}y=0$；　　　　　　　　(4) $(1+\mathrm{e}^x)yy'=\mathrm{e}^x$；
(5) $\dfrac{\mathrm{d}y}{\mathrm{d}x}+yx^2=0$，$y\big|_{x=0}=1$；　　　　(6) $y'=(1-y)\cos x$，$y\big|_{x=\frac{\pi}{6}}=0$．

4. 某曲线通过点 $(0,1)$，且曲线上任一点处的切线垂直于此点与原点的连线，求该曲线方程．

5. （冷却问题）把 $100℃$ 的开水注入杯中，放到 $20℃$ 的环境中冷却，$5\ \min$ 后测得水温为 $60℃$，求水温 u 与时间 t 之间的关系．

6. 质量为 m 的物体自液面上方高为 h 处由静止开始自由落下，已知物体在液体中受的阻力与运动的速度成正比．用微分方程表示物体在液体中运动速度与时间的关系并写出初始条件．

6.2　一阶微分方程

只含有未知函数一阶导数（或微分）的方程称为**一阶微分方程**．
一般形式：$F(x,y,y')=0$；
常用形式：$y'=\varphi(x,y)$ 或 $M(x,y)\mathrm{d}x+N(x,y)\mathrm{d}y=0$．
前面一节中学习的可分离变量的微分方程也是一阶微分方程，对一阶微分方程没有通用的解法，只能对各种不同形式的一阶微分方程采用不同的解法，通俗地说"一把钥匙开一把锁"．下面再学习两类一阶微分方程的解法．

6.2.1　齐次微分方程

形如 $\dfrac{\mathrm{d}y}{\mathrm{d}x}=\varphi\left(\dfrac{y}{x}\right)$ 的方程称为**齐次微分方程**．对齐次方程的求解采用的是通过变量代换

转化成可分离变量的微分方程.

例 9 求微分方程 $y^2 + x^2 \dfrac{\mathrm{d}y}{\mathrm{d}x} = xy \dfrac{\mathrm{d}y}{\mathrm{d}x}$ 的通解.

解 齐次方程可化为

$$\frac{\mathrm{d}y}{\mathrm{d}x} = \frac{y^2}{xy - x^2}$$

方程右侧分子分母同时除以 x^2，得到标准形式

$$\frac{\mathrm{d}y}{\mathrm{d}x} = \frac{\left(\dfrac{y}{x}\right)^2}{\dfrac{y}{x} - 1}$$

令 $\dfrac{y}{x} = u$，即 $y = xu$，则 $\dfrac{\mathrm{d}y}{\mathrm{d}x} = u + x\dfrac{\mathrm{d}u}{\mathrm{d}x}$，代入上式得

$$u + x\frac{\mathrm{d}u}{\mathrm{d}x} = \frac{u^2}{u - 1}$$

整理并分离变量得

> **解题步骤：**
> 第一步，化为标准形式；
> 第二步，变量代换：令 $\dfrac{y}{x} = u$，化
> 为可分离变量方程；
> 第三步，积分求解后回代．

$$\frac{u - 1}{u}\mathrm{d}u = \frac{\mathrm{d}x}{x}，\text{积分得} \int \frac{u - 1}{u}\mathrm{d}u = \int \frac{\mathrm{d}x}{x}$$

即

$$u - \ln u = \ln x + \ln C，\text{即} u = \ln(Cxu)$$

把 $u = \dfrac{y}{x}$ 代回，则所求通解为 $\dfrac{y}{x} = \ln\left(Cx \cdot \dfrac{y}{x}\right) = \ln(Cy)$，即 $y = x\ln(Cy)$．

例 10 求微分方程 $\dfrac{\mathrm{d}y}{\mathrm{d}x} = \dfrac{y}{x} + \tan\dfrac{y}{x}$ 的通解.

解 该微分方程是齐次方程，令 $\dfrac{y}{x} = u$，即 $y = xu$，$\dfrac{\mathrm{d}y}{\mathrm{d}x} = u + x\dfrac{\mathrm{d}u}{\mathrm{d}x}$，代入原方程得

$$u + x\frac{\mathrm{d}u}{\mathrm{d}x} = u + \tan u，\text{即} x\frac{\mathrm{d}u}{\mathrm{d}x} = \tan u$$

分离变量得

$$\frac{1}{\tan u}\mathrm{d}u = \frac{\mathrm{d}x}{x}，\text{积分得} \int \frac{1}{\tan u}\mathrm{d}u = \int \frac{\mathrm{d}x}{x}$$

即

$$\int \frac{\cos u}{\sin u}\mathrm{d}u = \int \frac{\mathrm{d}x}{x}，\text{即} \ln(\sin u) = \ln x + \ln C = \ln(Cx)$$

即

$$\sin u = Cx$$

故方程通解为

$$\sin \frac{y}{x} = Cx$$

6.2.2　一阶线性微分方程

形如

$$\frac{dy}{dx} + P(x)y = Q(x) \tag{6-2}$$

的方程，称为**一阶线性微分方程**.

如果 $Q(x) \neq 0$，则方程（6-2）称为**一阶线性非齐次微分方程**

如果 $Q(x) = 0$，则方程

$$\frac{dy}{dx} + P(x)y = 0 \tag{6-3}$$

称为**一阶线性齐次微分方程**. 此处的一阶线性齐次微分方程与前面的齐次微分方程是有区别的.

方程（6-3）的通解可用分离变量法来求解.

分离变量得

$$\frac{dy}{y} = -P(x)dx$$

两端积分得　$\ln y = -\int P(x)dx + \ln C$，即 $\ln \frac{y}{C} = -\int P(x)dx$，即 $\frac{y}{C} = e^{-\int P(x)dx}$，

则

$$y = Ce^{-\int P(x)dx}$$

这就是一阶线性齐次微分方程（6-3）的通解.

我们用**常数变易法**来求非齐次线性方程（6-2）的通解，这个方法就是把方程（6-3）的通解中的常数 C 换成 x 的函数 $C(x)$，这个函数为待定函数.

设非齐次线性方程（6-2）的解为　$y = C(x)e^{-\int P(x)dx}$， $\tag{6-4}$

求导得　$\frac{dy}{dx} = C'(x)e^{-\int P(x)dx} + C(x)e^{-\int P(x)dx}[-P(x)]$，

代入方程（6-2）得　$C'(x)e^{-\int P(x)dx} - C(x)P(x)e^{-\int P(x)dx} + P(x)C(x)e^{-\int P(x)dx} = Q(x)$，

即　$C'(x) = Q(x)e^{\int P(x)dx}$，

两端积分得　$C(x) = \int Q(x)e^{\int P(x)dx}dx + C$，

把上式代入（6-4），便得一阶非齐次线性微分方程（6-2）的通解为

$$y = e^{-\int P(x)dx}\left[\int Q(x)e^{\int P(x)dx}dx + C\right] \tag{6-5}$$

这就是方程（6-2）的通解公式，以后常用它来求一阶线性微分方程（6-2）的通解.

例 11　求微分方程 $(x+1)\frac{dy}{dx} - ny = e^x(x+1)^{n+1}$ 的通解（n 为常数）.

解　化为标准方程　$\frac{dy}{dx} - \frac{n}{x+1}y = e^x(x+1)^n$，

$$P(x) = -\frac{n}{x+1} , Q(x) = e^x(x+1)^n ；直接代入通解公式，有$$

$$
\begin{aligned}
y &= e^{-\int P(x)dx}\left[\int Q(x)e^{\int P(x)dx}dx + C\right] \\
&= e^{\int \frac{n}{x+1}dx}\left[\int e^x(x+1)^n e^{-\int \frac{n}{x+1}dx}dx + C\right] \\
&= e^{\ln(x+1)^n}\left[\int e^x(x+1)^n e^{\ln(x+1)^{-n}}dx + C\right] \\
&= (x+1)^n\left(\int e^x dx + C\right) = (x+1)^n(e^x + C)
\end{aligned}
$$

故所求的通解为 $y = (x+1)^n(e^x + C)$.

若标准形式为 $\dfrac{dx}{dy} + P(y)x = Q(y)$ （x 是未知函数，y 是自变量）

则求解公式为 $\qquad x = e^{-\int P(y)dy}\left(\int Q(y)e^{\int P(y)dy}dy + C\right)$ $\qquad$ (6-6)

例 12 求微分方程 $\dfrac{dy}{dx} = \dfrac{y}{2x - y^2}$ 的通解.

解 它不是关于 y 的线性微分方程，但如把 y 作自变量而把 x 作为函数有

$$\frac{dx}{dy} = \frac{2x - y^2}{y}$$

即 $\qquad \dfrac{dx}{dy} - \dfrac{2}{y}x = -y$，则 $P(y) = -\dfrac{2}{y}$，$Q(y) = -y$，

由式 (6-6) 有 $x = e^{-\int P(y)dy}\left(\int Q(y)e^{\int P(y)dy}dy + C\right)$

$$
\begin{aligned}
&= e^{\int \frac{2}{y}dy}\left(\int -y e^{-\int \frac{2}{y}dy}dy + C\right) = e^{\ln y^2}\left(\int -y e^{\ln y^{-2}}dy + C\right) \\
&= y^2\left(\int -y \cdot \frac{1}{y^2}dy + C\right) = y^2(-\ln y + C)
\end{aligned}
$$

故所求的通解为 $x = y^2(-\ln y + C)$.

例 13 求微分方程 $xy' + y = xe^x$ 满足条件 $y\big|_{x=1} = 1$ 的特解.

解 将方程化为标准形式 $y' + \dfrac{1}{x}y = e^x$，利用上述公式，

$$P(x) = \frac{1}{x} , Q(x) = e^x ,$$

$$
\begin{aligned}
y &= e^{-\int \frac{1}{x}dx}\left(\int e^x e^{\int \frac{1}{x}dx}dx + C\right) = e^{-\ln x}\left(\int e^x e^{\ln x}dx + C\right) \\
&= e^{-\ln x}\left(\int e^x x dx + C\right) = \frac{1}{x}(xe^x - e^x + C)
\end{aligned}
$$

由 $y\big|_{x=1} = 1$，得 $C = 1$. 故方程的特解为 $y = \dfrac{1}{x}\left[(x-1)e^x + 1\right]$.

例 14（电路中一阶微分方程应用题） 图 6-2 是一电路图，
已知电压 U、电阻 R 和电容 C，求电容器上的电压 u_C.

解 根据基尔霍夫电压定律：回路中电压和为 0，电阻 R
上的电压记为 u_R，电容器上的电压记为 u_C，则

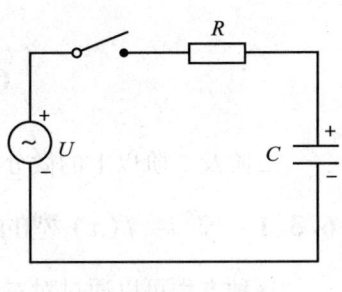

图 6-2

$$u_R + u_C = U \qquad (*)$$

且

$$u_R = Ri = R \cdot C \frac{\mathrm{d}u_C}{\mathrm{d}t}$$

（$i = C \dfrac{\mathrm{d}u_C}{\mathrm{d}t}$ 是公式，是电容器上的电流，通电时电阻 R 上的电流与电容器上的电流相等），

代入（$*$）式得 $RC \dfrac{\mathrm{d}u_C}{\mathrm{d}t} + u_C = U$，令 $RC = k$ 是常数，则有

$$k \frac{\mathrm{d}u_C}{\mathrm{d}t} + u_C = U，\text{化为标准式} \frac{\mathrm{d}u_C}{\mathrm{d}t} + \frac{1}{k}u_C = \frac{U}{k}$$

由式（6-5），这里 $P(t) = \dfrac{1}{k}$，$Q(t) = \dfrac{U}{k}$，得通解为（这里将任意常数 C 改为 A）：

$$u_C = \mathrm{e}^{-\int \frac{1}{k}\mathrm{d}t}\left(\int \frac{U}{k}\mathrm{e}^{\int \frac{1}{k}\mathrm{d}t}\mathrm{d}t + A\right) = \mathrm{e}^{-\frac{t}{k}}\left(\frac{U}{k}\int \mathrm{e}^{\frac{t}{k}}\mathrm{d}t + A\right) = \mathrm{e}^{-\frac{t}{k}}(U\mathrm{e}^{\frac{t}{k}} + A) = U + A\mathrm{e}^{-\frac{t}{k}}$$

所以电容器上的电压通解为 $u_C = U + A\mathrm{e}^{-\frac{t}{RC}}$

下面再求特解：$u_C(0) = 0$，代入上式得 $A = -U$

所以特解为 $u_C = U - U\mathrm{e}^{-\frac{t}{RC}} = U(1 - \mathrm{e}^{-\frac{t}{RC}})$.

思考题 微分方程在电学中的应用很广泛，上例就是电路专业课程中的案例，你能掌握吗？

习题 6.2

1. 求下列齐次方程的通解：

(1) $xy' = y + \sqrt{x^2 - y^2}$；

(2) $y' = \dfrac{y}{x}(1 + \ln y - \ln x)$；

(3) $y^2 + x^2 y' = xyy'$；

(4) $\left(x + y\cos \dfrac{y}{x}\right)\mathrm{d}x - x\cos \dfrac{y}{x}\mathrm{d}y = 0$.

2. 求下列齐次微分方程满足所给初始条件的特解：

(1) $xy \dfrac{\mathrm{d}y}{\mathrm{d}x} = x^2 + y^2$，$y\big|_{x=\mathrm{e}} = 2\mathrm{e}$；

(2) $(x^3 + y^3)\mathrm{d}x - xy^2\mathrm{d}y = 0$，$y\big|_{x=1} = 0$.

3. 求下列微分方程的通解：

(1) $y' + y = \mathrm{e}^x$；

(2) $y' + y\tan x = \sin 2x$；

(3) $y' + \dfrac{1}{x}y = \dfrac{\sin x}{x}$；

(4) $\dfrac{\mathrm{d}y}{\mathrm{d}x} = \dfrac{y}{x + y^3 \mathrm{e}^y}$.

4. 求下列微分方程满足初始条件的特解：

(1) $x^2 + xy' = y$，$y\big|_{x=1} = 0$；

(2) $y' + y\cos x = \cos x$，$y\big|_{x=0} = 1$.

6.3 可降阶的二阶微分方程

二阶及二阶以上的微分方程统称为高阶微分方程. 我们主要讨论二阶微分方程.

6.3.1 $y'' = f(x)$ 型的微分方程

这种方程可以通过对右侧函数两次积分得到方程的通解.

例 15 求微分方程 $y'' = \mathrm{e}^{2x} - \cos x$ 的通解.

解 对所给方程接连积分两次，得

$$y' = \int (\mathrm{e}^{2x} - \cos x)\mathrm{d}x = \frac{1}{2}\mathrm{e}^{2x} - \sin x + C_1$$

$$y = \int y' \mathrm{d}x = \int (\frac{1}{2}\mathrm{e}^{2x} - \sin x + C_1)\mathrm{d}x = \frac{1}{4}\mathrm{e}^{2x} + \cos x + C_1 x + C_2$$

6.3.2 $y'' = f(x, y')$ 型的微分方程

$y'' = f(x, y')$ 型的微分方程的特点是在方程中不显含未知函数 y. 如果设 $y' = p(x)$, 则 $y'' = \dfrac{\mathrm{d}p}{\mathrm{d}x} = p'$, 代入方程得

$$p' = f(x, p)$$

这是一个关于变量 x 和 p 的一阶微分方程. 解此一阶微分方程，然后再把 $p(x) = y'$ 代入求解.

例 16 求微分方程 $(1 + x^2)y'' = 2xy'$ 满足初始条件 $y\big|_{x=0} = 1$, $y'\big|_{x=0} = 3$ 的特解.

解法一（笔算） 所给方程是 $y'' = f(x, y')$ 型. 设 $y' = p$, 则 $y'' = \dfrac{\mathrm{d}p}{\mathrm{d}x} = p'$, 代入方程有

$$(1 + x^2)\frac{\mathrm{d}p}{\mathrm{d}x} = 2xp$$

分离变量 $\dfrac{\mathrm{d}p}{p} = \dfrac{2x}{1+x^2}\mathrm{d}x$, 两端积分得 $\displaystyle\int \frac{\mathrm{d}p}{p} = \int \frac{2x}{1+x^2}\mathrm{d}x$

即 $\ln p = \ln(1 + x^2) + \ln C_1 = \ln[C_1(1 + x^2)]$

则有 $p = C_1(1 + x^2)$

即 $y' = C_1(1 + x^2)$

两端再积分得 $y = C_1\left(x + \dfrac{1}{3}x^3\right) + C_2$

由 $y'\big|_{x=0} = 3$, $y\big|_{x=0} = 1$,

得 $C_1 = 3$, $C_2 = 1$,

于是所求的特解为 $y = x^3 + 3x + 1$

> **解题步骤：**
> 第一步，分清类型；
> 第二步，变量代换：令 $y' = p$,
> 　　　　　化为可分离变量的方程；
> 第三步，积分求解，代回原变量.

解法二　（Matlab 算）方程化为 $y''(1+x^2)=2xy'$

$$\verb|>> dsolve('D2y* (1+ x^2)= 2* x* Dy,y(0)= 1,Dy(0)= 3','x')|$$

回车得

$$\verb|ans = 1+ x^3+ 3* x,|$$

即

$$y=x^3+3x+1$$

6.3.3　$y''=f(y,y')$ 型的微分方程

$y''=f(y,y')$ 型微分方程的特点是方程两侧不显含变量 x.

为了求解，可以令 $y'=p(y)=p$，把 y 看作中间变量，等式两端对 x 求导，有

$$y''=\frac{\mathrm{d}p}{\mathrm{d}x}=\frac{\mathrm{d}p}{\mathrm{d}y}\cdot\frac{\mathrm{d}y}{\mathrm{d}x}=p\frac{\mathrm{d}p}{\mathrm{d}y}$$

这样，方程 $y''=f(y,y')$ 就成为

$$p\frac{\mathrm{d}p}{\mathrm{d}y}=f(y,p)$$

这是一个关于变量 y、p 的一阶微分方程. 求出 p，再代入 $y'=p$，分离变量可得通解.

例 17　求微分方程 $yy''-y'^2=0$ 的通解.

解法一（笔算）　所给方程不显含自变量 x. 设 $y'=p$，则 $y''=p\dfrac{\mathrm{d}p}{\mathrm{d}y}$，代入方程中，得

$$yp\frac{\mathrm{d}p}{\mathrm{d}y}-p^2=0,\ \text{即}\ p\left(y\frac{\mathrm{d}p}{\mathrm{d}y}-p\right)=0$$

（1）若 $p=0$ 时，即 $y'=0$，则 $y=C$；

（2）若 $p\neq0$ 时，约去 p 得 $y\dfrac{\mathrm{d}p}{\mathrm{d}y}-p=0$，分离变量，得 $\dfrac{\mathrm{d}p}{p}=\dfrac{\mathrm{d}y}{y}$，

两边积分得　　　　　　　$\ln p=\ln y+\ln C_1$

因此　　　　　　　　　　$p=C_1y$

即　　　　　　　　$y'=C_1y$，即 $\dfrac{\mathrm{d}y}{\mathrm{d}x}=C_1y$，分离变量得 $\dfrac{\mathrm{d}y}{y}=C_1\mathrm{d}x$

两边积分得　　　　$\ln y=C_1x+\ln C_2$，即 $\ln\dfrac{y}{C_2}=C_1x$，即 $\dfrac{y}{C_2}=\mathrm{e}^{C_1x}$，

所以方程的通解为　　　$y=C_2\mathrm{e}^{C_1x}$（当 $p=0$ 时，即 $y'=0$，$y=C$ 也包含在通解中）.

解法二　（Matlab 算）方程化为 $y''y-y'^2=0$（电脑输入，要把 y'' 放到前面，否则不出结果）.

$$\verb|>> dsolve('D2y* y- (Dy)^2= 0','x')|$$

回车得

$$\verb|ans = 0|$$

$$\verb|exp(x* C1)* C2|$$

即　　　　　　$y=0+C=C$，

$y=C_2\mathrm{e}^{C_1x}$ 为所求的通解（$y=0+C=C$ 包含在 $y=C_2\mathrm{e}^{C_1x}$ 中）.

此类微分方程用电脑解答简单，详见本章最后附件 6.

习题 6.3

1. 求下列各微分方程的通解：

(1) $y'' = x\sin x$ ；

(2) $y'' - y' = x$ ；

(3) $(1 + e^x)y'' + y' = 0$ ；

(4) $yy'' = 2y'^2$.

2. 求下列微分方程满足所给初始条件的特解：

(1) $y''(2+x)^5 = 1$ ，$y\big|_{x=-1} = \dfrac{1}{12}$ ，$y'\big|_{x=-1} = -\dfrac{1}{4}$ ；

(2) $xy'' - y' = 0$ ，$y\big|_{x=0} = 0$ ，$y'\big|_{x=1} = 1$ ；

(3) $(1 + x^2)y'' + 2xy' = 2x + 1$ ，$y\big|_{x=0} = 1$ ，$y'\big|_{x=0} = 2$ ；

(4) $y'' - 2y'^2 = 0$ ，$y\big|_{x=0} = 0$ ，$y'\big|_{x=0} = -1$.

6.4 二阶常系数线性齐次微分方程

6.4.1 基本概念

定义 6.3 形如

$$y'' + py' + qy = 0 \text{（其中 } p、q \text{ 为实常数）} \tag{6-7}$$

的方程，称为二阶常系数线性齐次微分方程．

定义 6.4 设 $y_1(x)$ 和 $y_2(x)$ 是方程（6-7）的两个解，若 $\dfrac{y_1(x)}{y_2(x)} \neq k$（常数），则称 $y_1(x)$ 和 $y_2(x)$ 相互独立．

定理 6.1 若 $y_1 = y_1(x)$，$y_2 = y_2(x)$ 是方程（6-7）的两个解，则 $y = C_1 y_1 + C_2 y_2$ 也是方程（6-7）的解，若 $\dfrac{y_1(x)}{y_2(x)} \neq k$（常数），则 $y = C_1 y_1 + C_2 y_2$ 是方程（6-7）的通解，其中 C_1、C_2 为任意常数（称为解的叠加原理）．

证明 因为 $y_1(x)$、$y_2(x)$ 是方程的两个解，故其均应满足方程，即

$$y''_1 + P(x)y'_1 + Q(x)y_1 = 0 \text{ ，} y''_2 + P(x)y'_2 + Q(x)y_2 = 0 \tag{6-8}$$

然后将 $y = C_1 y_1 + C_2 y_2$ 求导得

$$y' = C_1 y'_1 + C_2 y'_2 \text{ ，} y'' = C_1 y''_1 + C_2 y''_2$$

将它们代入方程（6-7）左边，再利用方程（6-8）得

$$C_1 y''_1 + C_2 y''_2 + P(x)(C_1 y'_1 + C_2 y'_2) + Q(x)(C_1 y_1 + C_2 y_2)$$

$$= C_1[y''_1 + P(x)y'_1 + Q(x)y_1] + C_2[y''_2 + P(x)y'_2 + Q(x)y_2]$$
$$= 0$$

说明 $y = C_1 y_1 + C_2 y_2$ 是方程（6-7）的解.

又因为 $\dfrac{y_1}{y_2} \neq k$，即 y_1、y_2 独立，即 $y = C_1 y_1 + C_2 y_2$ 中的 C_1、C_2 不能合并，即独立，

故 $y = C_1 y_1 + C_2 y_2$ 是方程（6-7）的通解（定理证毕）.

若 $\dfrac{y_2}{y_1} = k$（常数），$y_2 = ky_1$，则

$$y = C_1 y_1 + C_2 y_2 = C_1 y_1 + kC_2 y_1 = (C_1 + kC_2)y_1 = Cy_1$$

就合并成一个任意常数 C 了，没有两个独立的任意常数 C_1、C_2，那就不能构成通解.

6.4.2　分析方程 $y'' + py' + qy = 0$ 解的情况

由定理 6.1 可知，求方程 $y'' + py' + qy = 0$ 的通解关键是求它的两个独立的特解 y_1 与 y_2. 由于只有指数函数 $y = \mathrm{e}^{rx}$（其中 r 为常数）和它的各阶导数才能合并使得方程右边为 0. 因此设其特解形式为：$y = \mathrm{e}^{rx}$.

将 $y = \mathrm{e}^{rx}$ 求导，得到 $\qquad y' = r\mathrm{e}^{rx}$，$y'' = r^2 \mathrm{e}^{rx}$

把 y、y' 和 y'' 代入方程 $\qquad y'' + py' + qy = 0$

得 $\qquad\qquad\qquad\qquad (r^2 + pr + q)\mathrm{e}^{rx} = 0$

由于 $\mathrm{e}^{rx} \neq 0$，有 $\qquad\qquad r^2 + pr + q = 0$

该方程称为二阶常系数线性齐次微分方程的**特征方程**. 它是关于 r 的一元二次方程，可直接求出 r 的值，由于 r 的值的不同情形，方程的通解形式也不同.

（1）当 $\Delta = p^2 - 4q > 0$ 时，特征方程有两个不相等的实根 r_1、r_2，则

$y_1 = \mathrm{e}^{r_1 x}$ 与 $y_2 = \mathrm{e}^{r_2 x}$ 均是微分方程的两个解，且 $\dfrac{y_2}{y_1} = \dfrac{\mathrm{e}^{r_2 x}}{\mathrm{e}^{r_1 x}} = \mathrm{e}^{(r_2 - r_1)x}$ 不是常数，因此微分方程 $y'' + py' + qy = 0$ 的通解为

$$y = C_1 \mathrm{e}^{r_1 x} + C_2 \mathrm{e}^{r_2 x}$$

（2）当 $\Delta = p^2 - 4q = 0$ 时，特征方程有两相等实根，设为 r.

这时只得到微分方程 $y'' + py' + qy = 0$ 的一个特解 $y_1 = \mathrm{e}^{rx}$. 要寻找另一个特解. 设另一个特解为 y_2，且 $\dfrac{y_2}{y_1} \neq$ 常数，设 $\dfrac{y_2}{y_1} = u(x)$，即 $y_2 = u(x)y_1$ 代入方程

$$y'' + py' + qy = 0$$

得 $\quad [u''(x) + 2ru'(x) + r^2 u(x)]\mathrm{e}^{rx} + p[u'(x) + ru(x)]\mathrm{e}^{rx} + qu(x)\mathrm{e}^{rx} = 0$，

即 $\quad u''(x) + (2r + p)u'(x) + (r^2 + pr + q)u(x) = 0$，

因 r 是特征方程 $r^2 + pr + q = 0$ 的二重根，由韦达定理根与系数关系知：上式中 $2r + p = 0$，所以上式为

$$u''(x) = 0$$

积分两次得 $\qquad u(x) = k_1 x + k_2 \ (k_1, k_2$ 为任意常数$)$.

选取简单的 $u(x)$，不妨取 $k_1 = 1$，$k_2 = 0$ 得 $u(x) = x$，于是可得方程 $(6\text{-}7)$ 的另一个特解 $y_2 = x\mathrm{e}^{rx}$.

从而得到方程 $y'' + py' + qy = 0$ 的通解为

$$y = C_1 \mathrm{e}^{rx} + C_2 x\mathrm{e}^{rx} = (C_1 + C_2 x)\mathrm{e}^{rx}$$

(3) 当 $\Delta = p^2 - 4q < 0$ 时，特征方程有一对共轭复根

$$r_1 = \alpha + \mathrm{i}\beta, \ r_2 = \alpha - \mathrm{i}\beta$$

于是得到微分方程 $y'' + py' + qy = 0$ 的两个复数解

$$y_1 = \mathrm{e}^{(\alpha + \mathrm{i}\beta)x} = \mathrm{e}^{\alpha x} \cdot \mathrm{e}^{\mathrm{i}\beta x}$$
$$y_2 = \mathrm{e}^{(\alpha - \mathrm{i}\beta)x} = \mathrm{e}^{\alpha x} \cdot \mathrm{e}^{-\mathrm{i}\beta x}$$

由欧拉公式 $\qquad \mathrm{e}^{\mathrm{i}\theta} = \cos\theta + \mathrm{i}\sin\theta, \ \mathrm{e}^{-\mathrm{i}\theta} = \cos\theta - \mathrm{i}\sin\theta$ 得

$$y_1 = \mathrm{e}^{\alpha x} \cdot \mathrm{e}^{\mathrm{i}\beta x} = \mathrm{e}^{\alpha x}(\cos\beta x + \mathrm{i}\sin\beta x)$$
$$y_2 = \mathrm{e}^{\alpha x} \cdot \mathrm{e}^{-\mathrm{i}\beta x} = \mathrm{e}^{\alpha x}(\cos\beta x - \mathrm{i}\sin\beta x)$$

因复数形式不便应用，需要化为实数解，根据齐次方程解的叠加原理，有

$$\overline{y_1} = \frac{1}{2}(y_1 + y_2) = \mathrm{e}^{\alpha x}\cos\beta x$$

$$\overline{y_2} = \frac{1}{2i}(y_1 - y_2) = \mathrm{e}^{\alpha x}\sin\beta x$$

也是微分方程 $y'' + py' + qy = 0$ 的解，且

$$\frac{\overline{y_2}}{\overline{y_1}} = \frac{\mathrm{e}^{\alpha x}\sin\beta x}{\mathrm{e}^{\alpha x}\cos\beta x} = \tan\beta x \neq \text{常数}$$

所以，微分方程 $y'' + py' + qy = 0$ 的通解为

$$y = C_1\,\overline{y_1} + C_2\,\overline{y_2} = \mathrm{e}^{\alpha x}(C_1\cos\beta x + C_2\sin\beta x)$$

综上所述，求二阶常系数齐次线性微分方程 $y'' + py' + qy = 0$ 通解的步骤如下.

(1) 写出特征方程 $r^2 + pr + q = 0$.

(2) 求出两个特征根 r_1、r_2.

(3) 根据两个特征根的不同情形，写出微分方程 $y'' + py' + qy = 0$ 的通解：

特征方程 $r^2 + pr + q = 0$	微分方程 $y'' + py' + qy = 0$ 的通解
两个不等的实根 r_1、r_2	$y = C_1\mathrm{e}^{r_1 x} + C_2\mathrm{e}^{r_2 x}$
两个相等的实根 $r_1 = r_2 = r$	$y = (C_1 + C_2 x)\mathrm{e}^{rx}$
一对共轭复根 $r_{1,2} = \alpha \pm \mathrm{i}\beta$	$y = \mathrm{e}^{\alpha x}(C_1\cos\beta x + C_2\sin\beta x)$

例 18 求微分方程 $y'' - 2y' - 3y = 0$ 的通解.

解法一（笔算） 特征方程为 $r^2 - 2r - 3 = 0$，它有两个不相等的实根：$r_1 = -1$，$r_2 = 3$. 故微分方程的通解为 $\quad y = C_1\mathrm{e}^{-x} + C_2\mathrm{e}^{3x}$.

解法二 （Matlab 算)>> dsolve('D2y- 2* Dy- 3* y','x')

回车得

ans = C1* exp(- x)+ C2* exp(3* x)

即 $y=C_1\mathrm{e}^{-x}+C_2\mathrm{e}^{3x}$

例 19 求方程 $\dfrac{\mathrm{d}^2y}{\mathrm{d}x^2}+2\dfrac{\mathrm{d}y}{\mathrm{d}x}+y=0$ 满足初始条件 $y\big|_{x=0}=4$，$y'\big|_{x=0}=-2$ 的特解．

解法一（笔算） 特征方程为 $r^2+2r+1=0$，它有两个相等的实根：$r_1=r_2=-1$．因此，所求微分方程的通解为 $y=(C_1+C_2x)\mathrm{e}^{-x}$．

将上式对 x 求导，得 $y'=C_2\mathrm{e}^{-x}-(C_1+C_2x)\mathrm{e}^{-x}=(C_2-C_1-C_2x)\mathrm{e}^{-x}$，

将条件 $y\big|_{x=0}=4$，$y'\big|_{x=0}=-2$ 分别代入上面两式，得 $C_1=4$，$C_2=2$．

于是所求微分方程的特解为 $y=(4+2x)\mathrm{e}^{-x}$．

解法二 （Matlab 算)>> dsolve('D2y+ 2* Dy+ y= 0,y(0)= 4,Dy(0)= - 2','x')

回车得

ans = 4* exp(- x)+ 2* exp(- x)* x

即 $y=(4+2x)\mathrm{e}^{-x}$ 为所求的特解．

例 20 求微分方程 $y''-2y'+5y=0$ 的通解．

解法一（笔算） 特征方程为 $r^2-2r+5=0$，它有一对共轭复根：

$$r_{1,2}=\frac{2\pm\sqrt{4-4\times5}}{2}=1\pm2\mathrm{i}$$

因此，所求微分方程的通解为

$$y=\mathrm{e}^x(C_1\cos 2x+C_2\sin 2x)$$

解法二 （Matlab 算)>> dsolve('D2y- 2* Dy+ 5* y= 0','x')

回车得

ans = exp(x)* (C1* sin(2* x)+ C2* cos(2* x))

即 $y=\mathrm{e}^x(C_1\cos 2x+C_2\sin 2x)$

例 21 求解一个物理学中的微分方程 $\dfrac{\mathrm{d}^2x}{\mathrm{d}t^2}+\omega^2x=0(\omega>0)$．

解法一（笔算） 特征方程 $r^2+\omega^2=0$，$r=\pm\omega\mathrm{i}$，故微分方程的通解为

$$x=C_1\cos \omega t+C_2\sin \omega t$$

$$= \sqrt{C_1^2 + C_2^2}\Big(\frac{C_1}{\sqrt{C_1^2 + C_2^2}}\cos\omega t + \frac{C_2}{\sqrt{C_1^2 + C_2^2}}\sin\omega t\Big)$$

$$= \sqrt{C_1^2 + C_2^2}\ (\sin\varphi\cos\omega t + \cos\varphi\sin\omega t)$$

$$= \sqrt{C_1^2 + C_2^2}\sin\ (\omega t + \varphi)\ (\text{其中}\ \varphi\ \text{由}\ \tan\varphi = \frac{C_1}{C_2}\ \text{所确定})$$

解法二 （Matlab算)>> dsolve('D2x+ k^2* x= 0','t')

　　　　　　　回车得

　　　　　　　ans = C1* cos(k* t)+ C2* sin(k* t)

　　即　　　　　　$x = C_1\cos kt + C_2\sin kt\ (\ k = \omega)$

习题 6.4

1. 求下列微分方程的通解：

(1) $y'' - 5y' = 0$；　　　　　　　　　　(2) $y'' - 4y' + 4y = 0$；

(3) $y'' - 5y' + 6y = 0$；　　　　　　　　(4) $y'' + 2y' + 5y = 0$.

2. 求下列微分方程满足初始条件的特解：

(1) $y'' + 2y' + 10y = 0$，$y\big|_{x=0} = 1$，$y'\big|_{x=0} = 2$；

(2) $\dfrac{\mathrm{d}^2 x}{\mathrm{d}t^2} + 2\dfrac{\mathrm{d}x}{\mathrm{d}t} - 3x = 0$，$x\big|_{t=0} = 0$，$x'\big|_{t=0} = 1$.

6.5　二阶常系数线性非齐次微分方程

定义 6.5　形如

$$y'' + py' + qy = f(x)\ (\text{其中}\ p\text{、}q\ \text{为实常数})$$

的方程，其中 p、q 是实常数，称为二阶常系数线性非齐次微分方程. $f(x)$ 称为自由项.

　　对于微分方程

$$y'' + py' + qy = 0 \tag{6-9}$$

$$y'' + py' + qy = f(x) \tag{6-10}$$

称方程（6-9）为方程（6-10）对应的齐次微分方程.

　　定理 6.2（通解结构定理）

　　设 $\overline{y} = C_1 y_1 + C_2 y_2$ 是微分方程（6-9）的通解，而 y^* 是微分方程（6-10）的一个特解，则

$$y = \overline{y} + y^*$$

是微分方程（6-10）的通解. 简称：非齐通 $y =$ 齐通 $\overline{y} +$ 非齐特 y^*.

证明　将 $y = \bar{y} + y^*$ 代入方程（6-10），满足方程（6-10），说明 $y = \bar{y} + y^*$ 是方程（6-10）的解；又由 $\bar{y} = C_1 y_1 + C_2 y_2$ 知有两个独立的任意常数，所以 $y = \bar{y} + y^*$ 是方程（6-10）的通解.

要解方程（6-10），应分两步：

第一步求对应的齐次方程（6-9）的通解 $\bar{y} = C_1 y_1 + C_2 y_2$；

第二步求方程（6-10）的一个特解 y^*；

这样就求得方程（6-10）的通解为 $y = \bar{y} + y^*$.

若用笔算方法求解此类微分方程比较麻烦，有兴趣的读者可参看本节最后的补充. 所以下面重点介绍 Matlab 求解此类微分方程.

例 22　求微分方程 $y'' + y' - 2y = 2x^2 + 1$ 的通解.

解　（Matlab 算）>> dsolve('D2y+ Dy- 2* y= 2* x^2+ 1','x')

　　　　回车得

　　　　　　ans = exp(- 2* x)* C2+ exp(x)* C1- 2- x- x^2.

即　　　　　$y = C_2 \mathrm{e}^x + C_1 \mathrm{e}^{-2x} - x^2 - x - 2$.

其中 $y = C_2 \mathrm{e}^x + C_1 \mathrm{e}^{-2x}$ 是对应的齐次微分方程的通解，

$y^* = -x^2 - x - 2$ 是所给方程的特解.

例 23　求微分方程 $y'' - y' - 6y = \mathrm{e}^{3x}$ 的通解.

解　（Matlab 算）>> dsolve('D2y- Dy- 6* y= exp(3* x)','x')

　　　　回车得

　　　　　　ans = exp(3* x)* C2+ exp(- 2* x)* C1+ 1/5* x* exp(3* x).

即　　　　　$y = C_1 \mathrm{e}^{-2x} + C_2 \mathrm{e}^{3x} + \dfrac{1}{5} x \mathrm{e}^{3x}$.

齐通是 $y = C_1 \mathrm{e}^{-2x} + C_2 \mathrm{e}^{3x}$，非齐特是 $y^* = \dfrac{1}{5} x \mathrm{e}^{3x}$

例 24　求微分方程 $y'' - 6y' + 9y = \mathrm{e}^{3x}$ 的通解.

解　（Matlab 算）>> dsolve('D2y- 6* Dy+ 9* y= exp(3* x)','x')

　　　　回车得

　　　　　　y= 1/2* exp(3* x)* (2* C2+ 2* x* C1+ x^2),

即　　　　　$y = (C_1 x + C_2) \mathrm{e}^{3x} + \dfrac{1}{2} x^2 \mathrm{e}^{3x}$.

例 25　求微分方程 $y'' - 2y' - 3y = x^2 \mathrm{e}^{3x}$ 的通解.

解 （Matlab算）>> dsolve('D2y- 2* Dy- 3* y= x^2* exp(3* x)','x')

回车得

y= exp(- x)* C1+ (C2+ 1/32* x- 1/16* x^2+ 1/12* x^3)* exp(3* x)

即
$$y = C_1 e^{-x} + C_2 e^{3x} + \left(\frac{1}{12}x^3 - \frac{1}{16}x^2 + \frac{1}{32}x\right)e^{3x}$$

请读者指出齐通和非齐特.

例 26 求微分方程 $y'' + y = \sin x$ 的通解.

解 （Matlab算）>> dsolve('D2y+ y= sin(x)','x')

回车得

y= sin(x)* C2+ cos(x)* C1- 1/2* cos(x)* x .

即
$$y = C_1 \cos x + C_2 \sin x - \frac{1}{2}x\cos x$$

齐通是 $y = C_1 \cos x + C_2 \sin x$ ，非齐特是 $y^* = -\dfrac{1}{2}x\cos x$.

常微分方程在电路中电流、电压的计算中应用很广泛，先用电路中各元件上电压、电流等计算公式及回路电压定律、节点电流定律建立起电流或电压所满足的微分方程，提出相应的初始条件，再求解该初始问题得到所需要的结果.

设有一个由电阻 R，电感为 L，电容 C 和电源 E 串联组成的电路，其中 R，L 及 C 为常数，电源电动势是时间 t 的函数 $E = E_m \sin \omega t$，其中 E_m 及 ω 也是常数，如图 6-3 所示.

设电路中的电流为 $I = I(t)$，电容器极板上的电量为 $q = q(t)$，两极板间的电压为 U_0，电感电动势 E_L，由电学知识知道

$$I = \frac{\mathrm{d}q}{\mathrm{d}t}, U_0 = \frac{q}{C}, E_L = L\frac{\mathrm{d}I}{\mathrm{d}t}$$

由回路电压定律知

$$L\frac{\mathrm{d}I}{\mathrm{d}t} + RI + \frac{q}{C} = E(t)$$

即有

$$L\frac{\mathrm{d}^2q}{\mathrm{d}t^2} + R\frac{\mathrm{d}q}{\mathrm{d}t} + \frac{q}{C} = E(t)$$

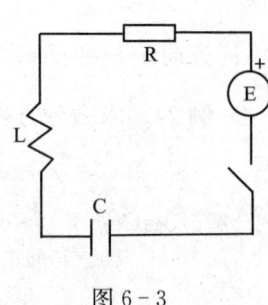

图 6-3

这就是该串联电路中电容器极板上的电量所满足的方程.

当 $E(x) = 0$ 时，为二阶常系数齐次微分方程：

$$L\frac{\mathrm{d}^2q}{\mathrm{d}t^2} + R\frac{\mathrm{d}q}{\mathrm{d}t} + \frac{q}{C} = 0$$

例 27 在由一个电阻 R、电感 L、电容 C 和电源 E 组成的闭合回路中,电源的电动势 $E = 100\sin 60t(\text{V})$,电阻 $R = 2(\Omega)$,电感 $L = 0.1(\text{H})$,电容 $C = \dfrac{1}{260}(\text{F})$. 如果开始时电路中的电流为零,电容器上的电荷量为零,求该电路接通后电容器上的电荷量随时间变化的关系.

解 记 t 时刻该回路中的电流为 $I(t)$,电容器上的电荷量为 $q(t)$,由回路电压定律和初始条件得

$$\frac{1}{10}\frac{\mathrm{d}I}{\mathrm{d}t} + 2I + 260q = 100\sin 60t,$$

$$q(0) = 0, q'(0) = 0$$

即

$$\frac{\mathrm{d}^2 q}{\mathrm{d}t^2} + 20\frac{\mathrm{d}q}{\mathrm{d}t} + 2\,600q = 1\,000\sin 60t,$$

$$q(0) = 0, q'(0) = 0.$$

用 Matlab 解答:
```
>> dsolve('D2q+ 20* Dq+ 2600* q= 1000* sin(60* t),q(0)= 0,Dq(0)= 0','t')
        ans= 36/61* exp(- 10* t)* sin(50* t)+ 30/61* exp(- 10* t)* cos
        (50* t)- 30/61* cos(60* t)- 25/61* sin(60* t)
```

即所求电容器上的电荷量随时间变化的关系为

$$q(t) = \frac{6}{61}\mathrm{e}^{-10t}(6\sin 50t + 5\cos 50t) - \frac{25}{61}\sin 60t - \frac{30}{61}\cos 60t.$$

** **补充*** 用笔算求解二阶常系数线性非齐次微分方程 $y'' + py' + qy = f(x)$ 介绍如下:

在实际应用中,常遇到的自由项 $f(x)$ 是指数函数、多项式、正弦或余弦函数这样一些特殊形式的情形:

(1) $f(x) = P_m(x)\mathrm{e}^{\lambda x}$;

(2) $f(x) = [P_m(x)\sin \omega x + P_m(x)\cos \omega x]\mathrm{e}^{\lambda x}$.

6.5.1　$f(x) = P_m(x)\mathrm{e}^{\lambda x}$ 时的微分方程

当 $f(x) = P_m(x)\mathrm{e}^{\lambda x}$ (其中 λ 为常数, $P_m(x)$ 为 m 次多项式) 时,则微分方程为

$$y'' + py' + qy = P_m(x)\mathrm{e}^{\lambda x} \tag{6-11}$$

这类方程的笔算方法:根据通解结构定理知,方程 (6-11) 的通解为 $y = \bar{y} + y^*$,其中齐通 $\bar{y}$ 的求法在前一节已经学过,现在主要的问题是求出方程 (6-11) 的一个特解 y^* 即可,于是有下面特解定理.

定理 6.3

(1) 如果 λ 不是特征方程 $r^2 + pr + q = 0$ 的根,则微分方程 (6-11) 的特解为

$$y^* = Q_m(x)\mathrm{e}^{\lambda x} \text{(其中 } Q_m(x) \text{ 与 } P_m(x) \text{ 是同次多项式,但不一定相同)}$$

    (2) 如果 λ 是特征方程 $r^2 + pr + q = 0$ 的单根，则微分方程（6-11）的特解为

$$y^* = xQ_m(x)e^{\lambda x}$$

    (3) 如果 λ 是特征方程 $r^2 + pr + q = 0$ 的二重根，则微分方程（6-11）的特解为

$$y^* = x^2 Q_m(x)e^{\lambda x}$$

    * **证明**　方程（6-11）左端含 y、y'、y'' 且能合并同类项，右端是 m 次多项式 $P_m(x)$ 与 $e^{\lambda x}$ 的乘积，而指数函数与多项式乘积的导数仍是这类函数，因此，我们推测方程（6-11）的特解形式应为

$$y^* = Q(x)e^{\lambda x} \ \big[Q(x) \text{ 是另外的多项式} \big]$$
$$(y^*)' = \lambda Q(x)e^{\lambda x} + Q'(x)e^{\lambda x}$$
$$(y^*)'' = \lambda^2 Q(x)e^{\lambda x} + 2\lambda Q'(x)e^{\lambda x} + Q''(x)e^{\lambda x}$$

代入方程（6-11），消去 $e^{\lambda x}$，整理得

$$Q''(x) + (2\lambda + p)Q'(x) + (\lambda^2 + p\lambda + q)Q(x) = P_m(x) \tag{6-12}$$

    下面根据特征方程 $r^2 + pr + q = 0$ 的根来讨论.

    1. 如果 λ 不是特征根，即 $\lambda^2 + \lambda p + q \neq 0$

    由式（6-12）可知，两边的多项式次数相同，左边的次数取决于 $Q(x)$，即 $Q(x)$ 与 $P_m(x)$ 是同次多项式，但不一定是相同多项式. 设

$$Q(x) = Q_m(x) \ \big[Q_m(x) \text{ 是 } m \text{ 次多项式} \big]$$

所以特解为

$$y^* = Q_m(x)e^{\lambda x}$$

代入方程（6-11），用待定系数法可求得 $Q_m(x)$，从而求得特解 $y^* = Q_m(x)e^{\lambda x}$.

    2. 如果 λ 是特征方程 $r^2 + pr + q = 0$ 的单根

    则 $\lambda^2 + \lambda p + q = 0$，$2\lambda + p \neq 0$（否则，由韦达定理知 λ 是重根，矛盾），式（6-12）变为

$$Q''(x) + (2\lambda + p)Q'(x) = P_m(x)$$

同理可知 $Q'(x)$ 必是一个 m 次多项式，上式两边才能相等，则 $Q(x)$ 是 $m+1$ 次多项式.
令 $Q(x) = x \cdot Q_m(x) \ \big[Q(x) \text{ 是 } m+1 \text{ 次多项式} \big]$
所以特解为

$$y^* = xQ_m(x)e^{\lambda x}$$

同理代入方程（6-11），用待定系数法可求得特解 $y^* = xQ_m(x)e^{\lambda x}$.

    3. 如果 λ 是特征方程 $r^2 + pr + q = 0$ 的二重根

    则 $\lambda^2 + \lambda p + q = 0$，且 $2\lambda + p = 0$，式（6-12）变为 $Q''(x) = P_m(x)$，即 $Q''(x)$ 必是 m 次多项式，则 $Q(x)$ 是 $m+2$ 次多项式.

    令 $Q(x) = x^2 \cdot Q_m(x)$（$m+2$ 次多项式），

所以特解为 $y^* = x^2 Q_m(x)e^{\lambda x}$，同理代入方程（6-11），用待定系数法可求得特解 y^*.

例 28　求微分方程 $y'' + y' - 2y = 2x^2 + 1$ 的通解.

解（笔算）　特征方程为 $r^2 + r - 2 = 0$，解得特征根为：$r_1 = 1$，$r_2 = -2$.
则齐通为
$$y = C_1 \mathrm{e}^x + C_2 \mathrm{e}^{-2x}$$

因题中 $f(x) = 2x^2 + 1$，属于 $f(x) = P_m(x)\mathrm{e}^{\lambda x}$ 型，其中 $P_m(x) = 2x^2 + 1$ 是二次多项式，$\lambda = 0$ 不是特征根，所以设 $y^* = Ax^2 + Bx + C$，其中 A、B、C 是待定系数，求出 y^* 的一阶和二阶导数：　$y^{*\prime} = 2Ax + B$，$y^{*\prime\prime} = 2A$，

代入微分方程，得到　$2A + 2Ax + B - 2(Ax^2 + Bx + C) = 2x^2 + 1$

即　　　　　　　　$-2Ax^2 + (2A - 2B)x + 2A + B - 2C = 2x^2 + 1$

由待定系数法得：$-2A = 2$，$2A - 2B = 0$，$2A + B - 2C = 1$，

解得 $A = -1$，$B = -1$，$C = -2$.

特解为
$$y^* = -x^2 - x - 2$$

所以微分方程通解为
$$y = C_1 \mathrm{e}^x + C_2 \mathrm{e}^{-2x} - x^2 - x - 2$$

例 29　求微分方程 $y'' - y' - 6y = \mathrm{e}^{3x}$ 的通解.

解（笔算）　特征方程为 $r^2 - r - 6 = 0$，解得 $r_1 = -2$，$r_2 = 3$.则齐通为 $y = C_1 \mathrm{e}^{-2x} + C_2 \mathrm{e}^{3x}$.下面求特解：

因题中 $f(x) = \mathrm{e}^{3x}$，属于 $f(x) = P_m(x)\mathrm{e}^{\lambda x}$ 型，其中 $P_m(x)$ 是零次多项式，$\lambda = 3$ 是单特征根，所以设 $y^* = Ax\mathrm{e}^{3x}$，则

$$y^{*\prime} = A\mathrm{e}^{3x} + 3Ax\mathrm{e}^{3x}, y^{*\prime\prime} = 3A\mathrm{e}^{3x} + 3A\mathrm{e}^{3x} + 9Ax\mathrm{e}^{3x} = 6A\mathrm{e}^{3x} + 9Ax\mathrm{e}^{3x}$$

代入微分方程，得到

$$(9Ax\mathrm{e}^{3x} + 6A\mathrm{e}^{3x}) - (3Ax\mathrm{e}^{3x} + A\mathrm{e}^{3x}) - 6Ax\mathrm{e}^{3x} = \mathrm{e}^{3x}$$

即　　　　　　　　　　$5A\mathrm{e}^{3x} = \mathrm{e}^{3x}$，解得 $A = \dfrac{1}{5}$

特解为
$$y^* = \frac{1}{5}x\mathrm{e}^{3x}$$

微分方程的通解为 $y = C_1 \mathrm{e}^{-2x} + C_2 \mathrm{e}^{3x} + \dfrac{1}{5}x\mathrm{e}^{3x}$.

例 30　求微分方程 $y'' - 6y' + 9y = \mathrm{e}^{3x}$ 的通解.

解（笔算）　特征方程 $r^2 - 6r + 9 = 0$，$r_1 = r_2 = 3$（二重根），则齐通为 $y = (C_1 x + C_2)\mathrm{e}^{3x}$.下面求特解.

因题中 $f(x) = \mathrm{e}^{3x}$，属于 $f(x) = P_m(x)\mathrm{e}^{\lambda x}$ 型，其中 $P_m(x)$ 是零次多项式，$\lambda = 3$ 是二重特征根，所以设 $y^* = Ax^2\mathrm{e}^{3x}$，则

$$y^{*\prime} = 2Ax\mathrm{e}^{3x} + 3Ax^2\mathrm{e}^{3x},$$
$$y^{*\prime\prime} = 2A\mathrm{e}^{3x} + 6Ax\mathrm{e}^{3x} + 6Ax\mathrm{e}^{3x} + 9Ax^2\mathrm{e}^{3x},$$
$$= 2A\mathrm{e}^{3x} + 12Ax\mathrm{e}^{3x} + 9Ax^2\mathrm{e}^{3x}$$

代入微分方程，得到

$$2Ae^{3x}+12Axe^{3x}+9Ax^2e^{3x}-6(2Axe^{3x}+3Ax^2e^{3x})+9Ax^2e^{3x}=e^{3x}$$

即 $\qquad 2Ae^{3x}=e^{3x}$，$A=\dfrac{1}{2}$，　特解为 $y^*=\dfrac{1}{2}x^2e^{3x}$.

所求通解为 $y=(C_1x+C_2)e^{3x}+\dfrac{1}{2}x^2e^{3x}$.

6.5.2　$f(x)=\left[P_m(x)\sin\omega x+P_m(x)\cos\omega x\right]e^{\lambda x}$ 时的微分方程

当 $f(x)=\left[P_m(x)\sin\omega x+P_m(x)\cos\omega x\right]e^{\lambda x}$ 时，即微分方程为

$$y''+py'+qy=\left[P_m(x)\sin\omega x+P_m(x)\cos\omega x\right]e^{\lambda x}$$

这类微分方程用笔算更繁，这里就不作介绍了，要求读者掌握电脑解答即可.

习题 6.5

求下列各方程的通解：

(1) $y''+2y'+y=-2$；

(2) $y''-4y'+4y=x^2$；

(3) $2y''+y'-y=2e^x$；

(4) $y''+4y'+4y=8e^{-2x}$；

(5) $y''+2y'+y=xe^x$；

(6) $y''+2y'=x$；

(7) $y''-2y'+5y=e^x\sin x$；

(8) $y''-7y'+6y=\sin x$.

复习题 6

1. 验证下列所给函数是已知微分方程的解，是通解还是特解：

(1) $y=\dfrac{\sin x}{x}$，$xy'+y=\cos x$；

(2) $y=Ce^{-2x}+\dfrac{1}{4}e^{2x}$，$y'+2y=e^{2x}$.

2. 求下列方程的通解或特解：

(1) $y^2\sin x\,dx+\cos^2x\ln y\,dy=0$；

(2) $y'\sin x=y\ln y$，$y\big|_{x=\frac{\pi}{2}}=e$；

(3) $y'+2y=e^{-x}$；

(4) $y'+2xy=e^{-x^2}$；

(5) $xy'-2y=x^3\cos x$；

(6) $y'=e^{-\frac{y}{x}}+\dfrac{y}{x}$；

(7) $y''=2x\ln x$；

(8) $xy''=y'$.

3. 求下列二阶常系数线性微分方程的通解或特解：

(1) $y''-4y'+3y=0$，$y\big|_{x=0}=6$，$y'\big|_{x=0}=10$；

(2) $y''+8y'=8x$；

(3) $y''+2y'+2y=1+x$；

(4) $y''+2y'+5y=e^{-x}\sin 2x$

附件 6 数学实验：用 Matlab 求解普通方程、微分方程

一、求解普通方程

格式：solve('f(x)= 0')

例 31 解方程：$x^3 - x^2 + x - 1 = 0$.

解 >> solve('x^3- x^2+ x- 1= 0') 回车得：1,- i, i.

例 32 解方程组 $\begin{cases} x^2 + y - 6 = 0 \\ y^2 + x - 6 = 0 \end{cases}$.

解 >> [x,y]= solve('x^2+ y- 6','y^2+ x- 6')回车得：

$$x = 2, -3, \frac{1}{2} - \frac{1}{2}\sqrt{21}, \frac{1}{2} + \frac{1}{2}\sqrt{21}$$

$$y = 2, -3, \frac{1}{2} + \frac{1}{2}\sqrt{21}, \frac{1}{2} - \frac{1}{2}\sqrt{21}$$

二、求解微分方程

格式：y= dsolve('方程,初始值','x')

'x'指明自变量是 x,若不加'x',则电脑默认自变量为 t.

例 33 求微分方程：$\dfrac{\mathrm{d}y}{\mathrm{d}x} + 3y = 8$ 的通解.

解 >> dsolve('Dy+ 3* y= 8','x') 回车得：$y = \dfrac{8}{3} + Ce^{-3x}$.

例 34 求微分方程：$\dfrac{\mathrm{d}y}{\mathrm{d}x} + 3y = 8$, $y(0) = 2$ 的特解.

解 >> y= dsolve('Dy+ 3* y= 8,y(0)= 2','x') 回车得：$y = \dfrac{8}{3} - \dfrac{2}{3}e^{-3x}$.

例 35 解微分方程：$y^2 + x^2\dfrac{\mathrm{d}y}{\mathrm{d}x} = xy\dfrac{\mathrm{d}y}{\mathrm{d}x}$.

解法一 方程化为：$\dfrac{\mathrm{d}y}{\mathrm{d}x} = \dfrac{y^2}{xy - x^2}$.（照原方程直接输不行，要适当变形）

>> dsolve('Dy= y^2/(x* y- x^2)','x') 回车得：

  y= exp(- lambertw(- 1/exp(C1)/x)- C1)(太繁)(1)

（标准答案：$y = Ce^{\frac{y}{x}}$ ）

记住结论：若 w= lambertw(x),

         则 x= w* exp(w).

(1) 则有 $y \cdot e^{C_1}$ = exp(- lambertw(- 1/exp(C1)/x),

即 lnCy= - lambertw(- 1/exp(C1)/x) $(C = e^{C_1})$,

即- lnCy= lambertw(- 1/exp(C1)/x),

即 $\dfrac{-1}{xe^{C_1}} = -\ln Cy \cdot e^{-\ln Cy}$,   即 $\dfrac{1}{xe^{C_1}} = \ln Cy \cdot \dfrac{1}{Cy}$,

即 $\dfrac{1}{xC} = \ln Cy \cdot \dfrac{1}{Cy}$, 　　　　　　 即 $\ln Cy = \dfrac{y}{x}$,

即 $y = \dfrac{1}{C}\mathrm{e}^{\frac{y}{x}}$.（一样）

解法二　方程化为 $\dfrac{\mathrm{d}x}{\mathrm{d}y} = \dfrac{x}{y} - \dfrac{x^2}{y^2}$.（化为标准方程）

>> dsolve('Dx= x/y- (x^2)/(y^2)','y')　回车得 x= y/(log(y)+ C1).

化一下与原答案一致 $\dfrac{y}{x} - C_1 = \ln y$,

即 $y = \mathrm{e}^{\frac{y}{x}-C1} = \mathrm{e}^{-C1} \cdot \mathrm{e}^{\frac{y}{x}} = C\mathrm{e}^{\frac{y}{x}}$.

解法二简单，此例的教训是，要尽量化为标准方程.

例 36　解微分方程 $\dfrac{\mathrm{d}y}{\mathrm{d}x} = \dfrac{1}{x+y}$.

解法一　>> dsolve('Dy= 1/(x+ y)','x')回车得：

　　　　　y= - lambertw(- C1* exp(- x- 1))- x- 1　　　　　　　　　　(1)

（答案：$C\mathrm{e}^y = x + y + 1$）

记住结论：若 w= lambertw(x),

　　　　　则 x= w* exp(w).

根据结论（1）化为 $-(y+x+1) = \mathrm{lambertw}\,(-C_1\mathrm{e}^{-x-1})$,

有 $-C_1\mathrm{e}^{-x-1} = -(y+x+1)\mathrm{e}^{-(y+x+1)}$,

即 $C_1 = (y+x+1)\mathrm{e}^{-y}$,

所求的通解为 $C_1\mathrm{e}^y = y + x + 1$.

解法二　方程化为 $\dfrac{\mathrm{d}x}{\mathrm{d}y} = x + y$（标准方程）

>> dsolve('Dx= x+ y','y'), 回车得：x= - 1- y+ exp(y)* C1(与答案一样),

所求的通解为：$C_1\mathrm{e}^y = y + x + 1$.

注意　解法二简单多了，又一次说明化为标准方程的重要性.

例 37　解微分方程：$(y^2 - 6x)\dfrac{\mathrm{d}y}{\mathrm{d}x} + 2y = 0$，$y(1) = 1$.

解　方程化为 $\dfrac{\mathrm{d}x}{\mathrm{d}y} - \dfrac{3}{y}x = -\dfrac{1}{2}y$，$x(1) = 1$,

>> dsolve('Dx- 3* x/y= - y/2','x(1)= 1','y')　回车得 $x = (1/2/y+1/2)* y\hat{\ }3$,

所求的特解为：$x = \dfrac{1}{2}y^2(1+y)$.

注意　上题若不化为标准方程，直接输入时，答案较繁.

例 38　解贝努利方程：$x\mathrm{d}y = y(2xy\ln x - 1)\mathrm{d}x$.

解　>> dsolve('x* Dy= y* (2* x* y* log(x)- 1)','x')　回车得：y= - 1/(- log(x)^2+ C1)/x.

所求的通解为：$y = -\dfrac{1}{(-\ln^2 x + C_1)x}$.

例 39　解微分方程：$(1+x^2)y'' + 2xy' = 2x + 1$，$y(0) = 1$，$y'(0) = 2$.

解　>> dsolve('(1+ x^2)* D2y+ 2* x* Dy= 2* x+ 1,y(0)= 1,Dy(0)= 2','x') , 回车得:
　　　　　y= x+ 1/2* log(1+ x^2)+ atan(x)+ 1.

所求的特解为: $y = x + \dfrac{1}{2}\ln(1+x^2) + \arctan x + 1$.

例 40　解微分方程: $yy'' - y'^2 = 0$.

解法一: >> dsolve('y* D2y- Dy^2= 0','x')　回车得:错误.

解法二: >> dsolve('D2y* y- Dy^2= 0','x') 回车得:y= exp(x* C1)* C2.

所求的通解为: $y = C_2 e^{C_1 x}$.

此例说明: D2y 要放在 y 的前面.

例 41　解微分方程: $y'' - 5y' + 6y = xe^{2x}$.

解　>> dsolve('D2y- 5* Dy+ 6* y= x* exp(2* x)','x')　回车得:
　　　　　y= exp(2* x)* C2+ exp(3* x)* C1- x* exp(2* x)- 1/2* x^2* exp(2* x).

所求的通解为: $y = C_1 e^{3x} + C_2 e^{2x} - \dfrac{1}{2}x(x+2)e^{2x}$.

例 42　求微分方程: $y'' + y = x\cos 2x$ 的一个特解.

解　>> dsolve('D2y+ y= x* cos(2* x)','x')　回车得:
　　　　　y= sin(x)* C2+ cos(x)* C1- 1/3* x* cos(2* x)+ 4/9* sin(2* x).

后面部分为特解: $y^* = -\dfrac{1}{3}x\cos 2x + \dfrac{4}{9}\sin 2x$.

练习

解下列微分方程:

1. $y^2 + x^2 \dfrac{\mathrm{d}y}{\mathrm{d}x} = xy \dfrac{\mathrm{d}y}{\mathrm{d}x}$;　　　(答案: $y = Ce^{\frac{y}{x}}$)

2. $\dfrac{\mathrm{d}y}{\mathrm{d}x} = x^2 + 2xy + y^2$;　　[答案: $y = -x + \tan(x+C)$]

3. $xy' + y = y(\ln x + \ln y)$;　　(答案: $y = \dfrac{1}{x}e^{Cx}$)

4. $\dfrac{\mathrm{d}y}{\mathrm{d}x} - \dfrac{2y}{x+1} = (x+1)^{\frac{3}{2}}$;　　(答案: $y = (x+1)^2 \cdot \left[C + 2(x+1)^{\frac{1}{2}}\right]$)

5. $(y^2 - 6x)y' + 2y = 0$;(注: 化为标准方程. 答案: $x = Cy^3 + \dfrac{1}{2}y^2$)

6. $(1+x^2)y'' = 2xy'$ 满足初始条件 $y\Big|_{x=0} = 1, y'\Big|_{x=0} = 3$ 的特解;　(答案: $y = x^3 + 3x + 1$)

7. $y'' - 2y' + 5y = 0$;　　[答案: $y = e^x(C_1\cos 2x + C_2\sin 2x)$]

8. $y'' - 5y' + 6y = xe^{2x}$.[答案: $y = C_1 e^{2x} + C_2 e^{3x} - x\left(\dfrac{1}{2}x + 1\right)e^{2x}$]

第7章 向量与空间解析几何

案例 我们知道，骑马需要马鞍，而马鞍又有大小，如何根据骑马人和马背大小来确定马鞍大小呢？

此案例，只要知道马鞍面的方程，以及画出其图形，就能根据方程、图形、骑马人和马背大小来确定马鞍面的大小．

本章我们将介绍向量的概念及运算法则、空间解析几何中的平面与直线、常见的二次曲面方程，以及空间曲面在坐标面上的投影．

7.1 空间直角坐标系与向量的概念

7.1.1 空间直角坐标系

如图 7-1 所示，过空间一定点 O 作三条互相垂直的数轴 Ox、Oy、Oz，它们有相同的单位长度，它们的正方向通常符合右手法则：伸出右手，让四指与大拇指垂直，并使四指先指向 x 轴的正方向，然后四指沿握拳方向转向 $90°$ 指向 y 轴正向，此时大拇指的指向即为 z 轴的正方向．

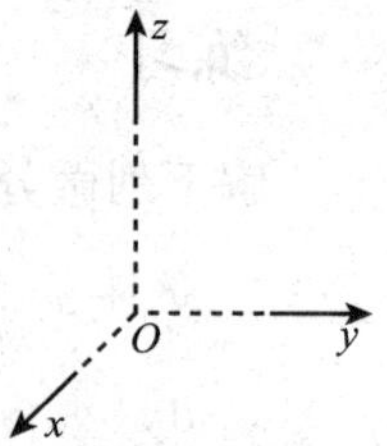

这样就建立了空间直角坐标系．点 O 称为坐标原点，Ox、Oy、Oz 轴分别简称为 x 轴、y 轴、z 轴，又分别称为横轴、纵轴、竖轴，统称为坐标轴．

在空间直角坐标系中，任意两条坐标轴确定一个平面，分别是 xOy 平面，yOz 平面，zOx 平面，统称为坐标平面．三个坐标平面把空间分成八个部分，称为八个卦限．以 x 轴、y 轴及 z 轴的正半轴为棱的卦限为第一卦限，在 xOy 平面的上方的其余三个卦限，按逆时针方向，依次为第二、三、四卦限．在 xOy 平面的下方与第一卦限相对的是第五卦限，其余的按逆时针方向依次为第六、七、八卦限（见图 7-2）．

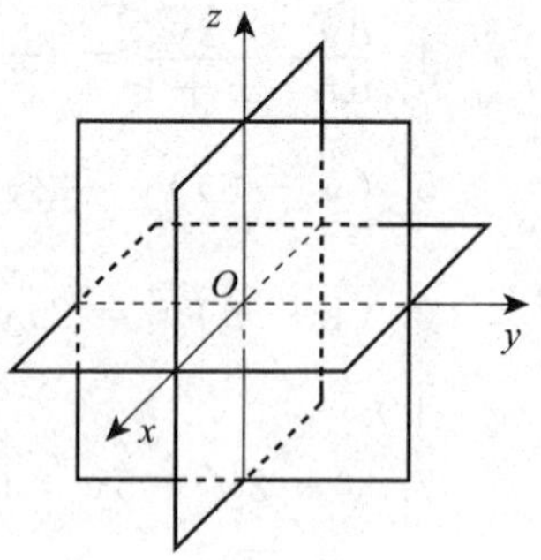

对于空间任意一点 M，过点 M 作三个平面，分别垂直于 x 轴、y 轴、z 轴，且与这三个轴分别交于 P、Q、R 三点，设 $OP=x$，$OQ=y$，$OR=z$，则点 M 就唯一地确定了一个三元有序数组 (x,y,z)；反之，对于有序数组 (x,y,z)，在 x 轴、y 轴、z 轴上分别取点 P、Q、R，使 $OP=x$、$OQ=y$、$OR=z$，然后过 P、Q、R 三点分别作垂直于 x、y、z 轴的平面，这三个平面相交于一点 M，则由一个三元有序数组 (x,y,z) 唯一确定了空间一点 M（见图 7-3）．

于是，空间任意一点 M 和一个三元有序数组 (x,y,z) 建立了一一对应关系，我们称这个三元有序数组为点 M 的坐标，记为 $M(x,y,z)$．

图 7-1

图 7-2

显然，原点 O 的坐标为 $(0,0,0)$；

x 轴上点的坐标为 $(x,0,0)$，

y 轴上点的坐标为 $(0,y,0)$，

z 轴上点的坐标为 $(0,0,z)$；

xOy 平面上点的坐标为 $(x,y,0)$，

yOz 平面上点的坐标为 $(0,y,z)$，

zOx 平面上点的坐标为 $(x,0,z)$.

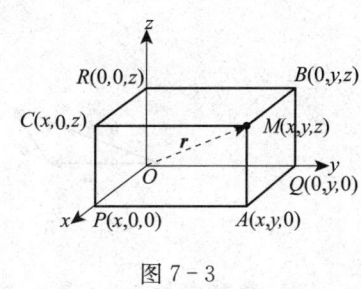

图 7 - 3

7.1.2 向量的基本概念及线性运算

1. 向量概念

（1）向量定义：具有大小和方向的量叫作向量，也叫作向径或矢径（见图 7-4）.

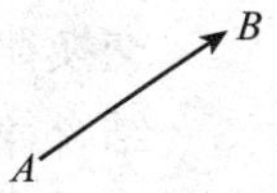

向量的符号：$\overrightarrow{AB}$、a、F 等，实际中的位移、速度、加速度、力、力矩等都是向量.

（2）向量相等：a 与 b 大小相等，方向相同，则 $a=b$.

（3）向量的模：向量的长度大小叫作向量的模，记作 $|a|$、$|\overrightarrow{AB}|$.

图 7 - 4

（4）单位向量：模等于 1 的向量叫作单位向量. 一般单位向量用 e 表示，如 a 的单位向量为与 a 同向且模为 1 的向量，即

$$e_a = \frac{1}{|a|}a$$

而 x 轴、y 轴、z 轴上的单位向量分别用 i、j、k 表示.

（5）零向量：模等于 0 的向量叫作零向量，起点与终点重合，方向任意.

（6）向量的平行：非零向量的方向相同或相反. 记为 $a /\!/ b$（零向量与任何向量都平行），两向量平行又称两向量共线.

（7）向量共面：任意两个向量是共面的，设有 $k(k \geqslant 3)$ 个向量，当把它们的起点放在同一点时，如果 k 个终点和公共起点在一个平面上，就称这 k 个向量共面.

（8）负向量：a 的负向量为 $-a$，方向相反，模相等.

2. 向量的线性运算

1）向量的加法

向量的加法有三角形法则、平行四边形法则两个.

如图 7-5 所示，把向量 b 的起点放到 a 的终点上，则 a 的起点到 b 的终点的向量称为 $a+b$，这个法则称为三角形法则.

如图 7-6 所示，当向量 a 与 b 不平行时（平移向量使 a 与 b 的起点重合（以 a、b 为邻边作平行四边形，则从 a 的起点到对角顶点的向量称为 $a+b$，这个法则称为平行四边形法则.

2）向量的减法

如图 7-7 所示，a 与 b 的起点重合，第三边箭头指向被减数的向量称为 $a-b$.

也可用平行四边形法则（如图 7-6 所示，指出 $a-b$ 是哪个向量？）.

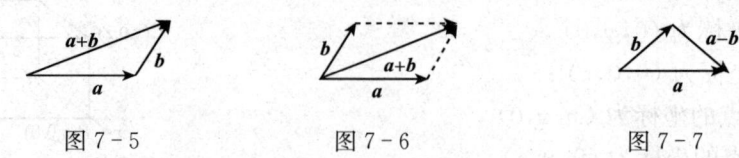

图 7 - 5   图 7 - 6   图 7 - 7

3）数乘向量 $\lambda\boldsymbol{a}$ 还是一个向量

① 当 $\lambda > 0$ 时，向量 $\lambda\boldsymbol{a}$ 与 $\boldsymbol{a}$ 的方向相同，其模等于 $|\boldsymbol{a}|$ 的 λ 倍；

② 当 $\lambda < 0$ 时，向量 $\lambda\boldsymbol{a}$ 与 $\boldsymbol{a}$ 的方向相反，其模等于 $|\boldsymbol{a}|$ 的 $|\lambda|$ 倍.

两非 0 向量 $\boldsymbol{a}$、$\boldsymbol{b}$ 平行的充要条件是 $\boldsymbol{a} = \lambda\boldsymbol{b}$（$\lambda$ 为实数）.

4）向量运算规律

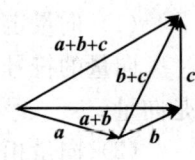

交换律：$\boldsymbol{a} + \boldsymbol{b} = \boldsymbol{b} + \boldsymbol{a}$；

结合律：$(\boldsymbol{a} + \boldsymbol{b}) + \boldsymbol{c} = \boldsymbol{a} + (\boldsymbol{b} + \boldsymbol{c}) = \boldsymbol{a} + \boldsymbol{b} + \boldsymbol{c}$（见图 7 - 8）；

数乘 $\lambda(\mu\boldsymbol{a}) = \mu(\lambda\boldsymbol{a}) = (\lambda\mu)\boldsymbol{a}$；$(\lambda + \mu)\boldsymbol{a} = \lambda\boldsymbol{a} + \mu\boldsymbol{a}$，$\lambda(\boldsymbol{a} + \boldsymbol{b}) = \lambda\boldsymbol{a} +$

图 7 - 8

$\lambda\boldsymbol{b}$.

例 1　在平行四边形 $ABCD$ 中，设 $\overrightarrow{AB} = \boldsymbol{a}$，$\boldsymbol{AD} = \boldsymbol{b}$（试用 $\boldsymbol{a}$ 和 $\boldsymbol{b}$ 表示向量 $\overrightarrow{MA}$、$\overrightarrow{MB}$、$\overrightarrow{MC}$、$\overrightarrow{MD}$，其中 M 是平行四边形对角线交点.

解　如图 7 - 9 所示，由于平行四边形的对角线互相平分，

$$\boldsymbol{a} + \boldsymbol{b} = \overrightarrow{AC} = 2\overrightarrow{AM} = -2\overrightarrow{MA}$$

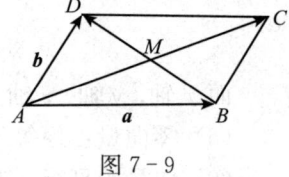

图 7 - 9

于是　　　　　$\overrightarrow{MA} = -\dfrac{1}{2}(\boldsymbol{a} + \boldsymbol{b})$

$$\overrightarrow{MC} = -\overrightarrow{MA} = \dfrac{1}{2}(\boldsymbol{a} + \boldsymbol{b})$$

由于 $\boldsymbol{b} - \boldsymbol{a} = \overrightarrow{BD} = 2\overrightarrow{MD}$，则

$$\overrightarrow{MD} = \dfrac{1}{2}(\boldsymbol{b} - \boldsymbol{a})，\overrightarrow{MB} = -\overrightarrow{MD} = \dfrac{1}{2}(\boldsymbol{a} - \boldsymbol{b}).$$

3. 向量的坐标表示

（1）起点在坐标原点，终点为 $M(x, y, z)$ 的向量 $\overrightarrow{OM}$ 的坐标，如图 7 - 10 所示，$\overrightarrow{OM} = \overrightarrow{OP} + \overrightarrow{PN} + \overrightarrow{NM} = \overrightarrow{OP} + \overrightarrow{OQ} + \overrightarrow{OR}$，设 $\boldsymbol{i}$、$\boldsymbol{j}$、$\boldsymbol{k}$ 分别为 x、y、z 坐标轴上且与坐标轴方向相同的单位向量.

$\overrightarrow{OP} = x\boldsymbol{i}$，$\overrightarrow{OQ} = y\boldsymbol{j}$，$\overrightarrow{OR} = z\boldsymbol{k}$，则

$$\overrightarrow{OM} = x\boldsymbol{i} + y\boldsymbol{j} + z\boldsymbol{k}$$

向量 $\overrightarrow{OM}$ 坐标还可记为 $x\boldsymbol{i} + y\boldsymbol{j} + z\boldsymbol{k} = (x, y, z)$，其中坐标 x、y、z 叫作向量 $\overrightarrow{OM}$ 的分坐标（或分量）. 注意向量坐标可用小括号，也可用大括号，我们为了书写方便，采用小括号.

（2）向量 $\overrightarrow{OM}$ 的模，如图 7 - 11 所示，

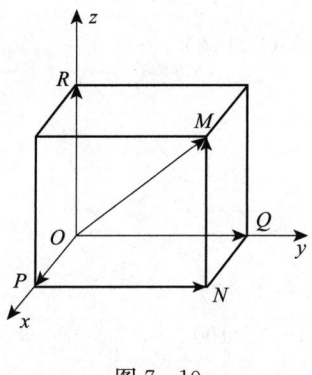

图 7 - 10

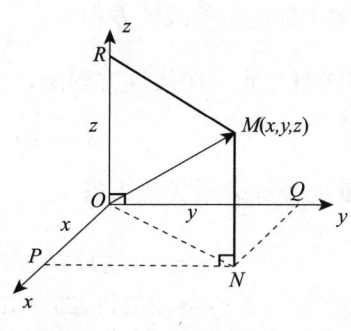

图 7 - 11

$$| \overrightarrow{OM} |^2 = | \overrightarrow{ON} |^2 + | \overrightarrow{NM} |^2 = | \overrightarrow{OP} |^2 + | \overrightarrow{PN} |^2 + | \overrightarrow{NM} |^2$$
$$= x^2 + y^2 + z^2$$

所以

$$\left| \overrightarrow{OM} \right| = \sqrt{x^2 + y^2 + z^2}$$

（3）两点间的距离公式．如图 7 - 12 所示，已知两点 $M_1(x_1, y_1, z_1)$、$M_2(x_2, y_2, z_2)$，求 $\overrightarrow{M_1 M_2}$ 的坐标及两点间距离．

因为 $\overrightarrow{M_1 M_2} = \overrightarrow{OM_2} - \overrightarrow{OM_1}$，

$$\overrightarrow{OM_1} = x_1 \boldsymbol{i} + y_1 \boldsymbol{j} + z_1 \boldsymbol{k}，$$

$$\overrightarrow{OM_2} = x_2 \boldsymbol{i} + y_2 \boldsymbol{j} + z_2 \boldsymbol{k}．$$

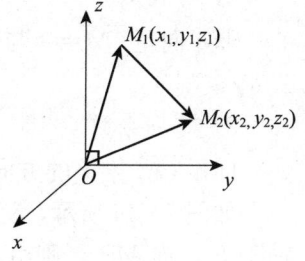

图 7 - 12

所以 $\overrightarrow{M_1 M_2} = (x_2 \boldsymbol{i} + y_2 \boldsymbol{j} + z_2 \boldsymbol{k}) - (x_1 \boldsymbol{i} + y_1 \boldsymbol{j} + z_1 \boldsymbol{k})$

$$= (x_2 - x_1) \boldsymbol{i} + (y_2 - y_1) \boldsymbol{j} + (z_2 - z_1) \boldsymbol{k}$$

$$= (x_2 - x_1, y_2 - y_1, z_2 - z_1)$$

$$= 终点坐标 - 起点坐标$$

由向量模的求法得到两点间的距离公式为

$$| \overrightarrow{M_1 M_2} | = \sqrt{(x_2 - x_1)^2 + (y_2 - y_1)^2 + (z_2 - z_1)^2}$$

（4）向量坐标形式的线性运算，

设 $\boldsymbol{a} = (a_x, a_y, a_z)$，$\boldsymbol{b} = (b_x, b_y, b_z)$，由上面运算可知

$\boldsymbol{a} + \boldsymbol{b} = (a_x + b_x, a_y + b_y, a_z + b_z)$；

$\boldsymbol{a} - \boldsymbol{b} = (a_x - b_x, a_y - b_y, a_z - b_z)$；

$\lambda \boldsymbol{a} = (\lambda a_x, \lambda a_y, \lambda a_z)$．

（5）非零向量 $\boldsymbol{a} /\!/ \boldsymbol{b} \Leftrightarrow$ 对应分坐标（分量）成比例．

证明　设 $\boldsymbol{a} = (a_x, a_y, a_z)$，$\boldsymbol{b} = (b_x, b_y, b_z)$，

向量 $\boldsymbol{a} /\!/ \boldsymbol{b} \Leftrightarrow \boldsymbol{a} = \lambda \boldsymbol{b}$，即 $\boldsymbol{a} /\!/ \boldsymbol{b} \Leftrightarrow (a_x, a_y, a_z) = \lambda (b_x, b_y, b_z)$，

于是 $\dfrac{a_x}{b_x} = \dfrac{a_y}{b_y} = \dfrac{a_z}{b_z}$（对应分量成比例）．

例 2　解未知向量的线性方程组 $\begin{cases} 5\boldsymbol{x} - 3\boldsymbol{y} = \boldsymbol{a} \\ 3\boldsymbol{x} - 2\boldsymbol{y} = \boldsymbol{b} \end{cases}$，其中 $\boldsymbol{a} = (2,1,2)$，$\boldsymbol{b} = (-1,1,-2)$．

解　如同解二元一次线性方程组，可得

$$\boldsymbol{x} = 2\boldsymbol{a} - 3\boldsymbol{b}，\boldsymbol{y} = 3\boldsymbol{a} - 5\boldsymbol{b}．$$

以 $\boldsymbol{a}$、$\boldsymbol{b}$ 的坐标表示式代入得

$$\boldsymbol{x} = 2(2,1,2) - 3(-1,1,-2) = (7,-1,10)$$
$$\boldsymbol{y} = 3(2,1,2) - 5(-1,1,-2) = (11,-2,16)$$

4. 方向角与方向余弦

1）向量夹角

向量 $\boldsymbol{a}$ 与 $\boldsymbol{b}$ 的起点放在一起，则两向量所成的角 φ 称为两向量的夹角，

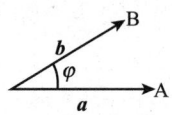

图 7-13

记为 $\varphi = (\widehat{\boldsymbol{a},\boldsymbol{b}})$，$0 \leqslant \varphi \leqslant \pi$（见图 7-13）．

如果向量 $\boldsymbol{a}$ 与 $\boldsymbol{b}$ 中有一个是零向量，规定它们的夹角可以在 0 与 π 之间任意取值．

2）方向角

非零向量 $\overrightarrow{OM} = \boldsymbol{r}$ 与 x 轴、y 轴、z 轴正向的夹角分别为 α、β、γ，称为向量 $\boldsymbol{r}$ 的方向角（$0 \leqslant \alpha, \beta, \gamma \leqslant \pi$）．

3）方向余弦

向量 $\overrightarrow{OM} = \boldsymbol{r}$ 的方向角的余弦 $\cos\alpha$、$\cos\beta$、$\cos\gamma$ 称为向量 $\boldsymbol{r}$ 的方向余弦．

如图 7-14 所示，设 $\boldsymbol{r} = \overrightarrow{OM} = (x,y,z)$，过 M 作 $MN \perp xOy$ 平面于 N，再作 $NP \perp Ox$ 轴于 P，连 MP，则由三垂线定理可知 $MP \perp Ox$ 轴，则 $OP = x$，

所以在直角 $\triangle OPM$ 中有　$\cos\alpha = \dfrac{x}{|\boldsymbol{r}|}$，

同理在直角 $\triangle OQM$ 中有　$\cos\beta = \dfrac{y}{|\boldsymbol{r}|}$，

在直角 $\triangle ORM$ 中有　$\cos\gamma = \dfrac{z}{|\boldsymbol{r}|}$，

则有方向余弦关系：　$\cos^2\alpha + \cos^2\beta + \cos^2\gamma = 1$

于是得到 $\overrightarrow{OM}$ 的单位向量为

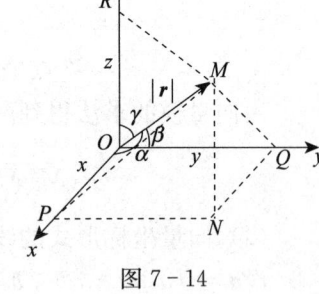

图 7-14

$$\boldsymbol{e}_{\boldsymbol{OM}} = \frac{1}{|\overrightarrow{OM}|}\overrightarrow{OM} = \frac{1}{|\boldsymbol{r}|}(x,y,z) = \left(\frac{x}{|\boldsymbol{r}|}, \frac{y}{|\boldsymbol{r}|}, \frac{z}{|\boldsymbol{r}|}\right) = (\cos\alpha, \cos\beta, \cos\gamma)$$

这里提供了求单位向量的另一种方法，只要已知一个向量 $\overrightarrow{OM}$ 的方向角 α, β, γ，则 $\overrightarrow{OM}$ 的单位向量为

$$\boldsymbol{e}_{\overrightarrow{OM}} = (\cos\alpha, \cos\beta, \cos\gamma)$$

例 3　设已知两点 $P(2,2,\sqrt{2})$ 和 $Q(1,3,0)$，计算向量 $\overrightarrow{PQ}$ 的模、方向余弦和方向角，并求 $\overrightarrow{PQ}$ 的单位向量.

解　$\overrightarrow{PQ} = (1-2,3-2,0-\sqrt{2}) = (-1,1,-\sqrt{2})$

$$|\overrightarrow{PQ}| = \sqrt{(-1)^2 + 1^2 + (-\sqrt{2})^2} = 2$$

$$\cos\alpha = -\frac{1}{2}, \qquad \cos\beta = \frac{1}{2}, \qquad \cos\gamma = -\frac{\sqrt{2}}{2}$$

$$\alpha = \frac{2\pi}{3}, \qquad \beta = \frac{\pi}{3}, \qquad \gamma = \frac{3\pi}{4}$$

$\overrightarrow{PQ}$ 的单位向量为 $(\cos\alpha,\cos\beta,\cos\gamma) = \left(-\frac{1}{2},\frac{1}{2},-\frac{\sqrt{2}}{2}\right)$.

例 4　设点 A 位于第一卦限，其向量的模 $|\overrightarrow{OA}| = 8$，且向量 $\overrightarrow{OA}$ 与 x 轴、y 轴正向的夹角分别为 $\frac{\pi}{4}$、$\frac{\pi}{3}$，求 A 点的坐标.

解　因为 $\alpha = \frac{\pi}{4}$，$\beta = \frac{\pi}{3}$，

由 $\cos^2\alpha + \cos^2\beta + \cos^2\gamma = 1$ 得

$$\cos^2\gamma = 1 - \left(\frac{\sqrt{2}}{2}\right)^2 - \left(\frac{1}{2}\right)^2 = \frac{1}{4}, \cos\gamma = \frac{1}{2}\text{（因在第一卦限）}$$

所以

$$\boldsymbol{e}_{\overrightarrow{OA}} = (\cos\alpha,\cos\beta,\cos\gamma) = \left(\frac{\sqrt{2}}{2},\frac{1}{2},\frac{1}{2}\right)$$

$$\overrightarrow{OA} = 8\boldsymbol{e}_{\overrightarrow{OA}} = 8\left(\frac{\sqrt{2}}{2},\frac{1}{2},\frac{1}{2}\right) = (4\sqrt{2},4,4)\text{，即 }A\text{ 点的坐标为 }(4\sqrt{2},4,4).$$

习题 7.1

1. 在平行四边形 $ABCD$ 中，对角线向量为 $\overrightarrow{AC} = \boldsymbol{a}$，$\overrightarrow{BD} = \boldsymbol{b}$. 试用 $\boldsymbol{a}$ 和 $\boldsymbol{b}$ 表示向量 $\overrightarrow{AB}$、$\overrightarrow{BC}$、$\overrightarrow{CD}$、$\overrightarrow{DA}$.

2. 已知点以 $A(3,a,7)$，$B(2,-1,5)$，且 $|AB| = 3$，求 a 的值.

3. 已知 $M_1(0,-2,5)$ 和 $M_2(2,2,0)$，求向量 $\overrightarrow{M_1M_2}$ 的模、方向余弦和单位向量.

4. 设向量 $\boldsymbol{a}$ 与 x 轴正向及 y 轴正向夹角相等，与 z 轴正向夹角是前者两倍，求 $\boldsymbol{a}$ 的方向余弦.

5. 设向量 $\overrightarrow{OP}$ 与 z 轴正向夹角为 $30°$，$\overrightarrow{OP}$ 与 x 轴及 y 轴正向夹角相等，且 $|\overrightarrow{OP}| = 4$，求 P 点的坐标.

7.2　数量积与向量积

7.2.1　两向量的数量积（点积）

1. 实践的产物——做功、点积定义

引例 1　如图 7-15 所示，已知常力 $\boldsymbol{F}$ 与 x 轴正向夹角为 θ，在常力 $\boldsymbol{F}$ 作用下，一物体沿 x 轴正向移动位移为 $\boldsymbol{s}$，移动距离为 $|\boldsymbol{s}|$，则做功为

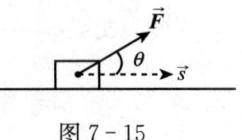

图 7-15

$$W = |\boldsymbol{F}|\cos\theta\cdot|\boldsymbol{s}| = \boldsymbol{F}\cdot\boldsymbol{s}$$

我们把 $\boldsymbol{F}\cdot\boldsymbol{s}$ 称为点积，于是得到下面定义.

定义 7.1　（点积定义）设向量 $\boldsymbol{a}$ 与 $\boldsymbol{b}$ 的夹角为 θ（$0\leqslant\theta\leqslant\pi$），则称

$$|\boldsymbol{a}|\cdot|\boldsymbol{b}|\cos\theta$$

为向量 $\boldsymbol{a}$ 与 $\boldsymbol{b}$ 的数量积，也可称点积，记为 $\boldsymbol{a}\cdot\boldsymbol{b}=|\boldsymbol{a}|\cdot|\boldsymbol{b}|\cos\theta$.

由点积定义直接得到：

(1) $\boldsymbol{a}\cdot\boldsymbol{a}=a^2=|\boldsymbol{a}|^2$；

(2) $\boldsymbol{a}\perp\boldsymbol{b}\Leftrightarrow\boldsymbol{a}\cdot\boldsymbol{b}=0$.

2. 数量积的性质

(1) 交换律：$\boldsymbol{a}\cdot\boldsymbol{b}=\boldsymbol{b}\cdot\boldsymbol{a}$；

(2) 分配律：$(\boldsymbol{a}+\boldsymbol{b})\cdot\boldsymbol{c}=\boldsymbol{a}\cdot\boldsymbol{c}+\boldsymbol{b}\cdot\boldsymbol{c}$；

(3) $(\lambda\boldsymbol{a})\cdot\boldsymbol{b}=\boldsymbol{a}\cdot(\lambda\boldsymbol{b})=\lambda(\boldsymbol{a}\cdot\boldsymbol{b})$；$(\lambda\boldsymbol{a})\cdot(\mu\boldsymbol{b})=\lambda\mu(\boldsymbol{a}\cdot\boldsymbol{b})$（其中 λ、μ 为实数）.

例 5　试用向量证明三角形的余弦定理.

证明　如图 7-16 所示，$\boldsymbol{c}=\boldsymbol{a}-\boldsymbol{b}$，

$$|\boldsymbol{c}|^2=c^2=(\boldsymbol{a}-\boldsymbol{b})^2=a^2+b^2-2\,\boldsymbol{a}\cdot\boldsymbol{b},$$
$$c^2=a^2+b^2-2ab\cos\theta$$

3. 数量积的坐标形式

若 $\boldsymbol{a}=(a_x,a_y,a_z)$，$\boldsymbol{b}=(b_x,b_y,b_z)$，则

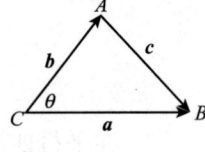

图 7-16

$$\boldsymbol{a}\cdot\boldsymbol{b}=(a_x,a_y,a_z)\cdot(b_x,b_y,b_z)=a_xb_x+a_yb_y+a_zb_z$$

证明　$\boldsymbol{a}=a_x\boldsymbol{i}+a_y\boldsymbol{j}+a_z\boldsymbol{k}$，$\boldsymbol{b}=b_x\boldsymbol{i}+b_y\boldsymbol{j}+b_z\boldsymbol{k}$，

$$\boldsymbol{a}\cdot\boldsymbol{b}=(a_x\boldsymbol{i}+a_y\boldsymbol{j}+a_z\boldsymbol{k})\cdot(b_x\boldsymbol{i}+b_y\boldsymbol{j}+b_z\boldsymbol{k}).$$

用多项式乘法，注意

$$\boldsymbol{i}\cdot\boldsymbol{i}=\boldsymbol{j}\cdot\boldsymbol{j}=\boldsymbol{k}\cdot\boldsymbol{k}=1,\ \boldsymbol{i}\cdot\boldsymbol{j}=\boldsymbol{j}\cdot\boldsymbol{k}=\boldsymbol{k}\cdot\boldsymbol{i}=0$$

所以　　　　　　　　$\boldsymbol{a}\cdot\boldsymbol{b}=a_xb_x+a_yb_y+a_zb_z$（得证）

求两向量夹角 θ 时，先用点积求出 θ 的余弦：

$$\cos\theta=\frac{\boldsymbol{a}\cdot\boldsymbol{b}}{|\boldsymbol{a}||\boldsymbol{b}|}=\frac{a_xb_x+a_yb_y+a_zb_z}{\sqrt{a_x^2+a_y^2+a_z^2}\,\sqrt{b_x^2+b_y^2+b_z^2}}$$

再求出 θ .

例 6　已知三点 $M(1,1,1)$ 、$A(2,2,1)$ 和 $B(2,1,2)$ ，求 $\angle AMB$.

解　$\overrightarrow{MA} = (1,1,0)$ ，$\overrightarrow{MB} = (1,0,1)$ ，

$$|\overrightarrow{MA}| = \sqrt{1^2 + 1^2 + 0^2} = \sqrt{2}, \ |\overrightarrow{MB}| = \sqrt{1^2 + 0^2 + 1^2} = \sqrt{2},$$

$$\cos\angle AMB = \frac{\overrightarrow{MA} \cdot \overrightarrow{MB}}{|\overrightarrow{MA}||\overrightarrow{MB}|} = \frac{1}{\sqrt{2} \cdot \sqrt{2}} = \frac{1}{2}, \ \text{从而} \ \angle AMB = \frac{\pi}{3}.$$

例 7　一质点开始位于点 $P(1,3,-2)$ 处，有一方向角分别为 $\frac{\pi}{3}$ 、$\frac{\pi}{3}$ 、$\frac{\pi}{4}$ ，大小为 400 N 的力 $\boldsymbol{F}$ 作用于该质点，把该质点从 $P(1,3,-2)$ 处沿直线移到 $Q(3,4,-2+\sqrt{2})$ 点，求力 $\boldsymbol{F}$ 所做的功（长度单位为 m）.

解　$\boldsymbol{F}$ 的单位向量为 $\boldsymbol{e_F} = \left(\cos\frac{\pi}{3}, \cos\frac{\pi}{3}, \cos\frac{\pi}{4}\right) = \left(\frac{1}{2}, \frac{1}{2}, \frac{\sqrt{2}}{2}\right)$ ，

所以 $\boldsymbol{F} = |\boldsymbol{F}|\boldsymbol{e_F} = 400\left(\frac{1}{2}, \frac{1}{2}, \frac{\sqrt{2}}{2}\right) = 200(1,1,\sqrt{2})$ ，

而向量 $\overrightarrow{PQ} = (2,1,\sqrt{2})$ ，

所以 $\boldsymbol{F}$ 所做的功为 $W = \boldsymbol{F} \cdot \overrightarrow{PQ} = 200(1,1,\sqrt{2}) \cdot (2,1,\sqrt{2}) = 1\ 000\ (\text{J})$.

7.2.2　两向量的向量积（叉积）

1. 实践的产物——力矩、叉积定义

引例 2　在研究物体转动问题时，不但要考虑该物体所受的力，还要分析这些力所产生的力矩．如图 7-17 所示，设 O 为一根杠杆 L 的支点，有一个力 $\boldsymbol{F}$ 作用于该杠杆上 P 点处，$\boldsymbol{F}$ 与 $\overrightarrow{OP}$ 的夹角为 θ ，由力学规定力 $\boldsymbol{F}$ 对支点 O 的力矩是一向量 $\boldsymbol{M}$ ，它的大小是

$$|\boldsymbol{M}| = |\overrightarrow{OP}||\boldsymbol{F}|\sin\theta$$

而力矩 $\boldsymbol{M}$ 的方向垂直于 $\overrightarrow{OP}$ 与 $\boldsymbol{F}$ 所确定的平面．

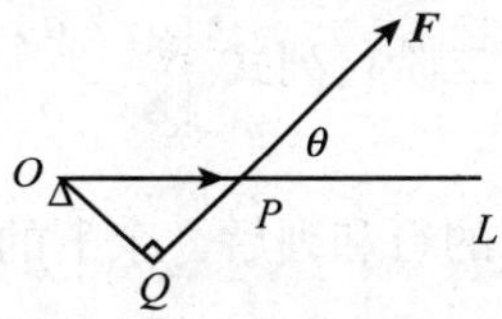

图 7-17

$\boldsymbol{M}$ 的指向是按右手法则确定的，伸出右手让四指与大拇指垂直，并且先由四指指向 $\overrightarrow{OP}$ 的方向，然后让四指沿小于 π 的方向握拳转向力 $\boldsymbol{F}$ 的方向，这时大拇指所指的方向就是力矩 $\boldsymbol{M}$ 的方向．记为

$$\boldsymbol{M} = \overrightarrow{OP} \times \boldsymbol{F}（\text{力矩}＝\text{力臂}\times\text{力，读作“力矩等于力臂叉乘力”}）$$

在工程技术中有很多向量具有上述特征．所以把它抽象出来研究，于是得到下面定义．

定义 7.2　（叉积定义）两个向量的向量积记为 $\boldsymbol{a}\times\boldsymbol{b}$ ，是一个向量（见图 7-18）.

（1）$|\boldsymbol{a}\times\boldsymbol{b}| = |\boldsymbol{a}||\boldsymbol{b}|\sin\theta$ ，其中 θ 为 $\boldsymbol{a}$ 与 $\boldsymbol{b}$ 间的夹角，即 $\boldsymbol{a}\times\boldsymbol{b}$ 的模是以 $\boldsymbol{a}$ 、$\boldsymbol{b}$ 为邻边的平行四边形的面积．

（2）$\boldsymbol{a}\times\boldsymbol{b}$ 的方向垂直于 $\boldsymbol{a}$ 与 $\boldsymbol{b}$ 所决定的平面，并且 $\boldsymbol{a}\times\boldsymbol{b}$ 的方向按右手法则确定，即先让四指先指向 $\boldsymbol{a}$ ，然后四指握拳（小于 π）指向 $\boldsymbol{b}$ ，则大拇指所指的方向为 $\boldsymbol{a}\times\boldsymbol{b}$ 的方向．

由定义直接得出

$$\boldsymbol{a}\times\boldsymbol{a} = \boldsymbol{0}; \qquad \boldsymbol{a} /\!/ \boldsymbol{b} \Leftrightarrow \boldsymbol{a}\times\boldsymbol{b} = \boldsymbol{0}$$

2. 性质

(1) 交换律：$a \times b = -b \times a$；

(2) 分配律：$(a+b) \times c = a \times c + b \times c$；

(3) $(\lambda a) \times b = a \times (\lambda b) = \lambda(a \times b)$（$\lambda$ 为常数）．

$$i \times i = j \times j = k \times k = 0,$$

$$i \times j = k, \quad j \times k = i, \quad k \times i = j.$$

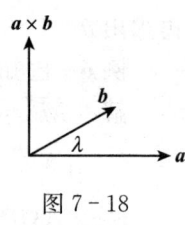

图 7-18

3. 向量积的坐标形式

$$a = (a_x, a_y, a_z) = a_x i + a_y j + a_z k, \quad b = (b_x, b_y, b_z) = b_x i + b_y j + b_z k,$$

$$a \times b = (a_x i + a_y j + a_z k) \times (b_x i + b_y j + b_z k)$$

按照多项式乘法，再运用上面性质，得

$$a \times b = (a_y b_z - a_z b_y)i - (a_x b_z - a_z b_x)j + (a_x b_y - a_y b_x)k, \text{写成二阶行列式为}$$

$$a \times b = \begin{vmatrix} a_y & a_z \\ b_y & b_z \end{vmatrix} i - \begin{vmatrix} a_x & a_z \\ b_x & b_z \end{vmatrix} j + \begin{vmatrix} a_x & a_y \\ b_x & b_y \end{vmatrix} k.$$

$$(7-1)$$

$$= \begin{vmatrix} i & j & k \\ a_x & a_y & a_z \\ b_x & b_y & b_z \end{vmatrix} \text{［由行列式知识，此三阶行列式按第一行展开即得式（7-1）］}$$

对于上面三阶行列式，若划掉 i 所在的行和列后，余下的元素原封不动构成二阶行列式 $\begin{vmatrix} a_y & a_z \\ b_y & b_z \end{vmatrix}$ 就是式（7-1）中 i 的系数；若划掉 j 所在的行和列后，余下的元素原封不动构成二阶行列式 $\begin{vmatrix} a_x & a_z \\ b_x & b_z \end{vmatrix}$ 带负号就是式（7-1）中 j 的系数（记住此项带负号）；若划掉 k 所在的行和列后，余下的元素原封不动构成二阶行列式 $\begin{vmatrix} a_x & a_y \\ b_x & b_y \end{vmatrix}$ 就是式（7-1）中 k 的系数．

例 8 设 $a = (2, 1, -1)$，$b = (1, -1, 2)$，计算 $a \times b$．

解法一（笔算）$\quad a \times b = \begin{vmatrix} i & j & k \\ 2 & 1 & -1 \\ 1 & -1 & 2 \end{vmatrix} = i \begin{vmatrix} 1 & -1 \\ -1 & 2 \end{vmatrix} - j \begin{vmatrix} 2 & -1 \\ 1 & 2 \end{vmatrix} + k \begin{vmatrix} 2 & 1 \\ 1 & -1 \end{vmatrix}$

$$= i - 5j - 3k.$$

解法二（Matlab 算）　>> a=[2,1,-1]; b=[1,-1,2];

　　　　　　　　　　　>> cross(a,b)

　　　　　　　　　　　回车得

　　　　　　　　　　　　ans = 1　　-5　　-3

　　　即　　　　　　　$a \times b = \{1, -5, -3\}$

注意 向电脑中输入向量 $a = (2, 1, -1)$ 要用中括号输入：$a = [2, 1, -1]$，否则，

电脑不识别.

例 9　已知三角形 ABC 的顶点分别是 $A(1,2,3)$、$B(3,4,5)$、$C(2,4,7)$，求三角形 ABC 的面积及 $\angle BAC$ 的正弦.

解　根据向量积的定义，可知三角形 ABC 的面积

$$S_{\triangle ABC} = \frac{1}{2} \mid \overrightarrow{AB} \mid \mid \overrightarrow{AC} \mid \sin\angle A = \frac{1}{2} \mid \overrightarrow{AB} \times \overrightarrow{AC} \mid$$

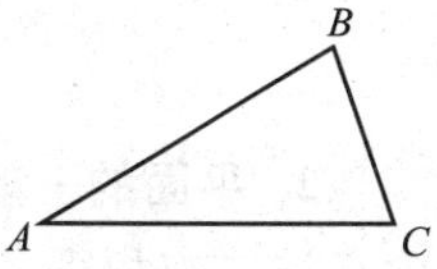

由于 $\overrightarrow{AB} = (2,2,2)$，$\overrightarrow{AC} = (1,2,4)$，

图 7-19

$$\overrightarrow{AB} \times \overrightarrow{AC} = \begin{vmatrix} \boldsymbol{i} & \boldsymbol{j} & \boldsymbol{k} \\ 2 & 2 & 2 \\ 1 & 2 & 4 \end{vmatrix} = 4\boldsymbol{i} - 6\boldsymbol{j} + 2\boldsymbol{k} = (4,-6,2)$$

$$S_{\triangle ABC} = \frac{1}{2} \mid (4,-6,2) \mid = \frac{1}{2} \sqrt{4^2 + (-6)^2 + 2^2} = \sqrt{14}$$

$$\sin \angle BAC = \frac{\mid \overrightarrow{AB} \times \overrightarrow{AC} \mid}{\mid \overrightarrow{AB} \mid \mid \overrightarrow{AC} \mid} = \frac{\mid (4,-6,2) \mid}{\sqrt{12} \sqrt{21}} = \frac{\sqrt{56}}{\sqrt{12} \sqrt{21}} = \frac{\sqrt{2}}{3}$$

习题 7.2

1. 设 $\boldsymbol{a} = (2,-\sqrt{5},3)$，$\boldsymbol{b} = (3,2,-1)$，求：(1) $\boldsymbol{a}+\boldsymbol{b}$；(2) $\boldsymbol{a} \cdot \boldsymbol{b}$.

2. 求向量 $\boldsymbol{a} = (1,1,-4)$，$\boldsymbol{b} = (1,-2,2)$ 之间的夹角.

3. 一质点开始位于点 $P(2,3,1)$ 处，有一方向角分别为 $\frac{\pi}{3}$、$\frac{\pi}{3}$、$\frac{\pi}{4}$，大小为 600 N 的力 $\boldsymbol{F}$ 作用于该质点，把该质点从 $P(2,3,1)$ 处沿直线移到 $Q(8,5,1+2\sqrt{2})$ 点，求力 $\boldsymbol{F}$ 所做的功（长度单位为 m）.

4. 求垂直于两向量 $\boldsymbol{a} = (2,2,1)$，$\boldsymbol{b} = (4,5,3)$ 的单位向量.

5. 已知三角形三顶点为 $A(1,1,1)$、$B(2,3,4)$，$C(4,3,2)$，求：
(1) $\angle B$；(2) $\triangle ABC$ 的面积；(3) 顶点 A 到 BC 边上的高 [提示：用 (2) 的结论].

7.3　平面及其方程

本节以向量为工具建立空间平面方程.

7.3.1　平面的方程

定义 7.3　（平面法向量定义）如果一非零向量垂直于一平面，这向量就叫作该平面的法向量，用 $\boldsymbol{n}$ 表示. 不难知道，平面内的任一向量均与该平面的法向量垂直.

1. 平面的点法式方程

已知平面 π 上一点 $M_0(x_0,y_0,z_0)$ 和一个法向量 $\boldsymbol{n} = (A,B,C)$，求平面 π 的方程.
设平面上任一点 $M(x,y,z)$，向量

$$\overrightarrow{M_0M} = (x-x_0, y-y_0, z-z_0),$$

则 $\overrightarrow{M_0M} \perp \boldsymbol{n}$,

所以 $\boldsymbol{n} \cdot \overrightarrow{M_0M} = 0$.

即得平面的点法式方程为

$$A(x - x_0) + B(y - y_0) + C(z - z_0) = 0$$

2. 平面的一般式方程

由点法式方程得 $Ax + By + Cz - (Ax_0 + By_0 + Cz_0) = 0$,

令 $D = -(Ax_0 + By_0 + Cz_0)$,

得到平面的一般式方程

$$Ax + By + Cz + D = 0$$

3. 截距式方程

设一平面与 x、y、z 轴交点依次为 $P(a,0,0)$、$Q(0,b,0)$、$R(0,0,c)$ 三点,求该平面的方程(其中 $a \neq 0$,$b \neq 0$,$c \neq 0$),如图 7-20 所示.

设所求平面的方程为

$$Ax + By + Cz + D = 0$$

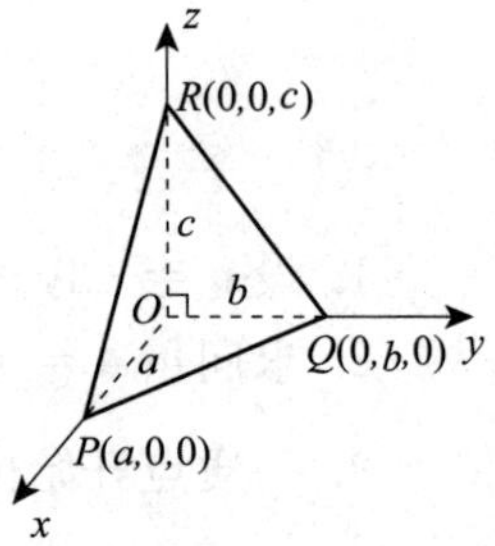

因 $P(a,0,0)$、$Q(0,b,0)$、$R(0,0,c)$ 三点都在该平面上,

所以 $\begin{cases} aA + D = 0 \\ bB + D = 0 \\ cC + D = 0 \end{cases}$,

由此得 $A = -\dfrac{D}{a}$,$B = -\dfrac{D}{b}$,$C = -\dfrac{D}{c}$.

将其代入所设方程得 $-\dfrac{D}{a}x - \dfrac{D}{b}y - \dfrac{D}{c}z + D = 0$,

即得平面的截距式方程为 $\dfrac{x}{a} + \dfrac{y}{b} + \dfrac{z}{c} = 1$.

图 7-20

例 10 求过点 $(1,-2,-1)$ 且以 $\boldsymbol{n} = (-1,2,3)$ 为法向量的平面方程.

解 根据平面的点法式方程,得所求平面的方程为

$$-(x-1) + 2(y+2) + 3(z+1) = 0$$

即

$$x - 2y - 3z - 8 = 0$$

例 11 求过三点 $M_1(2,-3,1)$、$M_2(4,1,3)$ 和 $M_3(1,0,2)$ 的平面方程.

解法一 仿照上面截距式方程的求法.

解法二 $\boldsymbol{n} = \overrightarrow{M_1M_2} \times \overrightarrow{M_1M_3}$.

因 $\overrightarrow{M_1M_2} = (2,4,2)$,$\overrightarrow{M_1M_3} = (-1,3,1)$,

所以 $\boldsymbol{n} = \overrightarrow{M_1M_2} \times \overrightarrow{M_1M_3} = \begin{vmatrix} \boldsymbol{i} & \boldsymbol{j} & \boldsymbol{k} \\ 2 & 4 & 2 \\ -1 & 3 & 1 \end{vmatrix} = -2\boldsymbol{i} - 4\boldsymbol{j} + 10\boldsymbol{k} = (-2,-4,10)$(可以用电脑算).

过点 $M_1(2,-3,1)$ 且法向量为 $\boldsymbol{n} = (-2,-4,10) = 2(-1,-2,5)$ 的平面方程为

$$(-1)(x-2)-2(y+3)+5(z-1)=0$$

即
$$x+2y-5z+9=0$$

例 12 求通过两点 $M_1(1,1,1)$ 和 $M_2(0,1,-1)$ 且垂直于平面 $x+y+z=0$ 的平面方程.

解法一 因 $\overrightarrow{M_1M_2}=(-1,0,-2)$,已知平面 $x+y+z=0$ 的法向量为 $\boldsymbol{n_1}=(1,1,1)$,

设所求平面的法向量为 $\boldsymbol{n}=\{A,B,C\}$,则依题意得 $\begin{cases} \boldsymbol{n}\cdot\overrightarrow{M_1M_2}=0 \\ \boldsymbol{n}\cdot\boldsymbol{n_1}=0 \end{cases}$,即 $\begin{cases} -A-2C=0 \\ A+B+C=0 \end{cases}$,

解得 $\begin{cases} A=-2C \\ B=C \end{cases}$,即 $\boldsymbol{n}=(-2C,C,C)$.

取点 $M_1(1,1,1)$,由点法式得所求平面方程为 $-2C(x-1)+C(y-1)+C(z-1)=0$,化简得

$$2x-y-z=0$$

解法二 $\overrightarrow{M_1M_2}=(-1,0,-2)$,已知平面 $x+y+z=0$ 的法向量为 $\boldsymbol{n_1}=(1,1,1)$,设所求平面的法向量为 $\boldsymbol{n}$,则 $\boldsymbol{n}$ 同时垂直于两向量 $\overrightarrow{M_1M_2}=(-1,0,-2)$ 和 $\boldsymbol{n_1}=(1,1,1)$,由叉积定义则有

$$\boldsymbol{n}=\overrightarrow{M_1M_2}\times\boldsymbol{n_1}=\begin{vmatrix} \boldsymbol{i} & \boldsymbol{j} & \boldsymbol{k} \\ -1 & 0 & -2 \\ 1 & 1 & 1 \end{vmatrix}=2\boldsymbol{i}-\boldsymbol{j}-\boldsymbol{k}=(2,-1,-1)$$

取点 $M_1(1,1,1)$,由点法式得所求平面方程为 $2(x-1)-(y-1)-(z-1)=0$,即
$$2x-y-z=0.$$

7.3.2 特殊的平面方程

已知平面一般方程为 $Ax+By+Cz+D=0$,$\boldsymbol{n}=(A,B,C)$.

(1) 当 $D=0$ 时,$Ax+By+Cz=0$(缺少常数),表示过原点的平面方程.

(2) 当缺一个变量时,如缺少 x 项,则方程 $Ax+By+Cz+D=0$ 变为

$$By+Cz+D=0$$

表示平行于 x 轴的平面,为什么呢?

这是因为平面法向量为 $\boldsymbol{n}=(0,B,C)$,x 轴的单位向量为 $\boldsymbol{i}=(1,0,0)$,因点积

$$\boldsymbol{n}\cdot\boldsymbol{i}=(0,B,C)\cdot(1,0,0)=0$$

所以 $\boldsymbol{n}\perp x$ 轴,法向量垂直于 x 轴的平面平行于 x 轴($D\neq0$).若 $D=0$ 且法向量垂直于 x 轴的平面通过 x 轴.

同理缺少 y 项的方程 $Ax+Cz+D=0$ 表示平行于 y 轴平面.若 $D=0$,则表示过 y 轴的平面.

缺少 z 项的方程 $Ax+By+D=0$ 表示平行于 z 轴的平面.若 $D=0$,则表示过 z 轴的平面.

发现规律:平面方程缺的变量是谁,平面就平行于谁(或过那个轴).

例 13 $3x+2y=0$ 在空间表示过 z 轴的平面,在平面解析几何中表示过原点的直线.

（3）缺两个变量，如缺 x、y，则方程 $Ax + By + Cz + D = 0$ 变为

$$Cz + D = 0 , \quad 即 \quad z = -\frac{D}{C} ,$$

表示平行于 xOy 平面的平面，为什么呢？

因平面 $Cz + D = 0$ 的法向量 $\boldsymbol{n} = (0,0,C)$ 与 Z 轴的单位向量 $\boldsymbol{k} = (0,0,1)$ 平行（因 $\boldsymbol{n} = C\boldsymbol{k}$），所以缺 x、y 的平面 $Cz + D = 0$ 平行于 xOy 平面.

同理 $Ax + D = 0$，$By + D = 0$ 分别平行于哪个坐标平面，请读者得出结论.

例 14 求过 x 轴和过点 $(4,-3,-1)$ 的平面方程.

解 因所求平面过 x 轴，方程缺 x.

所以可设平面方程为 $\qquad By + Cz = 0$.

而平面又过点 $(4,-3,-1)$，代入上式得

$$-3B - C = 0 \quad 即 \quad C = -3B$$

代入所设平面方程得 $y - 3z = 0$.

7.3.3 两平面的夹角

两平面的夹角即是两平面法向量的夹角（通常指锐角或直角）.

设两平面法向量分别为 $\boldsymbol{n}_1 = (A_1,B_1,C_1)$，$\boldsymbol{n}_2 = (A_2,B_2,C_2)$，其夹角为 θ，那么平面的夹角应是 θ（锐角），$\cos\theta > 0$，所以

$$\cos\theta = \frac{|\boldsymbol{n}_1 \cdot \boldsymbol{n}_2|}{|\boldsymbol{n}_1||\boldsymbol{n}_2|} = \frac{|A_1A_2 + B_1B_2 + C_1C_2|}{\sqrt{A_1^2 + B_1^2 + C_1^2} \cdot \sqrt{A_2^2 + B_2^2 + C_2^2}}$$

两平面垂直 $\Leftrightarrow A_1A_2 + B_1B_2 + C_1C_2 = 0$；

两平面平行 $\Leftrightarrow \dfrac{A_1}{A_2} = \dfrac{B_1}{B_2} = \dfrac{C_1}{C_2}$.

例 15 求平面 $x - y + 2z - 1 = 0$ 和平面 $2x + y + z - 2 = 0$ 的夹角.

解 $\boldsymbol{n}_1 = (1,-1,2)$，$\boldsymbol{n}_2 = (2,1,1)$，

$$\cos\theta = \frac{|\boldsymbol{n}_1 \cdot \boldsymbol{n}_2|}{|\boldsymbol{n}_1||\boldsymbol{n}_2|} = \frac{|1\times 2 + (-1)\times 1 + 2\times 1|}{\sqrt{1^2 + (-1)^2 + 2^2} \cdot \sqrt{2^2 + 1^2 + 1^2}} = \frac{1}{2}$$

所求夹角为 $\theta = \dfrac{\pi}{3}$（上面取绝对值是因 θ 为锐角）.

7.3.4 点到平面的距离公式

设 $P_0(x_0,y_0,z_0)$ 是平面 $Ax + By + Cz + D = 0$ 外一点，求 P_0 到该平面的距离 d.

解 如图 7-21 所示，平面的法向量为 $\boldsymbol{n} = (A,B,C)$，在平面内任取一点 $P_1(x_1,y_1,z_1)$，则 $\overrightarrow{P_1P_0} = (x_0 - x_1, y_0 - y_1, z_0 - z_1)$，设 $\angle P_1P_0N = \theta$，$d = |NP_0| = |\overrightarrow{P_1P_0}|\cos\theta$（下面求 $\cos\theta$）.

由点积得 $\cos\theta = \dfrac{|\overrightarrow{P_1P_0} \cdot \boldsymbol{n}|}{|\overrightarrow{P_1P_0}| \cdot |\boldsymbol{n}|}$. 代入上式得

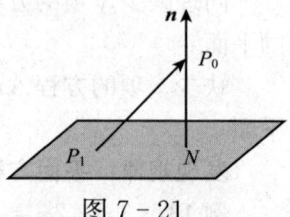

图 7-21

$$d = |NP_0| = |\overrightarrow{P_1P_0}| \frac{|\overrightarrow{P_1P_0} \cdot n|}{|\overrightarrow{P_1P_0}| \cdot |n|} = \frac{|\overrightarrow{P_1P_0} \cdot n|}{|n|}$$

$$= \frac{|A(x_0 - x_1) + B(y_0 - y_1) + C(z_0 - z_1)|}{\sqrt{A^2 + B^2 + C^2}}$$

$$= \frac{|Ax_0 + By_0 + Cz_0 - (Ax_1 + By_1 + Cz_1)|}{\sqrt{A^2 + B^2 + C^2}} = \frac{|Ax_0 + By_0 + Cz_0 + D|}{\sqrt{A^2 + B^2 + C^2}}.$$

〔点 $P_1(x_1, y_1, z_1)$ 满足平面方程 $Ax + By + Cz + D = 0$，代入得 $D = -(Ax_1 + By_1 + Cz_1)$〕.

例 16 求点 $M(2,2,2)$ 到平面 $x + y - z + 1 = 0$ 的距离.

解 $d = \dfrac{|Ax_0 + By_0 + Cz_0 + D|}{\sqrt{A^2 + B^2 + C^2}} = \dfrac{|2 + 2 - 2 + 1|}{\sqrt{1^2 + 1^2 + (-1)^2}} = \dfrac{3}{\sqrt{3}} = \sqrt{3}$.

思考题 $x + y + z = 0$ 和 $-x - y - z = 0$ 是同一个平面吗？

习题 7.3

1. 求过三点 $M_1(4,2,1)$，$M_2(-1,-2,2)$，$M_3(0,4,-5)$ 的平面方程.
2. 求过点 $A(3,1,-1)$ 和 x 轴的平面方程.
3. 求平面 $2x - y + z - 7 = 0$ 与平面 $x + y + 2z - 11 = 0$ 的夹角.
4. 求两平行平面 $3x + 6y - 2z + 7 = 0$，$3x + 6y - 2z + 14 = 0$ 间的距离.

7.4 曲面及其方程

7.4.1 曲面方程

空间曲面可看作点的轨迹，而点的轨迹可由点的坐标所满足的方程来表达. 因此，空间曲面可由方程来表示，反过来也成立. 为此，我们给出如下定义.

定义 7.4 （曲面方程定义）在空间直角坐标系中，若曲面 S 上任一点坐标都满足方程 $F(x,y,z) = 0$，而不在曲面 S 上的点的坐标都不满足该方程. 则方程 $F(x,y,z) = 0$ 称为曲面 S 的方程，而曲面 S 称为方程 $F(x,y,z) = 0$ 的图形.

求曲面方程的步骤如下.

第一步：建立坐标系、设动点坐标.

第二步：寻找等量关系.

第三步：将动点坐标代入等量关系中，化简即可求得曲面方程，验证一步往往省略.

例 17 球心在点 $M_0(x_0, y_0, z_0)$，半径为 R 的球面方程.

解 设 $M(x,y,z)$ 是球面上的任一点，那么 $M_0M = R$，即

$$\sqrt{(x - x_0)^2 + (y - y_0)^2 + (z - z_0)^2} = R,$$

因此

$$(x - x_0)^2 + (y - y_0)^2 + (z - z_0)^2 = R^2.$$

这就是所求的球面方程.

若球心在原点，即 $M_0(x_0,y_0,z_0)=O(0,0,0)$，其球面方程为

$$x^2+y^2+z^2=R^2.$$

7.4.2　旋转曲面

定义 7.5　（旋转曲面定义）一平面曲线 C 绕同一平面上的一条定直线 L 旋转所成的曲面称为旋转曲面．曲线 C 称为旋转曲面的母线，定直线 L 称为转轴．

设在 yOz 坐标面上有一已知曲线

$$C\begin{cases} f(y,z)=0 \\ x=0 \end{cases}$$

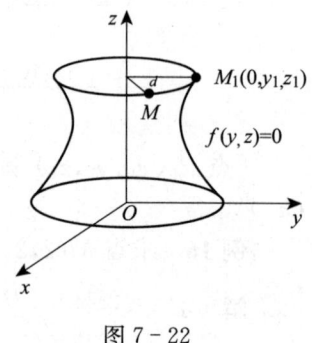

图 7-22

把这曲线绕 z 轴旋转一周，求旋转曲面的方程．

如图 7-22 所示，设旋转曲面上任一点为 $M(x,y,z)$，总有曲线 C 上一点 $M_1(0,y_1,z_1)$ 与之对应，

$$z_1=z$$

则点 M 到 z 轴的距离 $d=\sqrt{x^2+y^2}=|y_1|$，即

$$y_1=\pm\sqrt{x^2+y^2}$$

因点 $M_1(0,y_1,z_1)$ 满足方程 $f(y,z)=0$，则有

$$f(y_1,\quad z_1)=0$$

即 $f(\pm\sqrt{x^2+y^2},z)=0$ 为所求旋转曲面方程．

这样得到曲线 $C:f(y,z)=0(x=0)$ 绕 z 轴旋转曲面方程为 $f(\pm\sqrt{x^2+y^2},z)=0$，能发现规律吗？规律是：$f(y,z)=0(x=0)$ 绕 z 轴旋转，z 不变，以 $\pm\sqrt{x^2+y^2}$（不含转轴 z）代替 y．

同理曲线 $C:f(y,z)=0(x=0)$ 绕 y 轴旋转所成的旋转面方程为 $f(y,\pm\sqrt{x^2+z^2})=0$；

若曲线 $C:f(y,z)=0(x=0)$ 绕 x 轴旋转呢？不成曲面．

同理可得：

xOz 平面上曲线 $C:f(x,z)=0$ 绕 x 轴旋转的旋转曲面方程为 $f(x,\pm\sqrt{y^2+z^2})=0$；

xOz 平面上曲线 $C:f(x,z)=0$ 绕 z 轴旋转的旋转曲面方程为 $f(\pm\sqrt{x^2+y^2},z)=0$．

规律：曲线 C 绕某坐标轴旋转，曲线方程中该坐标变量不变，另外一个变量换成转轴变量之外的两个坐标变量之平方和的平方根（加 ±），即可得到旋转曲面方程．

注意　此结论将在第 9 章 9.4 节三重积分中用到．

例 18　直线 L 绕另一条与 L 相交的直线旋转一周，所得旋转曲面叫作圆锥面，两直线的交点叫作圆锥面的顶点，两直线的夹角 α（$0<\alpha<\dfrac{\pi}{2}$）叫作圆锥面的半顶角．试建立顶

点在坐标原点 O，旋转轴为 z 轴，半顶角为 α 的圆锥面方程（见图 $7-23$）.

解　在 yOz 坐标平面内，直线 L 的方程为

$$z = y\cot\alpha$$

绕 z 轴旋转，z 不变，将 y 改成 $\pm\sqrt{x^2+y^2}$，就得到圆锥面的方程为

$$z = \pm\sqrt{x^2+y^2}\cot\alpha$$

即 $z^2 = \dfrac{x^2+y^2}{a^2}$，其中 $a = \tan\alpha$.

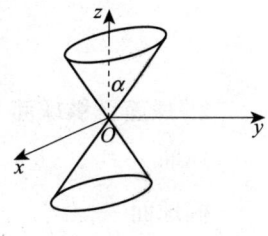

图 $7-23$

例 19　将 yOz 坐标面上的双曲线 $\dfrac{y^2}{b^2} - \dfrac{z^2}{c^2} = 1$ 分别绕 z 轴和 y 轴旋转一周，求所生成的旋转曲面方程.

解　绕 z 轴旋转所得的旋转曲面方程为

$$\frac{x^2+y^2}{b^2} - \frac{z^2}{c^2} = 1 \text{，即 } \frac{x^2}{b^2} + \frac{y^2}{b^2} - \frac{z^2}{c^2} = 1 \text{（名叫旋转单叶双曲面）.}$$

绕 y 轴旋转所得的旋转曲面方程为

$$\frac{y^2}{b^2} - \frac{x^2+z^2}{c^2} = 1 \text{，即 } \frac{x^2}{c^2} - \frac{y^2}{b^2} + \frac{z^2}{c^2} = -1 \text{（名叫旋转双叶双曲面）.}$$

例 20　将 yOz 平面内的直线 $y = R$ 绕 z 轴旋转一周所成的旋转曲面方程.

解　绕 z 轴旋转，z 不变，以 $\pm\sqrt{x^2+y^2}$ 代替 y，得旋转曲面方程为

$$\pm\sqrt{x^2+y^2} = R \text{，即 } x^2+y^2 = R^2$$

我们知道在 yOz 平面内的直线 $y = R$ 绕 z 轴旋转一周所成的图形是圆柱面，所以方程 $x^2+y^2 = R^2$ 在空间表示圆柱面（见图 $7-24$）.

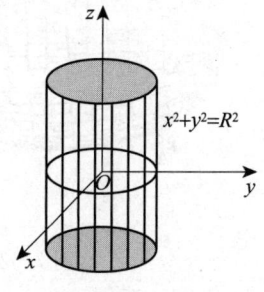

$x^2+y^2=R^2$

图 $7-24$

7.4.3　二次曲面（五大类）

在空间把三元二次方程（或二元二次方程）所表示的曲面叫作二次曲面，把平面叫作一次曲面.

1. 锥面（旋转锥面，椭圆锥面）

（1）圆锥面（旋转锥面）$\dfrac{x^2+y^2}{a^2} - z^2 = 0$（例 18）.

（2）椭圆锥面 $\dfrac{x^2}{a^2} + \dfrac{y^2}{b^2} - z^2 = 0$（标准方程，如图 $7-25$ 所示）.

特点：三个变量都不缺，变量都是平方，左边有一项为负，右边常数为 0，用平面 $z = c$ 去截，截痕为椭圆

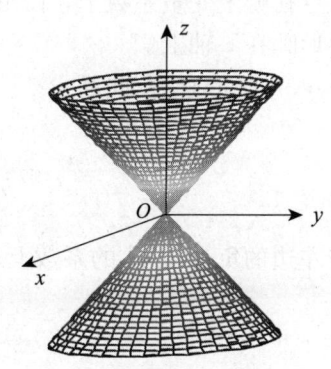

图 $7-25$

$$\begin{cases} \dfrac{x^2}{a^2} + \dfrac{y^2}{b^2} = c^2 \\ z = c \end{cases}$$

2. 球面、椭球面

球面 $x^2 + y^2 + z^2 = R^2$（例 17）

椭球面 $\dfrac{x^2}{a^2} + \dfrac{y^2}{b^2} + \dfrac{z^2}{c^2} = 1$（标准方程，如图 7-26 所示）.

特点：三个变量都不缺，左边变量都是平方，系数不全相等，且都是正的，右边常数为 1，截痕都是椭圆.

3. 双曲面

（1）单叶双曲面：$\dfrac{x^2}{a^2} + \dfrac{y^2}{b^2} - \dfrac{z^2}{c^2} = 1$（标准方程，如图 7-27 所示）.

特点：右边常数为 1，左边三个变量都不缺，且都是平方项，有一变量系数为负，用平面 $z = k$ 去截，截痕为椭圆，用平面 $x = k$ 或 $y = k$ 去截，截痕都是双曲线或相交直线.

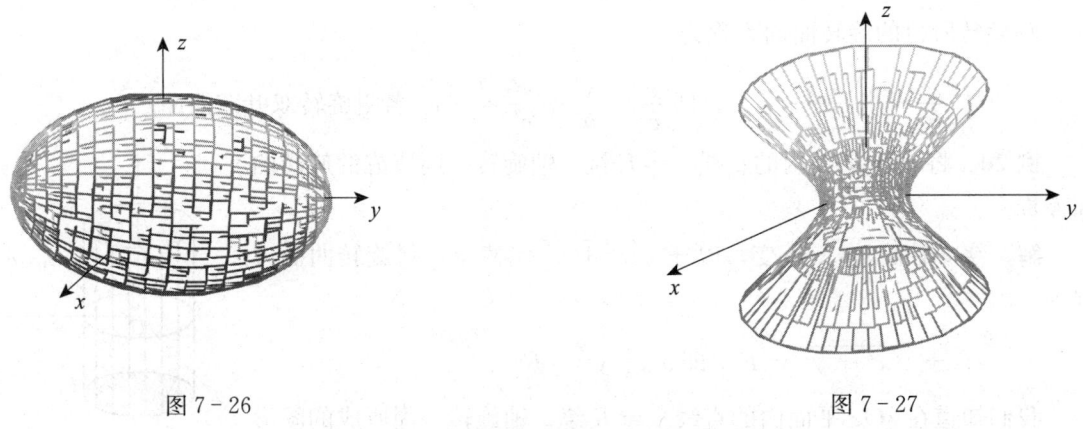

图 7-26   图 7-27

（2）双叶双曲面：$\dfrac{x^2}{a^2} + \dfrac{y^2}{b^2} - \dfrac{z^2}{c^2} = -1$（标准方程，如图 7-28 所示）.

特点：右边是 -1 的情形，左边三个变量都不缺，且都是平方项，左边有一项为负，负号在哪个变量系数上，图形就睡在那个坐标轴上. 如上一方程左边负号在 z^2 的系数上，图形睡在 z 轴上.

又如双叶双曲面

$$\frac{x^2}{a^2} - \frac{y^2}{b^2} + \frac{z^2}{c^2} = -1 \text{（记住标准式，右边必须是 } -1\text{）}$$

左边的负号在 y^2 的系数上，所以它的图形就睡在 y 轴上（见图 7-29）.

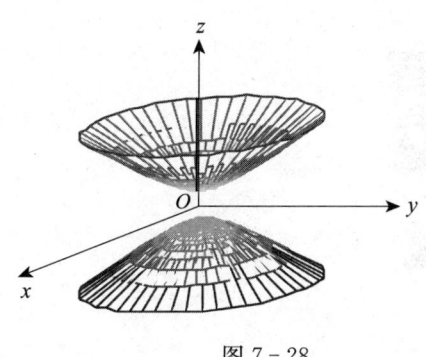

图 7 - 28

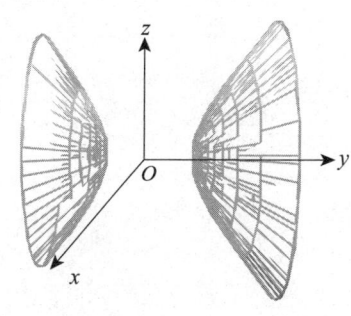

图 7 - 29

4. 抛物面

（1）椭圆抛物面：$\dfrac{x^2}{a^2}+\dfrac{y^2}{b^2}=z$（标准方程，如图 7 - 30 所示），顶点在 z 轴上．

特点：三个变量都不缺，有一个变量是一次，左边是椭圆标准方程的左边，右边变量是一次，用平面 $z=c$ 去截，截痕为椭圆，用平面 $x=c$、$y=c$ 去截，截痕为抛物线，顶点在一次变量的那个轴上．

（2）双曲抛物面：$\dfrac{x^2}{a^2}-\dfrac{y^2}{b^2}=z$（标准方程，如图 7 - 31 所示），也叫马鞍面．

特点：三个变量都不缺，有一个变量是一次，左边是双曲线标准方程的左边，右边变量是一次，用平面 $z=c$ 去截，截痕是双曲线；用平面 $x=c$，$y=c$ 去截，截痕均为抛物线．

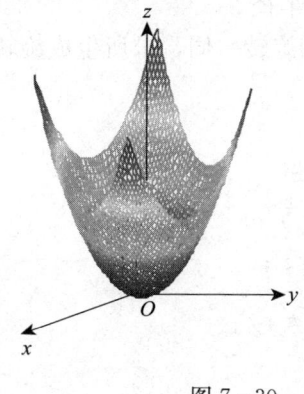

图 7 - 30

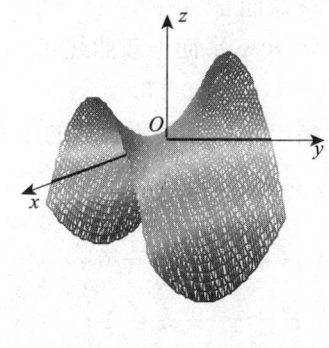

图 7 - 31

5. 柱面

定义 7.6　直线 L 沿定曲线 m 平行移动所形成的曲面称为柱面．定曲线 m 称为柱面的准线，动直线 L 称为柱面的母线．

例 21　求直线沿 xOy 平面上抛物线 $\begin{cases} y=ax^2 \\ z=0 \end{cases}$（$a>0$）且平行于 z 轴移动所得的曲面．

解　由柱面定义知：此曲面是柱面，称抛物柱面，其方程为

$$y=ax^2\ (a>0)\ （见图 7 - 32）$$

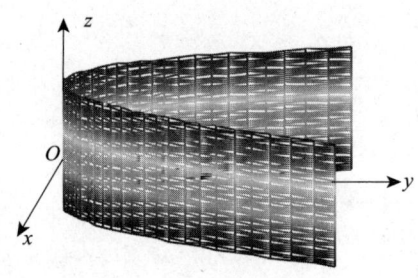

图 7 - 32

例 22 方程 $x^2 + y^2 = R^2$，$\dfrac{x^2}{a^2} + \dfrac{y^2}{b^2} = 1$，$\dfrac{x^2}{a^2} - \dfrac{y^2}{b^2} = 1$，在空间分别表示什么图形?

答 分别表示圆柱面、椭圆柱面、双曲柱面.

要注意的是，在平面上 $x^2 + y^2 = R^2$，$\dfrac{x^2}{a^2} + \dfrac{y^2}{b^2} = 1$，$\dfrac{x^2}{a^2} - \dfrac{y^2}{b^2} = 1$ 分别表示圆、椭圆、双曲线，在空间就不同了.

柱面方程特点：三个变量中缺一个变量，缺谁，母线平行于谁.

如何用 Matlab 作这些二次曲面的图形，详见本章最后附件 7.

习题 7.4

1. 求球面 $x^2 + y^2 + z^2 - 2x + 4y - 4z - 7 = 0$ 的球心和半径.

2. 将 xOy 平面上双曲线 $4x^2 - 9y^2 = 36$ 分别绕 x 轴、y 轴旋转一周，求所生成旋转曲面方程.

3. 指出下列方程所表示的曲面名称：

(1) $x^2 + \dfrac{y^2}{9} + \dfrac{z^2}{9} = 1$；

(2) $x^2 + y^2 - \dfrac{z^2}{4} = 1$；

(3) $x^2 + \dfrac{y^2}{4} - \dfrac{z^2}{9} = 0$；

(4) $\dfrac{x^2}{4} + \dfrac{y^2}{9} = z$；

(5) $x^2 - y^2 - z^2 = 1$；

(6) $x^2 - y^2 = z$；

(7) $x^2 + z^2 = 1$；

(8) $y^2 = 2x$.

复习题 7

1. 已知向量 $\boldsymbol{OM}$ 与 x 轴的夹角为 $45°$，与 y 轴的夹角为 $60°$，其模为 6，M 点在 z 轴上的坐标为负值，求点 M 的坐标.

2. 设质点在力 $\boldsymbol{F} = (3, -2, 1)$ 的作用下，沿 x 轴正向移动了 5 个单位，求力 $\boldsymbol{F}$ 所做的功.

3. 求三角形 $A(3, 0, 2)$，$B(5, 3, 1)$，$C(0, -1, 3)$ 的面积.

4. 求过点 $M(1, -2, 3)$ 且与两平面 $3x + 2y + z = 4$ 及 $x - 5z = 6$ 都垂直的平面方程.

5. 求过点 $A(3, 0, 0)$ 和 $B(0, 0, 1)$ 且与 xOy 平面成 $\dfrac{\pi}{3}$ 角的平面方程.

6. 用电脑作图，作出下列空间曲面的图形：

(1) $x^2 - y^2 = z$；　　　　(2) $\dfrac{x^2}{4} + \dfrac{y^2}{9} = z$；　　　(3) $x^2 + y^2 + z^2 = 1$；

(4) $y^2 + z^2 = 1$；　　　　(5) $x^2 + \dfrac{y^2}{9} + \dfrac{z^2}{9} = 1$；　　(6) $x^2 + y^2 - \dfrac{z^2}{4} = 1$.

附件 7　数学实验：用 Matlab 求解空间解析几何问题

一、点积：dot（），　叉积：cross（）

例 23　$a = (2, -3, 1)$，$b = (1, -1, 3)$，求：(1) $a \cdot b$；(2) $a \times b$.

解　(1) >> a=[2,- 3,1];b=[1,- 1,3];

　　　　>> dot(a,b) 回车得:ans= 8,　∴ $a \cdot b = 8$

　　(2) >> cross(a,b) 回车得:ans= - 8- 5+ 1, ∴ $a \times b =$ (- 8,- 5,1).

二、绘图

（一）绘制空间曲线图：ezplot3（）默认区间 $[0, 2\pi]$，3 表示三维空间的曲线.

例 24　绘画螺旋线：$\begin{cases} x = \cos t \\ y = \sin t \\ z = t \end{cases}$，$t \in [0, 6\pi]$（空间曲线的参数方程只含一个参数变量）.

解　>> ezplot3('cos(t)','sin(t)','t',[0,6* pi]),回车得 (下图).

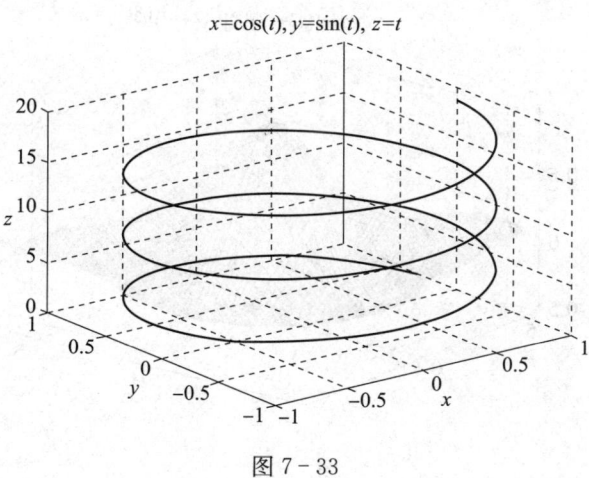

图 7 - 33

（二）绘制空间曲面图：命令两个 ezmesh(' '),ezsurf(' ') 用法一样.

　　　ezmesh(' ') 网格图(淡一点)；

　　　ezsurf(' ') 表面图(浓一些).

(1)ezmesh('z(x,y)',[a,b,c,d]):绘制函数 z= z(x,y), $x \in [a,b]$, $y \in [c,d]$ 图形；

(2)ezmesh('z(x,y)'):绘制函数 z= z(x,y),默认区间 $[- 2\pi, 2\pi]$ 图形；

(3)ezmesh('x(s,t)','y(s,t)','z(s,t)',[a,b,c,d])绘制参数方程图形.

$s \in [a,b], t \in [c,d]$，默认区间为 $[-2\pi, 2\pi]$.

空间曲面作图分为显函数作图、隐函数作图.

1. 显函数作图

例 25 绘画：$z = x^2 + y^2$ 的图形.

解法一：>> ezmesh('x^2+ y^2')　回车即得图 7-34(淡一点)

解法二：>> ezsurf('x^2+ y^2')　回车即得图 7-35(浓一点).

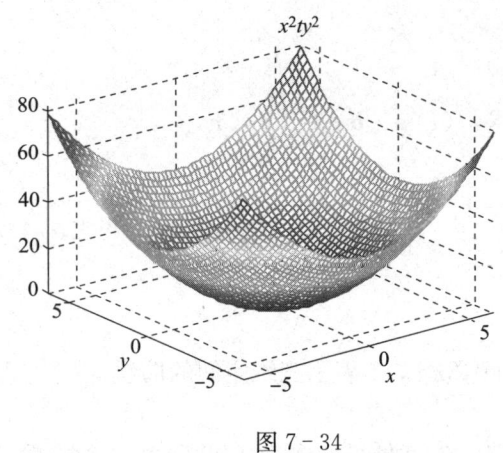
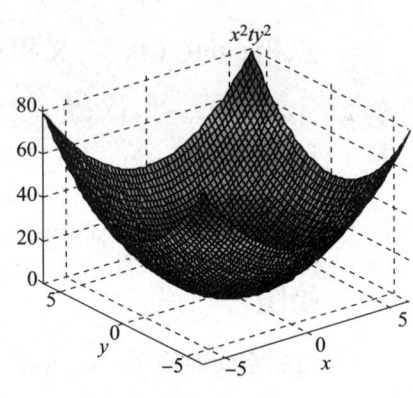

图 7-34　　　　　　　　　　　　　　　　图 7-35

例 26 绘制墨西哥帽子：$z = \dfrac{\sin r}{r}$，$r = \sqrt{x^2 + y^2}$.

解 >> ezmesh('sin((x^2+ y^2)^(1/2))/ (x^2+ y^2)^(1/2)') 回车得图 7-36.

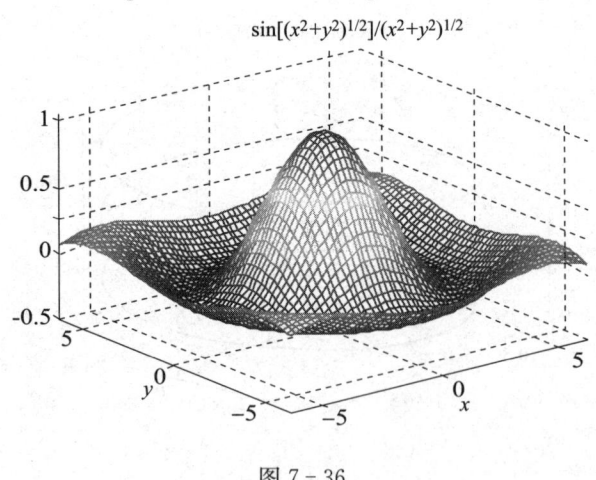

图 7-36

例 27 绘制马鞍面：$z = \dfrac{x^2}{9} - \dfrac{y^2}{4}$.

解 >> ezsurf('x^2/9- y^2/4')

　　　axis auto(意义见后例)回车得图 7-37(简单).

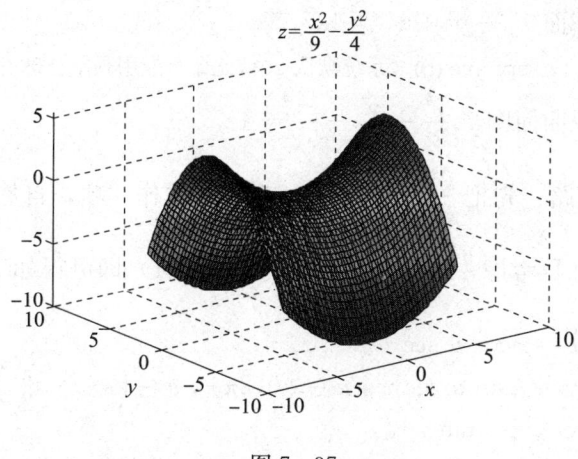

图 7 - 37

2. 隐函数作图

下面以 ezmesh 为例，ezsurf 同理．

二元隐函数作图，一般要将方程化为参数方程，化参数方程时常用到三角平方关系：

$$\sin^2 t + \cos^2 t = 1 \tag{7-1}$$

$$1 + \tan^2 t = \sec^2 t \tag{7-2}$$

化参数方程是一个难点，通过下面例题突破难点．

例 28 绘制球面图形 $x^2 + y^2 + z^2 = 9$．

解 化参数方程思路：把 $x^2 + y^2$ 看作一项，z^2 看作一项，用平方关系（7-1）可化为

参数方程 $\begin{cases} x = 3\cos u \sin v \\ y = 3\sin u \sin v \\ z = 3\cos v \end{cases}$（空间曲面参数方程含有两个参数变量），

\>> ezmesh('3* cos(u)* sin(v)','3* sin(u)* sin(v)','3* cos(v)')（这里默认区间）

axis auto （此项这里可以不要）．

注意 axis auto：自动调谐坐标模式（使得图形的坐标范围满足图中一切图元素）．

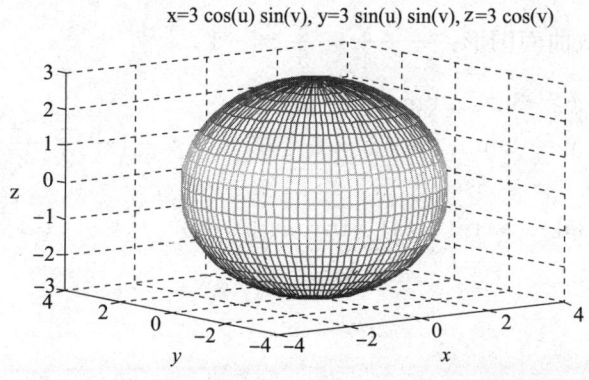

x=3 cos(u) sin(v), y=3 sin(u) sin(v), z=3 cos(v)

图 7 - 38

例 29 绘制单位球面 $x^2 + y^2 + z^2 = 1$.

解 >> sphere(50)(% sphere(n),系统默认 20),此命令专用画单位球(图略).

例 30 绘制单叶双曲面图形 $\dfrac{x^2}{3^2} + \dfrac{y^2}{4^2} - \dfrac{z^2}{5^2} = 1$.

解 化参数方程思路：先把 $\dfrac{x^2}{3^2} + \dfrac{y^2}{4^2}$ 看作一项，$\dfrac{z^2}{5^2}$ 看作一项，自然想到用平方关系（7 -

2）：$\sec^2 t - \tan^2 t = 1$，再考虑 $\dfrac{x^2}{3^2} + \dfrac{y^2}{4^2}$ 用平方关系（7 - 1）即可得如下参数方程：

$$\begin{cases} x = 3\cos u \sec v \\ y = 4\sin u \sec v \,,\, u \in [0, 2\pi]\,,\, v \in \left(-\dfrac{\pi}{2}, \dfrac{\pi}{2}\right) \\ z = 5\tan v \end{cases}$$

>> ezmesh('3* cos(u)* sec(v)','4* sin(u)* sec(v)','5* tan(v)',[0,2* pi,- pi/2,pi/2])

axis auto（这里此项一定要）

回车得图 7 - 39.

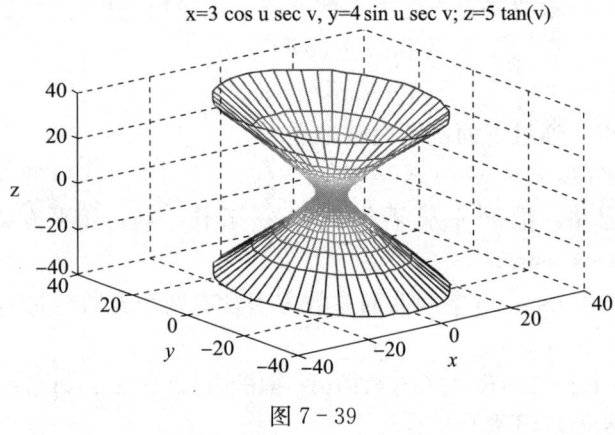

图 7 - 39

注意 区间可以不输入，运用默认区间，但图形会小一点，输入区间时，都用中括号．

例 31 绘制双叶双曲面图形：$\dfrac{x^2}{3^2} + \dfrac{y^2}{4^2} - \dfrac{z^2}{5^2} = -1$.

解 参数方程为 $\begin{cases} x = 3\cos u \tan v \\ y = 4\sin u \tan v \,,\, u \in [0, 2\pi]\,,\, v \in \left(-\dfrac{\pi}{2}, \dfrac{3\pi}{2}\right). \\ z = 5\sec v \end{cases}$

>> ezmesh('3* cos(u)* tan(v)','4* sin(u)* tan(v)','5* sec(v)',[0,2* pi,- pi/2,3* pi/2])

axis auto

回车得图 7 - 40.

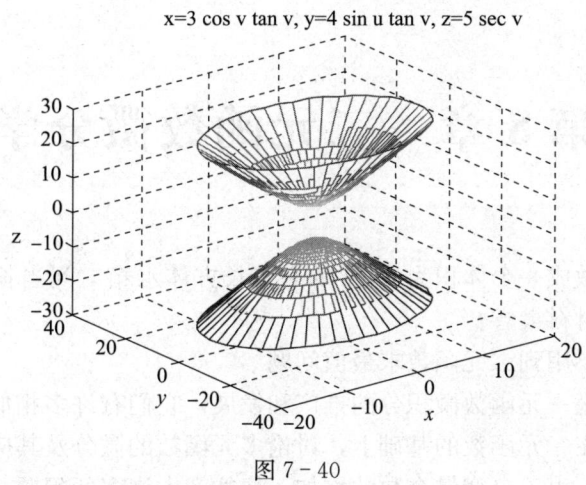

图 7 − 40

例 32 绘制圆柱面：$x^2 + y^2 = 1$ 图形.

解 参数方程：$\begin{cases} x = \cos u \\ y = \sin u \\ z = v \end{cases}$，（因缺 z，z 可任意，用另一变量 v）.

```
>> ezmesh('cos(u)','sin(u)','v')
```

回车得图 7 − 41.

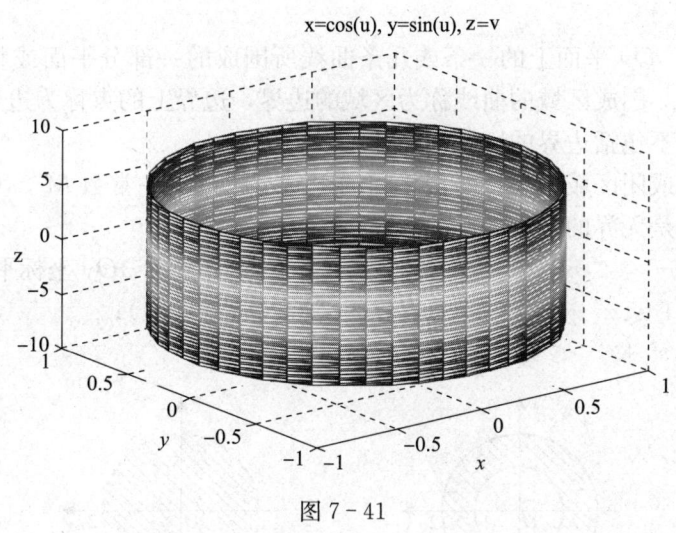

图 7 − 41

注意 空间曲面作图，显函数作图简单，隐函数作图要能化为参数方程，再按参数方程作图．要想去掉坐标轴，则加命令"axis off"即可去掉坐标轴．

第8章　二元函数微分学

案例　要用铁板做成一个体积为 8 m³ 的有盖长方体水箱. 问当长、宽、高各取怎样的尺寸时，才能使所用材料最省？

这个案例的解答要用到二元函数求最值问题.

多元函数微积分是一元函数微积分的推广和发展，它们有许多相似之处，但有的地方也有着重大差别. 本章在一元函数的基础上，讨论多元函数的微分及其应用. 从一元函数到两个自变量的二元函数，由于自变量个数的增加，往往产生许多新问题，而从二元函数到二元以上的多元函数则可类推，所以我们以研究二元函数为主.

8.1　二元函数的概念、极限与连续

8.1.1　平面区域

1. 平面区域

一般来说，由 xOy 平面上的一条或几条曲线所围成的一部分平面或整个平面，称为平面区域，简称区域. 围成区域的曲线称为区域的边界，边界上的点称为边界点. 包括边界的区域称为闭区域，不包括边界的区域称为开区域.

若一个开区域或闭区域的任意两点之间的距离不超过某一常数 $M > 0$，则这个区域是有界的；否则，就是无界的. 例如：

$D = \{(x,y) | -\infty < x < +\infty, -\infty < y < +\infty\}$ 表示整个 xOy 坐标平面，是无界区域；

$D = \{(x,y) | 1 \leqslant x^2 + y^2 \leqslant 4\}$ 是有界闭区域（见图 8-1）；

$D = \{(x,y) | x^2 + y^2 < 4\}$ 是有界开区域（见图 8-2）.

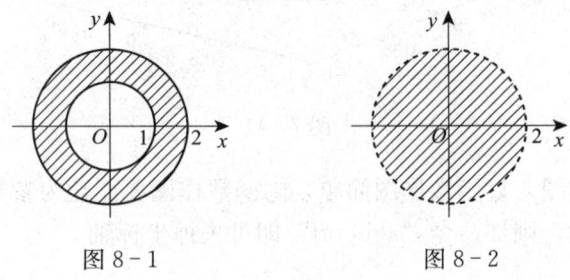

图 8-1　　　　　　　　图 8-2

2. 平面上的邻域

设 $P_0(x_0, y_0)$ 是 xOy 平面上的一个点，δ 是某一正数. 与点 $P_0(x_0, y_0)$ 距离小于 δ 的点 $P(x, y)$ 的全体，称为点 P_0 的 δ 邻域，记作 $U(P_0, \delta)$，即

$$U(P_0, \delta) = \{P \mid |\, PP_0\,| < \delta\}$$

或

$$U(P_0,\delta) = \{(x,y) \mid \sqrt{(x-x_0)^2 + (y-y_0)^2} < \delta\}$$

一般点 P_0 的 δ 邻域 $U(P_0,\delta)$ 是指 xOy 平面上的一个以点 P_0 为圆心，半径为 δ 很小的圆域．

8.1.2　二元函数概念

我们先看引例．

引例　设圆柱体的底半径和高分别为 r 和 h ，则圆柱体的体积 V 为

$$V = \pi r^2 h$$

在这里，每当 r 和 h 取定一组值时，就有唯一确定的体积值 V ．即体积 V 随着底半径 r 和高 h 的变化而变化，即 V 是 r 和 h 的函数，有两个自变量，于是产生如下定义．

1. 二元函数的定义

定义 8.1　（二元函数定义）设有三个变量 x 、y 和 z ，如果当变量 x 、y 在一定范围 D 内任意取一对值 (x,y) 时，按照某一确定的对应法则，变量 z 总有唯一确定的值与其对应，则称变量 z 是变量 x 、y 的二元函数．记为

$$z = f(x,y) \ (x,y) \in D$$

其中，x 、y 称为自变量，函数 z 称为因变量；自变量 x 、y 的变化范围 D 称为函数的定义域．

二元函数 $z = f(x,y)$ 的定义域是 xOy 平面上的一个区域．

上述定义中，与自变量 x 、y 所取的一对值 (x_0,y_0) 相对应的因变量 z 的值，称为函数在点 (x_0,y_0) 处的函数值，记作 $f(x_0,y_0)$ 或 $z\Big|_{(x_0,y_0)}$ ；当 (x,y) 取遍 D 中的所有数对时，对应的函数值的全体构成的数集

$$Z = \{z \mid z = f(x,y),(x,y) \in D\}$$

称为函数的值域．

类似地，可以定义三元函数以及三元以上的函数．二元函数及二元以上的函数统称为多元函数．

例 1　求下列函数的定义域

(1) $z = \dfrac{\ln(9-x^2-y^2)}{\sqrt{x^2+y^2-4}}$ ；　　　　(2) $z = \ln(y^2-2x+1)$ ．

解　(1) 要使函数有意义，必须满足

$$\begin{cases} 9-x^2-y^2 > 0 \\ x^2+y^2-4 > 0 \end{cases}$$

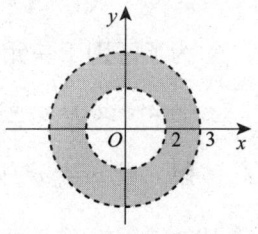

图 8-3

故函数的定义域为

$$D = \{(x,y) \mid 4 < x^2+y^2 < 9\} \text{（见图 8-3）}$$

(2) 要使函数有意义，必须满足 $y^2-2x+1 > 0$ ，故函数的定义域为

$$D = \{(x,y) \mid y^2 - 2x + 1 > 0\} \text{（图略）}$$

2. 二元函数的图形

如图 8-4 所示，对于二元函数 $z = f(x,y)$，其自变量的每一对取值 (x,y) 都对应着一个三元有序数组 (x,y,z)，即二元函数在其定义域 D 中的每一点 $P(x,y)$ 都对应着空间直角坐标系中的一个点 $M(x,y,z)$. 当 P 点在 D 内变动时，对应的动点 M 的轨迹就是二元函数 $z = f(x,y)$ 的图形. 一般地，二元函数 $z = f(x,y)$ 的图形是一空间曲面；该曲面在 xOy 平面上的投影就是该函数的定义域 D.

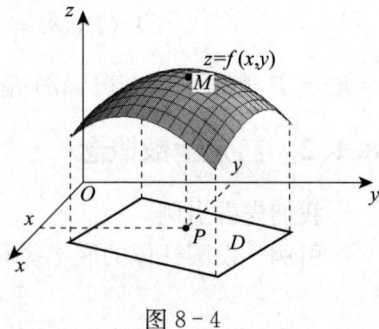

图 8-4

例如，函数 $z = \sqrt{R^2 - x^2 - y^2}$（$R > 0$）的图形是以原点为球心，$R$ 为半径的上半球面（见图 8-5）；函数 $z = x^2 + y^2$ 的图形是旋转抛物面（见图 8-6）.

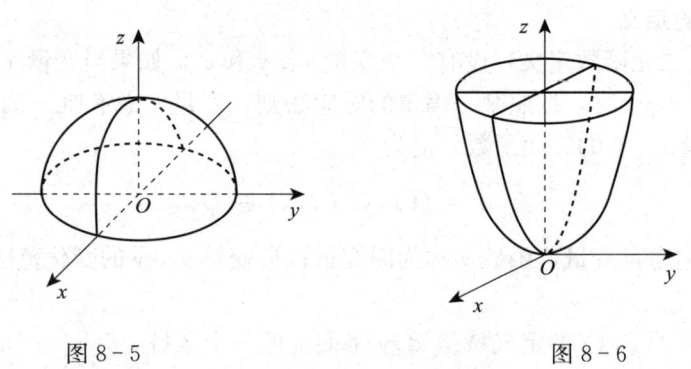

| 图 8-5 | 图 8-6 |

用电脑作二元函数的图形（详见第 7 章最后的附件 7）.

8.1.3 二元函数的极限与连续性

1. 二元函数的极限

定义 8.2 （二元函数极限定义）设函数 $z = f(x,y)$ 在点 $P_0(x_0,y_0)$ 的某一邻域内有定义（在点 P_0 可以没有定义），若点 $P(x,y)$ 以任意方式趋于点 $P_0(x_0,y_0)$ 时，函数 $f(x,y)$ 总趋于常数 A，则称函数 $f(x,y)$ 当 (x,y) 趋于 (x_0,y_0) 时以 A 为极限，记作

$$\lim_{\substack{x \to x_0 \\ y \to y_0}} f(x,y) = A \text{ 或 } \lim_{(x,y) \to (x_0,y_0)} f(x,y) = A$$

为了区别于一元函数的极限，我们把二元函数的极限称为二重极限.

例 2 设 $f(x,y) = \dfrac{\sin(x^2 + y^2)}{x^2 + y^2}$，求 $\lim\limits_{\substack{x \to 0 \\ y \to 0}} f(x,y)$.

解 设 $u = x^2 + y^2$，当 $(x,y) \to (0,0)$ 时，$u \to 0$. 因此

$$\lim_{\substack{x \to 0 \\ y \to 0}} f(x,y) = \lim_{\substack{x \to 0 \\ y \to 0}} \frac{\sin(x^2 + y^2)}{x^2 + y^2} = \lim_{u \to 0} \frac{\sin u}{u} = 1$$

例 3 求 $\lim\limits_{\substack{x \to 0 \\ y \to 0}} \dfrac{\sqrt{xy + 4} - 2}{xy}$.

解　设 $u = xy$，则

$$原式 = \lim_{u \to 0} \frac{\sqrt{u+4}-2}{u} = \lim_{u \to 0} \frac{(\sqrt{u+4}-2)(\sqrt{u+4}+2)}{u(\sqrt{u+4}+2)} = \lim_{u \to 0} \frac{u}{u(\sqrt{u+4}+2)}$$

$$= \lim_{u \to 0} \frac{1}{\sqrt{u+4}+2} = \frac{1}{4}$$

这里指出，一元函数中极限的运算法则对于二元函数的极限同样适用．对于二元函数的极限，除了上面通过变量代换化为一元函数极限求法以外，还可用极坐标变换来求，请看下面各例．

例 4　求极限 $\lim\limits_{\substack{x \to 0 \\ y \to 0}} \dfrac{\sin(x^2 y)}{x^2 + y^2}$．

解　令 $\begin{cases} x = \rho\cos\theta \\ y = \rho\sin\theta \end{cases}$，当 $x \to 0, y \to 0$ 时，则 $\rho = \sqrt{x^2+y^2} \to 0$，

$$原式 = \lim_{\rho \to 0} \frac{\sin(\rho^3 \cos^2\theta\sin\theta)}{\rho^2} = \lim_{\rho \to 0} \frac{(\rho\cos^2\theta\sin\theta)\sin(\rho^3\cos^2\theta\sin\theta)}{\rho^3\cos^2\theta\sin\theta} = 0 .$$

例 5　证明 $\lim\limits_{\substack{x \to 0 \\ y \to 0}} \dfrac{xy}{x^2 + y^2}$ 不存在．

证明　令 $\begin{cases} x = \rho\cos\theta \\ y = \rho\sin\theta \end{cases}$，当 $x \to 0, y \to 0$ 时，则 $\rho = \sqrt{x^2+y^2} \to 0$，

$$原式 = \lim_{\rho \to 0} \frac{\rho^2\cos\theta\sin\theta}{\rho^2} = \lim_{\rho \to 0}\cos\theta\sin\theta \text{ 不存在（因 } \theta \text{ 不同，极限值不唯一）} .$$

2. 二元函数的连续性

与一元函数一样，我们用函数极限说明二元函数的连续性的概念．

定义 8.3　（二元函数连续定义）设函数 $z = f(x,y)$ 在点 $P_0(x_0,y_0)$ 的某邻域内有定义，若

$$\lim_{\substack{x \to x_0 \\ y \to y_0}} f(x,y) = f(x_0,y_0)$$

则称函数 $f(x,y)$ 在点 $P_0(x_0,y_0)$ 处连续，称 (x_0,y_0) 为函数的连续点．

例 6　讨论函数 $f(x,y) = \begin{cases} \dfrac{x^3+y^3}{x^2+y^2}, & (x,y) \neq (0,0) \\ 0, & (x,y) = (0,0) \end{cases}$ 在 $(0,0)$ 处的连续性．

解　令 $\begin{cases} x = \rho\cos\theta \\ y = \rho\sin\theta \end{cases}$，当 $x \to 0, y \to 0$ 时，则 $\rho = \sqrt{x^2+y^2} \to 0$，

$$\lim_{\substack{x \to 0 \\ y \to 0}} f(x,y) = \lim_{\substack{x \to 0 \\ y \to 0}} \frac{x^3+y^3}{x^2+y^2} = \lim_{\rho \to 0} \frac{\rho^3\cos^3\theta + \rho^3\sin^3\theta}{\rho^2} = \lim_{\rho \to 0}\rho(\cos^3\theta + \sin^3\theta) = 0 ,$$

而 $f(0,0) = 0$，即 $\lim\limits_{\substack{x \to 0 \\ y \to 0}} f(x,y) = f(0,0)$，故函数 $f(x,y)$ 在 $(0,0)$ 处连续．

若函数 $z = f(x,y)$ 在点 (x_0,y_0) 处不满足上述定义，则称点 (x_0,y_0) 为函数的不连续

点或间断点.

如果函数 $f(x,y)$ 在区域 D 内的每一点都连续，则称 $f(x,y)$ 在区域 D 上连续，或称 $f(x,y)$ 为区域 D 上的连续函数.

二元连续函数具有与一元连续函数类似的性质：有限个连续函数的代数和、乘积、两个连续函数之商（分母不等于零）、有限个连续函数的复合函数仍是连续函数.

显然，**二元初等函数在其定义域内是连续的**. 有界闭区域上的二元连续函数具有如下性质.

性质 8.1（最大值和最小值定理） 若二元函数 $z = f(x,y)$ 在有界闭区域 D 上连续，则 $z = f(x,y)$ 在闭区域 D 上一定有最小值和最大值.

性质 8.2（介值定理） 设二元函数 $z = f(x,y)$ 在有界闭区域 D 上连续，m 和 M 是 $z = f(x,y)$ 在 D 上的最小值和最大值，则对于任意 C（$m < C < M$），在 D 内至少存在一点 (x_0,y_0)，使得 $f(x_0,y_0) = C$.

习题 8.1

1. 求下列函数的定义域，并画出定义域的图形.

(1) $z = \dfrac{\sqrt{4x - y^2}}{\ln(1 - x^2 - y^2)}$；

(2) $z = \dfrac{1}{\sqrt{x+y}} - \dfrac{1}{\sqrt{x-y}}$.

2. 求下列各极限：

(1) $\lim\limits_{\substack{x \to 0 \\ y \to 0}} \dfrac{\sqrt{xy+1} - 1}{xy}$；

(2) $\lim\limits_{\substack{x \to 0 \\ y \to 0}} \dfrac{3x^2 + 5y^2}{\sqrt{x^2 + y^2}}$.

3. 讨论函数 $f(x,y) = \begin{cases} \dfrac{2xy}{x^2 + y^2}, & (x,y) \neq (0,0) \\ 0, & (x,y) = (0,0) \end{cases}$ 的连续性.

8.2 偏 导 数

8.2.1 偏导数

在研究二元函数时，有时要讨论当其中一个自变量固定不变时，函数关于另外一个自变量的变化率问题，此时的二元函数实际上转化为一元函数，因此可以利用一元函数的导数概念，得到二元函数对某一个自变量的变化率，这正是多元函数的偏导数问题.

1. 偏导数的定义

设二元函数 $z = f(x,y)$ 在点 (x_0,y_0) 的某邻域内有定义，当 y 固定在 y_0，而 x 在 x_0 处有改变量 Δx 时，函数 $z = f(x,y)$ 有改变量 $f(x_0 + \Delta x, y_0) - f(x_0, y_0)$.

如果极限 $\qquad \lim\limits_{\Delta x \to 0} \dfrac{f(x_0 + \Delta x, y_0) - f(x_0, y_0)}{\Delta x}$

存在，则称此极限值为函数 $z = f(x,y)$ 在点 (x_0,y_0) 处对 x 的偏导数，记作

$$z'_x\Big|_{\substack{x=x_0\\y=y_0}} \text{ 或 } f'_x(x_0,y_0) \text{ 或 } \frac{\partial z}{\partial x}\Big|_{\substack{x=x_0\\y=y_0}} \text{ 或 } \frac{\partial f}{\partial x}\Big|_{\substack{x=x_0\\y=y_0}}$$

同样，如果极限

$$\lim_{\Delta y\to 0}\frac{f(x_0,y_0+\Delta y)-f(x_0,y_0)}{\Delta y}$$

存在，则称此极限值为函数 $z=f(x,y)$ 在点 (x_0,y_0) 处对 y 的偏导数，记作

$$z'_y\Big|_{\substack{x=x_0\\y=y_0}} \text{ 或 } f'_y(x_0,y_0) \text{ 或 } \frac{\partial z}{\partial y}\Big|_{\substack{x=x_0\\y=y_0}} \text{ 或 } \frac{\partial f}{\partial y}\Big|_{\substack{x=x_0\\y=y_0}}$$

如果 $z=f(x,y)$ 在区域 D 内每一点 (x,y) 处都有偏导数 $f'_x(x,y)$ 和 $f'_y(x,y)$，一般说来，它们都是 x、y 的二元函数，则称它们为 $z=f(x,y)$ 的偏导函数. 记作

$$z'_x \text{ 或 } f'_x(x,y) \text{ 或 } \frac{\partial z}{\partial x} \text{ 或 } \frac{\partial f}{\partial x}$$

$$z'_y \text{ 或 } f'_y(x,y) \text{ 或 } \frac{\partial z}{\partial y} \text{ 或 } \frac{\partial f}{\partial y}$$

今后在不致混淆的情况下，偏导函数通常简称为偏导数.

显然，函数 $f(x,y)$ 在点 (x_0,y_0) 处的偏导数就是偏导函数在点 (x_0,y_0) 处的函数值.

既然将偏导数看作一元函数的导数，那么一元函数求导的方法对求偏导数完全适用，只要记住对一个自变量求偏导数时，把另一个自变量暂时看作常量即可.

偏导数的概念可以推广到二元以上的函数.

例 7 求函数 $z=x^3\sin 2y$ 的偏导数.

解 将 y 看作常量对 x 求导数，得 $\dfrac{\partial z}{\partial x}=3x^2\sin 2y$；

将 x 看作常量对 y 求导数，得 $\dfrac{\partial z}{\partial y}=2x^3\cos 2y$.

例 8 求函数 $z=x^y$（$x>0$）的偏导数.

解 对 x 求导数时，将 y 看作常量，这时 x^y 是幂函数，有 $\dfrac{\partial z}{\partial x}=yx^{y-1}$；

对 y 求导数时，将 x 看作常量，这时 x^y 是指数函数，有 $\dfrac{\partial z}{\partial y}=x^y\ln x$.

例 9 求函数 $f(x,y)=\ln(1+x^2+y^2)$ 在点 $(1,2)$ 处的偏导数.

解 因为 $f'_x(x,y)=\dfrac{2x}{1+x^2+y^2}$，$f'_y(x,y)=\dfrac{2y}{1+x^2+y^2}$，

所以

$$f'_x(1,2)=\frac{2\times 1}{1+1^2+2^2}=\frac{1}{3},\ f'_y(1,2)=\frac{2\times 2}{1+1^2+2^2}=\frac{2}{3}$$

例 10 求 $u=\sqrt{x^2+y^2+z^2}+xy$ 的偏导数.

解 $\dfrac{\partial u}{\partial x}=\dfrac{x}{\sqrt{x^2+y^2+z^2}}+y$，$\dfrac{\partial u}{\partial y}=\dfrac{y}{\sqrt{x^2+y^2+z^2}}+x$，$\dfrac{\partial u}{\partial z}=\dfrac{z}{\sqrt{x^2+y^2+z^2}}$.

例 11 已知理想气体的状态方程为 $PV = RT$（R 为常数），证明 $\dfrac{\partial P}{\partial V} \cdot \dfrac{\partial V}{\partial T} \cdot \dfrac{\partial T}{\partial P} = -1$.

证明 由 $PV = RT$ 得，$P = \dfrac{RT}{V}$；将 T 看作常量，则有 $\dfrac{\partial P}{\partial V} = -\dfrac{RT}{V^2}$.

又由 $PV = RT$ 得，$V = \dfrac{RT}{P}$；将 P 看作常量，则有 $\dfrac{\partial V}{\partial T} = \dfrac{R}{P}$.

同样，由 $PV = RT$ 得，$T = \dfrac{PV}{R}$；将 V 看作常量，则有 $\dfrac{\partial T}{\partial P} = \dfrac{V}{R}$.

所以，由上述三个偏导数，可得 $\dfrac{\partial P}{\partial V} \cdot \dfrac{\partial V}{\partial T} \cdot \dfrac{\partial T}{\partial P} = -\dfrac{RT}{V^2} \cdot \dfrac{R}{P} \cdot \dfrac{V}{R} = -\dfrac{RT}{PV} = -1$.

通过上例，需要特别指出的是，对于一元函数来说，$\dfrac{\mathrm{d}y}{\mathrm{d}x}$ 是函数的微分 $\mathrm{d}y$ 与自变量的微分 $\mathrm{d}x$ 之商. 而对于多元函数，偏导数的记号 $\dfrac{\partial z}{\partial x}$ 是一个整体记号，不能看作分子与分母之商，不能分开.

2. 偏导数的几何意义

我们已知一元函数 $y = f(x)$ 在点 x_0 的导数 $f'(x_0)$ 的几何意义是曲线 $y = f(x)$ 在点 (x_0, y_0) 处切线的斜率，即导数 $f'(x_0)$ 就是函数 $f(x)$ 在点 x_0 处的变化率.

二元函数 $z = f(x, y)$ 在点 (x_0, y_0) 处的偏导数 $f'_x(x_0, y_0)$、$f'_y(x_0, y_0)$ 的几何意义是什么？

如图 8-7 所示，从对 x 的偏导 $f'_x(x_0, y_0)$ 的定义知，x 变，y 不变，即用平面 $y = y_0$ 去截曲面 $z = f(x, y)$，设截痕为曲线 C_x. 因此，$f'_x(x_0, y_0)$ 就是曲线 C_x 在 $M_0(x_0, y_0, z_0)$ 处切线 $M_0 T_x$ 的斜率，即函数 $f(x, y)$ 在点 (x_0, y_0) 处沿 x 轴方向的变化率，同理对于 $f'_y(x_0, y_0)$，y 变，x 不变，用平面 $x = x_0$ 去截曲面 $z = f(x, y)$，截痕为曲线 C_y，则 $f'_y(x_0, y_0)$ 就是曲线 C_y 在 $M_0(x_0, y_0, z_0)$ 处切线 $M_0 T_y$ 的斜率，即函数 $f(x, y)$ 在点 (x_0, y_0) 处沿 y 轴方向的变化率.

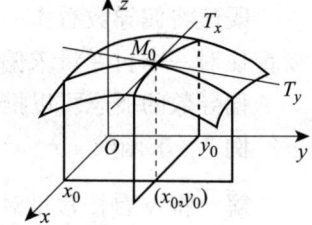

图 8-7

在一元函数里，可导必连续，在二元函数里，这一点不一定成立. 这是因为函数 $f(x, y)$ 的偏导数存在，只能说明函数 $f(x, y)$ 在点 (x_0, y_0) 处沿着 x 轴及 y 轴方向可导，从而函数 $f(x, y)$ 在点 (x_0, y_0) 处沿着 x 轴及 y 轴方向连续. 不能推出函数 $f(x, y)$ 在点 (x_0, y_0) 的连续性. 再请看下例.

例 12 函数 $f(x, y) = \begin{cases} \dfrac{xy}{x^2 + y^2}, & (x, y) \neq (0, 0) \\ 0, & (x, y) = (0, 0) \end{cases}$ 在 $(0,0)$ 处两个偏导数存在，但不连续.

事实上：$f'_x(0, 0) = \lim\limits_{\Delta x \to 0} \dfrac{f(0 + \Delta x, 0) - f(0, 0)}{\Delta x} = \lim\limits_{\Delta x \to 0} \dfrac{0}{\Delta x} = 0$

$f'_y(0, 0) = \lim\limits_{\Delta y \to 0} \dfrac{f(0, 0 + \Delta y) - f(0, 0)}{\Delta y} = \lim\limits_{\Delta y \to 0} \dfrac{0}{\Delta y} = 0$

即函数 $f(x, y)$ 在 $(0, 0)$ 处两个偏导数存在，由例 5 知，$f(x, y)$ 在 $(0, 0)$ 处极限不存在，所以 $f(x, y)$ 在 $(0, 0)$ 处不连续.

8.2.2　高阶偏导数

设函数 $z = f(x, y)$ 在区域 D 内存在偏导函数 $\frac{\partial z}{\partial x} = f'_x(x, y)$，$\frac{\partial z}{\partial y} = f'_y(x, y)$，这两个偏导数称为一阶偏导数．如果一阶偏导数的偏导数也存在，则称一阶偏导数的偏导数为函数 $z = f(x, y)$ 的二阶偏导数．依据对变量求导的次序不同而有下列 4 种二阶偏导数的记号．

(1) $z''_{xx} = f''_{xx}(x, y) = \frac{\partial^2 z}{\partial x^2} = \frac{\partial^2 f}{\partial x^2}$；　　(2) $z''_{yy} = f''_{yy}(x, y) = \frac{\partial^2 z}{\partial y^2} = \frac{\partial^2 f}{\partial y^2}$；

(3) $z''_{xy} = f''_{xy}(x, y) = \frac{\partial^2 z}{\partial x \partial y} = \frac{\partial^2 f}{\partial x \partial y}$；　　(4) $z''_{yx} = f''_{yx}(x, y) = \frac{\partial^2 z}{\partial y \partial x} = \frac{\partial^2 f}{\partial y \partial x}$．

其中，(3)、(4) 两个偏导数称为混合偏导数．类似地，可以定义更高阶的偏导数．

例 13　求 $z = x^3 y^2 - 3xy^3 + xy + 5$ 的二阶偏导数．

解　$\frac{\partial z}{\partial x} = 3x^2 y^2 - 3y^3 + y$，　　$\frac{\partial z}{\partial y} = 2x^3 y - 9xy^2 + x$，

所以　$\frac{\partial^2 z}{\partial x^2} = 6xy^2$，　　$\frac{\partial^2 z}{\partial y^2} = 2x^3 - 18xy$，

$\frac{\partial^2 z}{\partial x \partial y} = 6x^2 y - 9y^2 + 1$，　　$\frac{\partial^2 z}{\partial y \partial x} = 6x^2 y - 9y^2 + 1$．

从例 13 可以看到，两个混合偏导数相等 $\frac{\partial^2 z}{\partial y \partial x} = \frac{\partial^2 z}{\partial x \partial y}$．这并非偶然，关于这一点，有下述定理．

定理 8.1　如果函数 $z = f(x, y)$ 的两个二阶混合偏导数 $\frac{\partial^2 z}{\partial x \partial y}$ 和 $\frac{\partial^2 z}{\partial y \partial x}$ 在区域 D 内连续，则在区域 D 内，必有 $\frac{\partial^2 z}{\partial x \partial y} = \frac{\partial^2 z}{\partial y \partial x}$．

习题 8.2

1. 求下列函数的一阶偏导数：

(1) $z = \ln \sqrt{x^2 + y^2}$；　　　　　(2) $z = \arctan(xy^2)$；

(3) $z = \dfrac{e^{xy}}{x^2 + y^2}$；　　　　　(4) $u = \dfrac{y}{x} + \dfrac{z}{y} - \dfrac{x}{z}$；

(5) $u = e^{x(x^2 + y^2 + z^2)}$．

2. 求下列函数在指定点的偏导数：

(1) $f(x, y) = x + y + \sqrt{x^2 + y^2}$，求 $f'_x(3, 4)$，$f'_y(3, 4)$；

(2) $f(x, y) = e^{\sin x} \sin y$，求 $f'_x(0, 0)$，$f'_y(0, 0)$；

(3) $f(x, y, z) = \ln(xy + z)$，求 $f'_x(2, 1, 0)$，$f'_y(2, 1, 0)$，$f'_z(2, 1, 0)$．

3. 求下列函数的二阶偏导数：

(1) $z = x^4 + y^4 - 4x^2 y^2$；　　　　(2) $z = e^x(\cos y + x \sin y)$；

(3) $z = \sin^2(ax + by)$；　　　　　(4) $z = x^2 \ln y$．

8.3 全微分

偏导数反映函数在坐标轴方向的变化率，它只考虑一个自变量发生变化时的情形．现在我们来讨论二元函数在所有自变量都有微小变化时，函数的变化情况．

设二元函数 $z = f(x, y)$，自变量 x 的增量为 Δx，自变量 y 的增量为 Δy，则

$$\Delta z = f(x + \Delta x, y + \Delta y) - f(x, y)$$

称为函数 $z = f(x, y)$ 在点 (x, y) 处的全增量．

定义 8.4 （全微分定义）如果函数 $z = f(x, y)$ 在点 (x, y) 处的全增量 Δz 可表示为

$$\Delta z = f'_x(x, y)\Delta x + f'_y(x, y)\Delta y + o(\rho) \tag{8-1}$$

其中，$o(\rho)$ 是比 $\rho = \sqrt{(\Delta x)^2 + (\Delta y)^2}$ 较高阶的无穷小量，则称函数 $z = f(x, y)$ 在点 (x, y) 处可微，并称 $f'_x(x, y)\Delta x + f'_y(x, y)\Delta y$ 为函数 $z = f(x, y)$ 在点 (x, y) 处的全微分，记作

$$dz = f'_x(x, y)\Delta x + f'_y(x, y)\Delta y$$

一般地，记 $\Delta x = dx$，$\Delta y = dy$，并分别称为自变量微分，则函数 $z = f(x, y)$ 的全微分可写成

$$dz = f'_x(x, y)dx + f'_y(x, y)dy$$

例 14 证明函数 $f(x, y) = \begin{cases} \dfrac{xy}{\sqrt{x^2 + y^2}}, & (x, y) \neq (0, 0) \\ 0, & (x, y) = (0, 0) \end{cases}$ 在点 $(0, 0)$ 处偏导数存在，但不可微．

证明 $f'_x(0, 0) = \lim\limits_{\Delta x \to 0} \dfrac{f(0 + \Delta x, 0) - f(0, 0)}{\Delta x} = \lim\limits_{\Delta x \to 0} \dfrac{0}{\Delta x} = 0$，

$f'_y(0, 0) = \lim\limits_{\Delta y \to 0} \dfrac{f(0, 0 + \Delta y) - f(0, 0)}{\Delta y} = \lim\limits_{\Delta y \to 0} \dfrac{0}{\Delta y} = 0$，

所以，两个偏导数均存在。但是由于

$$\lim_{\rho \to 0} \frac{\Delta z - (f'_x(0, 0)\Delta x + f'_y(0, 0)\Delta y)}{\rho} = \lim_{\substack{\Delta x \to 0 \\ \Delta y \to 0}} \frac{\dfrac{\Delta x \Delta y}{\sqrt{(\Delta x)^2 + (\Delta y)^2}}}{\sqrt{(\Delta x)^2 + (\Delta y)^2}} = \lim_{\substack{\Delta x \to 0 \\ \Delta y \to 0}} \frac{\Delta x \Delta y}{(\Delta x)^2 + (\Delta y)^2}$$

由前面 8.1 节例 5 知，此极限不存在。

也就是说：当 $\rho \to 0$ 时，$\Delta z - (f'_x(0, 0)\Delta x + f'_y(0, 0)\Delta y)$ 不是 ρ 的高阶无穷小，所以由上面微分定义知，函数 z 在 $(0, 0)$ 处不可微。

与一元函数微分类似的有：若函数 z 可微，则当 $|\Delta x|$，$|\Delta y|$ 很小时，有 $\Delta z \approx dz$。

何时可微? 有下面定理:

定理 8.2 (可微的充分条件) 如果函数 $z = f(x, y)$ 在点 (x, y) 的某邻域内偏导数存在且偏导数连续, 则函数 $z = f(x, y)$ 在点 (x, y) 处可微。

因此我们记住二元函数可导、可微之间的关系:

(1) 在二元函数里, 可微一定存在偏导数;

(2) 在二元函数里, 偏导数存在不一定可微, 若偏导数存在且偏导数连续, 则一定可微.

以上关于二元函数全微分的概念及全微分存在的条件, 也可类似地推广到二元以上的多元函数. 例如, 若函数 $u = f(x, y, z)$ 可微, 则有

$$\mathrm{d}u = \frac{\partial u}{\partial x}\mathrm{d}x + \frac{\partial u}{\partial y}\mathrm{d}y + \frac{\partial u}{\partial z}\mathrm{d}z$$

例 15 求函数 $z = x^2 y + y^2$ 的全微分.

解 因为 $\dfrac{\partial z}{\partial x} = 2xy$, $\dfrac{\partial z}{\partial y} = x^2 + 2y$, 所以 $\mathrm{d}z = 2xy\mathrm{d}x + (x^2 + 2y)\mathrm{d}y$.

例 16 求函数 $z = \mathrm{e}^{xy}$ 在点 $(2, 1)$ 处的全微分.

解 因为 $\dfrac{\partial z}{\partial x} = y\mathrm{e}^{xy}$, $\dfrac{\partial z}{\partial y} = x\mathrm{e}^{xy}$, 则在点 $(2, 1)$ 处有

$$\frac{\partial z}{\partial x}\Big|_{\substack{x=2 \\ y=1}} = \mathrm{e}^2, \quad \frac{\partial z}{\partial y}\Big|_{\substack{x=2 \\ y=1}} = 2\mathrm{e}^2$$

所以函数在点 $(2, 1)$ 处的全微分为 $\mathrm{d}z = \mathrm{e}^2\mathrm{d}x + 2\mathrm{e}^2\mathrm{d}y$.

例 17 求函数 $u = x + \sin\dfrac{y}{2} + \mathrm{e}^{yz}$ 的全微分.

解 因为 $\dfrac{\partial u}{\partial x} = 1$, $\dfrac{\partial u}{\partial y} = \dfrac{1}{2}\cos\dfrac{y}{2} + z\mathrm{e}^{yz}$, $\dfrac{\partial u}{\partial z} = y\mathrm{e}^{yz}$, 所以

$$\mathrm{d}u = \mathrm{d}x + \left(\frac{1}{2}\cos\frac{y}{2} + z\mathrm{e}^{yz}\right)\mathrm{d}y + y\mathrm{e}^{yz}\mathrm{d}z$$

习题 8.3

1. 填空题:

(1) 设 $z = x^y$, 则 $\mathrm{d}z = $ _____;

(2) 设二元函数 $z = \ln(x + y^2)$, 则 $\mathrm{d}z\big|_{\substack{x=1 \\ y=0}} = $ _____.

2. 求下列函数的全微分:

(1) $z = \mathrm{e}^{xy}\sin(x + y)$;   (2) $z = \arctan(xy)$;

(3) $u = \ln\sqrt{x^2 + y^2 + z^2}$;   (4) $u = xy + yz + zx$.

3. 计算 $\sqrt{(1.02)^3 + (1.97)^3}$ (提示: 用电脑 Matlab 计算).

8.4 复合函数与隐函数的微分法

8.4.1 复合函数微分法

设函数 $z = f(u,v)$ ，而 $u = \varphi(x,y)$ ，$v = \psi(x,y)$ ，则

$$z = f[\varphi(x,y),\psi(x,y)]$$

为二元复合函数．其中，x、y 是自变量，而 u、v 称为中间变量．

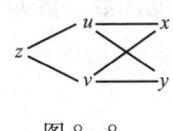

图 8-8

为了更清楚地表示这些变量之间的关系，上述的二元复合函数可用图 8-8表示．从复合关系可以看到多元复合函数要比一元函数更复杂，如考虑 $\dfrac{\partial z}{\partial x}$ 时，y 不变，但 x 变化时，会影响到 u、v 都变，因此 z 的变化就有两部分：一部分是通过 u 而来，一部分是通过 v 而来．

定理 8.3 如果函数 $u = \varphi(x,y)$，$v = \psi(x,y)$ 在点 (x,y) 处的偏导数存在，而函数 $z = f(u,v)$ 在对应的点 (u,v) 处可微，则复合函数 $z = f[\varphi(x,y),\psi(x,y)]$ 在点 (x,y) 处偏导数也存在，且

$$\frac{\partial z}{\partial x} = \frac{\partial z}{\partial u} \cdot \frac{\partial u}{\partial x} + \frac{\partial z}{\partial v} \cdot \frac{\partial v}{\partial x}, \qquad \frac{\partial z}{\partial y} = \frac{\partial z}{\partial u} \cdot \frac{\partial u}{\partial y} + \frac{\partial z}{\partial v} \cdot \frac{\partial v}{\partial y}$$

或

$$z'_x = z'_u u'_x + z'_v v'_x, \qquad z'_y = z'_u u'_y + z'_v v'_y$$

此法则称为链式法则．

例 18 设 $z = (2x+y)^{xy}$ ，求 $\dfrac{\partial z}{\partial x}$ 和 $\dfrac{\partial z}{\partial y}$ ．

解法一 $z = \mathrm{e}^{\ln(2x+y)^{xy}} = \mathrm{e}^{xy\ln(2x+y)}$ （用到指数与对数的关系，如 $3^x = 4^{\log_4 3^x}$ ）

$$\frac{\partial z}{\partial x} = \mathrm{e}^{xy\ln(2x+y)}\left[xy\ln(2x+y)\right]'_x = (2x+y)^{xy}\left[y\ln(2x+y) + \frac{2xy}{2x+y}\right]$$

$$\frac{\partial z}{\partial y} = \mathrm{e}^{xy\ln(2x+y)}\left[xy\ln(2x+y)\right]'_y = (2x+y)^{xy}\left[x\ln(2x+y) + \frac{xy}{2x+y}\right]$$

解法二 设 $z = u^v$，$u = 2x+y$，$v = xy$，由复合函数微分法有

$$\frac{\partial z}{\partial x} = \frac{\partial z}{\partial u} \cdot \frac{\partial u}{\partial x} + \frac{\partial z}{\partial v} \cdot \frac{\partial v}{\partial x} = vu^{v-1} \cdot 2 + u^v \ln u \cdot y = u^{v-1}(2v + yu\ln u)$$

$$= (2x+y)^{xy-1}\left[2xy + y(2x+y)\ln(2x+y)\right]$$

$$\frac{\partial z}{\partial y} = \frac{\partial z}{\partial u} \cdot \frac{\partial u}{\partial y} + \frac{\partial z}{\partial v} \cdot \frac{\partial v}{\partial y} = vu^{v-1} \cdot 1 + u^v \ln u \cdot x = u^{v-1}(v + xu\ln u)$$

$$= (2x+y)^{xy-1}\left[xy + x(2x+y)\ln(2x+y)\right].$$

多元复合函数的复合关系是多种多样的，我们不可能把所有的公式都写出来，也不必要

把所有公式都写出来，只要我们把握住函数间的复合关系，并记住函数对某个自变量求偏导数时，应通过一切有关的中间变量，用复合函数微分法微到该自变量这一原则，就可以灵活掌握复合函数微分法.

例 19　设 $z = uv + \sin x$，而 $u = e^x$，$v = \cos x$，求全导数 $\dfrac{dz}{dx}$.

解　此题若把后面代入到 z 的表达式，就是一元函数，可用一元函数求导方法解答，但用链式法则解答如下，

$$\frac{dz}{dx} = \frac{\partial z}{\partial u} \cdot \frac{du}{dx} + \frac{\partial z}{\partial v} \cdot \frac{dv}{dx} + (\sin x)' = v e^x + u(-\sin x) + \cos x$$

$$= \cos x \cdot e^x + e^x(-\sin x) + \cos x = e^x(\cos x - \sin x) + \cos x$$

例 20　设 $u = e^{x^2 + y^2 + z^2}$，而 $z = x^2 \cos y$，求 $\dfrac{\partial u}{\partial x}$ 和 $\dfrac{\partial u}{\partial y}$.

解　由复合函数微分法，有

$$u'_x = (e^{x^2+y^2+z^2})'_x = e^{x^2+y^2+z^2}(x^2+y^2+z^2)'_x = e^{x^2+y^2+z^2}(2x + 2z \cdot z'_x)$$

$$= e^{x^2+y^2+z^2}(2x + 2z \cdot 2x\cos y)$$

$$= 2x(1 + 2x^2\cos^2 y)e^{x^2+y^2+x^4\cos^2 y}$$

$$u'_y = (e^{x^2+y^2+z^2})'_y = e^{x^2+y^2+z^2}(x^2+y^2+z^2)'_y = e^{x^2+y^2+z^2}(2y + 2z \cdot z'_y)$$

$$= e^{x^2+y^2+z^2}(2y - 2z \cdot x^2\sin y)$$

$$= e^{x^2+y^2+z^2}(2y - 2x^4\cos y\sin y)$$

8.4.2　隐函数的微分法

1. 一元隐函数求导数

设方程 $F(x, y) = 0$ 确定函数 $y = f(x)$，将方程 $F(x, y) = 0$ 两边对 x 求导得

$$F'_x + F'_y \cdot y'_x = 0$$

若 $F'_y \neq 0$，则有

$$\frac{dy}{dx} = -\frac{F'_x}{F'_y}$$

于是得由隐函数 $F(x, y) = 0$ 所确定的函数 $y = f(x)$ 的导数公式为 $\dfrac{dy}{dx} = -\dfrac{F'_x}{F'_y}$.

例 21　设由方程 $xy - e^x + e^y = 0$ 确定 y 是 x 的函数，求 $\dfrac{dy}{dx}$.

解　设 $F(x, y) = xy - e^x + e^y$，由于

$$F'_x(x, y) = y - e^x, \quad F'_y(x, y) = x + e^y$$

所以

$$\frac{dy}{dx} = -\frac{F'_x}{F'_y} = -\frac{y - e^x}{x + e^y} = \frac{e^x - y}{x + e^y}$$

2. 二元隐函数求导数

设三元方程 $F(x,y,z)=0$ 确定二元函数 $z=f(x,y)$ ，

方程 $F(x,y,z)=0$ 两边对 x 求偏导数得 $F'_x+F'_z\cdot\dfrac{\partial z}{\partial x}=0$ ，若 $F'_z\neq 0$ ，即

$$\frac{\partial z}{\partial x}=-\frac{F'_x}{F'_z}\,;$$

方程 $F(x,y,z)=0$ 两边对 y 求偏导数得 $F'_y+F'_z\cdot\dfrac{\partial z}{\partial y}=0$ ，若 $F'_z\neq 0$ ，即

$$\frac{\partial z}{\partial y}=-\frac{F'_y}{F'_z}\,.$$

以上两个就是二元隐函数求偏导数公式，请读者记住会用．

例 22 设由方程 $x^2+y^2+z^2=6z+7$ 给出函数 $z=f(x,y)$ ，求 $\dfrac{\partial z}{\partial x}$、$\dfrac{\partial z}{\partial y}$ 和 $\dfrac{\partial^2 z}{\partial x^2}$．

解 设 $F=x^2+y^2+z^2-6z-7$ ，则 $F'_x=2x$ ，$F'_y=2y$ ，$F'_z=2z-6$．

所以由公式得
$$\frac{\partial z}{\partial x}=-\frac{F'_x}{F'_z}=-\frac{2x}{2z-6}=\frac{x}{3-z} \tag{8-2}$$

$$\frac{\partial z}{\partial y}=-\frac{F'_y}{F'_z}=-\frac{2y}{2z-6}=\frac{y}{3-z}$$

将 $(8-2)$ 式对 x 求导得 $\dfrac{\partial^2 z}{\partial x^2}=\dfrac{(3-z)+x\dfrac{\partial z}{\partial x}}{(3-z)^2}=\dfrac{(3-z)+x\cdot\dfrac{x}{3-z}}{(3-z)^2}=\dfrac{(3-z)^2+x^2}{(3-z)^3}$．

思考题 二元函数微分与一元函数微分有什么区别？

习题 8.4

1. 求下列复合函数的偏导数：

(1) $z=\arctan(u+v)$ ，其中 $u=2x-y^2$ ，$v=x^2y$ ；

(2) $z=u^2\ln v$ ，其中 $u=\dfrac{y}{x}$ ，$v=x^2+y^2$ ；

(3) $z=(x^4+y^4)^{xy}$ ；

(4) $z=f(x+y,xy)$．

2. 已知函数 $y=f(x)$ 由方程 $xy^2=e^x+\sin y$ 确定，求 $\dfrac{\mathrm{d}y}{\mathrm{d}x}$．

3. 函数 $z=f(x,y)$ 由下列方程确定，求 $\dfrac{\partial z}{\partial x}$ ，$\dfrac{\partial z}{\partial y}$．

(1) $x^2+y^3-xyz^2=0$ ；　　　　　　　　(2) $x^2+y^2+z^2=1$ ；

(3) $x+y+z=e^z$．

4. 设 $z=z(x,y)$ 是由方程 $z^3-3xyz=1$ 所确定的隐函数，求全微分 $\mathrm{d}z$．

8.5　二元函数的极值

在一元函数中，我们已经看到，利用函数的导数可以求得函数的极值，从而进一步解决

一些有关最大值和最小值的应用问题. 在多元函数中也有类似问题. 本节我们着重讨论二元函数的极值与最值.

8.5.1　二元函数的极值

定义 8.5　（二元函数极值定义）设函数 $z = f(x, y)$ 在点 $M_0(x_0, y_0)$ 的某邻域内有定义, 如果对于该邻域内任何异于 $M_0(x_0, y_0)$ 的点 $M(x, y)$, 恒有不等式 $f(x, y) < f(x_0, y_0)$ 成立, 则称函数在点 $M_0(x_0, y_0)$ 取得极大值 $f(x_0, y_0)$; 若恒有不等式 $f(x, y) > f(x_0, y_0)$ 成立, 则称函数在点 $M_0(x_0, y_0)$ 取得极小值 $f(x_0, y_0)$.

极大值和极小值统称为极值, 使函数取得极值的点 $M_0(x_0, y_0)$ 称为极值点.

关于多元函数的极值问题的判定, 下面给出极值存在的必要条件和充分条件.

定理 8.4（极值存在的必要条件）　设函数 $z = f(x, y)$ 在点 $M_0(x_0, y_0)$ 处存在偏导数, 且在点 $M_0(x_0, y_0)$ 处取得极值, 则有

$$f'_x(x_0, y_0) = 0, \quad f'_y(x_0, y_0) = 0$$

* **证明**　不妨设函数 $z = f(x, y)$ 在点 (x_0, y_0) 处取得极大值. 根据极大值的定义, 对于点 (x_0, y_0) 的某一邻域内异于 (x_0, y_0) 的点 (x, y), 都有不等式

$$f(x, y) < f(x_0, y_0)$$

特殊地, 在该邻域内取 $y = y_0$ 而 $x \neq x_0$ 的点, 也应有不等式

$$f(x, y_0) < f(x_0, y_0)$$

这表明一元函数 $f(x, y_0)$ 在 $x = x_0$ 处取得极大值, 因而必有 $f'_x(x_0, y_0) = 0$; 类似地可证 $f'_y(x_0, y_0) = 0$.

与一元函数一样, 凡是使 $f'_x(x_0, y_0) = 0$, $f'_y(x_0, y_0) = 0$ 同时成立的点 (x_0, y_0) 称为函数 $z = f(x, y)$ 的驻点.

显然, 可微函数的极值点必定是驻点, 但函数的驻点不一定是极值点. 例如, 函数 $z = xy$ 在点 $(0, 0)$ 处的两个偏导数都是零, 但在 $(0, 0)$ 处既不取得极大值也不取得极小值. 那么怎样判定一个驻点是否是极值点呢? 下面给出判定极值的充分条件.

定理 8.5（极值存在的充分条件）　设函数 $z = f(x, y)$ 在点 (x_0, y_0) 的某邻域内有一阶和二阶连续的偏导数, 且满足 $f'_x(x_0, y_0) = 0$, $f'_y(x_0, y_0) = 0$, 记

$$A = f''_{xx}(x_0, y_0), \quad B = f''_{xy}(x_0, y_0), \quad C = f''_{yy}(x_0, y_0)$$

则有:

（1）当 $B^2 - AC < 0$ 时, 函数 $f(x, y)$ 在点 (x_0, y_0) 处取得极值, 且当 $A < 0$ 时为极大值, 当 $A > 0$ 时为极小值;

（2）当 $B^2 - AC > 0$ 时, 函数 $f(x, y)$ 在点 (x_0, y_0) 处没有极值;

（3）当 $B^2 - AC = 0$ 时, 函数 $f(x, y)$ 在点 (x_0, y_0) 处可能有极值, 也可能没有极值.

由极值存在的必要条件和充分条件, 可以得出求具有一阶和二阶连续偏导数的二元函数极值的步骤如下.

第一步, 求一阶偏导数和驻点: 解方程组 $f'_x(x, y) = 0$, $f'_y(x, y) = 0$ 求出所有的驻点.

第二步，判断：对于每一个驻点，求出对应的二阶偏导数值 A、B 和 C，由 B^2-AC 的符号判定该驻点是否为极值点.

第三步，求出函数的极值（即驻点上的函数值）.

例 23　求函数 $f(x,y)=x^3+y^3-3xy+5$ 的极值.

解　求一阶偏导数

$$f'_x(x,y)=3x^2-3y,\ f'_y(x,y)=3y^2-3x$$

利用极值的必要条件求驻点，解方程组

$$\begin{cases} f'_x(x,y)=3x^2-3y=0 \\ f'_y(x,y)=3y^2-3x=0 \end{cases}$$

得驻点为 $(0,0)$，$(1,1)$.

再求出二阶偏导数

$$f''_{xx}(x,y)=6x,\ f''_{xy}(x,y)=-3,\ f''_{yy}(x,y)=6y$$

(1) 在点 $(0,0)$ 处，$A=0$，$B=-3$，$C=0$

　　$B^2-AC=9>0$，所以函数在 $(0,0)$ 处没有极值；

(2) 在点 $(1,1)$ 处，$A=6\times1=6$，$B=-3$，$C=6\times1=6$

　　$B^2-AC=9-6\times6=-27<0$，函数有极值，且 $A=6>0$，

所以函数在 $(1,1)$ 处有极小值 $f(1,1)=4$.

应注意的问题：不是驻点也可能是极值点. 例如，函数 $z=\sqrt{x^2+y^2}$ 在点 $(0,0)$ 处有极小值，但 $(0,0)$ 不是函数的驻点. 因此，在考虑函数的极值问题时，除了考虑函数的驻点外，如果有偏导数不存在的点，那么对这些点也应当考虑.

8.5.2　二元函数的最大值与最小值

我们已经知道有界闭区域 D 上的连续函数 $f(x,y)$ 必定存在最大值和最小值. 通常在实际问题中，如果根据问题的性质，知道函数 $f(x,y)$ 的最大值（或最小值）一定存在，而函数在 D 内只有一个驻点，那么可以肯定该驻点处的函数值就是函数 $f(x,y)$ 在 D 上的最大值（或最小值）.

例 24　要用铁板做成一个体积为 8 m^3 的有盖长方体水箱. 问当长、宽、高各为多少时，才能使所用材料最省？

解　设水箱的长为 x，宽为 y，则其高应为 $\dfrac{8}{xy}$. 此水箱所用材料的面积为

$$A=2\left(xy+y\cdot\frac{8}{xy}+x\cdot\frac{8}{xy}\right)=2\left(xy+\frac{8}{x}+\frac{8}{y}\right)(x>0,y>0)$$

由 $\begin{cases} \dfrac{\partial A}{\partial x}=2\left(y-\dfrac{8}{x^2}\right)=0 \\ \dfrac{\partial A}{\partial y}=2\left(x-\dfrac{8}{y^2}\right)=0 \end{cases}$，解得 $x=2$，$y=2$.

由题意可知，水箱所用材料的面积的最小值一定存在，而在定义域 $D=\{(x,y)\mid x>0$,

$y>0\}$ 内只有唯一的驻点 $(2,2)$，所以此驻点一定是 A 的最小值点．即当 $x=2$，$y=2$ 时，A 取最小值．

所以，当水箱的长为 2 m、宽为 2 m、高为 $\dfrac{8}{2\times2}=2\text{ m}$ 时，水箱所用的材料最省．

从这个例子还可看出，在体积一定的长方体中，以立方体的表面积为最小．

8.5.3 条件极值与拉格朗日乘数法

上面讨论的极值问题，自变量在定义域可以任意取值，未受任何限制，通常称为无条件极值．在实际问题中，求极值或最值时，对自变量的取值往往要附加一定的约束条件．这类有附加条件的极值问题，称为条件极值．

例如，求表面积为 a^2 而体积为最大的长方体的体积问题．设长方体的三棱的长为 x，y，z，则体积 $V=xyz$（求最值的函数）称为目标函数．又因假定表面积为 a^2，所以自变量 x，y，z 还必须满足约束条件 $2(xy+yz+zx)=a^2$．

求解函数 $z=f(x,y)$ 在约束条件 $\varphi(x,y)=0$ 下的条件极值问题，常用方法是拉格朗日乘数法．

拉格朗日乘数法的具体步骤如下．

第一步：求出目标函数 $z=f(x,y)$（求最值的函数）和约束条件 $\varphi(x,y)=0$．

第二步：构造辅助函数（称为拉格朗日函数）

$$F(x,y,\lambda)=f(x,y)+\lambda\varphi(x,y)$$

其中，λ 为待定常数，称为拉格朗日乘数，将原条件极值问题化为求三元函数 $F(x,y,\lambda)$ 的无条件极值问题．

第三步：求偏导，求出可能极值点，由条件极值问题的必要条件有

$$\begin{cases} F'_x(x,y,\lambda)=f'_x(x,y)+\lambda\varphi'_x(x,y)=0 \\ F'_y(x,y,\lambda)=f'_y(x,y)+\lambda\varphi'_y(x,y)=0 \\ F'_\lambda(x,y,\lambda)=\varphi(x,y)=0 \end{cases}$$

由该方程组解出 x、y 及 λ，则其中 (x,y) 就是所要求的可能极值点．

第四步：判别求出的 (x,y) 是否为极值点，通常由实际问题的实际意义判定．

例 25 已知长方体的表面积为 2 m^2，问长、宽、高各为多少时体积最大？最大体积是多少？

解 设长方体的三棱的长为 x，y，z，则此问题就是在条件

$$2(xy+yz+zx)=2，即 xy+yz+zx=1$$

下求函数 $V=xyz$ 的最大值．

构造辅助函数 $F(x,y,z,\lambda)=xyz+\lambda(xy+yz+zx-1)$，

解方程组 $\begin{cases} F'_x(x,y,z,\lambda)=yz+\lambda(y+z)=0 & (1) \\ F'_y(x,y,z,\lambda)=xz+\lambda(x+z)=0 & (2) \\ F'_z(x,y,z,\lambda)=xy+\lambda(y+x)=0 & (3) \\ xy+yz+xz=1 & (4) \end{cases}$

(1)、(2) 移项相除得 $\dfrac{y}{x} = \dfrac{y+z}{x+z} \Rightarrow x = y$ ；

(2)、(3) 移项相除得 $\dfrac{z}{y} = \dfrac{x+z}{y+x} \Rightarrow y = z$ ；（这种方法简称为"移项相除法"）

于是得 $x = y = z$ ，再代入 (4) 得 $x = y = z = \dfrac{\sqrt{3}}{3}$.

这是唯一可能的极值点. 由问题本身可知 V 的最大值一定存在，所以 $x = y = z = \dfrac{\sqrt{3}}{3}\text{m}$ 就是最大值点，即长、宽、高都为 $\dfrac{\sqrt{3}}{3}\text{m}$ 时，长方体（正方体）体积最大. 此时最大体积 $V = \dfrac{\sqrt{3}}{9}\text{m}^3$.

思考题 用条件极值解应用题有什么困难？

习题 8.5

1. 求下列函数的极值：

(1) $f(x,y) = x^2 + 5y^2 - 6x + 10y + 6$ ；

(2) $f(x,y) = x^2 - (y-1)^2$.

2. 要做一个容积为 $324\ \text{cm}^3$ 的长方体箱子，所用材料的单价其顶与侧面相同、其底为顶的两倍，问怎样选择尺寸，才能使造价最低？

3. 求内接于半径为 a 的球且有最大体积的长方体.

4. 求内接于椭球面 $\dfrac{x^2}{a^2} + \dfrac{y^2}{b^2} + \dfrac{z^2}{c^2} = 1$ 的长方体（各表面平行于坐标面）的最大体积.

5. 求旋转抛物面 $z = x^2 + y^2$ 上一点，使得该点到平面 $x + y - z = 1$ 的距离最短.

复习题 8

1. 函数 $f(x,y) = \begin{cases} \dfrac{x^2 y^2}{(x^2+y^2)^{\frac{3}{2}}}, & x^2 + y^2 \neq 0 \\ 0, & x^2 + y^2 = 0 \end{cases}$ 在点 $(0,0)$ 是否连续？为什么？

2. 求下列函数在指定点的导数：

(1) $f(x,y) = x + (y-1)\arcsin\sqrt{\dfrac{x}{y}}$ ，求 $f'_x(x,1)$ ；

(2) $f(x,y) = \ln(x + \dfrac{y}{2x})$ ，求 $f'_y(1,0)$.

3. 求函数 $z = \ln(e^x + e^y)$ 的所有二阶偏导数.

4. 证明：$u = x^y \cdot y^x$ 满足方程 $x\dfrac{\partial u}{\partial x} + y\dfrac{\partial u}{\partial y} = u(x + y + \ln u)$.

5. 求 $z = \ln(1 + x^2 + y^2)$ 在点 $(1,2)$ 处的全微分.

6. 已知 $z = (x^2 + y^2)^{xy}$，求 z'_x，z'_y.

7. 已知隐函数 $\sin(xy) - x^2 y = 0$，$y = f(x)$，求 $\dfrac{\mathrm{d}y}{\mathrm{d}x}$.

8. 已知隐函数 $x + y + z = \sin(xyz)$，$z = f(x, y)$，求 $\dfrac{\partial z}{\partial x}$、$\dfrac{\partial z}{\partial y}$.

9. 求抛物线 $y = x^2$ 和直线 $x + y + 2 = 0$ 之间的最短距离.

10. 用 108 m² 的木板，做一无盖的长方体木箱，尺寸如何选择，其容积最大?

附件 8   数学实验：用 Matlab 求偏导数

一、求偏导命令

diff(f,t):表示 f 对 t 求导；

diff(f,x,2):f 对 x 求二阶偏导；

diff(f,x,n):f 对 x 求 n 阶偏导.

diff(diff(f,x),y):求二阶偏导 $\dfrac{\partial^2 f}{\partial x \partial y}$.

格式:>> syms x y
　　>> diff(f,x,n)   (n:表示求导的阶数)
　　>> simplify(dy)   (化简)
　　>> pretty(dy)   (回车按数学习惯显示答案)

例 26 $z = x^3 \mathrm{e}^{-y}$，求 $\dfrac{\partial^2 z}{\partial x^2}$，$\dfrac{\partial^2 z}{\partial x \partial y}$.

解 >> syms x y
　　>> f= x^3* exp(- y);
　　>> diff(f,x,2)

回车得:$\dfrac{\partial^2 z}{\partial x^2} = 6* x* \exp(- y)$， $\dfrac{\partial^2 z}{\partial x \partial y} = - 3* x\text{^}2* \exp(- y)$

例 27 求 $f(x, y) = xy + x(y^2 - 1)$ 的二阶混合偏导 $\dfrac{\partial^2 z}{\partial x \partial y}$.

解 >> syms x y
　　>> f= x* y+ x* (y^2- 1);
　　>> diff(diff(f,x),y)

回车得:1+ 2* y(用笔还快一些)，所以 $\dfrac{\partial^2 z}{\partial x \partial y} = 1 + 2y$.

例 28 已知 $z = u^2 \ln v$，而 $u = \dfrac{x}{y}$，$v = 3y - 2x$，求 $\dfrac{\partial z}{\partial x}$，$\dfrac{\partial z}{\partial y}$.

解法一 >> syms x y z u v
　　　　>> u= x/y;
　　　　>> v= 3* y- 2* x;
　　　　>> z= u^2* log(v);
　　　　>> diff(z,x)

回车得：$\dfrac{\partial z}{\partial x}$ = 2* x/y^2* log(3* y- 2* x)- 2* x^2/y^2/(3* y- 2* x)，

>> pretty(dy)   （回车按数学习惯显示答案）。

解法二　　>> syms x y z

>> z= (x/y)^2* log(3* y- 2* x);

>> diff(z,x)

回车得：$\dfrac{\partial z}{\partial x}$ = 2* x/y^2* log(3* y- 2* x)- 2* x^2/y^2/(3* y- 2* x).（解法二好）

例 29　设 $z = (2x + y)^{xy}$，求 $\dfrac{\partial z}{\partial x}$ 和 $\dfrac{\partial z}{\partial y}$.

解　　>> syms x y z

>> z= (2* x+ y)^(x* y);

>> diff(z,x), diff(z,y)

回车得：

$\dfrac{\partial z}{\partial x}$ = (2* x+ y)^(x* y)* (y* log(2* x+ y)+ 2* x* y/(2* x+ y));

$\dfrac{\partial z}{\partial y}$ = (2* x+ y)^(x* y)* (x* log(2* x+ y)+ x* y/(2* x+ y)).

二、隐函数求导

$$\frac{\mathrm{d}y}{\mathrm{d}x} = -\frac{F'_x}{F'_y}$$

$$\frac{\partial z}{\partial x} = -\frac{F'_x}{F'_z}, \qquad \frac{\partial z}{\partial y} = -\frac{F'_y}{F'_z}$$

例 30　已知：$xy + y^2 + \sin x + \cos y = 0$，$y = f(x)$，求 $\dfrac{\mathrm{d}y}{\mathrm{d}x}$.

解　令 $F = xy + y^2 + \sin x + \cos y$.

>> syms x y;

>> F= x* y+ y^2+ sin(x)+ cos(y);

>> - diff(F,x)/diff(F,y)

回车得：(- y- cos(x))/(x+ 2* y- sin(y))，$\therefore \dfrac{\mathrm{d}y}{\mathrm{d}x} = -\dfrac{F_x}{F_y} = -\dfrac{y+ \cos x}{x+ 2y- \sin y}$.

例 31　设 $x^2 + y^2 + z^2 - 4z = 0$，$z = f(x,y)$，求 $\dfrac{\partial z}{\partial x}$.

解　$F = x^2 + y^2 + z^2 - 4z$.

>> syms x y z;

>> F= x^2+ y^2+ z^2- 4* z;

>> - diff(F,x)/diff(F,z)

回车得：- 2* x/(2* z- 4)，$\therefore \dfrac{\partial z}{\partial x} = \dfrac{x}{z- 2}$.

第9章　重积分、曲线积分与曲面积分

求平面图形、立体图形的重心和转动惯量等，用到二重积分、三重积分、曲线积分和曲面积分等。

9.1　二重积分的概念与性质、在直角坐标下计算二重积分

9.1.1　二重积分的概念

引例 1　求曲顶柱体的体积

设有一立体，它的底是 xy 平面上的一个有界闭区域 D，它的侧面以 D 的边界线为准线，母线平行于 z 轴的柱面，它的顶面是曲面 $z = f(x,y)$，函数 $z = f(x,y)$ 在 D 上非负且连续，这样的立体称为曲顶柱体，试求它的体积 V（见图 9-1）.

由于曲顶柱体的顶面不是一个规则几何体，因此我们无法直接计算曲顶柱体体积，但如果采用定积分的思想，就不难解决这个问题.

分割： 如图 9-1（a）所示，将底面 D 任意分成 n 个小闭区域 $\Delta\sigma_1, \Delta\sigma_2, \cdots, \Delta\sigma_n$，分别以这些闭区域的边际曲线为准线，作母线平行于 z 轴的柱面，这些柱面把原来的曲顶柱体分成 n 个细曲顶柱体.

求和： 当这些小闭区域 $\Delta\sigma_i$ 的直径足够小时，这些细曲顶柱体可以近似看作平顶柱体. 我们在每个 $\Delta\sigma_i$ 中任取一点 (ξ_i, η_i)，以 $f(\xi_i, \eta_i)$ 为高而底为 $\Delta\sigma_i$（底面面积也设为 $\Delta\sigma_i$）的平顶柱体的体积为 $f(\xi_i, \eta_i)\Delta\sigma_i$，此时曲顶柱体的体积 V 的近似值为 $\sum\limits_{i=1}^{n} f(\xi_i, \eta_i)\Delta\sigma_i$，即

$$V \approx \sum_{i=1}^{n} f(\xi_i, \eta_i) \cdot \Delta\sigma_i$$

取极限： 令 λ 为各小闭区域的直径中的最大值，则 $V = \lim\limits_{\lambda \to 0}\sum\limits_{i=1}^{n} f(\xi_i, \eta_i)\Delta\sigma_i$.

引例 1 可用 **"微元法"** 理解：如图 9-1（b）所示，在底面 D 内任取一点 (x,y)，则必有微小块 $d\sigma$ 围着点 (x,y)［包括点 (x,y) 在 $d\sigma$ 的边界上］，其面积也设为 $d\sigma$，称为面积微元，相应地得到一个小曲顶柱体，此小曲顶柱体可看成平顶柱体，其高为 $z = f(x,y)$，其体积为 $dV = f(x,y)d\sigma$，称其为体积微元. D 内每一点 (x,y) 都有这样的体积微元，所以当点 (x,y) 取遍 D 时，就得到无穷多个这样的体积微元 dV，这无穷多个体积微元之和（存在）就是整个曲顶柱体的体积 V.

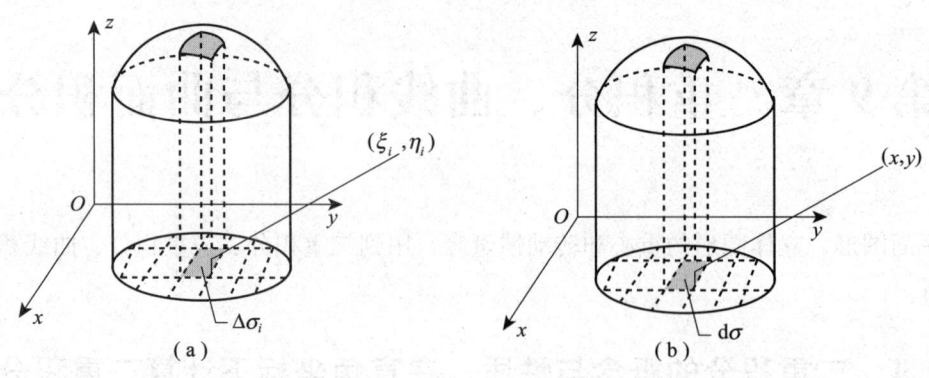

图 9 - 1

引例 2　不均匀平面薄片的质量

设一平面薄板，在 xy 平面上占有闭区域 D，其面密度为 $\mu = \mu(x,y)$，μ 是 D 上的连续函数，试求薄板的质量.

由于平面薄片是不均匀的，因此我们无法直接计算. 但是我们仍然可以利用分割的思想，求出其质量 m.

分割： 如图 9-2（a）所示，将平面薄板 D 任意分成 n 个小块 $\Delta\sigma_1, \Delta\sigma_2, \cdots, \Delta\sigma_n$.

求和： 由于面密度 μ 连续，则当这些小块 $\Delta\sigma_i$ 的直径足够小的时候，这些小块就可以近似看作均匀薄板. 在 $\Delta\sigma_i$ 中任取一点 (ξ_i, η_i)，则 $\mu(\xi_i, \eta_i)\Delta\sigma_i$ 可以看作第 i 个小块质量的近似值，则

$$m \approx \sum_{i=1}^{n} \mu(\xi_i, \eta_i)\Delta\sigma_i$$

取极限： 令 λ 为各小闭区域的直径中的最大值，则 $m = \lim\limits_{\lambda \to 0} \sum\limits_{i=1}^{n} \mu(\xi_i, \eta_i)\Delta\sigma_i$.

引例 2 用微元法理解：如图 9-2（b）所示，在 D 内任取一点 (x,y)，则必有微小块 $\mathrm{d}\sigma$ 围着点 (x,y)［包括点 (x,y) 在 $\mathrm{d}\sigma$ 的边界上］，其面积也设为 $\mathrm{d}\sigma$，称为面积微元，在微小块 $\mathrm{d}\sigma$ 上可看成匀质，则有质量微元为

$$\mathrm{d}m = \mu(x,y) \cdot \mathrm{d}\sigma$$

D 内每一点 (x,y) 都有这样的质量微元，所以当点 (x,y) 取遍 D 时，就得到无穷多个这样的质量微元 $\mathrm{d}m$，这无穷多个质量微元之和（存在）就是整个平面薄片的质量.

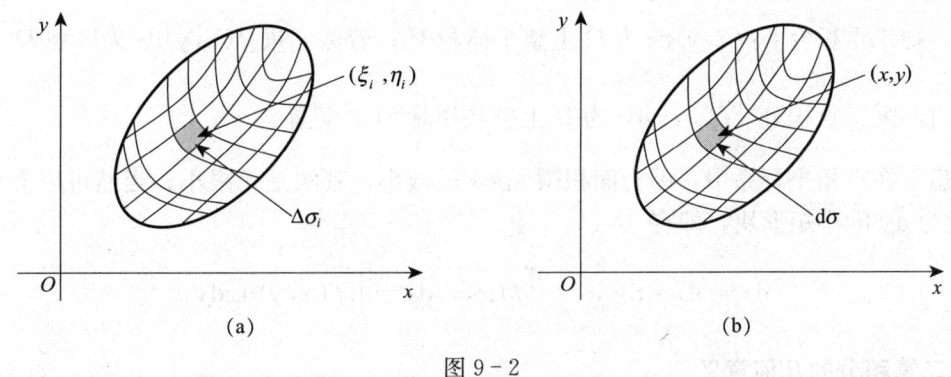

图 9-2

1. 用极限定义二重积分

上面两个问题的实际意义虽然不同，但所求量都归结为同一形式的和的极限．在物理、力学、几何和工程技术中，有许多物理量或几何量都可归结为这一形式的和的极限．因此我们要一般地研究这种和的极限，并抽象出下述二重积分的定义．

定义 9.1 设 $f(x,y)$ 是有界闭区域 D 上的有界函数．将闭区域 D 任意分成 n 个小闭区域，其中 $\Delta\sigma_i$ 表示第 i 个小闭区域，也表示其面积．在每个小闭区域上任取一点 (ξ_i,η_i)，作乘积 $f(\xi_i,\eta_i)\Delta\sigma_i$，并作和 $\sum\limits_{i=1}^{n}f(\xi_i,\eta_i)\Delta\sigma_i$．如果当各小闭区域的直径中的最大值 λ 趋于零时，这和的极限总存在，则称此极限为函数 $f(x,y)$ 在闭区域上 D 的二重积分，记作

$$\iint\limits_{D}f(x,y)\mathrm{d}\sigma$$

即

$$\iint\limits_{D}f(x,y)\mathrm{d}\sigma=\lim_{\lambda\to 0}\sum_{i=1}^{n}f(\xi_i,\eta_i)\Delta\sigma_i$$

其中，$f(x,y)$ 叫作**被积函数**，$f(x,y)\mathrm{d}\sigma$ 叫作**被积表达式**，$\mathrm{d}\sigma$ 叫作**面积微元**，x 与 y 叫作**积分变量**，D 叫作**积分区域**，$\sum\limits_{i=1}^{n}f(\xi_i,\eta_i)\Delta\sigma_i$ 叫作**积分和**．

2. 用微元法定义二重积分

定义 9.2 设 D 是 xOy 平面内的有界闭区域，函数 $f(x,y)$ 在 D 上有界，任取一点 $(x,y)\in D$，必有面积微元 $\mathrm{d}\sigma$ 包着点 (x,y)，若乘积微元 $f(x,y)\mathrm{d}\sigma$ 有意义，表示某问题在 D 上的微元量，当点 (x,y) 取遍 D 时，就有无穷多个乘积微元量 $f(x,y)\mathrm{d}\sigma$，这无穷多个乘积微元量 $f(x,y)\mathrm{d}\sigma$ 的和（存在）就是某问题在 D 上的总量，即为函数 $f(x,y)$ 在 D 上的积分，因对平面区域 D 的积分，所以改用新的积分符号，记为 $\iint\limits_{D}f(x,y)\mathrm{d}\sigma$，称为二重积分．

其中，$f(x,y)$ 为被积函数；$f(x,y)\mathrm{d}\sigma$ 为被积表达式；$\mathrm{d}\sigma$ 为面积微元；x、y 为积分变量；D 为积分区域．

$\iint\limits_{D}f(x,y)\mathrm{d}\sigma$ 是一个数学模型，实际意义是：若 $f(x,y)\mathrm{d}\sigma$ 表示某问题在 D 上的微元量，则二重积分 $\iint\limits_{D}f(x,y)\mathrm{d}\sigma$ 表示该问题在 D 上的总量．例如，若微元量 $f(x,y)\mathrm{d}\sigma$ 为 D 上的体

积微元，则二重积分 $\iint\limits_{D} f(z,y)\mathrm{d}\sigma$ 为 D 上整个体积 V；若微元量 $f(x,y)\mathrm{d}\sigma$ 为区域 D 上的质量微元时，则二重积分 $\iint\limits_{D} f(x,y)\mathrm{d}\sigma$ 为 D 上整块质量 M，等等.

注意　在直角坐标系中，因为面积微元 $\mathrm{d}\sigma$ 很微小，其实是无限小，当然可以看成长为 $\mathrm{d}x$、宽为 $\mathrm{d}y$ 的小矩形块，即有

$$\mathrm{d}\sigma = \mathrm{d}x \cdot \mathrm{d}y , \qquad \iint\limits_{D} f(x,y)\mathrm{d}\sigma = \iint\limits_{D} f(x,y)\mathrm{d}x\mathrm{d}y$$

3. 二重积分的几何意义

由引例 1 知，二重积分的几何意义是：$f(x,y) \geqslant 0$，

$$\iint\limits_{D} f(x,y)\mathrm{d}\sigma = \text{底为 } D, \text{顶为曲面 } z = f(x,y) \text{ 的曲顶柱体的体积 } V,$$

特别 $f(x,y) \equiv 1$ 时，且底面 D 的面积为 σ，则 $\iint\limits_{D}\mathrm{d}\sigma = \sigma \cdot 1 = \sigma$（$D$ 的面积）.

这里我们要指出，当 $f(x,y)$ 在闭区域上连续时，二重积分 $\iint\limits_{D} f(x,y)\mathrm{d}\sigma$ 必定存在.

9.1.2　在直角坐标系下计算二重积分

计算二重积分的主要思路是：把二重积分化为二次定积分.
设函数 $z = f(x,y) \geqslant 0$ 在有界闭区域 D 上连续.

1. 积分区域 D 为 X 型区域

X 型区域即由两条平行直线 $x = a$，$x = b$（$a < b$），两条曲线 $y = \varphi_1(x)$，$y = \varphi_2(x)$ $[\varphi_1(x) \leqslant \varphi_2(x)]$ 所围成（见图 9-3），即

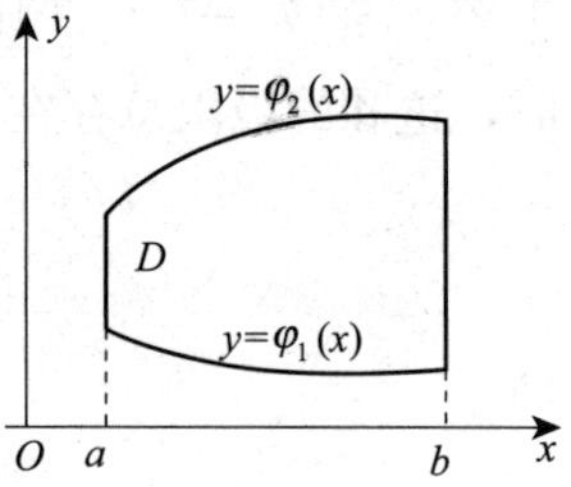

图 9-3

$$D : a \leqslant x \leqslant b , \varphi_1(x) \leqslant y \leqslant \varphi_2(x)$$

如图 9-4 所示，对于曲顶柱体，任取一点 $x \in [a,b]$，用过点 x 且垂直于 x 轴的平面去截曲顶柱体所得的截面（如图中的阴影部分）是以区间 $[\varphi_1(x), \varphi_2(x)]$ 段为底，$z = f(x, y)$ 为曲边，其他两边平行于 z 轴的曲边梯形，由定积分的几何意义知这一截面面积为

$$A = \int_{\varphi_1(x)}^{\varphi_2(x)} f(x,y)\mathrm{d}y .$$

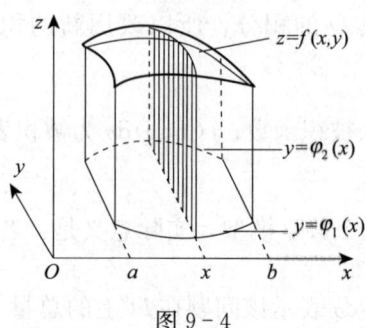

图 9-4

再如图 9-5 在 $[a,b]$ 上取一微段 $[x,x+\mathrm{d}x]$，得到一个小薄片立体（可近似地看成一个小直柱体），则得体积微元为

$$\mathrm{d}V = A\mathrm{d}x$$

由微元法得曲顶柱体的体积为

$$V = \int_a^b A\mathrm{d}x = \int_a^b \Big[\int_{\varphi_1(x)}^{\varphi_2(x)} f(x,y)\mathrm{d}y\Big]\mathrm{d}x$$

又因曲顶柱体的体积为

$$V = \iint\limits_D f(x,y)\mathrm{d}\sigma$$

所以

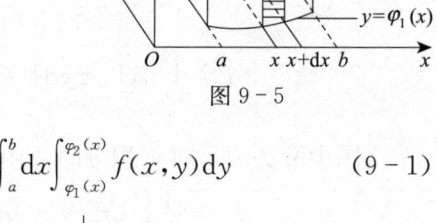

图 9-5

$$\iint\limits_D f(x,y)\mathrm{d}\sigma = \int_a^b \Big[\int_{\varphi_1(x)}^{\varphi_2(x)} f(x,y)\mathrm{d}y\Big]\mathrm{d}x = \int_a^b \mathrm{d}x \int_{\varphi_1(x)}^{\varphi_2(x)} f(x,y)\mathrm{d}y \qquad (9-1)$$

$$\downarrow \qquad\qquad\qquad\qquad \downarrow$$

二重积分 二次定积分（先对 y 积后对 x 积）

二重积分化为二次积分来计算.

2. 积分区域 D 为 Y 型区域

Y 型区域即由两平行线 $y=c$，$y=d$（$c<d$），两条连续曲线 $x=\psi(y)$，$x=\varphi(y)$ $[\psi(y)\leqslant\varphi(y)]$ 所围成（如图 9-6），即

$$D: c\leqslant y\leqslant \mathrm{d}，\psi(y)\leqslant x\leqslant\varphi(y)$$

同理可得如下公式：

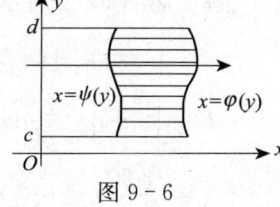

图 9-6

$$\iint\limits_D f(x,y)\mathrm{d}\sigma = \int_c^d \mathrm{d}y \int_{\psi(y)}^{\varphi(y)} f(x,y)\mathrm{d}x \text{（先对 x 积后对 y 积）} \qquad (9-2)$$

注意 （1）上面推导公式时，假设在 D 上 $f(x,y)\geqslant 0$，实际上这个条件去掉，两个公式仍然成立.

（2）两个积分公式特点是，排在第一个定积分的上下限均是常数，排在第二个定积分的上下限一般是函数（有时也可能是常数），

公式 $(9-1)$ $\iint\limits_D f(x,y)\mathrm{d}\sigma = \int_a^b \mathrm{d}x \int_{\varphi_1(x)}^{\varphi_2(x)} f(x,y)\mathrm{d}y$，后一积分变量是 y，则积分上下限是 x 的表达式；

公式 $(9-2)$ $\iint\limits_D f(x,y)\mathrm{d}\sigma = \int_c^d \mathrm{d}y \int_{\psi(y)}^{\varphi(y)} f(x,y)\mathrm{d}x$，后一个积分变量是 x，则积分上下限是 y 的表达式.

例 1 计算 $I = \iint\limits_D \dfrac{x^2}{1+y^2}\mathrm{d}x\mathrm{d}y$，其中 $D = \{(x,y)\,|\,1\leqslant x\leqslant 2，0\leqslant y\leqslant 1\}$.

解 如图 9-7 所示，D 是矩形，

$$I = \int_1^2 \mathrm{d}x \int_0^1 \frac{x^2}{1+y^2}\mathrm{d}y = \int_1^2 x^2\arctan y\Big|_0^1\mathrm{d}x = \frac{\pi}{4}\int_1^2 x^2\mathrm{d}x$$

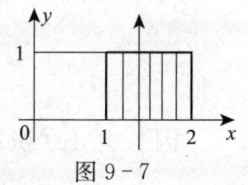

图 9-7

$$= \frac{\pi}{4} \times \frac{7}{3} = \frac{7}{12}\pi \text{（图中箭头表示对 } y \text{ 积分，由下积到上）}$$

此题也可以先对 x 积，后对 y 积，读者亲手试一试.

例 2 计算 $I = \iint\limits_{D} xy \mathrm{d}x\mathrm{d}y$，其中 D 为曲线 $y = x^2$ 及 $x = y^2$ 所围
的闭区域.

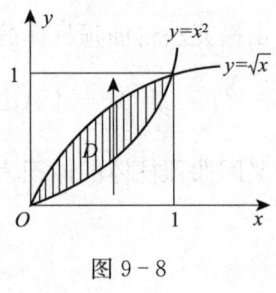

解 如图 9-8 所示，

$$D: 0 \leqslant x \leqslant 1, x^2 \leqslant y \leqslant \sqrt{x}.$$

$$I = \int_0^1 \mathrm{d}x \int_{x^2}^{\sqrt{x}} xy \mathrm{d}y = \int_0^1 \left(x\frac{y^2}{2} \right)\Big|_{x^2}^{\sqrt{x}} \mathrm{d}x$$

图 9-8

（图中箭头表示对 y 积分时，由下积到上）

$$= \frac{1}{2}\int_0^1 (x^2 - x^5)\mathrm{d}x = \frac{1}{2}\left(\frac{1}{3}x^3 - \frac{1}{6}x^6 \right)\Big|_0^1 = \frac{1}{12}$$

例 3 计算 $I = \iint\limits_{D} \frac{x^2}{y^2}\mathrm{d}x\mathrm{d}y$，$D$ 由直线 $y = x$，$y = \sqrt{3}$ 和曲线 $y^2 = x$ 所围的闭区域.

解 如图 9-9 所示，

$$D: 1 \leqslant y \leqslant \sqrt{3}, y \leqslant x \leqslant y^2.$$

$$I = \int_1^{\sqrt{3}}\mathrm{d}y \int_y^{y^2} \frac{x^2}{y^2}\mathrm{d}x = \int_1^{\sqrt{3}} \frac{1}{y^2}\frac{1}{3}x^3\Big|_y^{y^2} \mathrm{d}y$$

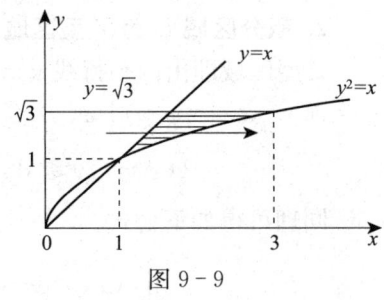

$$= \frac{1}{3}\int_1^{\sqrt{3}} (y^4 - y)\mathrm{d}y = \frac{1}{3}\left(\frac{y^5}{5} - \frac{y^2}{2} \right)\Big|_1^{\sqrt{3}}$$

图 9-9

$$= \frac{3\sqrt{3} - 2}{5} \text{（图中箭头表示对 } x \text{ 积分，由左积到右）}$$

将二重积分化为二次积分，确定积分上、下限是一个难点，例 3 的解法，如果采用积分顺序是先对 y 积分后对 x 积分 $I = \int \mathrm{d}x \int \frac{x^2}{y^2}\mathrm{d}y$，如何确定积分上、下限？$x$ 的范围容易确定为 $1 \leqslant x \leqslant 3$，$y$ 的范围就麻烦了，y 的下限是一根线 $y = \sqrt{x}$，而 y 的上限有两根线 $y = x$，$y = \sqrt{3}$，而只用一根，用谁呢？所以就要分区域积分. 但是，在计算积分时尽量不要分区域积分，因为分区域积分的计算量大，所以应该交换积分顺序. 实在要分区域积分时才分区域积分.

例 4 计算 $I = \iint\limits_{D} x^2 \mathrm{e}^{-y^2}\mathrm{d}x\mathrm{d}y$，其中 D：由 $x = 0$，$y = 1$，$y = x$ 所围的闭区域.

解法一（笔算） 如图 9-10 所示，

(1) 对区域 D 来说，积分顺序随便；

(2) 对被积函数来说，若先对 y 积，后对 x 积：

$$I = \int_0^1 \mathrm{d}x \int_x^1 x^2 \mathrm{e}^{-y^2}\mathrm{d}y \tag{9-3}$$

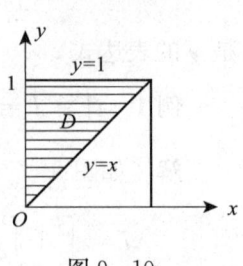

图 9-10

因 $\int \mathrm{e}^{-y^2}\mathrm{d}y$ "积不出来"，所以要交换积分顺序. 于是

$$I = \int_0^1 dy \int_0^y x^2 e^{-y^2} dx = \int_0^1 e^{-y^2} \frac{1}{3} x^3 \Big|_0^y dy = \frac{1}{3} \int_0^1 y^3 e^{-y^2} dy$$

$$= \frac{1}{6} \int_0^1 y^2 e^{-y^2} dy^2 = \frac{1}{6} \int_0^1 t e^{-t} dt = \frac{1}{6} - \frac{1}{3e} \text{(由分部积分法求得)} .$$

解法二 （电脑算）$I = \int_0^1 dy \int_0^y x^2 e^{-y^2} dx$

```
syms x y
int(int(x^2* exp(- y^2),x,0,y),y,0,1)
回车得 ans = 1/6- 1/3* exp(- 1).
```

用电脑可以计算（9-3）式.

一般来说，在计算量比较大的情况下用电脑计算，而简单的计算用笔算，如上面例 4 积分有一定的复杂性，所以可以考虑用电脑计算，但是，在用电脑计算之前，一定要熟悉将二重积分化为二次积分后，才能用电脑计算. 否则，用电脑计算二重积分是一句空话，关于用电脑计算二重积分，详见本章最后的附件 9.

例 5 交换积分 $I = \int_0^1 dx \int_x^{\sqrt{x}} f(x,y) dy$ 顺序.

解 第一步：写出积分区域 D

$$0 \leqslant x \leqslant 1 , x \leqslant y \leqslant \sqrt{x}$$

第二步：画出区域 D 的图形（见图 9-11）.

第三步：写出结果 $I = \int_0^1 dy \int_{y^2}^y f(x,y) dx$.

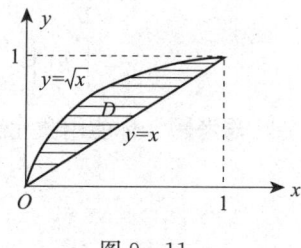

图 9-11

注意 计算二重积分时，选择积分顺序是关键，要根据积分区域 D 和被积函数来选择积分顺序. 若针对积分区域 D 选择积分顺序时，原则是尽量不要出现分区域积分的现象，即用穿线法来判断，若对 x 积分，从左积到右，用平行于 x 轴的直线去穿区域 D，穿进、穿出区域都必须是一根线，如上面的例 3，同理对 y 积分时，从下积到上，用平行于 y 轴的直线去穿区域 D，穿进、穿出区域都必须是一根线. 若针对被积函数选择积分顺序时，原则是积分要简便或者积分要积得出来，如上面的例 4.

9.1.3 二重积分的性质

二重积分的性质与定积分的性质完全类似，现列举如下（以下积分均存在）.

(1) $\iint\limits_D kf(x,y) d\sigma = k \iint\limits_D f(x,y) d\sigma$（$k$ 为常数）.

(2) $\iint\limits_D [f(x,y) \pm g(x,y)] d\sigma = \iint\limits_D f(x,y) d\sigma \pm \iint\limits_D g(x,y) d\sigma$.

(3) 积分区域可加性，若 $D = D_1 + D_2$，则

$$\iint\limits_D f(x,y) d\sigma = \iint\limits_{D_1} f(x,y) d\sigma + \iint\limits_{D_2} f(x,y) d\sigma$$

（4）若在区域 D 上，恒有 $f(x,y) \leqslant g(x,y)$，则 $\iint\limits_D f(x,y)\mathrm{d}\sigma \leqslant \iint\limits_D g(x,y)\mathrm{d}\sigma$；特别若 $f(x,y) \leqslant 0$，则 $\iint\limits_D f(x,y)\mathrm{d}\sigma \leqslant 0$.

（5）若 M 与 m 分别是函数 $f(x,y)$ 在 D 上的最大值与最小值，σ 是 D 的面积，则

$$m\sigma \leqslant \iint\limits_D f(x,y)\mathrm{d}\sigma \leqslant M\sigma$$

（6）中值定理：设函数 $f(x,y)$ 在有界闭区域 D 上连续，σ 是 D 的面积，则在 D 上至少存在一点 (ξ,η)，使得 $\iint\limits_D f(x,y)\mathrm{d}\sigma = f(\xi,\eta) \cdot \sigma$.

上面等式的右端是以 $f(\xi,\eta)$ 为高，D 为底的平顶柱体的体积.

以上性质的证明问题，除性质（3）可用二重积分的几何意义来证明之外，其他性质的证明思路如下：因为二重积分可化为二次积分来计算，所以可用定积分相应的性质来证明之，下面以证明性质（1）为例，其他性质的证明类似.

证明 左 $= \iint\limits_D kf(x,y)\mathrm{d}\sigma = \int_a^b \left[\int_{\varphi_1(x)}^{\varphi_2(x)} kf(x,y)\mathrm{d}y \right]\mathrm{d}x$

$= \int_a^b k\left[\int_{\varphi_1(x)}^{\varphi_2(x)} f(x,y)\mathrm{d}y \right]\mathrm{d}x = k\int_a^b \left[\int_{\varphi_1(x)}^{\varphi_2(x)} f(x,y)\mathrm{d}y \right]\mathrm{d}x = k\iint\limits_D f(x,y)\mathrm{d}\sigma$

思考题 你能用微元法来理解二重积分的定义吗? 二重积分化为二次积分计算要注意什么?

习 题 9.1

1. 填空：

（1）设 $D: x^2 + y^2 \leqslant 1$，则 $\iint\limits_D \mathrm{d}\sigma = \underline{\qquad}$；

（2）设 D 是以原点为中心，R 为半径的圆，则 $\iint\limits_D \sqrt{R^2 - x^2 - y^2}\mathrm{d}\sigma = \underline{\qquad}$.

2. 试用二重积分表示由下列曲面所围曲顶柱体的体积 V，并画出曲顶柱体在 xy 平面上的底 D 的图形：

（1）$az = y^2$，$x^2 + y^2 = R^2$，$z = 0 (a > 0, R > 0)$；

（2）$z = x^2 + y^2$，$y = x^2$，$y = 1$，$z = 0$.

3. 一薄板位于 xy 平面上，占有的区域为 D. 设在板面上分布有表面电荷密度为 $\mu(x,y)$ 的电荷，且 $\mu(x,y)$ 在 D 上连续，试写出此板面上全部电荷 Q 的二重积分表达式.

4. 一薄板位于 xy 平面上，占有的区域为 D，设在薄板上的压力分布为 $f(x,y)$，且 $f(x,y)$ 在 D 上连续，试写出此板上总压力 F 的二重积分表达式.

5. 交换二次积分的次序：

（1）$I = \int_0^1 \mathrm{d}x \int_x^1 f(x,y)\mathrm{d}y$；　　　　（2）$I = \int_0^1 \mathrm{d}x \int_{x^2}^{\sqrt{x}} f(x,y)\mathrm{d}y$；

（3）$I = \int_0^1 \mathrm{d}x \int_0^{1-x^2} f(x,y)\mathrm{d}y$；　　　　（4）$I = \int_0^2 \mathrm{d}x \int_x^{2x} f(x,y)\mathrm{d}y$.

6. 计算下列二重积分（用笔算或笔算与电脑算相结合）：

(1) $\iint\limits_{D}(x^2+y^2)\mathrm{d}\sigma$，其中 D 是矩形：$|x|\leqslant 1$，$|y|\leqslant 1$；

(2) $\iint\limits_{D}x\mathrm{e}^{xy}\mathrm{d}\sigma$，其中 D：$0\leqslant x\leqslant 1$，$-1\leqslant y\leqslant 0$；

(3) $\iint\limits_{D}(1+x)\sin y\mathrm{d}\sigma$，其中 D 是顶点分别为 $(0,0)$、$(1,0)$、$(1,2)$ 和 $(0,1)$ 的梯形区域；

(4) $\iint\limits_{D}x\sqrt{y}\mathrm{d}\sigma$，其中 D 是由 $y=\sqrt{x}$，$y=x^2$ 所围区域；

(5) $\iint\limits_{D}\mathrm{e}^{-y^3}\mathrm{d}\sigma$，其中 D 是由 $x=0$，$y=1$，$y^2=x$ 所围区域；

(6) $\iint\limits_{D}(x^2+y^2-x)\mathrm{d}\sigma$，其中 D 是由直线 $y=2$，$y=x$，$y=2x$ 所围区域；

(7) $\iint\limits_{D}(1-y)\mathrm{d}\sigma$，其中 D 是由 $y^2=x$，$x+y=2$ 所围区域；

(8) $\iint\limits_{D}xy\mathrm{d}\sigma$，其中 D 是由 $y=x^2$，$x+2y-3=0$，x 轴所围区域.

9.2　在极坐标系下计算二重积分

我们知道，有一些平面曲线在极坐标系下的方程特别简单，因此，常常需要将直角坐标系下的二重积分化为极坐标系下的二重积分，以简化计算.

9.2.1　复习直角坐标与极坐标的转换关系

如图 9-12 所示，直角坐标与极坐标的转换关系是：

$$\begin{cases}x=r\cos\theta\\y=r\sin\theta\end{cases},\ r=\sqrt{x^2+y^2}$$

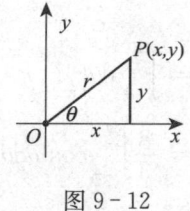

图 9-12

9.2.2　推导在极坐系下的二重积分的计算公式

若二重积分 $\iint\limits_{D}f(x,y)\mathrm{d}\sigma$ 的积分区域 D 的边界是由极坐标系下的曲线方程给出的，我们用微元法来推导计算公式.

设 D：$\alpha\leqslant\theta\leqslant\beta$，$r_1(\theta)\leqslant r\leqslant r_2(\theta)$，

$\mathrm{d}\sigma$ 是由两条射线 $\theta=\theta$、$\theta=\theta+\mathrm{d}\theta$ 及半径为 r、$r+\mathrm{d}r$ 的两条圆弧段所围的微小区域，圆弧段长为 $r\mathrm{d}\theta$. 当 $\mathrm{d}\theta$ 和 $\mathrm{d}r$ 很小时，微小区域 $\mathrm{d}\sigma$ 可看作长为 $r\mathrm{d}\theta$、宽为 $\mathrm{d}r$ 的小矩形，所以

$$\mathrm{d}\sigma=r\mathrm{d}\theta\cdot\mathrm{d}r\ (见图 9-13)$$

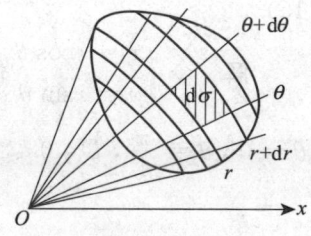

图 9-13

于是把 $\begin{cases} x = r\cos\theta \\ y = r\sin\theta \end{cases}$ 及 $\mathrm{d}\sigma = r\mathrm{d}\theta \cdot \mathrm{d}r$，代入 $\iint\limits_D f(x,y)\mathrm{d}\sigma$ 得公式

$$\iint\limits_D f(x,y)\mathrm{d}\sigma = \iint\limits_D f(r\cos\theta, r\sin\theta) \cdot r\mathrm{d}r\mathrm{d}\theta = \int_\alpha^\beta \mathrm{d}\theta \int_{r_1(\theta)}^{r_2(\theta)} f(r\cos\theta, r\sin\theta)r\mathrm{d}r$$

9.2.3 使用极坐标变换的情况

当积分区域 D 为圆域或边界方程含有 $x^2 + y^2$ 时，采用极坐标变换计算二重积分较为简便．

例 6 计算 $I = \iint\limits_D \sqrt{1-x^2-y^2}\mathrm{d}\sigma$，其中 D 为圆域 $x^2 + y^2 \leqslant 1$（此题其实是求单位球上半部分的体积）．

解 令 $\begin{cases} x = r\cos\theta \\ y = r\sin\theta \end{cases}$，$D: 0 \leqslant \theta \leqslant 2\pi$，$0 \leqslant r \leqslant 1$．于是有

$$I = \int_0^{2\pi}\mathrm{d}\theta\int_0^1 \sqrt{1-r^2}\cdot r\mathrm{d}r = \int_0^{2\pi} -\frac{1}{3}(1-r^2)^{\frac{3}{2}}\bigg|_0^1 \mathrm{d}\theta = \int_0^{2\pi}\frac{1}{3}\mathrm{d}\theta = \frac{2\pi}{3}$$

例 7 计算 $I = \iint\limits_D \sqrt{x^2+y^2}\mathrm{d}\sigma$，其中 D 为圆域：$x^2 + y^2 \leqslant 2x$．

解 如图 9 - 14 所示，令 $\begin{cases} x = r\cos\theta \\ y = r\sin\theta \end{cases}$，

$$D: -\frac{\pi}{2} \leqslant \theta \leqslant \frac{\pi}{2}，0 \leqslant r \leqslant 2\cos\theta$$

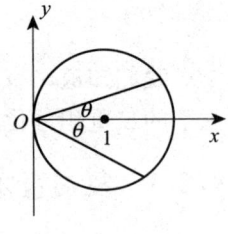

所以 $I = \int_{-\frac{\pi}{2}}^{\frac{\pi}{2}}\mathrm{d}\theta\int_0^{2\cos\theta} r \cdot r\mathrm{d}r = \frac{1}{3}\int_{-\frac{\pi}{2}}^{\frac{\pi}{2}}(2\cos\theta)^3\mathrm{d}\theta$

图 9 - 14

$$= \frac{8}{3}\int_{-\frac{\pi}{2}}^{\frac{\pi}{2}}\cos^3\theta\mathrm{d}\theta = \frac{16}{3}\int_0^{\frac{\pi}{2}}\cos^3\theta\mathrm{d}\theta = \frac{16}{3}\times\frac{2!!}{3!!} = \frac{16}{3}\times\frac{2}{3} = \frac{32}{9}.$$

思考题 把例 7 改为计算 $I = \iint\limits_D \sqrt{x^2+y^2}\mathrm{d}\sigma$，其中 D 为圆域：$x^2 + y^2 \leqslant 2y$，请读者完成．

例 8 计算 $I = \iint\limits_D \arctan\frac{y}{x}\mathrm{d}x\mathrm{d}y$，其中区域 D 为圆 $x^2 + y^2 = 1$ 和 $x^2 + y^2 = 9$ 与直线 $y = x$，$y = 0$ 所围的第一象限区域（见图 9 - 15）．

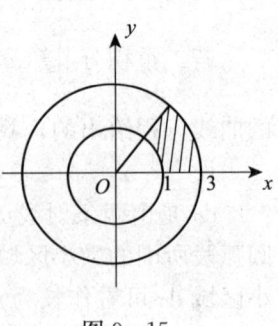

解 令 $\begin{cases} x = r\cos\theta \\ y = r\sin\theta \end{cases}$ 代入积分区域 D 的边界得 $r = 1$，$r = 3$，

$\theta = 0$，$\theta = \frac{\pi}{4}$，$D: 0 \leqslant \theta \leqslant \frac{\pi}{4}$，$1 \leqslant r \leqslant 3$，于是

图 9 - 15

$$I = \int_0^{\frac{\pi}{4}}\mathrm{d}\theta\int_1^3 \theta \cdot r\mathrm{d}r = \int_0^{\frac{\pi}{4}}\theta\mathrm{d}\theta\int_1^3 r\mathrm{d}r$$

$$= \frac{1}{2}\theta^2 \bigg|_0^{\frac{\pi}{4}} \cdot \frac{1}{2}r^2 \bigg|_1^3 = \frac{\pi^2}{32} \cdot \frac{8}{2} = \frac{\pi^2}{8}$$

思考题　用极坐标变换计算二重积分要注意什么？

习题 9.2

用极坐标计算下列二重积分：

(1) $\iint\limits_D e^{x^2+y^2}d\sigma$，其中 D：由圆 $x^2+y^2=4$ 所围；

(2) $\iint\limits_D x^2 d\sigma$，其中 D：由圆 $x^2+y^2=1$，$x^2+y^2=4$ 所围的环形区域；

(3) $\iint\limits_D (1-2x-3y)d\sigma$，其中 D：是圆域 $x^2+y^2 \leqslant 25$；

(4) $\iint\limits_D \ln(1+x^2+y^2)d\sigma$，其中 D：是圆 $x^2+y^2=1$ 及坐标轴所围成的在第一象限的区域.

9.3　二重积分的应用

9.3.1　几何应用

1. 求平面面积

求平面面积本来归为用定积分来求，但是用二重积分也可以求平面面积. 前面已经知道：当 $f(x,y)=1$ 时，$\iint\limits_D dxdy = \sigma \cdot 1 = \sigma$（区域 D 的面积）.

例 9　求由曲线 $y=x^2$ 与 $y=4x-x^2$ 所围图形的面积（图 9-16 用二重积分计算）.

解　$A = \iint\limits_D dxdy$，其中 D 是由 $y=x^2$，$y=4x-x^2$ 所围区域，

$$A = \int_0^2 dx \int_{x^2}^{4x-x^2} dy = \int_0^2 y \bigg|_{x^2}^{4x-x^2} dx = \int_0^2 (4x-x^2-x^2)dx = \frac{8}{3}$$

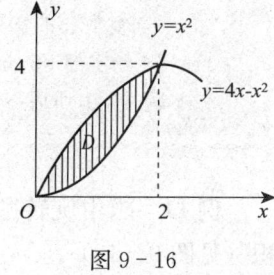

图 9-16

2. 求体积

二重积分的几何意义就是求曲顶柱体体积.

$$V = \iint\limits_D f(x,y)d\sigma = \iint\limits_D z d\sigma \qquad (z=f(x,y) \geqslant 0)$$

例 10　求球体 $x^2+y^2+z^2 \leqslant 4a^2$ 与圆柱体 $x^2+y^2 \leqslant 2ax(a>0)$ 的公共部分在第一卦

限内的体积.

解法一 (笔算) 如图 9 - 17 所示, $z = \sqrt{4a^2 - x^2 - y^2}$ (因在第一卦限内),

$$V = \iint\limits_{D} z \mathrm{d}x\mathrm{d}y = \iint\limits_{D} \sqrt{4a^2 - x^2 - y^2}\,\mathrm{d}x\mathrm{d}y,\ D: x^2 + y^2 \leqslant 2ax\ (第一象限内),$$

令 $\begin{cases} x = r\cos\theta \\ y = r\sin\theta \end{cases}$, $D: \begin{cases} 0 \leqslant \theta \leqslant \dfrac{\pi}{2} \\ 0 \leqslant r \leqslant 2a\cos\theta \end{cases}$ (因在第一象限内),

$$V = \int_0^{\frac{\pi}{2}} \mathrm{d}\theta \int_0^{2a\cos\theta} \sqrt{4a^2 - r^2}\, r\mathrm{d}r = \frac{1}{2}\int_0^{\frac{\pi}{2}} \mathrm{d}\theta \int_0^{2a\cos\theta} \sqrt{4a^2 - r^2}\, \mathrm{d}r^2$$

$$= \frac{8}{3}a^3 \int_0^{\frac{\pi}{2}} (1 - \sin^3\theta)\mathrm{d}\theta = \frac{8}{3}a^3\left(\frac{\pi}{2} - \frac{2!!}{3!!}\right) = \frac{8}{3}a^3\left(\frac{\pi}{2} - \frac{2}{3}\right)$$

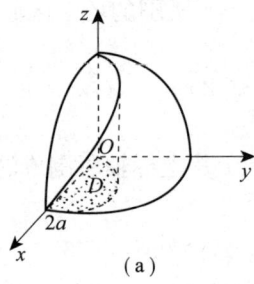 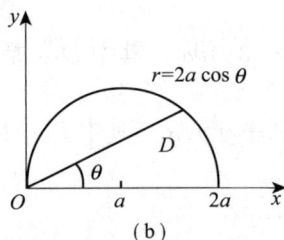

(a)　　　　　　　　　　(b)

图 9 - 17

解法二 (电脑 Matlab 算)由于键盘输入问题,把 θ 改为 t,

> ≫syms　r t a
> ≫int(int(r * (4 * a^2 − r2)^(1/2),r,0,2 * a * cos(t)),t,0,pi/2)

回车得

　　　　　ans = −4/9 * a^2 * (4 * a − 3 * csgn(a)^2 * a * pi) * csgn(a)

注:sgn(x)是实数范围内的符号函数(参见第 1 章 1.1 节的例 6);

　　csgn(x)是复数范围内的符号函数;

　　当复数 x 的实部 Re(x)> = 0 时,csgn(x)= 1;

　　x 的实部 Re(x)< = 0 时,csgn(x)= − 1.

本题 a> 0,所以 csgn(a)= 1,则 ans= − 4/9* a^2(4* a- 3* a* pi),与笔算答案一致.

例 11 求由旋转抛物面 $z = x^2 + y^2$ 与平面 $z = h$ 所围立体的体积(见图 9 - 18).

解 被积函数为 $z = h$ 与 $z = x^2 + y^2$ 的差: $h - (x^2 + y^2)$ ("上—下"),积分区域 D: 由 $\begin{cases} z = h \\ z = x^2 + y^2 \end{cases}$ 消去 z 得在 xOy 平面上的圆域

$$x^2 + y^2 \leqslant h$$

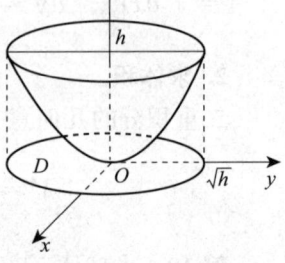

图 9 - 18

所以
$$V = \iint\limits_{D} [h - (x^2 + y^2)] \mathrm{d}x\mathrm{d}y$$

$$= h\iint\limits_{D} \mathrm{d}x\mathrm{d}y - \iint\limits_{D} (x^2 + y^2)\mathrm{d}x\mathrm{d}y$$

$$= h \cdot \pi h - \int_0^{2\pi} \mathrm{d}\theta \int_0^{\sqrt{h}} r^2 \cdot r\mathrm{d}r = \pi h^2 - 2\pi \cdot \frac{h^2}{4} = \frac{1}{2}\pi h^2$$

思考题　我们在学习用定积分求平面面积时有公式 $A = \int_a^b (\text{上} - \text{下})\mathrm{d}x$，这里用二重积分求体积时也有类似的公式 $V = \iint\limits_{D} (z_2 - z_1)\mathrm{d}\sigma = \iint\limits_{D} (\text{上} - \text{下})\mathrm{d}\sigma$，你能理解吗？请用上面例 11 加以说明.

3. 求空间曲面的面积

定理 9.1　若空间曲面 $\sum$ 的方程为 $z = f(x, y)$，D 为曲面 $\sum$ 在 xOy 平面上的投影区域，且函数 $z = f(x, y)$ 在 D 上具有连续偏导数，则该曲面面积为

$$A = \iint\limits_{D} \sqrt{1 + z_x'^2 + z_y'^2}\,\mathrm{d}\sigma$$

也可写成

$$A = \iint\limits_{D_{xy}} \sqrt{1 + \left(\frac{\partial z}{\partial x}\right)^2 + \left(\frac{\partial z}{\partial y}\right)^2}\,\mathrm{d}x\mathrm{d}y$$

例 12　证明：半径为 R 的球的表面积为 $A = 4\pi R^2$.

证明　球面的面积 A 为上半球面面积的两倍.

上半球面方程为 $z = \sqrt{R^2 - x^2 - y^2}$，而

$$\frac{\partial z}{\partial x} = \frac{-x}{\sqrt{R^2 - x^2 - y^2}}, \frac{\partial z}{\partial y} = \frac{-y}{\sqrt{R^2 - x^2 - y^2}}, \sqrt{1 + \left(\frac{\partial z}{\partial x}\right)^2 + \left(\frac{\partial z}{\partial y}\right)^2} = \frac{R}{\sqrt{R^2 - x^2 - y^2}}$$

所以 $A = 2\iint\limits_{x^2+y^2 \leqslant R^2} \sqrt{1 + \left(\frac{\partial z}{\partial x}\right)^2 + \left(\frac{\partial z}{\partial y}\right)^2}\,\mathrm{d}x\mathrm{d}y$

$$= 2\iint\limits_{x^2+y^2 \leqslant R^2} \frac{R}{\sqrt{R^2 - x^2 - y^2}}\,\mathrm{d}x\mathrm{d}y = 2R\int_0^{2\pi} \mathrm{d}\theta \int_0^R \frac{r\mathrm{d}r}{\sqrt{R^2 - r^2}} = -4\pi R\sqrt{R^2 - r^2}\,\Big|_0^R = 4\pi R^2$$

9.3.2　二重积分在物理上的应用

1. 求平面薄板的重心（质心）

当一个平面薄板（厚度忽略不计）固定在旋转轴上转动时，首先要考虑固定在重心上，

可见求重心坐标的重要性，下面推导平面薄板的重心坐标公式.

如图 9-19 所示，静力矩定义（大小）：设质点 P 的质量为 m，

点 P 对 x 轴的静力矩为 $M_x = mg \cdot y$（mg 重力），

点 P 对 y 轴的静力矩为 $M_y = mg \cdot x$，

又如图中设有一平面薄板占有 xOy 平面上闭区域 D，在点 (x,y) 处的面密度为 $\mu(x,y)$，$\mu(x,y)$ 在 D 上连续，求该薄片的重心坐标.

解 任取一点 $P(x,y) \in D$，有一面积微元 $\mathrm{d}\sigma$，质量微元为 $\mathrm{d}m = \mu(x,y)\mathrm{d}\sigma$，则该质量微元对 x 轴的静力矩微元（仅考虑大小）为

$$\mathrm{d}M_x = y \cdot (\mathrm{d}m \cdot g) = y\mu(x,y)g\mathrm{d}\sigma$$

则平面薄板对 x 轴静力矩为 $\quad M_x = g\iint_D y\mu(x,y)\mathrm{d}\sigma \qquad (9-4)$

同理对 y 轴静力矩为 $\quad M_y = g\iint_D x\mu(x,y)\mathrm{d}\sigma \qquad (9-5)$

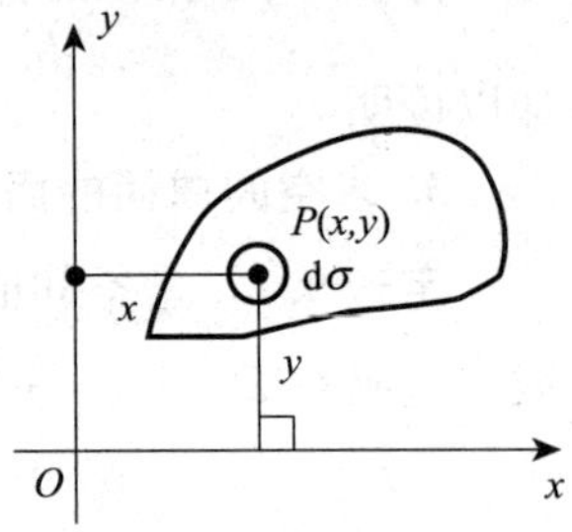

另外，设平面薄板的重心坐标为 $(\bar{x}, \bar{y})$，平面薄板的质量为 m，则平面薄板对 x 轴、y 轴的静力矩为

$$M_x = \bar{y} \cdot mg \qquad (9-6)$$
$$M_y = \bar{x} \cdot mg \qquad (9-7)$$

由 $(9-5)$ 与 $(9-7)$ 得 $\quad \bar{x} = \dfrac{M_y}{mg} = \dfrac{1}{m}\iint_D x\mu(x,y)\mathrm{d}\sigma$

由 $(9-4)$ 与 $(9-6)$ 得 $\quad \bar{y} = \dfrac{M_x}{mg} = \dfrac{1}{m}\iint_D y\mu(x,y)\mathrm{d}\sigma$

如果平面薄板匀质，即面密度是常数 μ，薄板面积为 A，则平面薄板重心为

$$\bar{x} = \frac{\mu\iint_D x\mathrm{d}\sigma}{\mu A} = \frac{\iint_D x\mathrm{d}\sigma}{A}, \qquad \bar{y} = \frac{\mu\iint_D y\mathrm{d}\sigma}{\mu A} = \frac{\iint_D y\mathrm{d}\sigma}{A}$$

例 13 如图 9-20 所示是一半径为 r，圆心角为 2α 的匀质扇形薄板如何求它的重心坐标？

解 设重心 $G(\bar{x}, 0)$，根据 $\bar{x} = \dfrac{\iint_D x\mathrm{d}\sigma}{A}$，其中

$$\iint_D x\mathrm{d}\sigma = 2\int_0^\alpha \mathrm{d}\theta \int_0^r \rho^2\cos\theta\mathrm{d}\rho = \frac{2}{3}r^3\sin\alpha$$

$$A = \frac{1}{2}lr = \frac{1}{2} \cdot 2\alpha r \cdot r = \alpha r^2, \text{ 则 } \bar{x} = \frac{2r\sin\alpha}{3\alpha}$$

所以重心为 $G\left(\dfrac{2r\sin\alpha}{3\alpha}, 0\right)$.

y

$P(x,y)$

$\mathrm{d}\sigma$

x

y

O $\quad$ x

图 9-19

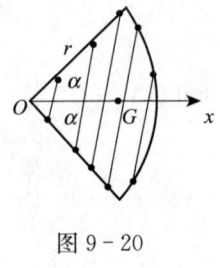

图 9-20

例 14　求上、下底分别为 a、b，高为 h 的等腰梯形匀质薄板的重心（见图 9 - 21）.

解　设重心 $G(0, \bar y)$

根据公式 $\bar y = \dfrac{\displaystyle\iint_D y \mathrm{d}\sigma}{A}$，梯形面积为 $A = \dfrac{a+b}{2}h$，

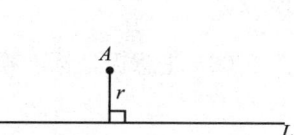

图 9 - 21

AB 方程为 $\dfrac{y}{x - b/2} = \dfrac{h}{a/2 - b/2} = \dfrac{2h}{a-b}$，

即 $y = \dfrac{2h}{a-b}\left(x - \dfrac{b}{2}\right)$，　即 $x = \dfrac{a-b}{2h}y + \dfrac{b}{2}$，所以

$$\iint_D y\mathrm{d}\sigma = 2\int_0^h \mathrm{d}y \int_0^{\frac{a-b}{2h}y + \frac{b}{2}} y\mathrm{d}x = 2\int_0^h y\left(\frac{a-b}{2h}y + \frac{b}{2}\right)\mathrm{d}y$$

$$= \frac{a-b}{h}\frac{1}{3}h^3 + \frac{b}{2}h^2 = \frac{2a+b}{6}h^2$$

所以 $\bar y = \dfrac{(2a+b)h^2/6}{(a+b)h/2} = \dfrac{h(2a+b)}{3(a+b)}$，重心为 $\left(0, \dfrac{h(2a+b)}{3(a+b)}\right)$.

2. 求平面薄板的转动惯量

定义 9.3　质点 A 对于轴 L 转动惯量 I_L 等于质点 A 的质量与 A 点到轴 L 的距离 r 平方的乘积.

即

$$I_L = mr^2$$
$$I_x = my^2$$
$$I_y = mx^2$$
$$I_O = m(x^2 + y^2)$$

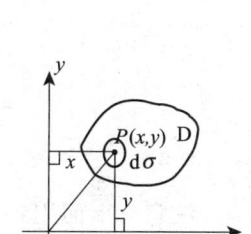

图 9 - 22

设平面薄板占据 xOy 平面上的闭区域 D，其面密度为 $\mu(x,y)$ 并在 D 上连续，如何求该薄板对于 x、y 轴、原点的转动惯量 I_x、I_y、I_O？

用微元法： $\forall$ 点 $P(x,y) \in D$，对应面积微元为 $\mathrm{d}\sigma$，

质量微元为　　$\mathrm{d}m = \mu(x,y)\mathrm{d}\sigma$，

转动惯量微元为　　$\mathrm{d}I_x = y^2\mu(x,y)\mathrm{d}\sigma$，

所以转动惯量为　　$I_x = \displaystyle\iint_D y^2\mu(x,y)\mathrm{d}\sigma$；

图 9 - 23

同理　$I_y = \displaystyle\iint_D x^2\mu(x,y)\mathrm{d}\sigma$，$I_O = \displaystyle\iint_D (x^2+y^2)\mu(x,y)\mathrm{d}\sigma$.

例 15　匀质等厚度薄圆板，其半径为 R，质量为 m，求它对于通过圆心且垂直于圆板的轴的转动惯量（见图 9 - 24）.

解　匀质圆板密度为 $\mu = \dfrac{m}{\pi R^2}$，$D: x^2 + y^2 \leqslant R^2$

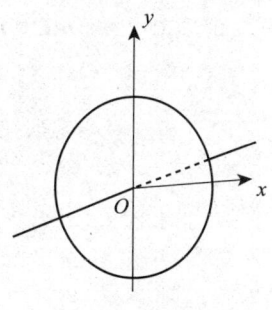

图 9 - 24

由公式 $I_O = \mu\displaystyle\iint_D (x^2+y^2)\mathrm{d}\sigma = \dfrac{m}{\pi R^2}\iint_D (x^2+y^2)\mathrm{d}\sigma$.

所以　　$I_O = \dfrac{m}{\pi R^2}\displaystyle\int_0^{2\pi}\mathrm{d}\theta\int_0^R r^2 \cdot r \cdot \mathrm{d}r = \dfrac{1}{2}mR^2$.

例 16　如图 9 - 25 所示，匀质的大圆薄板（厚度忽略不计）挖掉一个小圆薄板，面密

度为常数 $\mu = 1$. 已知大圆方程为 $x^2 + y^2 = 4y$，小圆方程为 $x^2 + y^2 = 2y$，求：

(1) 位于两圆之间部分的重心；

(2) 位于两圆之间部分绕 x 轴转动惯量 I_x.

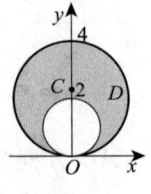

图 9 − 25

解　(1) 设重心为 $C(0, \bar{y})$，根据公式：$\bar{y} = \dfrac{\iint\limits_{D} y \, d\sigma}{A}$，

其中分母 $A = \pi \cdot 2^2 - \pi \cdot 1^2 = 3\pi$.

注意极坐标变换 $x = \rho \cos \theta$，$y = \rho \sin \theta$，

$$\text{分子} \iint\limits_{D} y \, d\sigma = \iint\limits_{D} \rho^2 \sin \theta \, d\rho \, d\theta = \int_0^{\pi} \sin \theta \, d\theta \int_{2\sin\theta}^{4\sin\theta} \rho^2 \, d\rho = 7\pi.$$

（为什么等于 7π，请读者算一算，用笔算，也可用电脑 Matlab 算）

所以　　　　　$\bar{y} = \dfrac{\iint\limits_{D} y \, d\sigma}{A} = \dfrac{7\pi}{3\pi} = \dfrac{7}{3}$，故所求重心为 $C\left(0, \dfrac{7}{3}\right)$.

(2) 注意极坐标变换 $x = \rho \cos \theta$，$y = \rho \sin \theta$.

$$I_x = \mu \iint\limits_{D} y^2 \, d\sigma = \iint\limits_{D} (\rho \sin \theta)^2 \rho \, d\rho \, d\theta \, (\text{不要掉} \, \rho，注意 \, \mu = 1)$$

$$= \int_0^{\pi} d\theta \int_{2\sin\theta}^{4\sin\theta} \sin^2 \theta \cdot \rho^3 \, d\rho = 60 \int_0^{\pi} \sin^6 \theta \, d\theta$$

$$= 60 \times 2 \int_0^{\frac{\pi}{2}} \sin^6 t \, dt = 120 \cdot \dfrac{5!!}{6!!} \cdot \dfrac{\pi}{2} = \dfrac{75}{4}\pi$$

注意　上面用到 $\int_0^{\pi} \sin^6 \theta \, d\theta = 2 \int_0^{\frac{\pi}{2}} \sin^6 \theta \, d\theta$，详见第 5 章 5.3 节的例 22.

上面用笔算若认为较繁，请用下面的电脑算.

解法二　（Matlab 算）算第(2)问，此题计算量较大，用电脑计算比较好，先化为二次积分

$$I_x = \int_0^{\pi} d\theta \int_{2\sin\theta}^{4\sin\theta} \sin^2 \theta \cdot \rho^3 \, d\rho，从这里开始考虑用 Matlab 算.$$

由于键盘输入问题，把 θ 改为 t，把 ρ 改为 r，

　　　　　syms t r k

　　　　　int(int((sin(t))^2* r^3,r,2* sin(t),4* sin(t)),t,0,pi)

　　　　　回车得 ans = 75/4* pi.

即　　　　　　　$I_x = \dfrac{75}{4}\pi$.

思考题　上题求位于两圆之间部分绕 y 轴转动惯量 I_y，请读者完成.

习题 9.3

1. 计算由下列曲面所围成的立体的体积：

(1) $z = 1 - x^2 - y^2$，$y = x$，$y = \sqrt{3}x$，$z = 0$（$x > 0, y > 0$）；

(2) $az = y^2$，$x^2 + y^2 = R^2$，$z = 0$（$a > 0, R > 0$）.

2. 求上半球面 $z = \sqrt{a^2 - x^2 - y^2}$ 含在圆柱面 $x^2 + y^2 = ax$ 内部的那部分曲面的面积（$a > 0$）.

3. 如图 9-26 所示，已知大圆半径为 R，小圆半径为 r，求部分圆环面的重心坐标（匀质）.

4. 如图 9-27 所示，已知抛物线顶点在原点，抛物线上一点 (a, b)，$b = a^2$，求匀质抛物线面的重心.

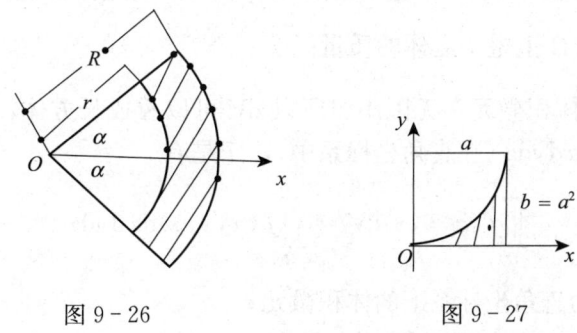

图 9-26　　　　　　　　图 9-27

5. 求匀质圆片 $x^2 + y^2 \leqslant 1$（$\mu = 1$）对 y 轴及原点的转动惯量.

9.4　三重积分的概念及其计算

由二重积分推广到三重积分，被积函数由二元函数 $z = f(x, y)$ 推广到三元函数 $w = f(x, y, z)$，积分范围由平面闭区域 D 推广到空间闭区域 Ω.

9.4.1　实践的产物——三重积分的定义、性质

引例 3　一空间物体占有空间闭区域 Ω，在点 (x, y, z) 处的体密度函数为 $f(x, y, z)$，且 $f(x, y, z)$ 在 Ω 上连续，求该空间立体的质量.

解　用微元法思想求解，如图 9-28 所示，在立体 Ω 上任取一点 (x, y, z)，必有一微小体 dV 包着点 (x, y, z)，这个微小体 dV 的体积也设为 dV，称其为体积微元，在微小体 dV 上可看成匀质，则有质量微元 $dm = f(x, y, z)dV$（体密度×体积）.

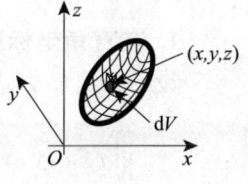

图 9-28

由微元法思想知，整个立体质量 m 就是密度函数 $f(x, y, z)$ 在立体闭区域 Ω 上的积分，因对立体区域 Ω 的积分，所以改用新的积分符

号，记为 $m = \iiint\limits_{\Omega} \rho(x,y,z)\mathrm{d}V$．在其他领域也有类似的问题，我们把它抽出来研究，于是产生如下定义．

定义 9.4 （三重积分定义）函数 $f(x,y,z)$ 在空间有界闭区域 Ω 上有界，任取一点 $(x,y,z) \in \Omega$，必有体积微元 $\mathrm{d}V$ 包着点 (x,y,z)，若乘积微元 $f(x,y,z)\mathrm{d}V$ 有意义，表示某问题在 Ω 上的微元量，当点 (x,y,z) 取遍 Ω 时，就有无穷多个乘积微元量 $f(x,y,z)\mathrm{d}V$，这无穷多个乘积微元量 $f(x,y,z)\mathrm{d}V$ 的和（存在）就是某问题在 Ω 上的总量，即 $f(x,y,z)$ 在 Ω 上的积分，记为 $\iiint\limits_{\Omega} f(x,y,z)\mathrm{d}V$，称为三重积分．

其中 $f(x,y,z)$ 称为被积函数，$f(x,y,z)\mathrm{d}V$ 称为被积表达式，$\mathrm{d}V$ 称为体积微元，x、y、z 称为积分变量，Ω 称为积分区域．

实际意义：若 $f(x,y,z)\mathrm{d}V$ 表示某问题在立体 Ω 上的微量，则三重积分 $\iiint\limits_{\Omega} f(x,y,z)\mathrm{d}V$ 表示该问题在 Ω 上的总量．例如，微量元素 $f(x,y,z)\mathrm{d}V$ 为立体 Ω 上的质量微元时，则三重积分 $\iiint\limits_{\Omega} f(x,y,z)\mathrm{d}V$ 为 Ω 上整个立体的质量．

注意 （1）$\mathrm{d}V$ 是体积微元，无限小，所以 $\mathrm{d}V$ 可以看成长方体，其长、宽、高分别为 $\mathrm{d}x$、$\mathrm{d}y$、$\mathrm{d}z$，则 $\mathrm{d}V = \mathrm{d}x\mathrm{d}y\mathrm{d}z$（在直角坐标系中），于是有

$$\iiint\limits_{\Omega} f(x,y,z)\mathrm{d}V = \iiint\limits_{\Omega} f(x,y,z)\mathrm{d}x\mathrm{d}y\mathrm{d}z$$

其中，$\mathrm{d}x\mathrm{d}y\mathrm{d}z$ 称为直角坐标系下的体积微元．

（2）三重积分的几何意义、物理意义如下．

几何意义：当 $f(x,y,z) = 1$ 时，$\iiint\limits_{\Omega} \mathrm{d}V = V$ 为空间闭区域 Ω 的体积．

物理意义：设 $f(x,y,z)$ 为空间闭区域 Ω 的体密度时，

$$\iiint\limits_{\Omega} f(x,y,z)\mathrm{d}V = m \text{（表示空间闭区域 } \Omega \text{ 的质量）}$$

还有其他物理意义，后面三重积分应用时还会讲到．三重积分在其他领域同样有着广泛的意义．

三重积分的性质与二重积分性质类同．

9.4.2 三重积分的计算

1. 在直角坐标系下计算三重积分 [不妨设 $f(x,y,z) > 0$]

设 $\Omega = \{(x,y,z) \mid (x,y) \in D, z_1(x,y) \leqslant z \leqslant z_2(x,y)\}$，母线平行于 Z 轴，则有

$$\iiint\limits_{\Omega} f(x,y,z)\mathrm{d}V = \iint\limits_{D} \mathrm{d}\sigma \int_{z_1(x,y)}^{z_2(x,y)} f(x,y,z)\mathrm{d}z \text{（三重积分转化为二重积分来计算）}$$

证明 因 $\iiint\limits_{\Omega} f(x,y,z)\mathrm{d}V = $ 体密度为 $f(x,y,z)$ 的立体 Ω 的质量 m．即 $m = \iiint\limits_{\Omega} f(x,y,z)\mathrm{d}V$

下面用微元法思想来分析.

如图 9 - 29 所示，任取 D 内一点 $(x, y, 0)$，把它先看作定值，则 $f(x, y, z)$ 看作只是 z 的函数，$z_1 z_2$ 是过点 $(x, y, 0)$ 且平行于 z 轴的直线夹在立体 Ω 中的一线段，在线段 $z_1 z_2$ 上变动，$f(x, y, z)$ 是线段 $z_1 z_2$ 上的密度函数. 在区间 $[z_1(x, y), z_2(x, y)]$ 上对 z 积分

$$F(x, y) = \int_{z_1(x, y)}^{z_2(x, y)} f(x, y, z) \mathrm{d}z \quad 是什么意义？$$

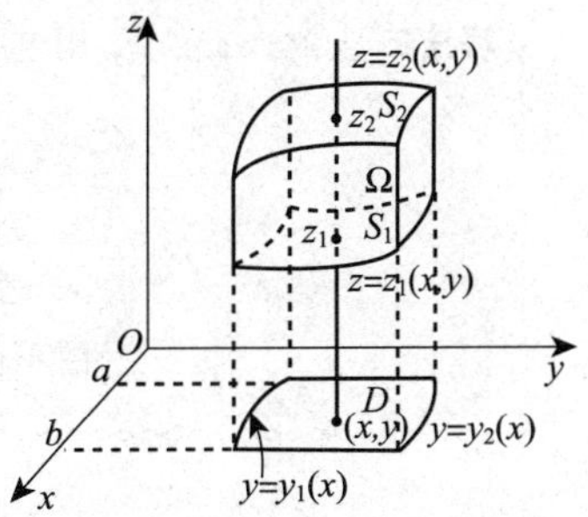

因 $f(x, y, z)$ 是密度函数，$f(x, y, z) \mathrm{d}z$ 可看成是线段 $z_1 z_2$ 上的质量微元，所以 $F(x, y) = \int_{z_1(x, y)}^{z_2(x, y)} f(x, y, z) \mathrm{d}z$ 表示整个线段 $z_1 z_2$ 的质量.

图 9 - 29

另一方面理解：线段 $z_1 z_2$ 的质量 $F(x, y) = \int_{z_1(x, y)}^{z_2(x, y)} f(x, y, z) \mathrm{d}z$ 可看成是立体质量 m 的微元 $\mathrm{d}m$（一想便知，因无穷个这样的线质量之和就是立体 Ω 的质量）. 即

$$\mathrm{d}m = \int_{z_1(x, y)}^{z_2(x, y)} f(x, y, z) \mathrm{d}z$$

因点 $(x, y, 0)$ 取遍 D 时，所得这样的线质量之和，就是立体 Ω 的质量，即对区域 D 积分得

$$m = \iint\limits_{D} \left[\int_{z_1(x, y)}^{z_2(x, y)} f(x, y, z) \mathrm{d}z \right] \mathrm{d}\sigma$$

即

$$\iiint\limits_{\Omega} f(x, y, z) \mathrm{d}V = \iint\limits_{D} \mathrm{d}\sigma \int_{z_1(x, y)}^{z_2(x, y)} f(x, y, z) \mathrm{d}z \quad （三重积分化为二重积分）$$

例 17　求 $I = \iiint\limits_{\Omega} (x + y + z) \mathrm{d}x \mathrm{d}y \mathrm{d}z$，$\Omega$ 是由平面 $x + y + z = 1$ 及三个坐标面围成.

解法一（笔算）　如图 9 - 30 所示，$I = \iint\limits_{D} \mathrm{d}x \mathrm{d}y \int_0^{1-x-y} (x + y + z) \mathrm{d}z$，其中 D 是 Ω 在 xOy 平面内的投影区域 $D: x + y \leqslant 1$，

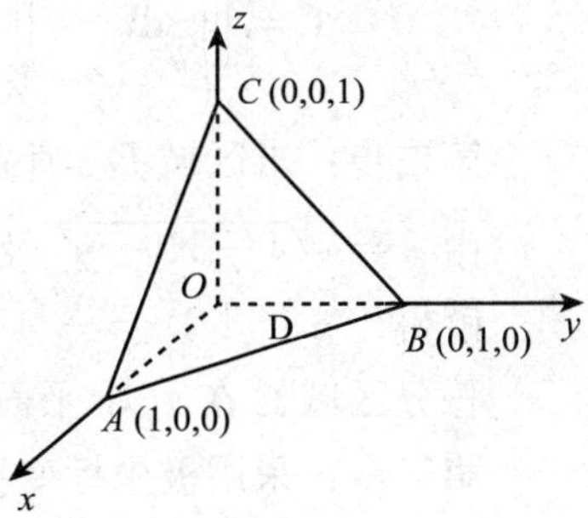

$$I = \iint\limits_{D} \left[(x + y)z + \frac{1}{2} z^2 \right] \Big|_0^{1-x-y} \mathrm{d}x \mathrm{d}y$$

$$= \iint\limits_{D} \left[(x + y)(1 - x - y) + \frac{1}{2}(1 - x - y)^2 \right] \mathrm{d}x \mathrm{d}y$$

图 9 - 30

$$= \iint\limits_{D} \left[(x + y) - (x + y)^2 + \frac{1}{2} - (x + y) + \frac{1}{2}(x + y)^2 \right] \mathrm{d}x \mathrm{d}y$$

$$= \int_0^1 \mathrm{d}x \int_0^{1-x} \left[\frac{1}{2} - \frac{1}{2}(x + y)^2 \right] \mathrm{d}y = \int_0^1 \left[\frac{1}{2} y - \frac{1}{6}(x + y)^3 \right] \Big|_0^{1-x} \mathrm{d}x$$

$$= \int_0^1 \left[\frac{1}{2}(1 - x) - \frac{1}{6}(1 - x^3) \right] \mathrm{d}x = \int_0^1 \left(\frac{1}{3} - \frac{1}{2} x + \frac{1}{6} x^3 \right) \mathrm{d}x = \left(\frac{1}{3} x - \frac{1}{4} x^2 + \frac{1}{24} x^4 \right) \Big|_0^1 = \frac{1}{8}$$

解法二 （Matlab算）用电脑算首先把三重积分化为三次积分，再用电脑算：

$$I = \int_0^1 dx \int_0^{1-x} dy \int_0^{1-x-y} (x+y+z)dz$$

```
>> syms x y z
>> int(int(int(x+ y+ z,z,0,1- x- y),y,0,1- x),x,0,1)
回车得 ans= 1/8.
```

2. 三重积分化为二重积分后，再利用极坐标变换求解

思路： 先用直角坐标对 z 积分后，变为二重积分，再用极坐标变换计算二重积分．这样的方法也称为柱坐标变换．

例 18 求 $I = \iiint\limits_{\Omega} z dV$，$\Omega$ 为半球体 $x^2 + y^2 + z^2 \leqslant 1$，$z \geqslant 0$．

解 $I = \iint\limits_{D} d\sigma \int_0^{\sqrt{1-x^2-y^2}} z dz = \iint\limits_{D} \frac{1}{2} z^2 \Big|_0^{\sqrt{1-x^2-y^2}} d\sigma = \frac{1}{2} \iint\limits_{D} (1-x^2-y^2) d\sigma$．

其中 $D: x^2 + y^2 \leqslant 1$，令 $\begin{cases} x = r\cos\theta \\ y = r\sin\theta \end{cases} (0 \leqslant \theta \leqslant 2\pi，0 \leqslant r \leqslant 1)$，

所以

$$I = \frac{1}{2} \int_0^{2\pi} d\theta \int_0^1 (1-r^2) r dr = 2\pi \cdot \frac{1}{2} \int_0^1 (1-r^2) r dr = \frac{\pi}{4}$$

例 19 求 $I = \iiint\limits_{\Omega} z dV$，$\Omega$ 由曲面 $z = \sqrt{4-x^2-y^2}$ 及 $x^2 + y^2 = 3z$ 围成．

解 第一步：三重积分变为二重积分

$$I = \iiint\limits_{\Omega} z dV = \iint\limits_{D} d\sigma \int_{\frac{x^2+y^2}{3}}^{\sqrt{4-x^2-y^2}} z dz = \frac{1}{2} \iint\limits_{D} \left[4-x^2-y^2 - \left(\frac{x^2+y^2}{3}\right)^2 \right] d\sigma$$

第二步：求区域 D（消去 z）

由 $z = \sqrt{4-x^2-y^2}$ 及 $x^2 + y^2 = 3z$，即 $z^2 + 3z - 4 = 0$，

解得 $z = 1$，$z = -4$（舍去）．

积分区域 Ω 在 xOy 平面上投影区域 $D: x^2 + y^2 \leqslant 3$，

第三步：采用极坐标变换得

$$I = \frac{1}{2} \int_0^{2\pi} d\theta \int_0^{\sqrt{3}} \left(4 - r^2 - \frac{r^4}{9}\right) r dr = \frac{13\pi}{4}$$

9.4.3 三重积分的应用

1. 求立体质量（微元法理解）

体密度为 $\mu(x,y,z)$，质量微元为 $dm = \mu(x,y,z) dV$，立体质量为

$$m = \iiint\limits_{\Omega} \mu(x,y,z)\mathrm{d}V$$

2. 求立体重心（质心，形心）

完全类似于上一节中平面薄片重心问题的讨论，我们得到立体的重心坐标 $(\overline{x},\overline{y},\overline{z})$ 为

$$\overline{x} = \frac{1}{m}\iiint\limits_{\Omega} x\mu(x,y,z)\mathrm{d}V \,,\quad \overline{y} = \frac{1}{m}\iiint\limits_{\Omega} y\mu(x,y,z)\mathrm{d}V \,,\quad \overline{z} = \frac{1}{m}\iiint\limits_{\Omega} z\mu(x,y,z)\mathrm{d}V$$

其中 $m = \iiint\limits_{\Omega} \mu(x,y,z)\mathrm{d}V$ 为物体的质量，当物体是匀质时有 $m = \mu V$，于是重心坐标为

$$\overline{x} = \frac{1}{V}\iiint\limits_{\Omega} x\mathrm{d}V \,,\qquad \overline{y} = \frac{1}{V}\iiint\limits_{\Omega} y\mathrm{d}V \,,\qquad \overline{z} = \frac{1}{V}\iiint\limits_{\Omega} z\mathrm{d}V$$

例 20　Ω 是由曲面 $z = \sqrt{x^2 + y^2}$ 及 $z = 2 - x^2 - y^2$ 所围，求 Ω 的重心坐标（密度均匀）.

解　因都是绕 z 轴旋转的旋转体，所以重心在 z 轴上，$\overline{x} = \overline{y} = 0$，$\overline{z} = \frac{1}{V}\iiint\limits_{\Omega} z\mathrm{d}V$.

$$V = \iiint\limits_{\Omega} \mathrm{d}V = \iint\limits_{D} \mathrm{d}x\mathrm{d}y \int_{\sqrt{x^2+y^2}}^{2-x^2-y^2} \mathrm{d}z = \iint\limits_{D}(2 - x^2 - y^2 - \sqrt{x^2 + y^2})\mathrm{d}x\mathrm{d}y$$

其中 D（由两已知曲面消去 z，先解出 $z = 1$，再代入其中一曲面得）$x^2 + y^2 \leqslant 1$，令

$$\begin{cases} x = r\cos\theta \\ y = r\sin\theta \end{cases}, \ 0 \leqslant r \leqslant 1, \ 0 \leqslant \theta \leqslant 2\pi.$$

所以

$$V = \int_0^{2\pi} \mathrm{d}\theta \int_0^1 (2 - r^2 - r)r\mathrm{d}r = \frac{5}{6}\pi$$

又

$$\iiint\limits_{\Omega} z\mathrm{d}V = \iint\limits_{D} \mathrm{d}x\mathrm{d}y \int_{\sqrt{x^2+y^2}}^{2-x^2-y^2} z\mathrm{d}z = \frac{1}{2}\iint\limits_{D}\left[(2 - x^2 - y^2)^2 - (x^2 + y^2)\right]\mathrm{d}x\mathrm{d}y$$

$$= \frac{1}{2}\int_0^{2\pi} \mathrm{d}\theta \int_0^1 \left[(2 - r^2)^2 - r^2\right]r\mathrm{d}r = \frac{11}{12}\pi$$

所以

$$\overline{z} = \frac{\frac{11}{12}\pi}{\frac{5}{6}\pi} = \frac{11}{10}\,,\ \text{重心为}\ \left(0,0,\frac{11}{10}\right).$$

例 21　如图 9-31 所示，设匀质正圆锥的高为 h，底面半径为 r，求其重心.

解　根据匀质和对称可设重心为 $(0,0,\overline{z})$，

$$\overline{z} = \frac{1}{V}\iiint\limits_{\Omega} z\mathrm{d}V \text{（匀质）},$$

$$\iiint\limits_{\Omega} z\mathrm{d}V = \iint\limits_{D} \mathrm{d}\sigma \int_0^z z\mathrm{d}z = \frac{1}{2}\iint\limits_{D} z^2\mathrm{d}\sigma$$

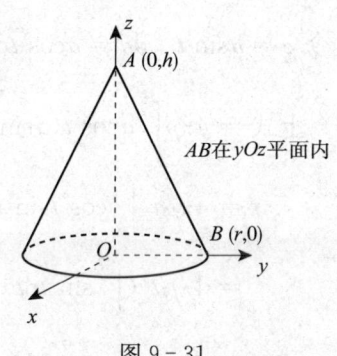

AB 在 yOz 平面内

图 9-31

上限 $z = ?$，下面求 z 的表达式，

因 AB 方程为 $\dfrac{z}{y-r} = \dfrac{h}{-r}$，即 $z = -\dfrac{h}{r}(y-r)$，此圆锥面是由线段 AB 绕 z 轴旋转而得，

由第 7 章的 7.4 节求旋转曲面的知识得圆锥面的方程为

$$z = -\frac{h}{r}(\pm\sqrt{x^2+y^2}-r)，\text{取 } z = \frac{h}{r}(r-\sqrt{x^2+y^2}) \quad (\text{由于 } 0 \leqslant z \leqslant h)，\text{则}$$

$$\iiint\limits_{\Omega} z\mathrm{d}V = \iint\limits_{D}\mathrm{d}\sigma\int_0^z z\mathrm{d}z = \frac{1}{2}\iint\limits_{D} z^2\mathrm{d}\sigma = \frac{1}{2}\iint\limits_{D}\frac{h^2}{r^2}(r-\sqrt{x^2+y^2})^2\mathrm{d}\sigma$$

$$= \frac{h^2}{2r^2}\int_0^{2\pi}\mathrm{d}\theta\int_0^r (r-\rho)^2\rho\mathrm{d}\rho = \pi\frac{h^2}{r^2}\left(\frac{1}{4}r^4 - \frac{2}{3}r^4 + \frac{1}{2}r^4\right) = \frac{\pi h^2}{12}r^2$$

又因 $V = \dfrac{1}{3}\pi r^2 h$，所以 $\bar{z} = \dfrac{1}{V}\iiint\limits_{\Omega} z\mathrm{d}V = \dfrac{h}{4}$，重心坐标为 $\left(0, 0, \dfrac{h}{4}\right)$.

3. 转动惯量

类似平面转动惯量问题讨论，得到匀质立体绕 x 轴、y 轴、z 轴和原点的转动惯量分别为

$$I_x = \mu\iiint\limits_{\Omega}(y^2+z^2)\mathrm{d}V，\qquad\qquad I_y = \mu\iiint\limits_{\Omega}(x^2+z^2)\mathrm{d}V$$

$$I_z = \mu\iiint\limits_{\Omega}(x^2+y^2)\mathrm{d}V，\qquad\qquad I_O = \mu\iiint\limits_{\Omega}(x^2+y^2+z^2)\mathrm{d}V$$

例 22 求均匀球体对于过球心的一条轴 l 的转动惯量.

解 设球体 $\Omega: x^2+y^2+z^2 \leqslant a^2$ 绕 z 轴转，密度为常数 μ，则

$$I_z = \mu\iiint\limits_{\Omega}(x^2+y^2)\mathrm{d}V = 2\mu\iint\limits_{D}\mathrm{d}\sigma\int_0^{\sqrt{a^2-x^2-y^2}}(x^2+y^2)\mathrm{d}z \,(\text{考虑对称性})$$

$$= 2\mu\iint\limits_{D}(x^2+y^2)\sqrt{a^2-x^2-y^2}\mathrm{d}\sigma \,(\text{其中 } D: x^2+y^2 \leqslant a^2)$$

$$= 2\mu\int_0^{2\pi}\mathrm{d}\theta\int_0^a \sqrt{a^2-\rho^2}\rho^3\mathrm{d}\rho = 4\pi\mu\int_0^a \sqrt{a^2-\rho^2}\rho^3\mathrm{d}\rho \,(\text{用三角代换积分})$$

令 $\rho = a\sin t$，$\mathrm{d}\rho = a\cos t\mathrm{d}t$，

$$\text{上式} = 4\pi\mu\int_0^{\frac{\pi}{2}} a\cos t(a\sin t)^3 a\cos t\mathrm{d}t$$

$$= 4\pi\mu a^5\int_0^{\frac{\pi}{2}}\cos^2 t\sin^3 t\mathrm{d}t = 4\pi\mu a^5\int_0^{\frac{\pi}{2}}(1-\sin^2 t)\sin^3 t\mathrm{d}t$$

$$= 4\pi\mu a^5\left(\int_0^{\frac{\pi}{2}}\sin^3 t\mathrm{d}t - \int_0^{\frac{\pi}{2}}\sin^5 t\mathrm{d}t\right) = 4\pi\mu a^5\left(\frac{2!!}{3!!} - \frac{4!!}{5!!}\right) = 4\pi\mu a^5\left(\frac{2}{3\times 1} - \frac{4\times 2}{5\times 3\times 1}\right)$$

$$= \frac{8}{15}\pi\mu a^5 = \frac{2}{5}Ma^2 \,\left(M = \frac{4}{3}\pi\mu a^3\right)$$

习题 9.4

1. 计算下列三重积分：

(1) $\iiint\limits_{\Omega} xy\mathrm{d}V$，其中 Ω 是由三个坐标面与平面 $x + \dfrac{y}{2} + \dfrac{z}{3} = 1$ 所围成的闭区域；

(2) $\iiint\limits_{\Omega} x^2 y^2 z\mathrm{d}V$，其中 Ω 是由平面 $x = 1$、$y = x$、$y = -x$、$z = 0$ 及 $z = x$ 所围成闭区域；

(3) $\iiint\limits_{\Omega} xyz\mathrm{d}V$，其中 Ω 是双曲抛物面 $z = xy$ 与平面 $y = x$、$x = 1$ 及 $z = 0$ 所围成的闭区域．

2. 计算下列三重积分：

(1) $\iiint\limits_{\Omega} z\mathrm{d}V$，其中 Ω 是由上半球面 $z = \sqrt{2 - x^2 - y^2}$ 与旋转抛物面 $z = x^2 + y^2$ 所围成的闭区域；

(2) $\iiint\limits_{\Omega} z\sqrt{x^2 + y^2}\mathrm{d}V$，其中 Ω 是由旋转抛物面 $z = x^2 + y^2$ 与平面 $z = 1$ 所围成的闭区域；

(3) $\iiint\limits_{\Omega} z^2\mathrm{d}V$，其中 Ω 是由 $z = \sqrt{1 - x^2 - y^2}$，$z = 0$ 所围的闭区域．

3. 求平面 $x + 2y + z = 1$ 与三坐标面所围区域的体积．

4. 求圆锥面 $z = \sqrt{x^2 + y^2}$ 及平面 $z = h$ 所围的圆锥体的重心（匀质）．

5. 求密度为 1 的匀质半球体 Ω：$x^2 + y^2 + z^2 \leqslant R^2$，$z \geqslant 0$ 的重心．

6. 设均匀圆柱体的密度为 $\mu = 1$，底面半径为 R，高为 h，求该圆柱体关于过中心且平行于母线的轴的转动惯量．

9.5　平面上曲线积分

前面我们已经学习了三种积分，定积分的积分范围是数轴上的一个区间 $[a, b]$，二重积分把积分范围推广到平面上的一个闭区域 D，三重积分把积分范围推广到空间上的一个闭区域 Ω．本节将对积分范围推广到平面上一段曲线弧，称此积分为平面上的曲线积分．

9.5.1　平面上对弧长的曲线积分（第一类曲线积分）

1. 实践的产物——第一类曲线积分的定义、性质

设在一条平面曲线弧段 L 上质量连续分布，其线密度为 $f(x, y)$，其中 (x, y) 是曲线 L 上一点的坐标，求曲线 L 的质量 m（见图 9-32）．

解　用微元法思想求解．

在曲线 L 上任取一点 (x, y)，必有一弧长微元 $\mathrm{d}s$，在 $\mathrm{d}s$ 上可

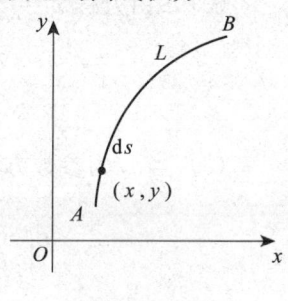

图 9-32

看成匀质，则有质量微元 $dm = f(x,y)ds$，由微元法思想知，整个曲线 L 的质量 m 就是线密度 $f(x,y)$ 在曲线 L 上的积分，因为是对弧长 L 的积分，所以改用新的积分符号，记为

$$m = \int_L f(x,y)ds$$

在其他领域也有类似的问题，我们把它抽出来研究，于是产生如下定义.

定义 9.5　（第一类曲线积分定义）设 L 为 xOy 平面上的一条光滑曲线弧，函数 $f(x,y)$ 在 L 上有界，任取一点 $(x,y) \in L$，必有一弧长微元 ds，若乘积微元 $f(x,y)ds$ 有意义，表示某问题在 L 上的微元量，当点 (x,y) 取遍 L 时，就有无穷多个乘积微元量 $f(x,y)ds$，这无穷多个乘积微元量 $f(x,y)ds$ 的和（存在）就是某问题在 L 上的总量，即函数 $f(x,y)$ 在 L 上的积分，记为 $\int_L f(x,y)ds$，称为 $f(x,y)$ 在 L 上对弧长的曲线积分，也称为第一类曲线积分，L 叫作积分弧段，其他名称类同重积分.

当 L 是封闭曲线时，积分可记为 $\oint_L f(x,y)ds$.

实际意义：若 $f(x,y)ds$ 表示某问题在曲线 L 上的微量，则曲线积分 $\int_L f(x,y)ds$ 表示该问题在 L 上的总量. 例如，微量元素 $f(x,y)ds$ 为曲线 L 上的质量微元时，则曲线积分 $\int_L f(x,y)ds$ 为 L 上整个曲线的质量.

曲线积分的性质与二重积分类似，下面只列出三条：

(1) $\int_L [f(x,y) \pm g(x,y)]ds = \int_L f(x,y)ds \pm \int_L g(x,y)ds$；

(2) $\int_L kf(x,y)ds = k\int_L f(x,y)ds$（$k$ 为常数）；

(3) $\int_{L_1+L_2} f(x,y)ds = \int_{L_1} f(x,y)ds + \int_{L_2} f(x,y)ds$（可加性）.

2. 对弧长曲线积分的计算方法，转化为定积分

由第 3 章 3.4 节弧微分知 $ds = \sqrt{(dx)^2 + (dy)^2}$.

(1) L 由方程 $y = y(x)$，$a \leqslant x \leqslant b$ 给出时，

$$\int_L f(x,y)ds = \int_a^b f[x,y(x)] \sqrt{(dx)^2 + (y'dx)^2} = \int_a^b f[x,y(x)] \sqrt{1+y'^2}dx \quad (9-8)$$

(2) L 由方程 $x = x(y)$，$c \leqslant y \leqslant d$ 给出时，

$$\int_L f(x,y)ds = \int_c^d f[x(y),y] \cdot \sqrt{1+x'^2}dy \quad (9-9)$$

(3) 当 L 为参数方程 $\begin{cases} x = x(t) \\ y = y(t) \end{cases}$（$\alpha \leqslant t \leqslant \beta$）时，

$$\int_L f(x,y)ds = \int_\alpha^\beta f[x(t),y(t)] \sqrt{x'^2(t)+y'^2(t)}dt \quad (9-10)$$

例 23 求 $I = \int_L y \mathrm{d}s$，$L : x^2 + y^2 = R^2$ 上半圆周.

解 L 的参数方程为 $\begin{cases} x = R\cos t \\ y = R\sin t \end{cases}$，由公式（9-10）得

$$I = \int_0^\pi R\sin t \sqrt{(-R\sin t)^2 + (R\cos t)^2}\,\mathrm{d}t = R^2 \int_0^\pi \sin t\,\mathrm{d}t = 2R^2$$

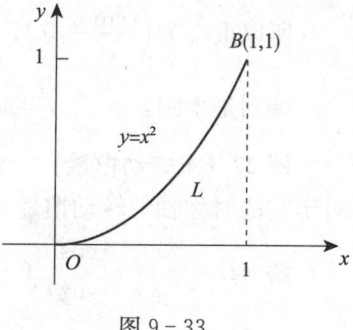

图 9-33

例 24 求 $\int_L \sqrt{y}\,\mathrm{d}s$，其中 L 是抛物线 $y = x^2$ 上点 $O(0,0)$ 与点 $B(1,1)$ 之间的一段弧（见图 9-33）.

解 $L : y = x^2$（$0 \leqslant x \leqslant 1$），由公式（9-8）得

$$\int_L \sqrt{y}\,\mathrm{d}s = \int_0^1 \sqrt{x^2}\sqrt{1 + (x^2)'^2}\,\mathrm{d}x = \int_0^1 x\sqrt{1 + 4x^2}\,\mathrm{d}x = \frac{1}{12}(1 + 4x^2)^{\frac{3}{2}}\Big|_0^1 = \frac{1}{12}(5\sqrt{5} - 1)$$

例 25 求 $\int_L y\,\mathrm{d}s$，其中 L 是抛物线 $y^2 = 4x$ 上从点 $(0,0)$ 到点 $(1,2)$ 的一段弧.

解 将 L 的方程改写为 $x = \dfrac{y^2}{4}$（$0 \leqslant y \leqslant 2$），由公式（9-9）得

$$\int_L y\,\mathrm{d}s = \int_0^2 y\sqrt{1 + \left(\frac{y}{2}\right)^2}\,\mathrm{d}y = \frac{1}{2}\int_0^2 \sqrt{1 + \left(\frac{y}{2}\right)^2}\,\mathrm{d}y^2 = 2\int_0^2 \sqrt{1 + \left(\frac{y}{2}\right)^2}\,\mathrm{d}\left(\frac{y}{2}\right)^2 = \frac{4}{3}(2\sqrt{2} - 1)$$

3. 对弧长曲线积分的应用

（1）重心. 设在 xoy 平面上的一段曲线弧 L（其弧长也设为 L），线密度为连续函数 $\mu(x,y)$，则像平面薄片的同类问题一样，用微元法可以得到曲线 L 的重心坐标 $(\bar{x}, \bar{y})$ 为

$$\bar{x} = \frac{1}{m}\int_L x\mu(x,y)\,\mathrm{d}s, \qquad \bar{y} = \frac{1}{m}\int_L y\mu(x,y)\,\mathrm{d}s$$

其中 $m = \int_L \mu(x,y)\,\mathrm{d}s$ 为曲线 L 的质量. 特别是匀质时，有 $\bar{x} = \dfrac{\displaystyle\int_L x\,\mathrm{d}s}{L}$，$\bar{y} = \dfrac{\displaystyle\int_L y\,\mathrm{d}s}{L}$.

（2）转动惯量. 仿照平面薄板转动惯量的讨论，同理可得曲线 L 绕 x 轴、y 轴、原点 O 的转动惯量分别为

$$I_x = \int_L y^2\mu(x,y)\,\mathrm{d}s, \qquad I_y = \int_L x^2\mu(x,y)\,\mathrm{d}s, \qquad I_O = \int_L (x^2 + y^2)\mu(x,y)\,\mathrm{d}s$$

例 26 如图 9-34 所示，已知匀质圆弧的半径为 r，中心角为 2α，求匀质圆弧的重心.

解 设圆参数方程为 $\begin{cases} x = r\cos t \\ y = r\sin t \end{cases}$（注：此处的 r 不能与二重积分极坐标变换的 r 混淆）.

设重心为 $G(\bar{x}, 0)$，

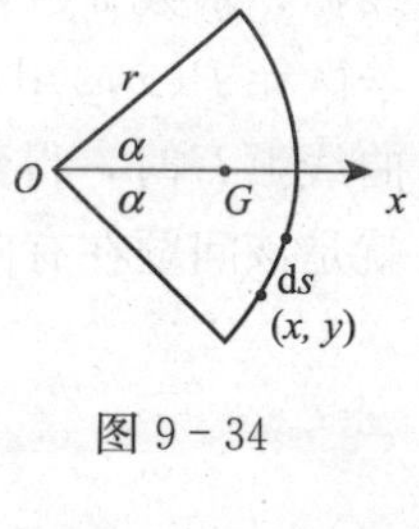

$$\mathrm{d}s = \sqrt{(\mathrm{d}x)^2 + (\mathrm{d}y)^2} = r\,\mathrm{d}t$$

$$\bar{x} = \frac{\displaystyle\int_L x\,\mathrm{d}s}{L} = \frac{2\displaystyle\int_0^\alpha r\cos t\, r\,\mathrm{d}t}{r\,2\alpha} = \frac{r\sin\alpha}{\alpha}$$

图 9-34

所以重心为 $\left(\dfrac{r\sin\alpha}{\alpha},0\right)$.

特别是半圆 $\alpha=\dfrac{\pi}{2}$，重心为 $\left(\dfrac{2r}{\pi},0\right)$.

例 27（求转动惯量） 仍以图 9-34 所示，计算半径为 r，中心角为 2α 的匀质圆弧 L 对于它的对称轴的转动惯量（线密度为 $\mu=1$）．

解 L $\begin{cases} x=r\cos t \\ y=r\sin t \end{cases} (-\alpha \leqslant t \leqslant \alpha)$,

$$I_x = \int_L y^2 \mathrm{d}s = \int_{-\alpha}^{\alpha} r^2 \sin^2 t\sqrt{(r\cos t)'^2+(r\sin t)'^2}\,\mathrm{d}t = r^3\int_{-\alpha}^{\alpha}\sin^2 t\,\mathrm{d}t = \frac{1}{2}r^3(2\alpha-\sin 2\alpha)$$

9.5.2 平面上对坐标的曲线积分（第二类曲线积分）

1. 实践的产物——第二类曲线积分的定义、性质

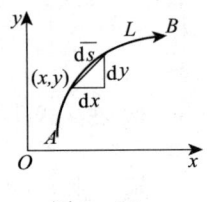

图 9-35

我们已知常力沿直线做功 $W=\boldsymbol{F}\cdot\boldsymbol{s}$，还知变力沿直线做功，下面我们研究变力沿曲线做功．

如图 9-35 所示，设在 xOy 平面上，一个质点在变力 $\boldsymbol{F}(x,y)$［点 $(x,y)\in L$］的作用下，从点 A 沿光滑曲线 L 移动到 B，已知变力为

$$\boldsymbol{F}(x,y)=P(x,y)\boldsymbol{i}+Q(x,y)\boldsymbol{j}=(P(x,y),Q(x,y))$$

其中函数 $P(x,y)$、$Q(x,y)$ 在 L 上连续，求变力 $\boldsymbol{F}(x,y)$ 所做的功．

解 用微元法思想来解决．$\forall(x,y)\in L$，存在有向弧微元 $\mathrm{d}\boldsymbol{s}$，因 $\mathrm{d}\boldsymbol{s}$ 很短，可看成有向线段微元，且

$$\mathrm{d}\boldsymbol{s}=\mathrm{d}x\boldsymbol{i}+\mathrm{d}y\boldsymbol{j}=(\mathrm{d}x,\mathrm{d}y)$$

于是功微元为 $\mathrm{d}W=\boldsymbol{F}(x,y)\cdot\mathrm{d}\boldsymbol{s}$

$$=(P(x,y),Q(x,y))\cdot(\mathrm{d}x,\mathrm{d}y)\text{（点积的坐标形式）}$$

$$=P(x,y)\mathrm{d}x+Q(x,y)\mathrm{d}y$$

由微元法思想知，整个做功就是在 L 上积分，记为 $W=\displaystyle\int_L P(x,y)\mathrm{d}x+Q(x,y)\mathrm{d}y$.

这个积分的特点是，积分范围是曲线 L，积分变量是坐标 x、y，把它叫作对坐标的曲线积分，也叫第二类曲线积分．在其他领域也有类似的问题，我们把它抽出来研究，于是产生如下定义．

定义 9.6 （第二类曲线积分定义）设 L 为 xOy 平面内从点 A 到点 B 的一条有向光滑曲线弧，函数 $P(x,y)$、$Q(x,y)$ 在 L 上有界，在有向曲线弧 L 上沿着它的方向任取点 (x,y)，若微元 $P(x,y)\mathrm{d}x+Q(x,y)\mathrm{d}y$ 有实际意义，为某问题在 L 上微元量，当点 (x,y) 取遍有向曲线弧 L 时，得到无穷多个微元量 $P(x,y)\mathrm{d}x+Q(x,y)\mathrm{d}y$，这无穷多个微元量的和（存在）就是该问题在有向曲线弧 L 上的总量，即沿 L 积分

$$\int_L P(x,y)\mathrm{d}x+Q(x,y)\mathrm{d}y$$

称为沿有向曲线 L 对坐标的曲线积分，也叫第二类曲线积分．其中，$P(x,y)$、$Q(x,y)$ 称为被积函数，L 称为有向积分弧段或有向积分路径．

与重积分有类似性质，下面列出两条．

（1）$L = L_1 + L_2$，$\displaystyle\int_{L_1+L_2} P\mathrm{d}x + Q\mathrm{d}y = \int_{L_1} P\mathrm{d}x + Q\mathrm{d}y + \int_{L_2} P\mathrm{d}x + Q\mathrm{d}y$．

（2）设 L 是有向曲线弧，L^- 是与 L 方向相反的有向曲线弧，则

$$\int_{L^-} P\mathrm{d}x + Q\mathrm{d}y = -\int_L P\mathrm{d}x + Q\mathrm{d}y，$$

或

$$\int_{BA} P\mathrm{d}x + Q\mathrm{d}y = -\int_{AB} P\mathrm{d}x + Q\mathrm{d}y$$

第二类曲线积分与方向有关．

2. 计算方法

（1）L 为参数方程 $\begin{cases} x = \varphi(t) \\ y = \psi(t) \end{cases}$（从 α 到 β）时，

$$\int_L P(x,y)\mathrm{d}x + Q(x,y)\mathrm{d}y = \int_\alpha^\beta \{P[\varphi(t),\psi(t)]\varphi'(t) + Q[\varphi(t),\psi(t)]\psi'(t)\}\mathrm{d}t$$

注意　下限 α 对应于 L 的起点，上限 β 对应于 L 的终点，α 不一定小于 β．

（2）L 的方程为 $y = h(x)$，

$$\int_L P(x,y)\mathrm{d}x + Q(x,y)\mathrm{d}y = \int_a^b \{P[x,h(x)] + Q[x,h(x)]h'(x)\}\mathrm{d}x$$

特别地，L 是平行于 y 轴的直线 $x = m$，$\mathrm{d}x = 0$，

$$\int_L P(x,y)\mathrm{d}x + Q(x,y)\mathrm{d}y = \int_c^d Q(m,y)\mathrm{d}y$$

L 是平行于 x 轴的直线 $y = n$，$\mathrm{d}y = 0$，

$$\int_L P(x,y)\mathrm{d}x + Q(x,y)\mathrm{d}y = \int_a^b P(x,n)\mathrm{d}x$$

（3）L 的方程为 $x = \varphi(y)$，同理可得（略）．

例 28　计算 $\displaystyle\oint_L (x^2 + y^2)\mathrm{d}x + (x^2 - y^2)\mathrm{d}y$，其中 L 是圆周 $x^2 + y^2 = a^2$，取逆时针方向．

解　L 的参数方程为 $x = a\cos t$，$y = a\sin t$，

$$原式 = \int_0^{2\pi} [-a^2 a\sin t + a^2(\cos^2 t - \sin^2 t)a\cos t]\mathrm{d}t$$

$$= a^3 \int_0^{2\pi} [-\sin t + (1 - 2\sin^2 t)\cos t]\mathrm{d}t = a^3 \left[\cos t \Big|_0^{2\pi} + \int_0^{2\pi} (1 - 2\sin^2 t)d\sin t\right]$$

$$= a^3 \left[0 + \left(\sin t - \frac{2}{3}\sin^3 t\right)\right]\Big|_0^{2\pi} = 0．$$

例 29　计算 $\displaystyle\oint_L \frac{x\mathrm{d}y - y\mathrm{d}x}{x^2 + y^2}$，其中 L 是圆周 $x^2 + y^2 = a^2$，取逆时针方向．

解 L 的参数方程为 $x = a\cos t$，$y = a\sin t$，

$$\oint_L \frac{x\,\mathrm{d}y - y\,\mathrm{d}x}{x^2 + y^2} = \int_0^{2\pi} \frac{(a\cos t)(a\cos t) - (a\sin t)(-a\sin t)}{a^2}\,\mathrm{d}t = \int_0^{2\pi}\,\mathrm{d}t = 2\pi$$

本例说明变力沿封闭曲线一周，做功不一定为 0，何时做功一定为 0，请看 9.6 节格林公式.

例30 计算 $\displaystyle\int_L (x^2 + y^2)\,\mathrm{d}x + (x^2 - y^2)\,\mathrm{d}y$，其中 L 是：

(1) 有向折线 OAB；

(2) 有向直线段 OB（见图 9 - 36）.

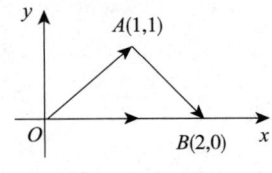

图 9 - 36

解 (1) 利用性质 9.1，有

$$原式 = \int_{OA} (x^2 + y^2)\,\mathrm{d}x + (x^2 - y^2)\,\mathrm{d}y + \int_{AB} (x^2 + y^2)\,\mathrm{d}x + (x^2 - y^2)\,\mathrm{d}y$$

在 OA 上，方程为 $y = x$，x 从 0 变到 1，所以

$$\int_{OA} (x^2 + y^2)\,\mathrm{d}x + (x^2 - y^2)\,\mathrm{d}y = \int_0^1 [(x^2 + x^2) + (x^2 - x^2)]\,\mathrm{d}x = \frac{2}{3}$$

在 AB 上，方程为 $y = 2 - x$，x 从 1 变到 2，所以

$$\int_{AB} (x^2 + y^2)\,\mathrm{d}x + (x^2 - y^2)\,\mathrm{d}y = \int_1^2 \{[x^2 + (2-x)^2] + [x^2 - (2-x)^2](-1)\}\,\mathrm{d}x$$
$$= \int_1^2 2(x-2)^2\,\mathrm{d}x = \frac{2}{3}$$

于是 原式 $= \dfrac{2}{3} + \dfrac{2}{3} = \dfrac{4}{3}$.

(2) 线段 OB 的方程为 $y = 0$，则 $\mathrm{d}y = 0$，x 从 0 变到 2，所以

$$\int_L (x^2 + y^2)\,\mathrm{d}x + (x^2 - y^2)\,\mathrm{d}y = \int_0^2 (x^2 + 0^2)\,\mathrm{d}x = \frac{8}{3}$$

例31 设有一质量为 m 的质点受重力作用沿铅直平面上的某条曲线 L 从点 A 下落至点 B，下落距离为 h，求重力所做的功.

解 如图 9 - 37 所示，重力 $\boldsymbol{F}$ 在 x 轴上的投影为 0，在 y 轴上的投影为 $-mg$，即 $\boldsymbol{F} = 0 \cdot \boldsymbol{i} + (-mg)\boldsymbol{j}$，由前面推导知：变力

$$\boldsymbol{F}(x, y) = P(x, y)\boldsymbol{i} + Q(x, y)\boldsymbol{j}$$

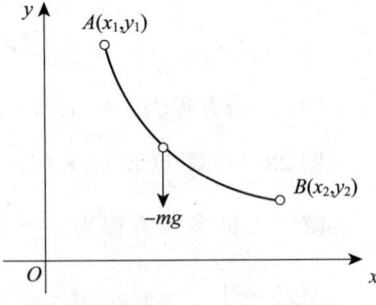

图 9 - 37

沿曲线 L 做功为

$$W = \int_L P(x, y)\,\mathrm{d}x + Q(x, y)\,\mathrm{d}y$$

所以本题重力 $\boldsymbol{F} = 0 \cdot \boldsymbol{i} + (-mg)\boldsymbol{j}$ 沿曲线 L 所做的功为（y 从 y_1 下降至 y_2）：

$$W = \int_L 0 \mathrm{d}x + (-mg)\mathrm{d}y$$

$$= \int_{y_1}^{y_2} (-mg)\mathrm{d}y = mg(y_1 - y_2)$$

因为下落距离是 h，即 $y_1 - y_2 = h$，

所以重力所做的功为：$W = mgh$．

重力做功与路径无关，仅与下落的距离有关．

注意　曲线积分的 Matlab 计算，只要把曲线积分化为定积分，再用电脑 Matlab 计算定积分即可．

思考题　第一类曲线积分与第二类曲线积分有哪些不同？

习题 9.5

1. 计算下列对弧长的曲线积分：

(1) $\oint_L (x^2 + y^2)^n \mathrm{d}s$，其中 L 为圆周 $x^2 + y^2 = a^2$；

(2) $\int_L x \sin y \mathrm{d}s$，其中 L 为连接点 $(0,0)$ 与 $(3\pi, \pi)$ 直线段；

(3) $\int_L y \mathrm{d}s$，其中 L 为抛物线 $y^2 = 4x$ 上由点 $(0,0)$ 到 $(1,2)$ 间的一段弧；

(4) $\int_L (x+y)\mathrm{d}s$，其中 L 为连接 $(1,0)$ 与 $(0,1)$ 的直线段．

2. 计算下列对坐标的曲线积分：

(1) $\int_L (x^2 - y^2)\mathrm{d}x$，其中 L 为抛物线 $y = x^2$ 上从点 $O(0,0)$ 到 $A(2,4)$ 间的一段弧；

(2) $\int_L y \mathrm{d}x + x \mathrm{d}y$，其中 L 为圆周 $x = R\cos t$、$y = R\sin t$ 上对应于 $t = 0$ 到 $t = \dfrac{\pi}{2}$ 的一段弧．

3. 计算 $\int_L (x+y)\mathrm{d}x + (y-x)\mathrm{d}y$，其中 L 分别为

(1) 抛物线 $y^2 = x$ 上从点 $(1,1)$ 与 $(4,2)$ 的一段弧；(2) 从点 $(1,1)$ 到点 $(4,2)$ 的直线段．

4. 设 L 为圆周 $x^2 + y^2 = 2ax(a > 0)$，它的线密度为 $\mu = x + a$，求 L 关于 x 轴的转动惯量．

9.6　格林公式及其应用

9.6.1　格林公式

现在先介绍平面单连通区域的概念．设 D 为平面区域，如果 D 内任一闭曲线所围的部分都属于 D，则称 D 为平面单连通区域，否则称为复连通区域．通俗地说，平面单连通区

域就是不含有“洞”（包括点“洞”）的区域．

对平面区域 D 的边界曲线 L，我们规定的正向如下：当观察者沿 L 的这个方向行走时，D 内在他近处的那一部分总在他的左边．显然，若 L 是平面单连通区域 D 的边界曲线，则 L 的正向是逆时针方向．

定理 9.2　设闭区域 D 由光滑（或逐段光滑）的闭曲线 L 围成，函数 $P(x,y)$ 及 $Q(x,y)$ 在 D 上具有一阶连续偏导数，则有

$$\oint_L P\mathrm{d}x+Q\mathrm{d}y=\iint_D\left(\frac{\partial Q}{\partial x}-\frac{\partial P}{\partial y}\right)\mathrm{d}x\mathrm{d}y \tag{9-11}$$

其中 L 是 D 的正向边界曲线．

公式（9－11）叫作格林公式．格林公式揭示了二重积分与第二类曲线积分之间的关系．

***证明**　(1) D 既是 X 型区域又是 Y 型区域（即平行坐标轴的直线与区域 D 的边界曲线至多只有两个交点）．

① 首先把 D 看成 X 型区域：

$$a\leqslant x\leqslant b,\ \varphi_1(x)\leqslant y\leqslant\varphi_2(x)\ (\text{见图 } 9-38)$$

利用二重积分的计算方法，有

$$\begin{aligned}\iint_D\frac{\partial P}{\partial y}\mathrm{d}x\mathrm{d}y&=\int_a^b\mathrm{d}x\int_{\varphi_1(x)}^{\varphi_2(x)}\frac{\partial P}{\partial y}\mathrm{d}y=\int_a^b P(x,y)\Big|_{\varphi_1(x)}^{\varphi_2(x)}\mathrm{d}x\\&=\int_a^b P[(x,\varphi_2(x)]dx-\int_a^b P[(x,\varphi_1(x)]dx\end{aligned}$$

另外，根据对坐标曲线积分的计算方法得

$$\begin{aligned}\oint_L P(x,y)\mathrm{d}x&=\oint_{L_1}P(x,y)\mathrm{d}x+\oint_{L_2}P(x,y)\mathrm{d}x\\&=\int_a^b P[(x,\varphi_1(x)]\mathrm{d}x+\int_b^a P[(x,\varphi_2(x)]\mathrm{d}x\\&=\int_a^b P[(x,\varphi_1(x)]\mathrm{d}x-\int_a^b P[(x,\varphi_2(x)]\mathrm{d}x\end{aligned}$$

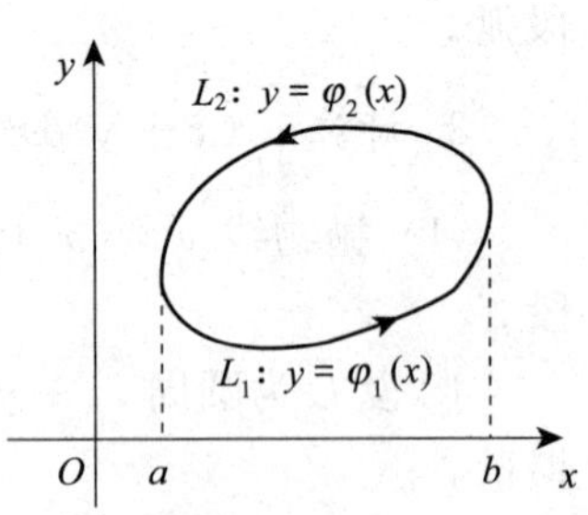

图 9－38

于是得

$$-\iint_D\frac{\partial P}{\partial y}\mathrm{d}x\mathrm{d}y=\oint_L P\mathrm{d}x \tag{9-12}$$

② 再把区域 D 看成 Y 型区域：$c\leqslant y\leqslant d$，$\psi_1(y)\leqslant x\leqslant\psi_2(y)$，类似可得

$$\iint_D\frac{\partial Q}{\partial x}\mathrm{d}x\mathrm{d}y=\oint_L Q\mathrm{d}y \tag{9-13}$$

合并（9－12）、(9－13）即得格林公式（9－11）．

(2) 一般地，若区域 D 不属于图 9－38 的情形，则可在区域 D 内引入辅助线段把 D 分成有限个部分区域，使每个区域都属于上述类型．例如，对于图 9－39 所示的区域 D，引辅助线 $\overline{AB}$，将 D 分为 $D_1(\overline{ANBA})$ 与 $D_2(\overline{ABMA})$ 两个部分．

对每个部分可以应用公式（9－11）（上面已经证明），则有

$$\iint\limits_{D_1}\left(\frac{\partial Q}{\partial x}-\frac{\partial P}{\partial y}\right)\mathrm{d}x\mathrm{d}y=\oint_{L_1+\overline{BA}}P\mathrm{d}x+Q\mathrm{d}y$$

$$\iint\limits_{D_2}\left(\frac{\partial Q}{\partial x}-\frac{\partial P}{\partial y}\right)\mathrm{d}x\mathrm{d}y=\oint_{L_2+\overline{AB}}P\mathrm{d}x+Q\mathrm{d}y$$

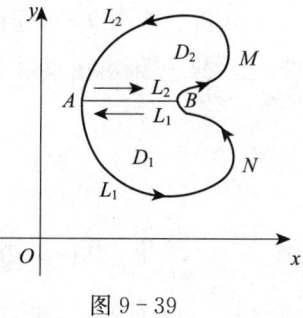

图 9 - 39

其中 $L_1+\overline{BA}$ 与 $L_2+\overline{AB}$ 分别为区域 D_1 与 D_2 的正向边界曲线.

将上两式左右两端分别相加，注意到沿辅助线段 $\overline{AB}$ 与 $\overline{BA}$ 上的积分值相互抵消，即得

$$\iint\limits_{D}\left(\frac{\partial Q}{\partial x}-\frac{\partial P}{\partial y}\right)\mathrm{d}x\mathrm{d}y=\int_{L_1}P\mathrm{d}x+Q\mathrm{d}y+\int_{L_2}P\mathrm{d}x+Q\mathrm{d}y=\oint_L P\mathrm{d}x+Q\mathrm{d}y\,(定理证毕)$$

例 32　设 L 是任意一条光滑的闭曲线，证明 $\oint_L 2xy\mathrm{d}x+x^2\mathrm{d}y=0$.

证明　$P=2xy$，$Q=x^2$，则 $\dfrac{\partial Q}{\partial x}=2x,\dfrac{\partial P}{\partial y}=2x$. $\dfrac{\partial Q}{\partial x}=\dfrac{\partial P}{\partial y}$

由格林公式有 $\oint_L 2xy\mathrm{d}x+x^2\mathrm{d}y=\pm\iint\limits_{D}0\mathrm{d}x\mathrm{d}y=0$.（因题中没有指明正向还是负向，所以要加 $\pm$）.

本例说明变力 $\boldsymbol{F}=2xy\boldsymbol{i}+x^2\boldsymbol{j}$ 沿任一封闭曲线 L 做功为 0，是因为 $\dfrac{\partial Q}{\partial x}=\dfrac{\partial P}{\partial y}$.

格林公式揭示了这样的事实：当 $\dfrac{\partial Q}{\partial x}=\dfrac{\partial P}{\partial y}$ 时，变力

$$\boldsymbol{F}=P(x,y)\,\boldsymbol{i}+Q(x,y)\,\boldsymbol{j}$$

沿任一封闭曲线做功为 0；否则，变力 $\boldsymbol{F}=P(x,y)\boldsymbol{i}+Q(x,y)\boldsymbol{j}$ 沿封闭曲线一周做功不一定为 0（如例 29）.

9.6.2　格林公式应用——积分与路径无关的充要条件

我们已知重力做功与质点运动的路径无关. 在力学中，变力 $\boldsymbol{F}$ 做功，是否与物体运动的路径无关，这个问题在数学上就是曲线积分与路径无关的问题.

定义 9.7　设函数 $P(x,y)$、$Q(x,y)$ 在区域 G 内具有一阶连续偏导数，如果对 G 内任意两点 A、B 及 G 内从点 A 至点 B 的任意两条曲线 L_1、L_2 都有 $\displaystyle\int_{L_1}P\mathrm{d}x+Q\mathrm{d}y=\int_{L_2}P\mathrm{d}x+Q\mathrm{d}y$，则称曲线积分 $\displaystyle\int_L P\mathrm{d}x+Q\mathrm{d}y$ 在 G 内与路径无关，否则称为与路径有关.

定理 9.3　设 G 是单连通区域，函数 $P(x,y)$、$Q(x,y)$ 在 G 内具有一阶连续偏导数，曲线积分

$$\int_L P\mathrm{d}x+Q\mathrm{d}y$$

在 G 内与路径无关的充要条件是等式 $\dfrac{\partial P}{\partial y}=\dfrac{\partial Q}{\partial x}$ 在 G 内恒成立.

分析 如图 9-40 所示，设 $L_1=OB+BA$，$L_2=OA$ 弧（任意曲线），$L_2^-=AO$ 弧，因 $\frac{\partial P}{\partial y}=\frac{\partial Q}{\partial x}$，则由格林公式得

图 9-40

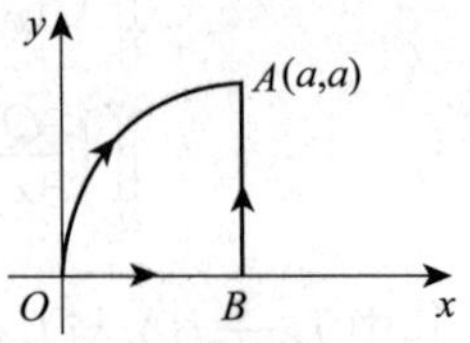

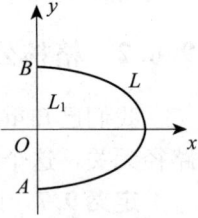

$$\oint_{L_1+L_2^-}P\mathrm{d}x+Q\mathrm{d}y=\iint_D\left(\frac{\partial Q}{\partial x}-\frac{\partial P}{\partial y}\right)\mathrm{d}x\mathrm{d}y=0$$

即 $$\int_{L_1}P\mathrm{d}x+Q\mathrm{d}y+\int_{L_2^-}P\mathrm{d}x+Q\mathrm{d}y=0$$

即 $$\int_{L_1}P\mathrm{d}x+Q\mathrm{d}y=-\int_{L_2^-}P\mathrm{d}x+Q\mathrm{d}y=\int_{L_2}P\mathrm{d}x+Q\mathrm{d}y$$

上式说明沿 L_1 的积分等于沿 L_2（任意曲线）的积分，也就说明积分与路径无关．

反之，若积分与路径无关，则 $\frac{\partial P}{\partial y}=\frac{\partial Q}{\partial x}$ 成立，由读者思考证明．

一般地，若积分与路径无关，则选择沿平行于坐标轴的折线段积分，因为平行于 x 轴的线段可表示为 $y=C$（常数），则 $\mathrm{d}y=0$；平行于 y 轴的线段可表示为 $x=a$（常数），则 $\mathrm{d}x=0$，这样可以大大简化计算．

例 33 计算 $\int_L(-2xy\sin x^2)\mathrm{d}x+\cos x^2\mathrm{d}y$，其中 L 为 $\frac{x^2}{a^2}+\frac{y^2}{b^2}=1$ 右半部分，取逆时针方向从 A 到 B 点（见图 9-42）．

解 因 $P=-2xy\sin x^2$， $Q=\cos x^2$，

$$\frac{\partial P}{\partial y}=-2x\sin x^2,\quad \frac{\partial Q}{\partial x}=-2x\sin x^2$$

$\frac{\partial P}{\partial y}=\frac{\partial Q}{\partial x}$，所以积分与路径无关．

可沿线段 AB 从 A 积到 B，AB 的方程：$x=0$，则 $\mathrm{d}x=0$

所以

$$\begin{aligned}\int_L(-2xy\sin x^2)\mathrm{d}x+\cos x^2\mathrm{d}y&=\int_{AB}(-2xy\sin x^2)\mathrm{d}x+\cos x^2\mathrm{d}y\\&=\int_{-b}^{b}\cos0^2\mathrm{d}y=\int_{-b}^{b}dy=2b\end{aligned}$$

图 9-41

例 34 计算 $\int_L\mathrm{e}^x(\cos y\mathrm{d}x-\sin y\mathrm{d}y)$，其中 L 是半圆 $y=\sqrt{2ax-x^2}$ 上自点 $O(0,0)$ 至点 $A(a,a)$ 的一段弧（见图 9-40）．

解 $P=\mathrm{e}^x\cos y$，$Q=-\mathrm{e}^x\sin y$，

$$\frac{\partial P}{\partial y}=-\mathrm{e}^x\sin y=\frac{\partial Q}{\partial x}$$

所给曲线积分在整个 xOy 面上与路径无关．于是可沿折线段 $OB+BA$ 积分，即

$$原式=\int_{OB}\mathrm{e}^x(\cos y\mathrm{d}x-\sin y\mathrm{d}y)+\int_{BA}\mathrm{e}^x(\cos y\mathrm{d}x-\sin y\mathrm{d}y)$$

在 OB 上，$y=0$，$\mathrm{d}y=0$，x 从 0 变至 a，

$$\int_{OB} \mathrm{e}^x(\cos y\mathrm{d}x - \sin y\mathrm{d}y) = \int_0^a \mathrm{e}^x \cos 0\mathrm{d}x = \mathrm{e}^a - 1 \qquad (9-14)$$

在 BA 上，$x=a$，$\mathrm{d}x=0$，y 自 0 变至 a，

$$\int_{BA} \mathrm{e}^x(\cos y\mathrm{d}x - \sin y\mathrm{d}y) = \int_0^a \mathrm{e}^a(-\sin y)\mathrm{d}y = \mathrm{e}^a(\cos a - 1) \qquad (9-15)$$

所以 $(9-14) + (9-15)$ 得　原式 $= \mathrm{e}^a\cos a - 1$．

注意　积分与路径无关，可以理解为一变力 $\boldsymbol{F} = P(x,y)\boldsymbol{i} + Q(x,y)\boldsymbol{j}$ 把一物体从点 $A(a,b)$ 移动到点 $B(c,d)$ 所做的功 W，与移动的路径无关，即计算积分

$$W = \int_{(a,b)}^{(c,d)} P(x,y)\mathrm{d}x + Q(x,y)\mathrm{d}y \text{ 时}$$

可沿着平行于坐标轴的折线段积分，以简化计算．

例 35　计算 $\displaystyle\int_{(1,1)}^{(2,3)} (x+2y)\mathrm{d}x + (2x+y)\mathrm{d}y$．

解　此题就是变力 $\boldsymbol{F} = (x+2y)\boldsymbol{i} + (2x+y)\boldsymbol{j}$，
把一物体从点 $A(1,1)$ 移动到点 $C(2,3)$ 所做的功．
因 $P = x+2y$，$Q = 2x+y$，

$$\frac{\partial P}{\partial y} = 2 = \frac{\partial Q}{\partial x}$$

所以积分与路径无关，选择折线段 $AB + BC$ 积分（见图 $9-42$）．

$$原式 = \int_{AB} (x+2y)\mathrm{d}x + (2x+y)\mathrm{d}y + \int_{BC} (x+2y)\mathrm{d}x + (2x+y)\mathrm{d}y$$
$$= \int_1^2 (x+2)\mathrm{d}x + \int_1^3 (4+y)\mathrm{d}y = \frac{31}{2}.$$

即变力 $\boldsymbol{F} = (x+2y)\boldsymbol{i} + (2x+y)\boldsymbol{j}$ 把一物体从点 $A(1,1)$ 移动到点 $C(2,3)$ 所做的功为 $\dfrac{31}{2}$．

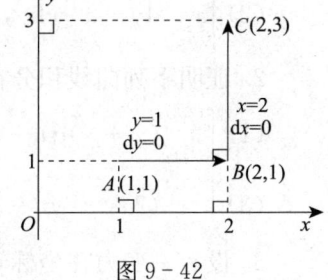

图 $9-42$

9.6.3　积分小结

到目前为止，我们已学过定积分、二重积分、三重积分、平面曲线积分，可以统一用下面符号表示：

$$\int_M f(\text{积分变量})\mathrm{d}m$$

M 表示积分范围，$\mathrm{d}m$ 表示积分范围内的长度微元（或面积微元、或体积微元等）．

（1）$\displaystyle\int_{[a,b]} f(x)\mathrm{d}x = \int_a^b f(x)\mathrm{d}x$：只有一个积分变量，积分范围是 x 轴上区间 $[a,b]$，$\mathrm{d}x$ 是区间 $[a,b]$ 内的长度微元，称为定积分．

(2) $\int_D f(x,y)\mathrm{d}\sigma = \iint_D f(x,y)\mathrm{d}\sigma$：有两个积分变量，积分范围是 xOy 平面上的区域 D，$\mathrm{d}\sigma$ 是 D 内的面积微元，称为二重积分．

(3) $\int_\Omega f(x,y,z)\mathrm{d}V = \iiint_\Omega f(x,y,z)\mathrm{d}V$：有三个积分变量，积分范围是空间区域 Ω，$\mathrm{d}V$ 是 Ω 内的体积微元，此积分称为三重积分．

(4) $\int_L f(x,y)\mathrm{d}s$：两个积分变量，积分范围是 xOy 平面上曲线 L，$\mathrm{d}s$ 是平面曲线 L 内的长度微元，称为平面上的曲线积分．

通过上面的小结，我们还可以推想出未学的积分．

(1) $\int_L f(x,y,z)\mathrm{d}l$：三个积分变量，积分范围是空间曲线 L，$\mathrm{d}l$ 是空间曲线 L 内的长度微元，称为空间上的曲线积分．

(2) $\iint_\Sigma f(x,y,z)\mathrm{d}S$：三个积分变量，积分范围是空间曲面 $\sum$，$\mathrm{d}S$（S 大写）是曲面 $\sum$ 内的面积微元，这样的积分称为曲面积分．

等等，我们可以推想出任一范围内的积分，请读者想一想．

习题 9.6

1. 利用格林公式计算下列曲线积分：

(1) $\oint_L (x^2y-2y)\mathrm{d}x + (\frac{x^3}{3}-x)\mathrm{d}y$，$L$ 为以直线 $x=1$、$y=x$、$y=2x$ 为边的三角形的正向边界；

(2) $\oint_L xy^2\mathrm{d}y - x^2y\mathrm{d}x$，$L$ 为正向圆周 $x^2+y^2=a^2$．

2. 证明下列曲线积分在整个 xOy 平面内与路径无关，并计算积分值：

(1) $\int_{(1,1)}^{(2,3)} (x+y)\mathrm{d}x + (x-y)\mathrm{d}y$；　　　(2) $\int_{(1,2)}^{(3,4)} (6xy^2-y^3)\mathrm{d}x + (6x^2y-3xy^2)\mathrm{d}y$；

(3) $\int_{(1,0)}^{(2,1)} (2xy-y^4+3)\mathrm{d}x + (x^2-4xy^3)\mathrm{d}y$．

3. 设有一变力在坐标轴上的投影为 $X=x+y^2$，$Y=2xy-8$，证明：质点在此变力作用下运动时，变力所做的功与运动路径无关．

* 9.7　曲面积分

9.7.1　第一类曲面积分（对面积的曲面积分）

1. 实践的产物　　定义、性质

引例 4　若曲面 $\sum$ 是光滑的，其面密度为连续函数 $f(x,y,z)$，求曲面质量（如图 9-

43）．

所谓曲面光滑即曲面上各点处都有切平面，且当点在曲面上连续移动时，切平面也连续转动．

解　微元法

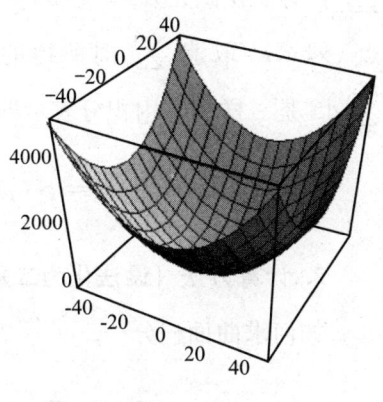

在曲面 $\sum$ 上任取一点 (x,y,z)，有一面积微元 dS，则质量微元为 $dM = f(x,y,z)dS$．由微元法思想知，整个曲面质量 M 就是 $f(x,y,z)$ 在空间曲面 $\sum$ 上的积分，因对曲面 $\sum$ 的积分，记为 $M = \iint\limits_{\sum} f(x,y,z)dS$

注意　这里的 dS 是大写的 S，而前面曲线积分的 ds 是小写的 s．

在其他领域也有类似的问题，我们把它抽出来研究，于是产生如下定义：

定义 9.8　（第一类曲面积分定义）函数 $f(x,y,z)$ 在光滑曲面 $\sum$ 上有界，任取一点 $(x,y,z) \in \sum$，必有曲面面积微元 dS，若乘积微元 $f(x,y,z)dS$ 有意义，表示某问题在 $\sum$ 上的微元量，当点 (x,y,z) 取遍曲面 $\sum$ 时，就有无穷多个乘积微元量 $f(x,y,z)dS$，这无穷多个乘积微元量 $f(x,y,z)dS$ 的和（存在）就是某问题在曲面 $\sum$ 上的总量，即 $f(x,y,z)$ 在曲面 $\sum$ 上对面积的曲面积分或称第一类曲面积分，记为 $\iint\limits_{\sum} f(x,y,z)dS$．若 $\sum$ 封闭，则记为 $\oiint\limits_{\sum} f(x,y,z)dS$．

其中 $\sum$ 称为**积分曲面**，$f(x,y,z)$ 称为**被积函数**，dS 为**曲面面积微元**，x,y,z 称为**积分变量**．

实际意义：若 $f(x,y,z)dS$ 表示某问题在曲面 $\sum$ 上的微量，则曲面积分 $\iint\limits_{\sum} f(x,y,z)dS$ 表示该问题在曲面 $\sum$ 上的总量．例如微量元素 $f(x,y,z)dS$ 为曲面 $\sum$ 上的质量微元时，则曲面积分 $\iint\limits_{\sum} f(x,y,z)dS$ 为整个曲面 $\sum$ 的质量．

第一类曲面积分与第一类曲线积分的性质类似，这里不再写出．

容易知道：当 $f(x,y,z) = 1$ 时，曲面积分 $\iint\limits_{\sum} dS = S$（曲面 $\sum$ 面积，此时质量数就是面积数）；

设曲面 $\sum : z = z(x,y)$，在 xOy 平面上的投影区域为 D，用微元法可以证明：

$$\iint\limits_{\sum} dS = \iint\limits_{D} dS$$

事实上，不妨设曲面 $\sum : z = z(x,y)$ 上的点与 D 上的点一一对应，则 $\forall (x,y,z) \in$

$\sum$，有面积微元 $\mathrm{d}S$，$\forall (x,y) \in D$，对应于曲面 $\sum$ 上也有同样的面积微元 $\mathrm{d}S$，这样当点 (x,y,z) 取遍 $\sum$ 时所得的无穷项和 $\sum \mathrm{d}S$，与点 (x,y) 取遍 D 时所得的无穷项和 $\sum \mathrm{d}S$ 是一样的，用积分表示即

$$\iint\limits_{\sum} \mathrm{d}S = \iint\limits_{D} \mathrm{d}S = S \left(读者也可先考虑曲线积分 \int_L \mathrm{d}s 与定积分 \int_a^b \mathrm{d}s 相等\right)$$

2. 计算方法（设法化为二重积分）

如何求曲面积分 $\qquad \iint\limits_{\sum} f(x,y,z)\mathrm{d}S$．

关键求 $\mathrm{d}S$，设曲面 $\sum$ 的方程为 $z = z(x,y)$，因曲面 $\sum$ 的面积为

$$S = \iint\limits_{\sum} \mathrm{d}S = \iint\limits_{D} \mathrm{d}S$$

又由前面二重积分求曲面面积时已知

$$S = \iint\limits_{D} \sqrt{1+z_x'^2+z_y'^2}\,\mathrm{d}\sigma = \iint\limits_{D} \sqrt{1+z_x'^2+z_y'^2}\,\mathrm{d}x\mathrm{d}y$$

所以得到 $\qquad\qquad \mathrm{d}S = \sqrt{1+z_x'^2+z_y'^2}\,\mathrm{d}x\mathrm{d}y$

又因 $z = z(x,y)$（以后总假定 $z = z(x,y)$ 连续），所以

$$\iint\limits_{\sum} f(x,y,z)\mathrm{d}S = \iint\limits_{D_{x,y}} f(x,y,z(x,y))\sqrt{1+z_x'^2+z_y'^2}\,\mathrm{d}x\mathrm{d}y（转化为二重积分）．$$

以后常用上面公式计算第一类曲面积分．

例 36 计算曲面积分 $\iint\limits_{\sum} \dfrac{\mathrm{d}S}{z}$，其中 $\sum$ 是球面 $x^2+y^2+z^2=a^2$ 被平面 $z=h(0<h<a)$ 截出的顶部．

解 $z = \sqrt{a^2-x^2-y^2}$，$D_{xy}: \{(x,y) \mid x^2+y^2 \leqslant a^2-h^2\}$，

$$\sqrt{1+z_x^2+z_y^2} = \frac{a}{\sqrt{a^2-x^2-y^2}}，则$$

$$\iint\limits_{\sum} \frac{\mathrm{d}S}{z} = \iint\limits_{D_{xy}} \frac{a\,\mathrm{d}x\mathrm{d}y}{a^2-x^2-y^2} = \iint\limits_{D_{xy}} \frac{a\rho\mathrm{d}\rho\mathrm{d}\theta}{a^2-\rho^2} = a\int_0^{2\pi}\mathrm{d}\theta\int_0^{\sqrt{a^2-h^2}} \frac{\rho\mathrm{d}\rho}{a^2-\rho^2} = 2\pi a\ln\frac{a}{h}$$

3. 应用

第一类曲面积分的应用与第一类曲线积分及重积分的应用类似，不再重复．

9.7.2　第二类曲面积分（对坐标的曲面积分）

1. 实践的产物、定义、性质

先弄清两个概念：

流速 v：单位时间流过单位面积的流体质量（设密度为 1），是向量；

流量 Φ：单位时间流过面积为 A 的流体质量

（1）常态下的流量计算，即有一流体流向一有向平面区域 A，面积也设为 A，流速为常向量 v，求流量 Φ（设密度为 1）．

如图 9-44 所示，若流速垂直于平面区域 A，则流量为 $\Phi = |v| A$；

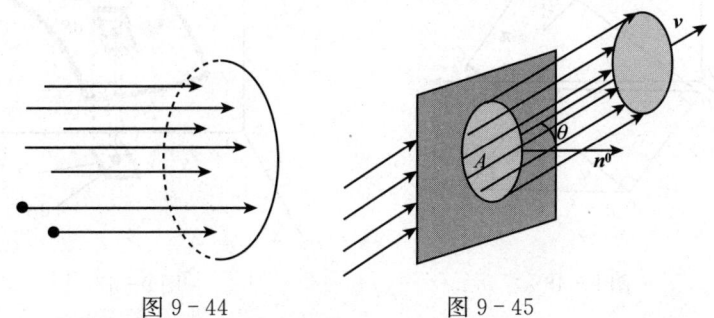

图 9-44　　　　　　　　图 9-45

如图 9-45 所示，若流速 v 不垂直于平面区域 A，而流速与平面 A 的法向量 n（流速指向那一侧）成 θ 角，这时流量为

$$\Phi = |v| \cos \theta A = v \cdot n_0 A = v \cdot (A n_0) \quad （n_0 \text{ 为 } n \text{ 的单位向量}）.$$

因平面法向量 n 取流速指向一侧时，流量为正；法向量 n 取流速指向相反一侧时，流量为负．因法向量取向有两侧，所以计算流量时注意平面法向量 n 取流速指向的那一侧．

（2）非常态下流量计算，设 $\sum$ 是光滑的有向曲面（不一定封闭），流速 v 也不是常向量，而是变向量 $v(x,y,z) = P(x,y,z)i + Q(x,y,z)j + R(x,y,z)k$，其中 $P(x,y,z)$、$Q(x,y,z)$、$R(x,y,z)$ 在 $\sum$ 上有界，以后总假定它们在 $\sum$ 上连续，我们还假设曲面 $\sum$ 方程为 $z = f(x,y)$，如何求流量？

解　微元法：如图 9-46 所示，在曲面 $\sum$ 上任取一点 $M(x,y,z)$，有一曲面面积微元 $\mathrm{d}S$，也可看成平面面积，有向曲面微元为 $\mathrm{d}\boldsymbol{S}$（即包括法向量方向的曲面面积微元），则有流量微元 $\mathrm{d}\Phi$，

$$\mathrm{d}\Phi = v \cdot \mathrm{d}\boldsymbol{S} = v \cdot n_0 \mathrm{d}S（n_0 \text{ 为 } \mathrm{d}S \text{ 向上法向量 } n \text{ 的单位向量}）$$

一般地　$n_0 = \cos \alpha i + \cos \beta j + \cos \gamma k = (\cos \alpha, \cos \beta, \cos \gamma)$（方向余弦构成的向量是单位向量，$\alpha, \beta, \gamma$ 是 n 的方向角）．

又流速为　$v(x,y,z) = (P(x,y,z), Q(x,y,z), R(x,y,z))$，则流量微元为

$$\mathrm{d}\Phi = v \cdot \mathrm{d}\boldsymbol{S} = v \cdot n_0 \mathrm{d}S = (P(x,y,z), Q(x,y,z), R(x,y,z)) \cdot (\cos \alpha, \cos \beta, \cos \gamma) \mathrm{d}S$$
$$= P(x,y,z) \cos \alpha \mathrm{d}S + Q(x,y,z) \cos \beta \mathrm{d}S + R(x,y,z) \cos \gamma \mathrm{d}S \tag{9-16}$$

因 $\mathrm{d}S\cos \alpha = \mathrm{d}y\mathrm{d}z$，$\mathrm{d}S\cos \beta = \mathrm{d}z\mathrm{d}x$，$\mathrm{d}S\cos \gamma = \mathrm{d}x\mathrm{d}y$．为什么呢？

下面以 $\mathrm{d}S\cos \gamma = \mathrm{d}x\mathrm{d}y$ 为例加以理解（见图 9-47），其他同理．

其中 γ 是曲面微元 $\mathrm{d}S$ 与投影平面 $\mathrm{d}\sigma$ 的夹角，γ 也是 $\mathrm{d}S$ 朝上的法向量 n 与 z 轴正向的夹角．

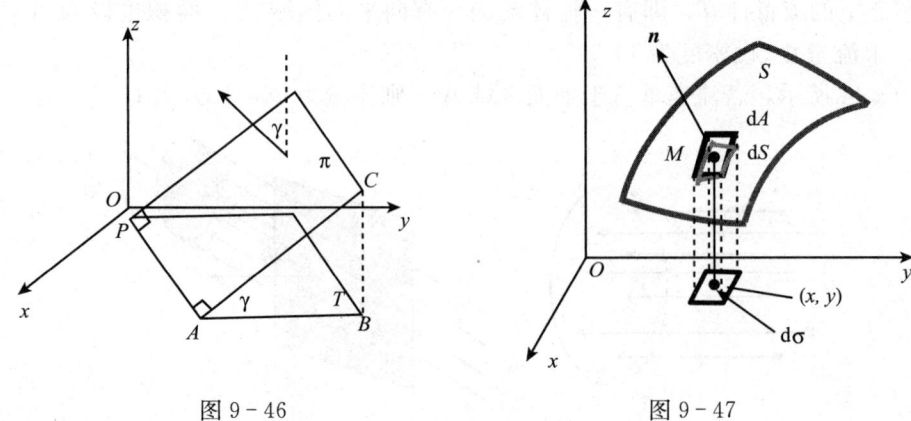

图 9 - 46   图 9 - 47

为了理解好，先从图 9 - 46 考虑：设有限平面 π 在 xOy 平面内的投影平面为 T ，平面 π 与平面 T 的夹角为 γ ，γ 也是平面 π 朝上法向量 $\boldsymbol{n}$ 与 z 轴正向夹角（锐角），也是两平面法向量的夹角．则两平面面积关系有

$$A_T = A_\pi \cos \gamma$$

如图 9 - 47 所示，因 $\mathrm{d}S$ 很小，所以可看成曲面在点 $M(x,y,z)$ 的切平面，设切平面面积为 $\mathrm{d}A = \mathrm{d}S$ ，$\mathrm{d}S$（也可认为是 $\mathrm{d}A$ ）在 xOy 平面上的投影面积为 $\mathrm{d}\sigma$ ，由上面的结论得

$$\mathrm{d}\sigma = \mathrm{d}S\cos \gamma ，\ 即 \ \mathrm{d}x\mathrm{d}y = \mathrm{d}S\cos \gamma$$

所以由前面（9 - 16）式得

$$\mathrm{d}\varPhi = \boldsymbol{v} \cdot \mathrm{d}\boldsymbol{S} = P(x,y,z)\mathrm{d}y\mathrm{d}z + Q(x,y,z)\mathrm{d}z\mathrm{d}x + R(x,y,z)\mathrm{d}x\mathrm{d}y$$

则总流量就是沿曲面 $\sum$ 积分，记为

$$\varPhi = \iint\limits_{\sum} \boldsymbol{v} \cdot \mathrm{d}\boldsymbol{S} = \iint\limits_{\sum} P(x,y,z)\mathrm{d}y\mathrm{d}z + Q(x,y,z)\mathrm{d}z\mathrm{d}x + R(x,y,z)\mathrm{d}x\mathrm{d}y$$

这个积分的积分范围是曲面 $\sum$ ，积分变量是坐标 x、y、z，取名叫第二类曲面积分，也叫对坐标的曲面积分．当 $\sum$ 封闭时，记为 $\oiint\limits_{\sum} \boldsymbol{v} \cdot \mathrm{d}\boldsymbol{S}$，例如物理学中的电通量、磁通量中有 $\varPhi = \oiint\limits_{\sum} \boldsymbol{v} \cdot \mathrm{d}\boldsymbol{S}$．

第二类曲面积分的性质与第二类曲线积分的性质类似，这里不再写出．

2. 第二类曲面积分计算，转化为二重积分来计算

计算对坐标的曲面积分时，必须分清曲面所取的侧，如果曲面 $\sum$ 不封闭，方程又是 $z = z(x,y)$ ，则规定法向量与 z 轴正向夹角为锐角的一侧为上侧，法向量与 z 轴正向夹角为钝角的一侧为下侧；如果曲面 $\sum$ 是封闭的，则规定法向量方向朝外的一侧为外侧，法向量朝内的一侧为内侧．这样选定了侧的曲面，称为有向曲面．

若 $\sum$ 为 $z = z(x,y)$ ，则 $\sum$ 在 xOy 面上的投影区域为 D_{xy} ，被积函数为 $R(x,y,z)$ ，如图 $9-48$ 所示.

取 $\sum$ 上侧（外侧），则

$$\iint\limits_{\sum} R(x,y,z)\mathrm{d}x\mathrm{d}y = \iint\limits_{D_{xy}} R[x,y,z(x,y)]\mathrm{d}x\mathrm{d}y$$

若取 $\sum$ 下侧（内侧），则

$$\iint\limits_{\sum} R(x,y,z)\mathrm{d}x\mathrm{d}y = -\iint\limits_{D_{xy}} R[x,y,z(x,y)]\mathrm{d}x\mathrm{d}y$$

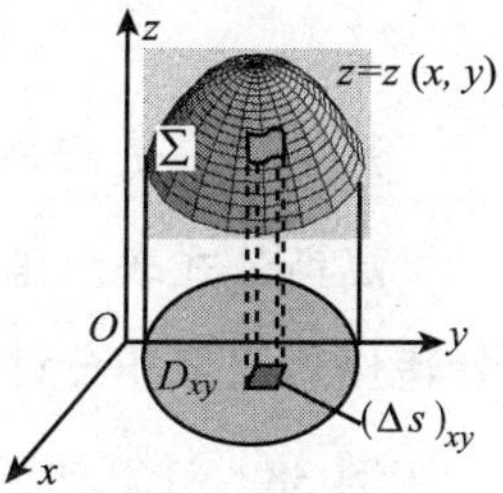

图 $9-48$

同理若 $\sum : x = x(y,z)$ ，有

$$\iint\limits_{\sum} P(x,y,z)\mathrm{d}y\mathrm{d}z = \pm\iint\limits_{D_{yz}} P[x(y,z),y,z]\mathrm{d}y\mathrm{d}z$$

若 $\sum : y = y(z,x)$ ，有

$$\iint\limits_{\sum} Q(x,y,z)\mathrm{d}z\mathrm{d}x = \pm\iint\limits_{D_{zx}} Q[x,y(z,x),z]\mathrm{d}z\mathrm{d}x$$

例 37　计算 $\iint\limits_{\sum} xyz\,\mathrm{d}x\mathrm{d}y$ 其中$\sum$是球面 $x^2 + y^2 + z^2 = 1$ 外侧在 $x \geqslant 0, y \geqslant 0$ 的部分.

解　把$\sum$分成$\sum_1$和$\sum_2$两部分

$$\sum_1 : z_1 = \sqrt{1-x^2-y^2}, \qquad \sum_2 : z_2 = -\sqrt{1-x^2-y^2},$$

$$\iint\limits_{\sum} xyz\,\mathrm{d}x\mathrm{d}y = \iint\limits_{\sum_1} xyz\,\mathrm{d}x\mathrm{d}y + \iint\limits_{\sum_2} xyz\,\mathrm{d}x\mathrm{d}y$$

$$= \iint\limits_{D_{xy}} xy\sqrt{1-x^2-y^2}\,\mathrm{d}x\mathrm{d}y - \iint\limits_{D_{xy}} xy(-\sqrt{1-x^2-y^2})\,\mathrm{d}x\mathrm{d}y$$

$$= 2\iint\limits_{D_{xy}} xy\sqrt{1-x^2-y^2}\,\mathrm{d}x\mathrm{d}y = 2\int_0^{\frac{\pi}{2}}\mathrm{d}\theta\int_0^1 \rho^2\sin\theta\cos\theta\sqrt{1-\rho^2}\rho\mathrm{d}\rho\mathrm{d}\theta$$

$$= \int_0^{\frac{\pi}{2}}\sin 2\theta\mathrm{d}\theta\int_0^1\rho^3\sqrt{1-\rho^2}\,\mathrm{d}\rho = \frac{2}{15}.$$

其中积分　$\int_0^1\rho^3\sqrt{1-\rho^2}\,\mathrm{d}\rho = \frac{1}{2}\int_0^1\rho^2\sqrt{1-\rho^2}\,\mathrm{d}\rho^2 \underline{\underline{\rho^2 = t}} \frac{1}{2}\int_0^1 t\sqrt{1-t}\,\mathrm{d}t$

$$= \frac{1}{2}\int_1^0 (1-u^2)\cdot u\cdot(-2u)\,\mathrm{d}u = \int_0^1 (u^2-u^4)\,\mathrm{d}u = \frac{2}{15}$$

可以用电脑算.

9.7.3　高斯公式

定理　设空间闭区域 Ω 由光滑的曲面 $\sum$ 所围成，函数 P,Q,R 在 Ω 上具有连续偏导数，

则

$$\oiint\limits_{\sum} P\mathrm{d}y\mathrm{d}z + Q\mathrm{d}z\mathrm{d}x + R\mathrm{d}x\mathrm{d}y = \iiint\limits_{\Omega}\left(\frac{\partial P}{\partial x} + \frac{\partial Q}{\partial y} + \frac{\partial R}{\partial z}\right)\mathrm{d}v$$

其中 $\sum$ 是 Ω 的整个边界曲面的外侧.

高斯公式表示第二类曲面积分与三重积分的关系, $\sum$ 包围着 Ω ，有时把第二类曲面积分转化为三重积分计算简单.

例 38 计算曲面积分: $\oiint\limits_{\sum}(x-y)\mathrm{d}x\mathrm{d}y + (y-z)x\mathrm{d}y\mathrm{d}z$ ，其中 $\sum$ 为柱面 $x^2+y^2=1$ 及平面 $z=0, z=3$ 所围成的空间闭区域 Ω 的整个边界曲面的外侧.

解 $P=(y-z)x, Q=0, R=x-y$,

$$\frac{\partial P}{\partial x} = y-z, \frac{\partial Q}{\partial y} = 0, \frac{\partial R}{\partial z} = 0,$$

$$\text{原式} = \iiint\limits_{\Omega}(y-z)\mathrm{d}x\mathrm{d}y\mathrm{d}z$$

$$= \iint\limits_{D}\mathrm{d}x\mathrm{d}y\int_0^3(y-z)\mathrm{d}z = \iint\limits_{D}\mathrm{d}x\mathrm{d}y\left(yz - \frac{1}{2}z^2\right)\Big|_0^3$$

$$= \iint\limits_{D}\left(3y - \frac{9}{2}\right)\mathrm{d}x\mathrm{d}y = \int_0^{2\pi}\mathrm{d}\theta\int_0^1\left(3\rho\sin\theta - \frac{9}{2}\right)\rho\mathrm{d}\rho = \int_0^{2\pi}\left(\sin\theta - \frac{9}{4}\right)\mathrm{d}\theta = -\frac{9}{2}\pi.$$

* 习题 9.7

1. 计算曲面积分 $\oiint\limits_{\sum}(x^2+y^2+z^2)\mathrm{d}S$ ，其中曲面 $\sum$ 是球面 $x^2+y^2+z^2=a^2$. （答案: $4\pi a^4$ ）

2. 计算半径为 R 的均匀球壳绕对称轴的转动惯量. （答案: $\frac{2}{3}MR^2$ ，其中 $M=4\pi R^2\mu$, μ 是密度）

3. 计算第二类曲面积分 $\iint\limits_{\sum}x^2y^2z\mathrm{d}x\mathrm{d}y$ ，其中曲面 $\sum$ 是球面 $x^2+y^2+z^2=a^2$ 的下半部的下侧. （答案: $\frac{2}{105}\pi a^7$ ）

复习题 9

1. 计算 $I = \iint\limits_{D}xy\mathrm{d}\sigma$ ，其中 D 为抛物线 $y^2=2x$ ，直线 $y=4-x$ 所围区域.

2. 计算 $I = \iint\limits_{D}(4-x-y)\mathrm{d}\sigma$ ，其中 D 是圆域 $x^2+y^2 \leqslant 2y$.

3. 求曲面 $z=x^2+y^2$, $y=x^2$, $y=1$, $z=0$ 所围立体的体积.

4. 求抛物面 $2z = x^2 + y^2$ 由柱面 $x^2 + y^2 = 1$ 所割出部分的面积.

5. 求匀质的半椭圆 $\dfrac{x^2}{a^2} + \dfrac{y^2}{b^2} \leqslant 1, y \geqslant 0$ 的平面薄板的重心坐标.

6. 求均匀薄板（面密度 $\mu = 1$）$D: 0 \leqslant x \leqslant a, 0 \leqslant y \leqslant b$ 对 x 轴及 y 轴的转动惯量.

7. 计算 $\iiint\limits_{\Omega} xyz \,\mathrm{d}x\mathrm{d}y\mathrm{d}z$，其中 $x^2 + y^2 + z^2 = 1$ 是由曲面 $x^2 + y^2 + z^2 = 1$，$x = 0$，$y = 0$，$z = 0$ 所围区域.

8. 求曲面 $z = 1 - \sqrt{x^2 + y^2}$，$z = 0$ 所围匀质立体的重心.

9. 求由曲面 $z = x^2 + y^2$，$z = 1$ 所围的匀质立体绕对称轴（z 轴）的转动惯量（密度 $\mu = 1$）.

10. 计算 $\displaystyle\int_L xy \,\mathrm{d}s$，$L$ 为抛物线 $y^2 = x$ 在点 $A(1, -1)$ 和点 $B(1, 1)$ 间的一段弧.

11. 计算 $\displaystyle\int_L y^2 \,\mathrm{d}s$，$L$ 为摆线 $\begin{cases} x = a(t - \sin t) \\ y = a(1 - \cos t) \end{cases}$ $(0 \leqslant t \leqslant 2\pi)$.

12. 计算 $\displaystyle\int_L (x - y^2)\mathrm{d}x + 2xy\mathrm{d}y$，$L$ 为连接点 $O(0,0)$，$A(1,0)$，$B(1,1)$ 的有向折线段 OAB.

13. 用格林公式计算 $\displaystyle\oint_L \mathrm{e}^x(1 - \cos y)\mathrm{d}x - \mathrm{e}^x(y - \sin y)\mathrm{d}y$，$L$ 为区域：$0 \leqslant x \leqslant \pi$，$0 \leqslant y \leqslant \sin x$ 的正向边界.

14. 证明：变力 $\boldsymbol{F} = y\boldsymbol{i} + x\boldsymbol{j}$ 把一物体从点 $A(-1, 2)$ 移动到点 $B(2, 3)$ 所做的功与路径无关，并求功的大小.

附件 9　数学实验：用 Matlab 求重积分、曲线积分

一、计算二重积分

1. 在直角坐标下，一定要学会将二重积分化为**二次积分**，才能用电脑计算

(1) X 型区域 D，则 $\displaystyle\iint\limits_{D} f(x,y)\mathrm{d}\sigma = \int_a^b \mathrm{d}x \int_{g_1(x)}^{g_2(x)} f(x,y)\mathrm{d}y$.

　　int (int(f, y,g1(x),g2(x)),x,a,b).

(2) Y 型区域 D，则 $\displaystyle\iint\limits_{D} f(x,y)\mathrm{d}\sigma = \int_c^d \mathrm{d}y \int_{h_1(y)}^{h_2(y)} f(x,y)\mathrm{d}x$.

　　int (int(f, x,h1(y),h2(y)),y,c,d).

例 39　计算 $\displaystyle\iint\limits_{D} xy\mathrm{d}\sigma = \int_1^2 \mathrm{d}x \int_{2-x}^{\sqrt{2x-x^2}} xy\mathrm{d}y$.

解　>> syms x y

　　>> int(int(x* y,y,2- x,sqrt(2* x- x^2)),x,1,2)

　　回车得：ans= 1/4，∴ 原式= 1/4.

例 40　计算 $\displaystyle\iint\limits_{D} \dfrac{x^2}{y^2}\mathrm{d}\sigma$，$D$ 由 $x = 2$、$y = x$、$xy = 1$ 所围区域.

解 >> [x,y]= solve('y- x= 0','x* y- 1= 0')

回车得交点坐标,x= 1,- 1; y= 1,- 1.

$$\iint\limits_{D} \frac{x^2}{y^2}\mathrm{d}\sigma = \int_1^2 \mathrm{d}x \int_{\frac{1}{x}}^x \frac{x^2}{y^2}\mathrm{d}y ,$$ 二重积分化为二次积分（请读者画出图形）.

>> syms x y;

>> int(int(x^2/y^2,y,1/x,x),x,1,2)

回车得: ans= 9/4, ∴原式= 9/4.

2. 极坐标下

例 41 计算 $I = \iint\limits_{D} \sqrt{x^2 + y^2}\,\mathrm{d}x\mathrm{d}y$，$D: x^2 + y^2 \leqslant 2x$.

解 令 $\begin{cases} x = r\cos t \\ y = r\sin t \end{cases}$，$D: \begin{cases} -\dfrac{\pi}{2} \leqslant t \leqslant \dfrac{\pi}{2} \\ 0 \leqslant r \leqslant 2\cos t \end{cases}$.

$$\therefore \quad I = \int_{-\frac{\pi}{2}}^{\frac{\pi}{2}} \mathrm{d}t \int_0^{2\cos t} r \cdot r\mathrm{d}r = \int_{-\frac{\pi}{2}}^{\frac{\pi}{2}} \mathrm{d}t \int_0^{2\cos t} r^2\mathrm{d}r .$$

>> syms r t

>> int(int(r^2,r,0, 2* cos(t)),t,- pi/2,pi/2)

回车得: ans= 32/9,∴ 原式= 32/9.

例 42 求由曲面 $z = x^2 + 2y^2$ 及 $z = 6 - 2x^2 - y^2$ 所围体积.

解: $V = \iint\limits_{D}(z_2 - z_1)\mathrm{d}x\mathrm{d}y$ $\quad D: x^2 + y^2 \leqslant 2$（从已知的两曲面方程中消去 z）.

>> syms x y z1 z2 r t;

>> x= r* cos(t);y= r* sin(t);

>> z1= x^2+ 2* y^2; z2= 6- 2* x^2- y^2;

>> int(int((z2- z1)* r, r,0,2^(1/2)),t,0,2* pi)

回车得:ans= 6* pi,∴所求的体积为 6π.

3. 求薄片重心、轴转动惯量、曲面面积

例 43 求位于两圆 $\rho = 2\sin\theta$ 和 $\rho = 4\sin\theta$ 之间均匀薄片的重心.

解 设重心 $(0, y_c)$，$y_c = \dfrac{\iint\limits_{D} y\mathrm{d}\sigma}{A} = \dfrac{\int_0^\pi \mathrm{d}\theta \int_{2\sin\theta}^{4\sin\theta} \rho\sin\theta \cdot \rho \cdot \mathrm{d}\rho}{A}$，$A = 3\pi$.

>> syms r t

>> int(int(r^2* sin(t),r,2* sin(t), 4* sin(t)),t,0,pi)

回车得:ans= 7* pi ;∴ $y_c = \dfrac{7\pi}{3\pi} = \dfrac{7}{3}$,∴重心坐标为 $\left(0, \dfrac{7}{3}\right)$.

例 44 求位于两圆 $\rho = 2\sin\theta$ 和 $\rho = 4\sin\theta$ 之间均匀薄片分别绕 x、y 轴转动惯量.

解 $I_x = \iint\limits_{D} y^2\mu\mathrm{d}\sigma = \mu\iint\limits_{D}\rho^3\sin^2\theta\mathrm{d}\rho\mathrm{d}\theta$.

>> int(int(r^3* (sin(t))^2,r,2* sin(t), 4* sin(t)),t,0,pi)

回车得:ans= $\dfrac{75}{4}\pi$,即 $I_x = \dfrac{75}{4}\pi\mu$.

$$I_y = \iint\limits_{D} x^2 \mu \mathrm{d}\sigma = \mu \iint\limits_{D} \rho^3 \cos^2\theta \mathrm{d}\rho \mathrm{d}\theta \,,$$

```
>> int(int(r^3* (cos(t))^2,r,2* sin(t), 4* sin(t)),t,0,pi)
```

回车得：ans= $\frac{15}{4}\pi$，即 $I_y = \frac{15}{4}\pi\mu$.

二、计算三重积分（一定要将三重积分化为三次积分，才能确定用电脑算）

例 45　求 $I = \iiint\limits_{\Omega} xz \mathrm{d}x\mathrm{d}y\mathrm{d}z$，$\Omega$ 是由 $z = 0$、$z = y$、$y = 1$、$y = x^2$ 围成.

解　$I = \int_{-1}^{1} \mathrm{d}x \int_{x^2}^{1} \mathrm{d}y \int_{0}^{y} xz \mathrm{d}z$（三重积分化为三次积分），

```
>> syms x y z
>> int(int(int(x* z,z,0,y),y,x^2, 1),x,- 1,1)
```

回车得：0，$\therefore$ 原式= 0.

例 46　$I = \iiint\limits_{\Omega} xyz \mathrm{d}x\mathrm{d}y\mathrm{d}z$，$\Omega$ 是由 $2x + 3y + z = 2$ 及三个坐标面围成.

解　$I = \int_{0}^{1} \mathrm{d}x \int_{0}^{\frac{2}{3}(1-x)} \mathrm{d}y \int_{0}^{2-2x-3y} xyz \mathrm{d}z$（要会确定上、下限），

```
syms x y z;   （在 M 文件里输入）
int(int(int(x* y* z,z,0, 2- 2* x- 3* y),y,0, 2/3* (1- x)),x,0,1)
```

回车得：I= 1/405.

例 47　求 $I = \iiint\limits_{\Omega} z \mathrm{d}x\mathrm{d}y\mathrm{d}z$，$\Omega$ 为半球体 $x^2 + y^2 + z^2 \leqslant 1$，$z \geqslant 0$.

解　$I = \iint\limits_{D} \mathrm{d}x\mathrm{d}y \int_{0}^{\sqrt{1-x^2-y^2}} z \mathrm{d}z = \frac{1}{2}\iint\limits_{D}(1-x^2-y^2)\mathrm{d}x\mathrm{d}y$，$D: x^2 + y^2 \leqslant 1$，

令 $\begin{cases} x = r\cos\theta \\ y = r\sin\theta \end{cases}$，　$0 \leqslant \theta \leqslant 2\pi$，$0 \leqslant r \leqslant 1$.

则 $I = \frac{1}{2}\iint\limits_{D}(1-x^2-y^2)\mathrm{d}x\mathrm{d}y = \frac{1}{2}\int_{0}^{2\pi}\mathrm{d}t\int_{0}^{1}(1-r^2)r\mathrm{d}r$.

```
>> syms r t
>> 1/2* int(int((1- r^2)* r,r,0,1),t,0,2* pi)
```

回车得：$\frac{\pi}{4}$，$\therefore$ 原式= $\frac{\pi}{4}$.

三、Matlab 求曲线积分（先转化为定积分，再用电脑 Matlab 计算定积分）

（1）第一类曲线积分：一定要学会将曲线积分化为定积分，才能用电脑算.

$L: y = g(x)$，$\int_L f(x,y)\mathrm{d}s$，　$\mathrm{d}s = \sqrt{(\mathrm{d}x)^2 + (\mathrm{d}y)^2} = \sqrt{1+y'^2}\mathrm{d}x$.

$L: \begin{cases} x = x(t) \\ y = y(t) \end{cases}$，$\int_L f(x,y)\mathrm{d}s$，　$\mathrm{d}s = \sqrt{(\mathrm{d}x)^2 + (\mathrm{d}y)^2} = \sqrt{x'^2 + y'^2}\mathrm{d}t$.

例 48 求 $\int_L y\mathrm{d}s$，其中 L 是抛物线 $y = x^2$ 上点 $O(0,0)$ 与点 $B(1,1)$ 之间的一段弧见图 $9-49$.

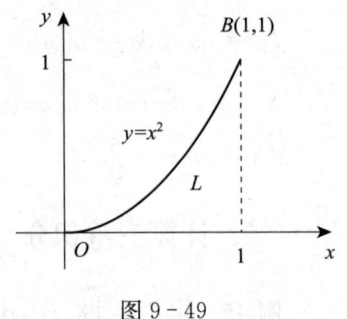

图 $9-49$

解 原式 $= \int_0^1 x^2 \sqrt{1+y'^2}\mathrm{d}x = \int_0^1 x^2 \sqrt{1+4x^2}\mathrm{d}x$

`>> syms  x  y`

`>> int(x^2* (1+ 4* x^2)^(1/2),0,1)`

回车得：ans= 很长一个答案，再复制，粘贴到下一个命令符>>

再回车得 ans= 0.6063.

$\therefore$ 原式 $= 0.6063$.

例 49 求 $\int_L xy\mathrm{d}s$，$L: x^2+y^2 = 1$ 在第一象限部分.

解 $\begin{cases} x = \cos t \\ y = \sin t \end{cases}$ ，$0 \leqslant t \leqslant \dfrac{\pi}{2}$.

$$原式 = \int_0^{\frac{\pi}{2}} \cos t\sin t \sqrt{x'^2+y'^2}\mathrm{d}t = \int_0^{\frac{\pi}{2}} \cos t \cdot \sin t\mathrm{d}t（用笔算也简单）.$$

`>> syms t`

`>> int(cos(t)* sin(t),0,pi/2)`

回车得 ans= 1/2，$\therefore$ 原式= 1/2.

（2）第二类曲线积分：先转化为定积分，再按定积分进行计算

例 50 求 $\int_L (x^2+y^2)\mathrm{d}x + 4xy\mathrm{d}y$，$L$：圆周 $x^2+y^2 = a^2(a > 0)$ 第一象限部分，逆时针方向.

解 原式 $= \int_0^{\frac{\pi}{2}} \left[a^2(-a\sin t) + 4a^2\cos t \cdot \sin t \cdot a\cos t \right]\mathrm{d}t$

$$= a^3 \int_0^{\frac{\pi}{2}} (-\sin t + 4\cos^2 t \cdot \sin t)\mathrm{d}t.$$

`>> syms t`

`>> int(4* cos(t)^2* sin(t)- sin(t),0,pi/2)`

回车得 ans= 1/3，$\therefore$ 原式= 1/3.

练习

1. 求 $\iint\limits_D x^2\mathrm{e}^{-y^2}\mathrm{d}x\mathrm{d}y$，其中 D 是以 $(0,0)$，$(1,1)$，$(0,1)$ 为顶点的三角形.（答案：$2-16/3 * \exp(-1)$）

2. 计算二重积分 $\iint\limits_D x^2\mathrm{d}x\mathrm{d}y$，$D$ 是由圆 $x^2+y^2 = 1$ 及 $x^2+y^2 = 4$ 所围成的环形区域.（答案：$\dfrac{15}{4}\pi$）

3. 计算：$I = \iint\limits_D \sqrt{x^2+y^2}\mathrm{d}x\mathrm{d}y$，$D$ 由 $x^2+y^2 = 2x$ 所围成的闭区域.（答案：$\dfrac{32}{9}$）

4. 求位于两圆 $\rho = \sin\theta$ 和 $\rho = 2\sin\theta$ 之间均匀薄片的质心.［答案 $C(0, \dfrac{7}{6})$］

5. 求 $I = \iiint\limits_{\Omega} z\sqrt{x^2+y^2}\,\mathrm{d}x\mathrm{d}y\mathrm{d}z$，$\Omega$ 为 $z = x^2 + y^2$ 与 $z = 1$ 所围区域．（答案：$\dfrac{4\pi}{21}$ ）

6. 求 $\displaystyle\int_{L} y\mathrm{d}s$，其中 L 是抛物线 $y^2 = 4x$ 上从点 $(0,0)$ 到点 $(1,2)$ 的一段弧．［答案：$\dfrac{4}{3}(2\sqrt{2}-1)$ ］

7. 计算 $\displaystyle\oint_{L}(x^2+y^2)\mathrm{d}x+(x^2-y^2)\mathrm{d}y$，其中 L 是圆周 $x^2+y^2 = a^2$，取逆时针方向．（答案：0）

第 10 章　无穷级数

无穷级数是研究函数性质，表示函数及进行数值计算的有力工具，在科学技术的许多领域有着广泛的应用．本章主要讲述数项级数的一些基本概念、性质和判定其收敛性的方法，然后讨论幂级数和傅里叶级数的基本知识．

10.1　数项级数的概念与性质

例 1　$\dfrac{1}{3} = 0.333\cdots = \dfrac{3}{10} + \dfrac{3}{10^2} + \cdots + \dfrac{3}{10^n} + \cdots$，$\dfrac{1}{3}$ 可以写成无穷项的和．

例 2　反过来，如 $\dfrac{1}{2} + \dfrac{1}{4} + \dfrac{1}{8} + \cdots + \dfrac{1}{2^n} + \cdots = ?$　无穷项的和将会等于什么呢？

这就是级数问题．

10.1.1　数项级数的定义

定义 10.1　（数项级数定义）给定一个无穷数列 $u_1, u_2, \cdots, u_n, \cdots$，依次相加

$$u_1 + u_2 + \cdots + u_n + \cdots = \sum_{n=1}^{\infty} u_n \tag{10-1}$$

称为数项级数，其中第 n 项 u_n 叫作级数的一般项（或叫通项）．

定义 10.2　（部分和定义）$s_n = u_1 + u_2 + \cdots + u_n = \sum_{k=1}^{n} u_n$ 称为级数（10-1）的部分和．

数列 $\{s_n\}$

$$s_1 = u_1 ,$$
$$s_2 = u_1 + u_2 ,$$
$$s_3 = u_1 + u_2 + u_3 \cdots,$$
$$\vdots$$
$$s_n = u_1 + u_2 + u_3 + \cdots + u_n , \cdots.$$

称为级数（10-1）的部分和数列，若 $\lim\limits_{n \to \infty} s_n = s$（存在），则称级数（10-1）收敛，且收敛于 s，并记作

$$u_1 + u_2 + u_3 + \cdots + u_n + \cdots = s$$

若 $\lim\limits_{n \to \infty} s_n = s$ 不存在，则称级数（10-1）发散．

例 3　讨论级数 $1 + (-1) + 1 + (-1) + \cdots + (-1)^{n-1} + (-1)^n + \cdots$ 的收敛性．

解 因 $s_n = \begin{cases} 0, n\ 为偶数 \\ 1, n\ 为奇数 \end{cases}$，所以 $\lim\limits_{n \to \infty} s_n$ 不存在，故级数发散.

例 4 讨论等比级数

$$\sum_{k=0}^{\infty} a_1 q^k = a_1 + a_1 q + a_1 q^2 + \cdots + a_1 q^n + \cdots \qquad (a_1 \neq 0)$$

的收敛性.

解 若 $q \neq 1$，则部分和为

$$s_n = \sum_{k=0}^{n-1} a_1 q^k = a_1 + a_1 q + a_1 q^2 + \cdots + a_1 q^{n-1} = \frac{a_1(1-q^n)}{1-q}$$

(1) 当 $|q| < 1$ 时，$\lim\limits_{n \to \infty} q^n = 0$，故 $\lim\limits_{n \to \infty} s_n = \frac{a_1}{1-q}$，等比级数收敛，且和为 $\frac{a_1}{1-q}$；

(2) 当 $|q| > 1$ 时，$\lim\limits_{n \to \infty} q^n = \infty$，从而 $\lim\limits_{n \to \infty} s_n = \infty$，等比级数发散；

(3) 当 $|q| = 1$ 时，

若 $q = 1$，则 $s_n = \sum\limits_{k=0}^{n-1} a_1 \cdot 1^k = a_1 + a_1 + \cdots + a_1 = n \cdot a_1 \to \infty (n \to \infty)$

若 $q = -1$，则 $s_n = \sum\limits_{k=0}^{n-1} (-1)^k \cdot a_1 = a_1 - a_1 + a_1 - a_1 + \cdots + (-1)^{n-1} a_1 = \begin{cases} 0, n\ 为偶数 \\ a, n\ 为奇数 \end{cases}$

$\lim\limits_{n \to \infty} s_n$ 不存在. 即当 $|q| = 1$ 时，等比级数发散. 综合得：

当 $|q| < 1$ 时，等比级数 $\sum\limits_{k=0}^{\infty} a_1 q^k = a_1 + a_1 q + a_1 q^2 + \cdots + a_1 q^n + \cdots = \frac{a_1}{1-q}$ 收敛；

当 $|q| \geqslant 1$ 时，等比级数 $\sum\limits_{k=0}^{\infty} a_1 q^k = a_1 + a_1 q + a_1 q^2 + \cdots + a_1 q^n + \cdots$ 发散.

如例 2 提出的级数 $\frac{1}{2} + \frac{1}{4} + \frac{1}{8} + \cdots + \frac{1}{2^n} + \cdots = \dfrac{\frac{1}{2}}{1 - \frac{1}{2}} = 1$，收敛于 1.

如当 $|x| < 1$，即 $x \in (-1, 1)$，$1 + x + x^2 + \cdots + x^n + \cdots = \frac{1}{1-x}$. （后面用到这一结论）

例 5 研究下列级数的敛散性：

(1) $\sum\limits_{n=1}^{\infty} \frac{1}{\sqrt{n+1} + \sqrt{n}}$；　　　　(2) $\sum\limits_{n=1}^{\infty} \frac{1}{n(n+1)}$.

解 (1) $s_n = \sum\limits_{k=1}^{n} \frac{1}{\sqrt{k+1} + \sqrt{k}} = \sum\limits_{k=1}^{n} [\sqrt{k+1} - \sqrt{k}]$

$\qquad = (\sqrt{2} - \sqrt{1}) + (\sqrt{3} - \sqrt{2}) + (\sqrt{4} - \sqrt{3}) + \cdots + (\sqrt{n+1} - \sqrt{n})$

$\qquad = \sqrt{n+1} - \sqrt{1}$

$\qquad \lim\limits_{n \to \infty} s_n = \lim\limits_{n \to \infty} (\sqrt{n+1} - \sqrt{1}) = +\infty$

因此，所给级数发散.

(2) $u_n = \frac{1}{n(n+1)} = \frac{1}{n} - \frac{1}{n+1}$，

$$S_n = (1-\frac{1}{2})+(\frac{1}{2}-\frac{1}{3})+(\frac{1}{3}-\frac{1}{4})+\cdots+(\frac{1}{n}-\frac{1}{n+1})=1-\frac{1}{n+1}$$

$\lim\limits_{n\to\infty}S_n = 1$，因此级数收敛于1.

例6 证明：调和级数 $1+\frac{1}{2}+\frac{1}{3}+\cdots+\frac{1}{n}+\cdots=\sum\limits_{n=1}^{\infty}\frac{1}{n}$ 发散.

证明（反证法） 假设调和级数收敛于 S（存在），即

$$1+\frac{1}{2}+\frac{1}{3}+\cdots+\frac{1}{n}+\cdots=\sum\limits_{n=1}^{\infty}\frac{1}{n}=S，则 \lim\limits_{n\to\infty}S_{2n}=\lim\limits_{n\to\infty}S_n=S.$$

由于 $\quad S_{2n}-S_n = \dfrac{1}{n+1}+\dfrac{1}{n+2}+\cdots+\dfrac{1}{n+n}$

$$\geqslant\frac{1}{2n}+\frac{1}{2n}+\cdots+\frac{1}{2n}=\frac{1}{2n}\cdot n=\frac{1}{2}$$

则 $\quad \lim\limits_{n\to\infty}(S_{2n}-S_n)\geqslant\lim\limits_{n\to\infty}\dfrac{1}{2}$ 即 $0\geqslant\dfrac{1}{2}$，矛盾，所以调和级数发散.

10.1.2 数项级数的基本性质

性质 10.1 如果级数 $\sum\limits_{n=1}^{\infty}u_n = u_1+u_2+\cdots+u_n+\cdots$ 收敛于 s，

则级数 $\quad \sum\limits_{n=1}^{\infty}ku_n = k\cdot u_1+k\cdot u_2+\cdots+k\cdot u_n+\cdots$ 也收敛，且收敛于 $k\cdot s$.

性质 10.2 设级数 $\sum\limits_{n=1}^{\infty}u_n = u_1+u_2+\cdots+u_n+\cdots$ 收敛于 s，$\sum\limits_{n=1}^{\infty}v_n = v_1+v_2+\cdots+v_n+\cdots$ 收敛于 σ，

则级数 $\sum\limits_{n=1}^{\infty}(u_n\pm v_n)=(u_1\pm v_1)+(u_2\pm v_2)+\cdots+(u_n\pm v_n)+\cdots$ 也收敛，且和为 $s\pm\sigma$.

即若级数 $\sum\limits_{n=1}^{\infty}u_n$ 与 $\sum\limits_{n=1}^{\infty}v_n$ 都收敛，则

$$\sum\limits_{n=1}^{\infty}(u_n\pm v_n)=\sum\limits_{n=1}^{\infty}u_n\pm\sum\limits_{n=1}^{\infty}v_n（\sum 的分配律），$$

$$\sum\limits_{n=1}^{\infty}u_n\pm\sum\limits_{n=1}^{\infty}v_n=\sum\limits_{n=1}^{\infty}(u_n\pm v_n)（\sum 的结合律）$$

注意 （1）若 $\sum\limits_{n=1}^{\infty}u_n$、$\sum\limits_{n=1}^{\infty}v_n$ 中一个收敛，一个发散，则 $\sum\limits_{n=1}^{\infty}(u_n\pm v_n)$ 必发散（用部分和取极限理解）.

（2）若 $\sum\limits_{n=1}^{\infty}u_n$、$\sum\limits_{n=1}^{\infty}v_n$ 均发散，那么 $\sum\limits_{n=1}^{\infty}(u_n\pm v_n)$ 可能收敛，可能发散.

如 $u_n = 1$，$v_n = (-1)^n$，级数 $\sum\limits_{n=1}^{\infty}u_n=\sum\limits_{n=1}^{\infty}1$、$\sum\limits_{n=1}^{\infty}v_n=\sum\limits_{n=1}^{\infty}(-1)^n$ 均发散，则

$$\sum_{n=1}^{\infty}(u_n+v_n)=\sum_{n=1}^{\infty}[1+(-1)^n]=2+2+\cdots+2+\cdots \text{ 发散;}$$

又如 $u_n=1$，$v_n=-1$，则 $\sum_{n=1}^{\infty}(u_n+v_n)=\sum_{n=1}^{\infty}(1-1)=0+0+\cdots+0+\cdots$ 收敛.

性质 10.3　若添加、去掉或改变级数的有限项，不会改变级数的敛散性. 但在收敛时，一般来说级数的和是会改变的.

性质 10.4　收敛级数加括号后组成的级数仍收敛. 反之不真.

逆否命题为真，若加括号后的级数发散，则原级数也发散.

性质 10.5　级数收敛的必要条件：若级数 $\sum_{n=1}^{\infty}u_n$ 收敛 $\Rightarrow \lim_{n\to\infty}u_n=0$.

注意　性质 10.5 反过来不成立，即 $\lim_{n\to\infty}u_n=0$，级数不一定收敛. 例如，

调和级数 $\sum_{n=1}^{\infty}\dfrac{1}{n}$，有 $\lim_{n\to\infty}\dfrac{1}{n}=0$，但 $\sum_{n=1}^{\infty}\dfrac{1}{n}$ 发散.

性质 10.5 的逆否命题为真，即 $\lim_{n\to\infty}u_n\neq0 \Rightarrow \sum_{n=1}^{\infty}u_n$ 发散，此性质常用来判断级数发散.

例 7　判别级数 $\sum_{n=1}^{\infty}\dfrac{n}{2n+1}$ 的收敛性.

解　$\lim_{n\to\infty}\dfrac{n}{2n+1}=\dfrac{1}{2}\neq0$，所给级数发散.

思考题　级数 $\sum_{n=1}^{\infty}(1-\dfrac{1}{n})^n$ 是否收敛？为什么？

习题 10.1

用部分和的极限或级数的性质判别下列级数的收敛性：

(1) $\sum_{n=1}^{\infty}(\sqrt{n+1}-\sqrt{n})$；　　　　　　(2) $\sum_{n=1}^{\infty}\dfrac{1}{(2n-1)(2n+1)}$；

(3) $\dfrac{9}{10}-\left(\dfrac{9}{10}\right)^2+\left(\dfrac{9}{10}\right)^3-\left(\dfrac{9}{10}\right)^4+\cdots$；　　　　(4) $\sum_{n=1}^{\infty}\dfrac{n^2}{1+n^2}$.

10.2　数项级数敛散判别法

10.2.1　正项级数敛散性判别法

定义 10.3　（正项级数定义）级数 $\sum_{n=1}^{\infty}u_n$（$u_n\geqslant0, n=1,2,\cdots$ 但不全为 0）称为正项级数.

常用正项级数敛散性判别法有比较判别法、比值判别法等.

1. 比较判别法

给定两个正项级数 $\sum\limits_{n=1}^{\infty} u_n$、$\sum\limits_{n=1}^{\infty} v_n$.

(1) 若 $u_n \leqslant v_n$，且 $\sum\limits_{n=1}^{\infty} v_n$ 收敛，则 $\sum\limits_{n=1}^{\infty} u_n$ 也收敛（大的收敛，小的更收敛）；

(2) 若 $u_n \geqslant v_n$，且 $\sum\limits_{n=1}^{\infty} v_n$ 发散，则 $\sum\limits_{n=1}^{\infty} u_n$ 也发散（小的发散，大的更发散）.

这里，级数 $\sum\limits_{n=1}^{\infty} v_n$ 称作级数 $\sum\limits_{n=1}^{\infty} u_n$ 的比较级数.

例 8 判断级数 $\sum\limits_{n=1}^{\infty} \dfrac{1}{\sqrt{n(n+1)}}$ 的收敛性.

解 因 $\dfrac{1}{\sqrt{n(n+1)}} > \dfrac{1}{n+1}$，而 $\sum\limits_{n=1}^{\infty} \dfrac{1}{n+1}$ 发散（是调和级数，它与 $\sum\limits_{n=1}^{\infty} \dfrac{1}{n}$ 相差 1），由

比较判别法知所给级数 $\sum\limits_{n=1}^{\infty} \dfrac{1}{\sqrt{n(n+1)}}$ 发散（小的发散，大的更发散）.

例 9 证明：p 级数 $\sum\limits_{n=1}^{\infty} \dfrac{1}{n^p} = 1 + \dfrac{1}{2^p} + \dfrac{1}{3^p} + \cdots + \dfrac{1}{n^p} + \cdots \ (p > 0)$，

(1) 当 $0 < p \leqslant 1$ 时，p 级数发散；

(2) 当 $p > 1$ 时，p 级数是收敛.

证明 (1) 若 $0 < p \leqslant 1$，则 $n^p \leqslant n \Leftrightarrow \dfrac{1}{n^p} \geqslant \dfrac{1}{n}$，而调和级数 $\sum\limits_{n=1}^{\infty} \dfrac{1}{n}$ 发散，故 $\sum\limits_{n=1}^{\infty} \dfrac{1}{n^p}$

也发散；

(2) 若 $p > 1$，注意正项级数加括号不影响收敛性.

$$\sum_{n=1}^{\infty} \frac{1}{n^p} = 1 + \frac{1}{2^p} + \frac{1}{3^p} + \cdots + \frac{1}{n^p} + \cdots = 1 + \left(\frac{1}{2^p} + \frac{1}{3^p}\right) + \left(\frac{1}{4^p} + \frac{1}{5^p} + \frac{1}{6^p} + \frac{1}{7^p}\right) + \cdots$$

$$\leqslant 1 + \left(\frac{1}{2^p} + \frac{1}{2^p}\right) + \left(\frac{1}{4^p} + \frac{1}{4^p} + \frac{1}{4^p} + \frac{1}{4^p}\right) + \cdots = 1 + 2 \cdot \frac{1}{2^p} + 4 \cdot \frac{1}{4^p} + \cdots$$

$$= 1 + \frac{1}{2^{p-1}} + \frac{1}{4^{p-1}} + \cdots，\text{这是公比为 } \frac{1}{2^{p-1}} < 1 \text{ 的等比级数，则收敛.}$$

所以由比较判别法知，p 级数 $\sum\limits_{n=1}^{\infty} \dfrac{1}{n^p}$，当 $p > 1$ 时收敛. 综上结论得 p 级数

$$\sum_{n=1}^{\infty} \frac{1}{n^p} = 1 + \frac{1}{2^p} + \frac{1}{3^p} + \cdots + \frac{1}{n^p} + \cdots \begin{cases} p > 1, \text{收敛} \\ 0 < p \leqslant 1, \text{发散} \end{cases}$$

p 级数是一个重要的比较级数，在解题中经常用它作比较，来判断级数的收敛性.

比较判别法的极限形式：给定两个正向级数 $\sum\limits_{n=1}^{\infty} u_n$、$\sum\limits_{n=1}^{\infty} v_n$，

(1) 若 $\lim\limits_{n \to \infty} \dfrac{u_n}{v_n} = l$（有限数），且级数 $\sum\limits_{n=1}^{\infty} v_n$ 收敛，则级数 $\sum\limits_{n=1}^{\infty} u_n$ 也收敛

（2）若 $\lim\limits_{n\to\infty}\dfrac{u_n}{v_n}=l\neq0$（可以 $\lim\limits_{n\to\infty}\dfrac{u_n}{v_n}=+\infty$），且级数 $\sum\limits_{n=1}^{\infty}v_n$ 发散，则级数 $\sum\limits_{n=1}^{\infty}u_n$ 也发散

理解：（1）因 $\lim\limits_{n\to\infty}\dfrac{u_n}{v_n}=l$ 存在，所以数列 $\left\{\dfrac{u_n}{v_n}\right\}$ 有界，即存在正数 M 使得

$$0<\frac{u_n}{v_n}\leqslant M，即\ u_n\leqslant Mv_n，而\ \sum_{n=1}^{\infty}v_n\ 收敛，推出\ \sum_{n=1}^{\infty}u_n\ 收敛；$$

（2）若 $\lim\limits_{n\to\infty}\dfrac{u_n}{v_n}\neq0$ 且存在，则 $\lim\limits_{n\to\infty}\dfrac{v_n}{u_n}$ 也存在，用反证法及上面（1）知，若 $\sum\limits_{n=1}^{\infty}u_n$ 收敛推

出 $\sum\limits_{n=1}^{\infty}v_n$ 也收敛与已知矛盾，所以 $\sum\limits_{n=1}^{\infty}u_n$ 发散；若 $\lim\limits_{n\to\infty}\dfrac{u_n}{v_n}=+\infty$，即在某一时刻后，必有

$u_n>v_n$，则由 $\sum\limits_{n=1}^{\infty}v_n$ 发散，推出级数 $\sum\limits_{n=1}^{\infty}u_n$ 也发散。

例如判定级数 $\sum\limits_{n=1}^{\infty}\dfrac{1}{n}\sin\dfrac{1}{\sqrt{n}}$ 的敛散性，考虑极限：

$$\lim_{n\to\infty}\frac{\dfrac{1}{n}\sin\dfrac{1}{\sqrt{n}}}{\dfrac{1}{n^{\frac{3}{2}}}}=\lim_{n\to\infty}\frac{\sin\dfrac{1}{\sqrt{n}}}{\dfrac{1}{\sqrt{n}}}=1（有限数）且级数\ \sum_{n=1}^{\infty}\frac{1}{n^{\frac{3}{2}}}\ 收敛\left(P=\frac{3}{2}>1\right)，$$

所以原级数 $\sum\limits_{n=1}^{\infty}\dfrac{1}{n}\sin\dfrac{1}{\sqrt{n}}$ 收敛

2. 比值判别法（也叫达朗贝尔判别法）

若正项级数为 $\sum\limits_{n=1}^{\infty}u_n$，且 $\lim\limits_{n\to\infty}\dfrac{u_{n+1}}{u_n}=\rho$，则

（1）当 $\rho<1$ 时，级数收敛；

（2）当 $\rho>1$（也包括 $\rho=+\infty$）时，级数发散；

（3）当 $\rho=1$ 时，此法失效（级数可能收敛，也可能发散）.

例 10　判断级数：$\sum\limits_{n=1}^{\infty}\dfrac{1}{2^n-n}$ 的收敛性.

解　$\lim\limits_{n\to\infty}\dfrac{u_{n+1}}{u_n}=\lim\limits_{n\to\infty}\dfrac{2^n-n}{2^{n+1}-(n+1)}=\lim\limits_{n\to\infty}\dfrac{1-\dfrac{n}{2^n}}{2-\dfrac{n+1}{2^n}}=\dfrac{1}{2}<1$

$\left(\lim\limits_{n\to\infty}\dfrac{n}{2^n}=\lim\limits_{x\to+\infty}\dfrac{x}{2^x}=\lim\limits_{x\to+\infty}\dfrac{1}{2^x\ln2}=0，用洛必达法则\right)$

所以所给级数收敛.

来一道判断正项级数收敛题，首先想到比值判别法，若它失效，再考虑用比较判别法，因为比较判别法需要找一个熟知的级数作比较，有一定的难度，一般找 p 级数作比较. 若有阶乘，最好用比值判别法.

例 11　判别级数 $\sum\limits_{n=1}^{\infty}\dfrac{1}{\sqrt{n^3+2}}$ 的收敛性.

解 用比值判别法失效了，则用比较判别法.

因 $\dfrac{1}{\sqrt{n^3+2}}<\dfrac{1}{\sqrt{n^3}}=\dfrac{1}{n^{\frac{3}{2}}}$，而级数 $\displaystyle\sum_{n=1}^{\infty}\dfrac{1}{n^{\frac{3}{2}}}$ 是 $p=\dfrac{3}{2}>1$ 的 p 级数，则收敛，故所给级数收敛.

10.2.2 交错级数

定义 10.4 （交错级数定义）$u_n>0$ $(n=1,2,\cdots)$，则级数

$$\sum_{n=1}^{\infty}(-1)^{n-1}u_n=u_1-u_2+u_3-u_4+\cdots+(-1)^{n-1}u_n+\cdots$$

称为交错级数.

定理 10.1（莱布尼茨定理） 如果交错级数 $\displaystyle\sum_{n=1}^{\infty}(-1)^{n-1}u_n(u_n>0,n=1,2,\cdots)$ 满足条件：

(1) $u_n\geqslant u_{n+1}$ $(n=1,2,\cdots)$；

(2) $\lim\limits_{n\to\infty}u_n=0$.

则交错级数 $\displaystyle\sum_{n=1}^{\infty}(-1)^{n-1}u_n$ 收敛，且其和 $s\leqslant u_1$.

* **证明** （1）先证 $\lim\limits_{n\to\infty}s_{2n}$ 存在.

将 $\displaystyle\sum_{n=1}^{\infty}(-1)^{n-1}u_n$ 的前 $2n$ 项的和 s_{2n} 写成如下两种形式

$$s_{2n}=(u_1-u_2)+(u_3-u_4)+\cdots+(u_{2n-1}-u_{2n})\ (s_{2n}\uparrow),$$
$$s_{2n}=u_1-(u_2-u_3)-(u_4-u_5)-\cdots-(u_{2n-2}-u_{2n-1})-u_{2n}\ (s_{2n}<u_1).$$

第一个表达式表明数列 $\{s_{2n}\}$ 是单调增加的；第二个表达式表明 $s_{2n}<u_1$，数列 $\{s_{2n}\}$ 有上界.

由单调有界数列必有极限准则知，$\lim\limits_{n\to\infty}s_{2n}=s$ 存在，且 $s\leqslant u_1$.

（2）再证 $\lim\limits_{n\to\infty}s_{2n+1}=s$ 存在.

因 $s_{2n+1}=s_{2n}+u_{2n+1}$，由条件（2）$\lim\limits_{n\to\infty}u_{2n+1}=0$ 可知，

$$\lim\limits_{n\to\infty}s_{2n+1}=\lim\limits_{n\to\infty}s_{2n}+\lim\limits_{n\to\infty}u_{2n+1}=s+0=s$$

由于级数的偶数项之和与奇数项之和都趋向于同一极限，故级数 $\displaystyle\sum_{n=1}^{\infty}(-1)^{n-1}u_n$ 的部分和当 $n\to\infty$ 时具有极限 s.

这就证明了级数 $\displaystyle\sum_{n=1}^{\infty}(-1)^{n-1}u_n$ 收敛于 s，且 $s\leqslant u_1$.

例 12 证明：交错级数 $\displaystyle\sum_{n=1}^{\infty}(-1)^{n-1}\dfrac{1}{n}=1-\dfrac{1}{2}+\dfrac{1}{3}-\dfrac{1}{4}+\cdots+(-1)^{n-1}\dfrac{1}{n}+\cdots$ 是收敛的.

证明 $u_n=\dfrac{1}{n}>\dfrac{1}{n+1}=u_{n+1}$，且 $\lim\limits_{n\to\infty}u_n=\lim\limits_{n\to\infty}\dfrac{1}{n}=0$，故此交错级数收敛，并且和 $s<1$.

10.2.3 绝对收敛与条件收敛

设级数 $\sum\limits_{n=1}^{\infty} u_n = u_1 + u_2 + \cdots + u_n + \cdots$，各项取绝对值后得到的级数为

$$\sum_{n=1}^{\infty} |u_n| = |u_1| + |u_2| + \cdots + |u_n| + \cdots$$

称为绝对值级数.

定理 10.2 如果绝对值级数 $\sum\limits_{n=1}^{\infty} |u_n|$ 收敛，则级数 $\sum\limits_{n=1}^{\infty} u_n$ 也收敛.

证明 构造级数通项：$v_n = \dfrac{1}{2}(u_n + |u_n|)$ $\quad (n = 1, 2, \cdots, n, \cdots)$， $\hspace{2cm}$ (10-2)

则 $$v_n \geqslant 0 \quad \text{且} \quad v_n \leqslant |u_n|$$

由比较判别法知 $\sum\limits_{n=1}^{\infty} |u_n|$ 收敛，则级数 $\sum\limits_{n=1}^{\infty} v_n$ 也收敛. 而由（10-2）得

$$u_n = 2v_n - |u_n|$$

知 $\sum\limits_{n=1}^{\infty} u_n$ 收敛.

注意 如果级数 $\sum\limits_{n=1}^{\infty} |u_n|$ 发散，我们不能断定级数 $\sum\limits_{n=1}^{\infty} u_n$ 也发散.

定理 10.2 将判别任意项级数的收敛性转化为判别正项级数的收敛性.

定义 10.5 （绝对收敛定义）如果绝对值级数 $\sum\limits_{n=1}^{\infty} |u_n|$ 收敛，则称级数 $\sum\limits_{n=1}^{\infty} u_n$ 绝对收敛；如果级数 $\sum\limits_{n=1}^{\infty} |u_n|$ 发散，而级数 $\sum\limits_{n=1}^{\infty} u_n$ 收敛，则称级数 $\sum\limits_{n=1}^{\infty} u_n$ 条件收敛.

例 13 判定任意项级数 $\sum\limits_{n=1}^{\infty} \dfrac{\sin(n\alpha)}{n^2}$（$\alpha$ 为实数）的收敛性.

解 因 $\left| \dfrac{\sin(n\alpha)}{n^2} \right| \leqslant \dfrac{1}{n^2}$，而 $\sum\limits_{n=1}^{\infty} \dfrac{1}{n^2}$ 收敛，故 $\sum\limits_{n=1}^{\infty} \left| \dfrac{\sin(n\alpha)}{n^2} \right|$ 也收敛，

所以级数 $\sum\limits_{n=1}^{\infty} \dfrac{\sin(n\alpha)}{n^2}$ 绝对收敛.

例 14 判定级数 $\sum\limits_{n=1}^{\infty} (-1)^{n-1} \dfrac{1}{\sqrt{n}}$ 的收敛性.

解 因绝对值级数 $\sum\limits_{n=1}^{\infty} \dfrac{1}{\sqrt{n}}$ 发散（是 $p = \dfrac{1}{2} < 1$ 的 p 级数），而由定理 10.1（莱布尼茨定理）判定级数 $\sum\limits_{n=1}^{\infty} (-1)^{n-1} \dfrac{1}{\sqrt{n}}$ 收敛，所以级数 $\sum\limits_{n=1}^{\infty} (-1)^{n-1} \dfrac{1}{\sqrt{n}}$ 为条件收敛.

思考题 如果绝对值级数 $\sum\limits_{n=1}^{\infty} |u_n|$ 发散，且 $\lim\limits_{n \to \infty} u_n = 0$，则级数 $\sum\limits_{n=1}^{\infty} u_n$ 一定发散吗？

习题 10. 2

1. 用比较判别法判别下列级数的收敛性:

(1) $\sum_{n=1}^{\infty} \frac{10}{\sqrt{2n(n+1)}}$;

(2) $\sum_{n=1}^{\infty} \sin \frac{\pi}{8^n}$;

(3) $\sum_{n=1}^{\infty} \frac{1+n}{1+n^2}$;

(4) $\sum_{n=2}^{\infty} \frac{1}{\sqrt{n^3+1}}$.

2. 用比值判别法判别下列级数的收敛性:

(1) $\sum_{n=1}^{\infty} \frac{3^n}{4n-1}$;

(2) $\sum_{n=1}^{\infty} n \cdot (\frac{3}{4})^n$;

(3) $\sum_{n=1}^{\infty} \frac{2^n \cdot n!}{n^n}$;

(4) $\sum_{n=1}^{\infty} n^3 \sin \frac{\pi}{3^n}$.

3. 判别下列级数的收敛性, 若收敛, 是绝对收敛还是条件收敛:

(1) $\sum_{n=1}^{\infty} \frac{(-1)^{n-1}}{2n-1}$;

(2) $\sum_{n=1}^{\infty} \frac{(-1)^{n-1}}{(2n-1)^2}$;

(3) $\sum_{n=1}^{\infty} (-1)^{n-1} \frac{n}{n+1}$;

(4) $\sum_{n=1}^{\infty} \frac{\sin n\alpha}{(n+1)^2}$.

10. 3 幂级数

10. 3. 1 幂级数的概念

定义 10. 6 (幂级数定义)形如

$$a_0 + a_1 x + a_2 x^2 + \cdots + a_n x^n + \cdots \tag{10-3}$$

或

$$a_0 + a_1 (x-x_0) + a_2 (x-x_0)^2 + \cdots + a_n (x-x_0)^n + \cdots \tag{10-4}$$

称为**幂级数**, 其中 $a_0, a_1, a_2, \cdots, a_n, \cdots$ 为常数, 称作幂级数系数. 令 $x-x_0 = t$, (10-4) 转化为 (10-3), 所以我们只讨论 (10-3)(这个级数也称为马克劳林级数).

10. 3. 2 幂级数的收敛半径、收敛区间、收敛域

对于幂级数 $\sum_{n=0}^{\infty} a_n x^n$, 由比值判别法知

$$\lim_{n \to \infty} \left| \frac{u_{n+1}}{u_n} \right| = \lim_{n \to \infty} \left| \frac{a_{n+1} x^{n+1}}{a_n x^n} \right| = \lim_{n \to \infty} \left| \frac{a_{n+1}}{a_n} \right| |x| = \rho |x| , \quad \text{当} \rho |x| < 1 \text{时}, \text{幂级数} \sum_{n=0}^{\infty} a_n x^n$$

收敛, 即 $|x| < \frac{1}{\rho}$, 即 $x \in (-\frac{1}{\rho}, \frac{1}{\rho})$ 时, 幂级数 $\sum_{n=0}^{\infty} a_n x^n$ 收敛. 我们称 $R = \frac{1}{\rho}$ 为幂级数

$\sum\limits_{n=0}^{\infty} a_n x^n$ 的收敛半径，区间 $\left(-\dfrac{1}{\rho}, \dfrac{1}{\rho}\right) = (-R, R)$ 为幂级数 $\sum\limits_{n=0}^{\infty} a_n x^n$ 的收敛区间，把端点 $x = \pm R$ 代入幂级数 $\sum\limits_{n=0}^{\infty} a_n x^n$ 时，有时收敛，有时发散，所以收敛区间 $(-R, R)$ 再加上端点 $x = \pm R$ 收敛，称为幂级数的收敛域.

例 15 求下列幂级数的收敛半径、收敛区间、收敛域：

(1) $x - \dfrac{x^2}{2} + \dfrac{x^3}{3} - \cdots + (-1)^{n-1} \dfrac{x^n}{n} + \cdots$; (2) $\sum\limits_{n=1}^{\infty} \dfrac{2n-1}{2^n} x^{2n-2}$.

解 (1) 因当极限 $\lim\limits_{n \to \infty} \left| \dfrac{u_{n+1}}{u_n} \right| = \lim\limits_{n \to \infty} \left| \dfrac{(-1)^n \frac{1}{n+1}}{(-1)^{n-1} \frac{1}{n}} \right| |x| = \lim\limits_{n \to \infty} \dfrac{n}{n+1} |x| = |x| < 1$ 时，

级数收敛.

所以收敛半径为 $R = \dfrac{1}{1} = 1$ ，收敛区间为 $(-1, 1)$ ，再考虑端点，

当 $x = -1$ 时，原级数变为 $-1 - \dfrac{1}{2} - \dfrac{1}{3} - \dfrac{1}{4} \cdots \cdots \dfrac{1}{n} \cdots \cdots$ 调和级数，发散；

当 $x = 1$ 时，幂级数成为 $1 - \dfrac{1}{2} + \dfrac{1}{3} - \dfrac{1}{4} + \cdots + (-1)^{n-1} \dfrac{1}{n} + \cdots$ 是莱布尼茨型级数，收敛. 所以收敛域为 $(-1, 1]$.

(2) 由比值判别法得

$$\lim\limits_{n \to \infty} \left| \dfrac{u_{n+1}(x)}{u_n(x)} \right| = \lim\limits_{n \to \infty} \left| \dfrac{\frac{2n+1}{2^{n+1}} x^{2n}}{\frac{2n-1}{2^n} x^{2n-2}} \right| = \lim\limits_{n \to \infty} \dfrac{2n+1}{4n-2} |x|^2 = \dfrac{1}{2} |x|^2 .$$

当 $\dfrac{1}{2} |x|^2 < 1$ ，即 $|x| < \sqrt{2}$ 时，幂级数收敛；

所以 收敛半径为 $R = \sqrt{2}$ ，收敛区间为 $(-\sqrt{2}, \sqrt{2})$.

当 $x = -\sqrt{2}$ ，幂级数为 $\sum\limits_{n=1}^{\infty} \dfrac{2n-1}{2^n} (-\sqrt{2})^{2n-2} = \sum\limits_{n=1}^{\infty} \dfrac{2n-1}{2^n} \cdot 2^{n-1} = \sum\limits_{n=1}^{\infty} \dfrac{2n-1}{2}$ 发散；

当 $x = \sqrt{2}$ ，幂级数为 $\sum\limits_{n=1}^{\infty} \dfrac{2n-1}{2^n} (\sqrt{2})^{2n-2} = \sum\limits_{n=1}^{\infty} \dfrac{2n-1}{2^n} \cdot 2^{n-1} = \sum\limits_{n=1}^{\infty} \dfrac{2n-1}{2}$ 发散.

故收敛域也是 $(-\sqrt{2}, \sqrt{2})$.

10.3.3 幂级数的运算性质

1. 加、减运算

设幂级数 $\sum\limits_{n=0}^{\infty} a_n x^n$ 及 $\sum\limits_{n=0}^{\infty} b_n x^n$ 的收敛区间分别为 $(-R_1, R_1)$ 与 $(-R_2, R_2)$ ，记 $R = \min\{R_1, R_2\}$ ，当 $|x| < R$ 时，有 $\sum\limits_{n=0}^{\infty} a_n x^n \pm \sum\limits_{n=0}^{\infty} b_n x^n = \sum\limits_{n=0}^{\infty} (a_n \pm b_n) x^n$.

2. 和函数性质

（1）连续.

幂级数 $\sum_{n=0}^{\infty} a_n x^n$ 的和函数 $s(x)$ 在收敛区间 $(-R,R)$ 内连续.

即 $s(x) = a_0 + a_1 x + a_2 x^2 + \cdots + a_n x^n + \cdots$ 在收敛区间 $(-R,R)$ 内连续.

（2）逐项求导.

幂级数 $\sum_{n=0}^{\infty} a_n x^n$ 的和函数 $s(x)$ 在收敛区间 $(-R,R)$ 内可导，且有

$$s'(x) = a_1 + 2a_2 x + 3a_3 x^2 + \cdots + na_n x^{n-1} + \cdots = \sum_{n=1}^{\infty} n \cdot a_n x^{n-1}$$

（3）逐项积分.

幂级数 $\sum_{n=0}^{\infty} a_n x^n$ 的和函数 $s(x)$ 在收敛区间 $(-R,R)$ 内可积，且有

$$\int_0^x s(x)\mathrm{d}x = \int_0^x a_0 \mathrm{d}x + \int_0^x a_1 x \mathrm{d}x + \int_0^x a_2 x^2 \mathrm{d}x + \cdots + \int_0^x a_n x^n \mathrm{d}x + \cdots = \sum_{n=0}^{\infty} \frac{a_n}{n+1} x^{n+1}$$

例 16 求数项级数 $1 - \dfrac{1}{2} + \dfrac{1}{3} - \dfrac{1}{4} + \cdots + (-1)^{n-1} \dfrac{1}{n} + \cdots$ 之和.

解法一（笔算） 直接求和不好求，转化为幂级数求和，

$\because 1 - x + x^2 - \cdots + (-1)^{n-1} x^{n-1} + \cdots = \dfrac{1}{1+x}(-1 < x < 1)$，

$\therefore \int_0^x 1 \mathrm{d}x - \int_0^x x \mathrm{d}x + \int_0^x x^2 \mathrm{d}x - \cdots + (-1)^{n-1} \int_0^x x^{n-1} \mathrm{d}x + \cdots = \int_0^x \dfrac{1}{1+x} \mathrm{d}x.$

即 $x - \dfrac{1}{2} x^2 + \dfrac{1}{3} x^3 + \cdots + \dfrac{(-1)^{n-1}}{n} x^n + \cdots = \ln(1+x).$

当 $x = 1$ 时，$1 - \dfrac{1}{2} + \dfrac{1}{3} - \cdots + \dfrac{(-1)^{n-1}}{n} + \cdots = \ln 2.$

解法二 （电脑 Matlab 算)>> syms n x
>> symsum((- 1)^(n- 1)/n,n,1,inf)
回车得 ans = log(2)
即 $\qquad 1 - \dfrac{1}{2} + \dfrac{1}{3} - \cdots + \dfrac{(-1)^{n-1}}{n} + \cdots = \ln 2$

思考题： 幂级数的收敛区间与收敛域有什么区别？

习题 10.3

1. 求下列幂级数的收敛半径与收敛域：

（1）$\sum_{n=0}^{\infty} \dfrac{x^n}{n!}$；

（2）$\sum_{n=1}^{\infty} \dfrac{x^n}{n^2 2^n}$；

(3) $\displaystyle\sum_{n=1}^{\infty} \frac{x^{n-1}}{3^{n-1} \cdot n}$;

(4) $\displaystyle\sum_{n=1}^{\infty} (-1)^n \frac{5^n x^n}{\sqrt{n}}$.

2. 求下列级数的和（用电脑算）：

(1) $\displaystyle\sum_{n=1}^{\infty} \frac{1}{(2n-1)^2}$;

(2) $\displaystyle\sum_{n=1}^{\infty} \frac{(-1)^{n-1}}{n^2}$.

10.4　函数展开成幂级数

10.4.1　函数展成幂级数的条件

假设函数 $f(x)$ 能展成幂级数

$$f(x) = a_0 + a_1 x + a_2 x^2 + \cdots + a_n x^n + \cdots = \sum_{n=0}^{\infty} a_n x^n$$

如何展？只要确定系数即可

$$f(0) = a_0 , \qquad\qquad a_0 = f(0) ;$$
$$f'(0) = a_1 , \qquad\qquad a_1 = f'(0) ;$$
$$f''(0) = 2! a_2 , \qquad\qquad a_2 = \frac{f''(0)}{2!} ;$$
$$f'''(0) = 3! a_3 , \qquad\qquad a_3 = \frac{f'''(0)}{3!} ;$$
$$\vdots \qquad\qquad\qquad\quad \vdots$$
$$f^{(n)}(0) = n! a_n , \qquad\qquad a_n = \frac{f^{(n)}(0)}{n!} ;$$

所以　$\displaystyle f(x) = \sum_{n=0}^{\infty} \frac{f^{(n)}(0)}{n!} x^n = f(0) + \frac{f'(0)}{1!} x + \frac{f''(0)}{2!} x^2 + \cdots + \frac{f^{(n)}(0)}{n!} x^n + \cdots .$

从以上分析可知，函数展成幂级数的条件是：

(1) $f(x)$ 在 $x = 0$ 处具有任意阶导数；

(2) 级数 $\displaystyle\sum_{n=0}^{\infty} \frac{f^{(n)}(0)}{n!} x^n$ 要收敛于 $f(x)$ ，即 $\displaystyle\sum_{n=0}^{\infty} \frac{f^{(n)}(0)}{n!} x^n = f(x)$.

10.4.2　函数展成幂级数的方法

1. 直接法

直接法，即直接套下面公式：

$$f(x) = f(0) + \frac{f'(0)}{1!} x + \frac{f''(0)}{2!} x^2 + \cdots + \frac{f^{(n)}(0)}{n!} x^n + \cdots$$

例 17　将函数 $f(x) = \mathrm{e}^x$ 展开成 x 的幂级数.

解法一（笔算）　$f^{(n)}(x) = \mathrm{e}^x, f^{(n)}(0) = 1 \quad (n = 0,1,2,\cdots)$,

所以　$\mathrm{e}^x = 1 + \dfrac{x}{1!} + \dfrac{x^2}{2!} + \cdots + \dfrac{x^n}{n!} + \cdots \quad (-\infty < x < +\infty)$.

当 $x=1$ 时，$e=1+\dfrac{1}{1!}+\dfrac{1}{2!}+\cdots+\dfrac{1}{n!}+\cdots=1+1+\dfrac{1}{2}+\dfrac{1}{6}+\dfrac{1}{24}+\cdots+\dfrac{1}{n!}+\cdots$，

$e=2.718\,28\cdots$ 就是通过上式计算得来的，要多少位小数就有多少位小数．

解法二 （电脑 Matlab 算）>> syms x

>> taylor(exp(x),8) (8表示展开到第8项)

回车得

ans = 1+ x+ 1/2* x^2+ 1/6* x^3+ 1/24* x^4+ 1/120* x^5+ 1/720* x^6+ 1/5040* x^7

即 $e^x=1+x+\dfrac{x^2}{2}+\dfrac{x^3}{6}+\dfrac{x^4}{24}+\dfrac{x^5}{120}+\dfrac{x^6}{720}+\dfrac{x^7}{5040}+\cdots(-\infty<x<+\infty)$

例 18 将函数 $f(x)=\sin x$ 在 $x=0$ 处展开成 x 的幂级数．

解法一 （笔算） $f(x)=\sin x$, $\qquad\qquad\qquad f(0)=0$；

$$f'(x)=\cos x=\sin\left(x+\frac{\pi}{2}\right), \qquad\qquad f'(0)=1；$$

$$f''(x)=\cos\left(x+\frac{\pi}{2}\right)=\sin\left(x+2\cdot\frac{\pi}{2}\right), \qquad f''(0)=0；$$

$$f'''(x)=\cos\left(x+2\cdot\frac{\pi}{2}\right)=\sin\left(x+3\cdot\frac{\pi}{2}\right), \qquad f'''(0)=-1；$$

$$\vdots$$

故 $f(0)=0$，$f'(0)=1$，$f''(0)=0$，$f'''(0)=-1$，$\cdots$，依次循环取得 4 个数 $0,1,0,-1$，

所以 $\quad\sin x=x-\dfrac{x^3}{3!}+\dfrac{x^5}{5!}-\cdots+(-1)^{n-1}\dfrac{x^{2n-1}}{(2n-1)!}+\cdots(-\infty<x<+\infty)$．

［写展式时发现规律：奇数项为正，偶数项为负，以便确定 $(-1)^{n-1}$］

解法二 （电脑 Matlab 算） 请读者自己完成．

2. 间接展开法

利用已知展式及幂级数性质逐项求导，逐项积分展开．

例 19 将函数 $f(x)=\cos x$ 展开成 x 的幂级数．

解法一 （笔算） 因 $\sin x=x-\dfrac{x^3}{3!}+\dfrac{x^5}{5!}-\cdots+(-1)^{n-1}\dfrac{x^{2n-1}}{(2n-1)!}+\cdots(-\infty<x<+\infty)$，

所以求导得 $\quad\cos x=1-\dfrac{x^2}{2!}+\dfrac{x^4}{4!}-\cdots+(-1)^{n-1}\dfrac{x^{2n-2}}{(2n-2)!}+\cdots,x\in(-\infty,+\infty)$．

解法二 （电脑 Matlab 算） 请读者自己完成．

例 20 将函数 $f(x)=\ln(1+x)$ 展开成 x 的幂级数．

解法一 （笔算） $\qquad\qquad f'(x)=\dfrac{1}{1+x}$

而 $\quad\dfrac{1}{1+x}=1-x+x^2-x^3+\cdots+(-1)^nx^n+\cdots(-1<x<1)$，

将上式从 0 到 x 逐项积分得

$$\ln(1+x) = x - \frac{x^2}{2} + \frac{x^3}{3} - \cdots + (-1)^n \frac{x^{n+1}}{n+1} + \cdots$$

当 $x = 1$ 时，交错级数 $1 - \frac{1}{2} + \frac{1}{3} - \cdots + (-1)^n \frac{1}{n+1} + \cdots$ 收敛；

当 $x = -1$ 时，级数 $-1 - \frac{1}{2} - \frac{1}{3} \cdots + (-1)^{2n+1} \frac{1}{n+1} + \cdots$ 发散．

故 $\ln(1+x) = x - \frac{x^2}{2} + \frac{x^3}{3} \cdots + (-1)^n \frac{x^{n+1}}{n+1} + \cdots (-1 < x \leqslant 1)$．

解法二（电脑 Matlab 算）　请读者自己完成．

间接法常用以下公式，请尽量记住：

(1) $\dfrac{1}{1-x} = 1 + x + x^2 + \cdots + x^n + \cdots (-1 < x < 1)$；

(2) $e^x = 1 + x + \dfrac{1}{2!}x^2 + \cdots \dfrac{1}{n!}x^n + \cdots (-\infty < x < +\infty)$；

(3) $\sin x = x - \dfrac{x^3}{3!} + \dfrac{x^5}{5!} - \cdots + (-1)^n \dfrac{x^{2n+1}}{(2n+1)!} + \cdots (-\infty < x < +\infty)$；

(4) $\cos x = 1 - \dfrac{x^2}{2!} + \dfrac{x^4}{4!} - \cdots + (-1)^n \dfrac{x^{2n}}{(2n)!} + \cdots (-\infty < x < +\infty)$；

(5) $\ln(1+x) = x - \dfrac{x^2}{2} + \dfrac{x^3}{3} - \dfrac{x^4}{4} + \cdots + (-1)^n \dfrac{x^{n+1}}{n+1} + \cdots (-1 < x \leqslant 1)$；

例 21　把 $\arctan x$ 展成 x 的幂级数．

解法一（笔算）　$f'(x) = \dfrac{1}{1+x^2}$，　　（想到 $\dfrac{1}{1+x^2}$ 的展式）

因 $\dfrac{1}{1+x^2} = 1 - x^2 + x^4 - \cdots + (-1)^n x^{2n} + \cdots = \sum\limits_{n=0}^{\infty} (-1)^n x^{2n}$，$x \in (-1,1)$．

两边积分得 $\displaystyle\int_0^x \frac{1}{1+x^2} \mathrm{d}x = x - \frac{1}{3}x^3 + \frac{1}{5}x^5 - \cdots + (-1)^n \frac{1}{2n+1} x^{2n+1} + \cdots$

$$= \sum_{n=0}^{\infty} (-1)^n \frac{x^{2n+1}}{2n+1},$$

即 $\arctan x = \sum\limits_{n=0}^{\infty} (-1)^n \dfrac{x^{2n+1}}{2n+1}$，$x \in [-1,1]$（因 $x = \pm 1$，收敛）．

解法二（电脑 Matlab 算）　请读者自己完成．

10.4.3 第 4 章中提出的积不出的积分

如 $\displaystyle\int e^{-x^2} \mathrm{d}x$、$\displaystyle\int \frac{\sin x}{x} \mathrm{d}x$ 等，可用级数来完成积分，下面以定积分为例．

例 22　计算积分 $\displaystyle\int_0^1 \frac{\sin x}{x} \mathrm{d}x$（要求误差不超过 0.0001）．

解　因 $\lim\limits_{x \to 0} \dfrac{\sin x}{x} = 1$，积分不是广义积分，若被积函数定义在 $x = 0$ 处的值为 1，则它在 $[0,1]$ 上连续，从而可积．

$$\sin x = x - \frac{x^3}{3!} + \frac{x^5}{5!} - \cdots + (-1)^n \frac{x^{2n+1}}{(2n+1)!} + \cdots (-\infty < x < +\infty)$$

$$\frac{\sin x}{x} = 1 - \frac{x^2}{3!} + \frac{x^4}{5!} - \frac{x^6}{7!} + \cdots,$$ 两边积分得:

$$\int_0^1 \frac{\sin x}{x} \mathrm{d}x = \left(x - \frac{x^3}{3 \cdot 3!} + \frac{x^5}{5 \cdot 5!} - \frac{x^7}{7 \cdot 7!} + \cdots\right)\Big|_0^1$$

$$= 1 - \frac{1}{3 \cdot 3!} + \frac{1}{5 \cdot 5!} - \frac{1}{7 \cdot 7!} + \cdots$$

因第四项的绝对值 $\dfrac{1}{7 \cdot 7!} < \dfrac{1}{30\,000}$,说明第四项以后各项的小数点后面第五位数小于 5,舍去.

所以 $\displaystyle\int_0^1 \frac{\sin x}{x} \mathrm{d}x \approx 1 - \frac{1}{3 \cdot 3!} + \frac{1}{5 \cdot 5!} = 0.946\,1$,请读者用电脑 Matlab 计算验证.

电脑编程计算积分 $\displaystyle\int_0^1 \frac{\sin x}{x} \mathrm{d}x$,就是根据 $1 - \dfrac{1}{3 \cdot 3!} + \dfrac{1}{5 \cdot 5!}$ 来编程计算.

有关用电脑解决级数问题,详见本章最后附件 10.

思考题 现在你能用笔算出积分 $\displaystyle\int_0^1 \mathrm{e}^{-x^2} \mathrm{d}x$ 吗?

习题 10.4

把下列函数展成 x 的幂级数,并指出收敛域:

1. $f(x) = \mathrm{e}^{-x^2}$;

2. $f(x) = \dfrac{1}{a-x}\ (a \neq 0)$;

3. $f(x) = \ln(a+x)\ (a > 0)$;

4. $f(x) = \sin\dfrac{x}{2}$.

*10.5 傅里叶级数

傅里叶级数在工程技术问题中有一定的作用,研究一般的振动(波动)过程的基本方法是把它分解成(或展成)无穷多个谐振动(谐波)之和,然后通过谐振动的性质,最终完成对一般振动的研究.

积化和差公式

$$\sin mx \cos nx = \frac{1}{2}[\sin(m+n)x + \sin(m-n)x]$$

$$\cos mx \cos nx = \frac{1}{2}[\cos(m+n)x + \cos(m-n)x]$$

$$\sin mx \sin nx = -\frac{1}{2}[\cos(m+n)x - \cos(m-n)x]$$

10.5.1 三角函数系的正交性

由 $\{1 \text{、} \cos x \text{、} \sin x \text{、} \cos 2x \text{、} \sin 2x \cdots \cos nx \text{、} \sin nx \cdots\}$ 构成的函数系,称为三角函数系.

利用积化和差公式可以证明下面 4 个定积分等式，下列 4 个式子称为三角函数的正交性.

(1) $\displaystyle\int_{-\pi}^{\pi}\cos nx\,\mathrm{d}x=\int_{-\pi}^{\pi}\sin nx\,\mathrm{d}x=0$；

(2) $\displaystyle\int_{-\pi}^{\pi}\sin mx\cdot\cos nx\,\mathrm{d}x=0$；

(3) $\displaystyle\int_{-\pi}^{\pi}\sin mx\cdot\sin nx\,\mathrm{d}x=\begin{cases}0,m\neq n\\ \pi,m=n\end{cases}$；

(4) $\displaystyle\int_{-\pi}^{\pi}\cos mx\cdot\cos nx\,\mathrm{d}x=\begin{cases}0,m\neq n\\ \pi,m=n\end{cases}$.

10.5.2　傅里叶级数

1. 定义及收敛定理

形如
$$f(x)=\frac{a_0}{2}+\sum_{k=1}^{\infty}(a_k\cos kx+b_k\sin kx) \tag{10-5}$$

的级数称为傅里叶级数，其中 $a_0,a_n,b_n(n=1,2,3,\cdots)$ 称为系数. 即傅里叶级数是一种特殊的三角级数，若级数只含正弦项（$a_n=0$），称为正弦级数，如果级数只含常数项和余弦项（$b_n=0$），称为余弦级数.

定理 10.3（收敛定理）狄利克雷（Dirichlet）定理

设 $f(x)$ 是周期为 2π 的周期函数，它在一个周期内连续或只有有限个第一类间断点，并且至多只有有限个极值点，则 $f(x)$ 的傅里叶级数收敛，且有

（1）当 x 是 $f(x)$ 的连续点时，级数收敛于 $f(x)$；

（2）当 x 是 $f(x)$ 的间断点时，级数收敛于 $\frac{1}{2}[f(x-0)+f(x+0)]$，即在间断点处收敛于该点左极限与右极限的算术平均值. 当 x 是 $f(x)$ 的端点时，级数收敛于

$$\frac{1}{2}[f(-\pi+0)+f(\pi-0)]$$

2. 展成傅里叶级数的方法

设 $f(x)$ 符合收敛定理的条件，则可逐项积分.

1. 求 a_0：

$$\int_{-\pi}^{\pi}f(x)\,\mathrm{d}x=\int_{-\pi}^{\pi}\frac{a_0}{2}\,\mathrm{d}x+\int_{-\pi}^{\pi}\Big[\sum_{k=1}^{\infty}(a_k\cos kx+b_k\sin kx)\Big]\mathrm{d}x$$

$$=\int_{-\pi}^{\pi}\frac{a_0}{2}\,\mathrm{d}x+\int_{-\pi}^{\pi}\sum_{k=1}^{\infty}a_k\cos kx\,\mathrm{d}x+\int_{-\pi}^{\pi}\sum_{k=1}^{\infty}b_k\sin kx\,\mathrm{d}x$$

$$=\int_{-\pi}^{\pi}\frac{a_0}{2}\,\mathrm{d}x+\sum_{k=1}^{\infty}\int_{-\pi}^{\pi}a_k\cos kx\,\mathrm{d}x+\sum_{k=1}^{\infty}\int_{-\pi}^{\pi}b_k\sin kx\,\mathrm{d}x$$

$$=\frac{a_0}{2}\cdot 2\pi\,（由正交性知后面的积分均为零）$$

$$a_0=\frac{1}{\pi}\int_{-\pi}^{\pi}f(x)\,\mathrm{d}x$$

2. 求 a_n：(10—5) 式两边乘 $\cos nx$ 再积分得

$$\int_{-\pi}^{\pi} f(x)\cos nx\,\mathrm{d}x = \frac{a_0}{2}\int_{-\pi}^{\pi}\cos nx\,\mathrm{d}x + \sum_{k=1}^{\infty}\Big[a_k\int_{-\pi}^{\pi}\cos kx\cos nx\,\mathrm{d}x + b_k\int_{-\pi}^{\pi}\sin kx\cos nx\,\mathrm{d}x\Big]$$

$$= a_n\int_{-\pi}^{\pi}\cos^2 nx\,\mathrm{d}x = a_n\pi$$

所以 $\qquad\qquad a_n = \dfrac{1}{\pi}\displaystyle\int_{-\pi}^{\pi} f(x)\cos nx\,\mathrm{d}x \ (n=1,2,3,\cdots)$

3. 求 b_n：(10—5) 式两边乘 $\sin nx$ 再积分得

$$\int_{-\pi}^{\pi} f(x)\sin nx\,\mathrm{d}x = \frac{a_0}{2}\int_{-\pi}^{\pi}\sin nx\,\mathrm{d}x + \sum_{k=1}^{\infty}\Big[a_k\int_{-\pi}^{\pi}\cos kx\sin nx\,\mathrm{d}x + b_k\int_{-\pi}^{\pi}\sin kx\sin nx\,\mathrm{d}x\Big]$$

$$= b_n\pi$$

所以 $\qquad\qquad b_n = \dfrac{1}{\pi}\displaystyle\int_{-\pi}^{\pi} f(x)\sin nx\,\mathrm{d}x \ (n=1,2,3,\cdots)$

傅里叶系数为

$$\begin{cases} a_n = \dfrac{1}{\pi}\displaystyle\int_{-\pi}^{\pi} f(x)\cos nx\,\mathrm{d}x\,(n=0,1,2,\cdots) \\[3mm] b_n = \dfrac{1}{\pi}\displaystyle\int_{-\pi}^{\pi} f(x)\sin nx\,\mathrm{d}x\,(n=1,2,\cdots) \end{cases}$$

则 $f(x)$ 的傅里叶级数为 $\qquad f(x) = \dfrac{a_0}{2} + \displaystyle\sum_{n=1}^{\infty}(a_n\cos nx + b_n\sin nx)\,.$

例 23 设矩形波的波形函数 $f(x)$ 是周期为 2π 的周期函数，它在 $[-\pi,\pi]$ 的表达式为

$$f(x) = \begin{cases} 0, -\pi\leqslant x<0 \\ 1, 0\leqslant x<\pi \end{cases}\,, \quad \text{试把 } f(x) \text{ 展成傅里叶级数}.$$

解 $f(x)$ 满足收敛定理条件，点 $x=k\pi(k=0,\pm1,\pm2,\cdots)$ 是第一类间断点，其他点均连续.

(1) 当 $x=k\pi(k=0,\pm1,\pm2,\cdots)$（端点值）收敛于 $f(x)=\dfrac{1}{2}(1+0)=\dfrac{1}{2}$

(2) $x\neq k\pi(k=0,\pm1,\pm2,\cdots)$，

因 $f(x)$ 的傅里叶系数为

$$a_0 = \frac{1}{\pi}\int_{-\pi}^{\pi} f(x)\mathrm{d}x = \frac{1}{\pi}\int_{0}^{\pi}\mathrm{d}x = 1\,;$$

$$a_n = \frac{1}{\pi}\int_{-\pi}^{\pi} f(x)\cos nx\,\mathrm{d}x = \frac{1}{\pi}\int_{0}^{\pi}\cos nx\,\mathrm{d}x = 0\,(n=1,2,3,\cdots)\,;$$

$$b_n = \frac{1}{\pi}\int_{-\pi}^{\pi} f(x)\sin nx\,\mathrm{d}x = \frac{1}{\pi}\int_{0}^{\pi}\sin nx\,\mathrm{d}x = \frac{1}{n\pi}(-\cos nx)\Big|_{0}^{\pi} = \frac{1}{n\pi}(1-\cos n\pi)$$

$$= \frac{1}{n\pi}[1+(-1)^{n-1}] = \begin{cases} \dfrac{2}{n\pi}, n=1,3,5,\cdots \\[3mm] 0, n=2,4,6,\cdots \end{cases}$$

所以 $f(x)$ 的傅里叶级数为

$$f(x) = \frac{1}{2} + \frac{2}{\pi}\left[\sin x + \frac{1}{3}\sin 3x + \frac{1}{5}\sin 5x + \cdots + \frac{1}{2k-1}\sin(2k-1)x + \cdots\right] (x \neq k\pi, k \in \mathbf{Z}).$$

例 24 设 $f(x)$ 是周期为 2π 的周期函数，它在 $[-\pi, \pi]$ 上的表达式为

$$f(x) = \begin{cases} x, -\pi \leqslant x < 0 \\ 0, 0 \leqslant x < \pi \end{cases},$$

把 $f(x)$ 展成傅里叶级数.

解 满足收敛定理条件，点 $x = (2k+1)\pi(k = 0, \pm 1, \pm 2, \cdots)$ 是第一类间断点，其他点均连续.

(1) 当 $x = (2k+1)\pi(k = 0, \pm 1, \pm 2, \cdots)$ (端点值) 收敛于

$$f(x) = \frac{1}{2}[f(-\pi + 0) + f(\pi - 0)] = \frac{-\pi + 0}{2} = -\frac{\pi}{2}$$

(2) $x \neq (2k+1)\pi(k = 0, \pm 1, \pm 2, \cdots)$,

因 $f(x)$ 的傅里叶系数为

$$a_0 = \frac{1}{\pi}\int_{-\pi}^{\pi} f(x)\mathrm{d}x = \frac{1}{\pi}\int_{-\pi}^{0} x\mathrm{d}x = -\frac{\pi}{2};$$

$$a_n = \frac{1}{\pi}\int_{-\pi}^{\pi} f(x)\cos nx\,\mathrm{d}x = \frac{1}{\pi}\int_{-\pi}^{0} x\cos nx\,\mathrm{d}x = \frac{1}{n^2\pi}\cos nx\Big|_{-\pi}^{0} = \frac{1}{n^2\pi}[1 - (-1)^n];$$

$$(n = 1, 2, 3, \cdots)$$

$$b_n = \frac{1}{\pi}\int_{-\pi}^{\pi} f(x)\sin nx\,\mathrm{d}x = \frac{1}{\pi}\int_{-\pi}^{0} x\sin nx\,\mathrm{d}x$$

$$= \frac{1}{n\pi}x\cos nx\Big|_{-\pi}^{0} + \frac{1}{n^2\pi}x\sin nx\Big|_{-\pi}^{0} = \frac{(-1)^{n+1}}{n} (n = 1, 2, 3, \cdots).$$

所以 $f(x)$ 的傅里叶级数为

$$f(x) = -\frac{\pi}{4} + \left(\frac{2}{\pi}\cos x + \sin x\right) - \frac{1}{2}\sin 2x + \left(\frac{2}{3^2\pi}\cos 3x + \frac{1}{3}\sin 3x\right) - \frac{1}{4}\sin 4x +$$

$$\left(\frac{2}{5^2\pi}\cos 5x + \frac{1}{5}\sin 5x\right) - \cdots [x \neq (2k+1)\pi, k \in \mathbf{Z}]$$

3. 正弦级数、余弦级数

(1) 若 $f(x)$ 是奇函数，则 $f(x)\sin nx$ 是偶函数，$f(x)\cos nx$ 是奇函数.

所以 $\qquad a_n = 0$，$b_n = \frac{2}{\pi}\int_{0}^{\pi} f(x)\sin nx\,\mathrm{d}x (n = 0, 1, 2, \cdots)$，

所以 $\quad f(x) = \frac{a_0}{2} + \sum_{n=1}^{\infty}(a_n\cos nx + b_n\sin nx) = \sum_{n=1}^{\infty} b_n\sin nx$（是正弦级数）.

(2) 若 $f(x)$ 是偶函数，则 $f(x)\sin nx$ 是奇函数，$f(x)\cos nx$ 是偶函数.

所以 $\qquad a_n = \frac{2}{\pi}\int_{0}^{\pi} f(x)\cos nx\,\mathrm{d}x$，$b_n = 0 (n = 1, 2, \cdots)$，

所以 $f(x) = \dfrac{a_0}{2} + \sum\limits_{n=1}^{\infty}(a_n\cos nx + b_n\sin nx) = \dfrac{a_0}{2} + \sum\limits_{n=1}^{\infty}a_n\cos nx$ （是余弦级数）.

例 25 设 $f(x)$ 是周期为 2π 的周期函数，它在 $[-\pi,\pi]$ 上的表达式为 $f(x) = x$，把 $f(x)$ 展成傅里叶级数.

解 （1）首先，所给函数满足收敛定理条件，它在点

$$x = (2k+1)\pi(k = 0, \pm 1, \pm 2, \cdots) \quad \text{（第一类间断点）,}$$

$f(x)$ 的傅里叶级数收敛于 $\dfrac{(f-\pi+0)+f(\pi-0)}{2} = \dfrac{-\pi+\pi}{2} = 0$.

在连续点处收敛于 $f(x)$，和函数的图形如图 10-1 所示.

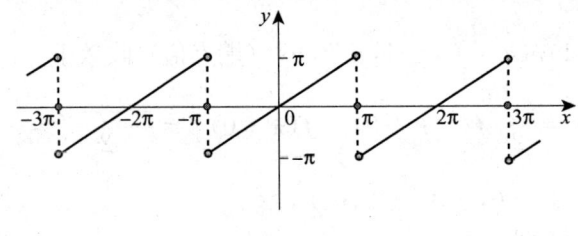

图 10-1

（2）因 $f(x)$ 是周期为 2π 的奇函数，所以 $a_n = 0$，$n = 0,1,2,\cdots$，

$$b_n = \frac{2}{\pi}\int_0^\pi f(x)\sin nx\,\mathrm{d}x = \frac{2}{\pi}\int_0^\pi x\sin nx\,\mathrm{d}x = (-1)^{n+1}\frac{2}{n} \quad (n = 1,2,\cdots)$$

所以 $\quad f(x) = 2\Big[\sin x - \dfrac{1}{2}\sin 2x + \dfrac{1}{3}\sin 3x - \cdots + \dfrac{(-1)^{n+1}}{n}\sin nx + \cdots\Big].$

$$(-\infty < x < \infty, \ x \neq (2k+1)\pi, k = 0, \pm 1, \pm 2, \cdots)$$

例 26 把函数 $f(x) = |x|(-\pi \leqslant x \leqslant \pi)$ 展开成傅里叶级数.

解 首先把 $f(x)$ 拓展为周期为 2π 的周期函 $F(x)$.

即 $F(x)$ 是周期为 2π 的周期函数，在 $[-\pi, \pi]$ 上，

$$F(x) = f(x)$$

显然 $F(x)$ 满足收敛定理条件.

$$a_0 = \frac{1}{\pi}\int_{-\pi}^{\pi}f(x)\,\mathrm{d}x$$

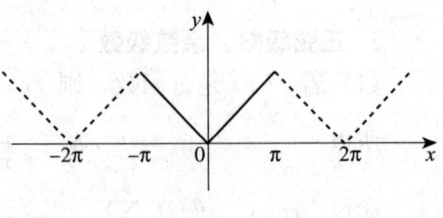

$$= \frac{1}{\pi}\int_{-\pi}^{0}(-x)\,\mathrm{d}x + \frac{1}{\pi}\int_0^\pi x\,\mathrm{d}x = \pi;$$

图 10-2

$$a_n = \frac{1}{\pi}\int_{-\pi}^{\pi}f(x)\cos nx\,\mathrm{d}x = \frac{1}{\pi}\int_{-\pi}^{0}(-x)\cos nx\,\mathrm{d}x + \frac{1}{\pi}\int_0^\pi x\cos nx\,\mathrm{d}x$$

$$= \frac{2}{n^2\pi}(\cos n\pi - 1) = \frac{2}{n^2\pi}\left[(-1)^n - 1\right] \quad (n = 1, 2, \cdots);$$

$$b_n = \frac{1}{\pi}\int_{-\pi}^{\pi} f(x)\sin nx\,\mathrm{d}x = 0 \left[\text{因 } f(x) \text{ 是偶函数}\right].$$

所以 $f(x) = |x| = \frac{\pi}{2} - \frac{4}{\pi}\left(\cos x + \frac{1}{3^2}\cos 3x + \frac{1}{5^2}\cos 5x + \cdots\right)(-\pi \leqslant x \leqslant \pi)$.

用电脑把函数展成傅里叶级数, 只是用电脑求 a_0、a_n、b_n, 计算定积分, 再与笔算结合.

思考题 如何把一个函数展开成傅里叶级数?

*习题 10.5

1. 设 $f(x)$ 是周期为 2π 的周期函数, 且它在一个周期上的表达式为

$$f(x) = \begin{cases} -1, & -\pi \leqslant 0 \\ 1, & 0 \leqslant x < \pi \end{cases}$$

试将 $f(x)$ 展成傅里叶级数.

2. 在区间 $[-\pi, \pi]$ 上, 试将函数 $f(x) = x^2$ 展成余弦级数.

复习题 10

1. 判定下列级数的敛散性.

(1) $\sum_{n=1}^{\infty} \ln\frac{n+1}{n}$; 　　　　(2) $\sum_{n=1}^{\infty} \frac{2n}{3n-1}$;

(3) $\sum_{n=1}^{\infty} \tan\frac{1}{n^2}$; 　　　　(4) $\sum_{n=1}^{\infty} 2^n \sin\frac{\pi}{3^n}$.

2. 判定下列级数的敛散性, 若收敛, 请指出是绝对收敛还是条件收敛:

(1) $\sum_{n=1}^{\infty} \frac{(-1)^{n-1} n!}{n^n}$; 　　　　(2) $\sum_{n=1}^{\infty} \frac{(-1)^{n-1}}{\ln(n+1)}$.

3. 求幂级数 $\sum_{n=0}^{\infty} \frac{2^n}{n^2+1} x^n$ 的收敛半径、收敛区间和收敛域.

4. 把函数 $f(x) = \ln(1-x)$ 展成 x 的幂级数, 并指出收敛域.

附件 10　数学实验: 用 Matlab 求解级数问题

一、求和: symsum (　　)

例 27 求和: $\sum_{n=1}^{\infty} \frac{2n-1}{2^n}$.

解　>> syms n ;

　　>> symsum((2* n- 1)/2^n,n,1,inf)

　　回车得:ans= 3,∴原式= 3.

二、函数展成幂级数：taylor（f）

例 28　把 $f(x) = \dfrac{1}{1+x^2}$ 展成幂级数．

解法一　>> syms x ;

　　　　>> taylor(1/(1+ x^2,20)　（20:表示前 20 项）

回车得:1- x^2+ x^4- x^6+ x^8- x^10+ x^12- x^14+ x^16- x^18

∴　　$1/(1+x^2) = 1 - x^2 + x^4 - x^6 + x^8 - x^{10} + x^{12} - x^{14} + x^{16} - x^{18} + \cdots.$

解法二　打开 taylortool 计算器

　　　　>> taylortool

　　　　在 $f(x)$ 栏输入函数 1/（1+x^2），再单击任一处即得结果．

附录 A　初等数学中的常用公式

(一) 代 数

1. 乘法和因式分解

(1) $(a \pm b)^2 = a^2 \pm 2ab + b^2$;

(2) $(a + b)^3 = a^3 + 3a^2b + 3ab^2 + b^3$;

(3) $(a - b)^3 = a^3 - 3a^2b + 3ab^2 - b^3$;

(4) $a^2 - b^2 = (a + b)(a - b)$;

(5) $a^3 + b^3 = (a + b)(a^2 - ab + b^2)$;

(6) $a^3 - b^3 = (a - b)(a^2 + ab + b^2)$;

(7) $(a + b)^n = a^n + na^{n-1}b + \dfrac{n(n-1)}{2!}a^{n-2}b^2 + \dfrac{n(n-1)(n-2)}{3!}a^{n-3}b^3 + \cdots + \dfrac{n(n-1)(n-2)\cdots(n-k+1)}{k!}a^{n-k}b^k + \cdots + nab^{n-1} + b^n$;

(8) $a^n - b^n = (a - b)(a^{n-1} + a^{n-2}b + \cdots + ab^{n-2} + b^{n-1})$.

2. 指数

(1) $a^0 = 1$;

(2) $a^{-m} = \dfrac{1}{a^m}$;

(3) $a^m a^n = a^{m+n}$;

(4) $\dfrac{a^m}{a^n} = a^{m-n}$;

(5) $(a^m)^n = a^{mn}$;

(6) $a^{\frac{m}{n}} = \sqrt[n]{a^m}$;

其中 a , b 是正实数, m , n 是任意实数.

3. 对数 ($a > 0, a \neq 1$)

(1) $\log_a 1 = 0$;

(2) $\log_a a = 1$;

(3) 恒等式 $a^{\log_a x} = x$;

(4) 换底公式 $\log_a x = \dfrac{\log_b x}{\log_b a}$ ($b > 0, b \neq 1$) ;

(5) $\log_a (x \cdot y) = \log_a x + \log_a y$;

(6) $\log_a \dfrac{x}{y} = \log_a x - \log_a y$;

(7) $\log_a x^n = n \log_a x$.

4. 阶乘

(1) $n! = n \cdot (n-1) \cdot \cdots \cdot 3 \cdot 2 \cdot 1$;

(2) $(2n-1)!! = (2n-1) \cdot (2n-3) \cdot \cdots \cdot 5 \cdot 3 \cdot 1$;

　　$(2n)!! = (2n) \times (2n-2) \times \cdots \times 6 \times 4 \times 2$.

5. 级数和

(1) $a + aq + aq^2 + \cdots + aq^{n-1} = \dfrac{a(1-q^n)}{1-q}$, $|q| \neq 1$;

(2) $1+2+3+\cdots+n=\dfrac{1}{2}n(n+1)$;

(3) $1^2+2^2+3^2+\cdots+n^2=\dfrac{1}{6}n(n+1)(2n+1)$;

(4) $1^3+2^3+3^3+\cdots+n^3=\left[\dfrac{1}{2}n(n+1)\right]^2$;

(5) $1+3+5+\cdots+(2n-1)=n^2$.

(二) 几 何

1. 平面图形的基本公式

(1) 梯形面积 $S=\dfrac{1}{2}(a+b)h$（其中 a, b 为二底，h 为高）；

(2) 圆面积 $S=\pi R^2$（R 是圆半径），

　　圆周长 $l=2\pi R$（R 是圆半径）；

(3) 圆扇形面积 $S=\dfrac{1}{2}R^2\theta\left(S=\dfrac{1}{2}lR\right)$,

　　圆扇形弧长 $l=R\theta$;

（R 是圆的半径，θ 为圆心角，单位为弧度）.

2. 立体图形的基本公式

(1) 圆柱体体积 $V=\pi R^2 H$,

　　圆柱体侧面积 $S=2\pi RH$（其中 R 是底半径，H 是高）；

(2) 正圆锥体体积 $V=\dfrac{1}{3}\pi R^2 H$,

侧面积 $S=\pi Rl$（其中 l 为斜高，即 $l=\sqrt{R^2+H^2}$ ）；

(3) 棱柱体体积 $V=SH$（S 为底面积，H 为高）；

(4) 棱锥体体积 $V=\dfrac{1}{3}SH$（S 为底面积，H 为高）；

(5) 球体体积 $V=\dfrac{4}{3}\pi R^3$;

(6) 球面积 $S=4\pi R^2$（R 为球的半径）.

(三) 三 角

1. 度与弧度

π 弧度 $=180°$，1 度 $=\dfrac{\pi}{180}$ 弧度，1 弧度 $=\dfrac{180}{\pi}$ 度；

2. 基本公式

(1) $\sin^2\alpha+\cos^2\alpha=1$;　　　　　　(2) $1+\tan^2\alpha=\sec^2\alpha$;

(3) $1+\cot^2\alpha=\csc^2\alpha$;　　　　　　(4) $\tan\alpha=\dfrac{\sin\alpha}{\cos\alpha}$;

(5) $\cot\alpha=\dfrac{\cos\alpha}{\sin\alpha}$;　　　　　　(6) $\tan\alpha=\dfrac{1}{\cot\alpha}$;

(7) $\sec\alpha=\dfrac{1}{\cos\alpha}$;　　　　　　(8) $\csc\alpha=\dfrac{1}{\sin\alpha}$.

3. 和差公式

$\sin(\alpha \pm \beta) = \sin \alpha \cos \beta \pm \cos \alpha \sin \beta$

$\cos(\alpha \pm \beta) = \cos \alpha \cos \beta \mp \sin \alpha \sin \beta$

$\tan(\alpha \pm \beta) = \dfrac{\tan \alpha \pm \tan \beta}{1 \mp \tan \alpha \tan \beta}$;

$\cot(\alpha \pm \beta) = \dfrac{\cot \alpha \cot \beta \mp 1}{\cot \beta \pm \cot \alpha}$.

4. 倍角和半角公式

$\sin 2\alpha = 2\sin \alpha \cos \alpha$;

$\cos 2\alpha = \cos^2 \alpha - \sin^2 \alpha = 1 - 2\sin^2 \alpha = 2\cos^2 \alpha - 1$;

$\tan 2\alpha = \dfrac{2\tan\alpha}{1 - \tan^2\alpha}$; $\qquad \cot 2\alpha = \dfrac{\cot^2\alpha - 1}{2\cot \alpha}$;

$\sin \dfrac{\alpha}{2} = \pm\sqrt{\dfrac{1 - \cos \alpha}{2}}$; $\qquad \cos \dfrac{\alpha}{2} = \pm\sqrt{\dfrac{1 + \cos \alpha}{2}}$;

$\tan \dfrac{\alpha}{2} = \pm\sqrt{\dfrac{1 - \cos \alpha}{1 + \cos \alpha}} = \dfrac{1 - \cos \alpha}{\sin \alpha} = \dfrac{\sin \alpha}{1 + \cos \alpha}$;

$\cot \dfrac{\alpha}{2} = \pm\sqrt{\dfrac{1 + \cos \alpha}{1 - \cos \alpha}} = \dfrac{\sin \alpha}{1 - \cos \alpha} = \dfrac{1 + \cos \alpha}{\sin \alpha}$.

5. 和差化积公式

$\sin A + \sin B = 2\sin \dfrac{A+B}{2} \cos \dfrac{A-B}{2}$;

$\sin A - \sin B = 2\cos \dfrac{A+B}{2} \sin \dfrac{A-B}{2}$;

$\cos A + \cos B = 2\cos \dfrac{A+B}{2} \cos \dfrac{A-B}{2}$;

$\cos A - \cos B = -2\sin \dfrac{A+B}{2} \sin \dfrac{A-B}{2}$;

6. 积化和差

$\sin A\cos B = \dfrac{1}{2}\big[\sin(A-B) + \sin(A+B)\big]$;

$\cos A\cos B = \dfrac{1}{2}\big[\cos(A-B) + \cos(A+B)\big]$;

$\sin A\sin B = \dfrac{1}{2}\big[\cos(A-B) - \cos(A+B)\big]$;

7. 特殊角的三角函数值

α	$\sin \alpha$	$\cos \alpha$	$\tan \alpha$	$\cot \alpha$	$\sec \alpha$	$\csc \alpha$
0	0	1	0	∞	1	∞
$\dfrac{\pi}{6}$	$\dfrac{1}{2}$	$\dfrac{\sqrt{3}}{2}$	$\dfrac{\sqrt{3}}{3}$	$\sqrt{3}$	$\dfrac{2}{3}\sqrt{3}$	2

α	$\sin\alpha$	$\cos\alpha$	$\tan\alpha$	$\cot\alpha$	$\sec\alpha$	$\csc\alpha$
$\dfrac{\pi}{4}$	$\dfrac{\sqrt{2}}{2}$	$\dfrac{\sqrt{2}}{2}$	1	1	$\sqrt{2}$	$\sqrt{2}$
$\dfrac{\pi}{3}$	$\dfrac{\sqrt{3}}{2}$	$\dfrac{1}{2}$	$\sqrt{3}$	$\dfrac{\sqrt{3}}{3}$	2	$\dfrac{2}{3}\sqrt{3}$
$\dfrac{\pi}{2}$	1	0	∞	0	∞	1
π	0	-1	0	∞	-1	∞
$\dfrac{3}{2}\pi$	-1	0	∞	0	∞	-1
2π	0	1	0	∞	1	∞

（四）平面解析几何

1. 距离、斜率、分点坐标

已知两点 $P_1(x_1,y_1)$ 与 $P_2(x_2,y_2)$ ，则

（1）两点间距离 $d = \sqrt{(x_2-x_1)^2+(y_2-y_1)^2}$ ；

（2）线段 P_1P_2 的斜率：$k = \dfrac{y_2-y_1}{x_2-x_1}$ ；

（3）设 $\dfrac{P_1P}{PP_2} = \lambda$ ，则分点 $P(x,y)$ 的坐标 $x = \dfrac{x_1+\lambda x_2}{1+\lambda}$ ，$y = \dfrac{y_1+\lambda y_2}{1+\lambda}$ ；

　　中点坐标公式 $x = \dfrac{x_1+x_2}{2}$ ，$y = \dfrac{y_1+y_2}{2}$.

2. 直线方程

（1）点斜式 $y-y_0 = k(x-x_0)$ ；　　　　（2）斜截式 $y = kx+b$ ；

（3）两点式 $\dfrac{y-y_1}{y_2-y_1} = \dfrac{x-x_1}{x_2-x_1}$ ；　　　　（4）截距式 $\dfrac{x}{a}+\dfrac{y}{b} = 1$ ；

（5）一般式 $Ax+By+C = 0$（A、B 不同时为零）；

（6）参数式 $\begin{cases} x = x_0+t\cos\alpha \\ y = y_0+t\sin\alpha \end{cases}$ 或 $\begin{cases} x = x_0+lt \\ y = y_0+mt \end{cases}$.

3. 点 $P_0(x_0,y_0)$ 到直线 $Ax+By+C = 0$ 的距离

$$d = \frac{|Ax_0+By_0+C|}{\sqrt{A^2+B^2}}$$

4. 两直线的交角

设两直线的斜率分别为 k_1 与 k_2 ，交角为 θ ，则

$$\tan\theta = \frac{k_1-k_2}{1+k_1k_2}$$

5. 圆的方程

标准式　$(x-a)^2+(y-b)^2 = R^2$ ；

参数式 $\begin{cases} x = a+R\cos t \\ y = b+R\sin t \end{cases}$ ，圆心 $G(a,b)$ ，半径为 R ，

其中参数方程 t 为动径 GM 与 x 轴正方向的夹角.

特别是圆心在原点时圆方程为 $x^2 + y^2 = R^2$

6. 抛物线

$y^2 = 2px$，焦点 $\left(\dfrac{p}{2}, 0\right)$，准线 $x = -\dfrac{p}{2}$，

$x^2 = 2py$，焦点 $\left(0, \dfrac{p}{2}\right)$，准线 $y = -\dfrac{p}{2}$.

7. 椭圆 $\dfrac{x^2}{a^2} + \dfrac{y^2}{b^2} = 1 (a > b)$，焦点在 x 轴上.

8. 双曲线 $\dfrac{x^2}{a^2} - \dfrac{y^2}{b^2} = 1$，焦点在 x 轴上.

9. 等轴双曲线 $xy = k$（常数）.

10. 圆锥曲线的极坐标方程 $\rho = \dfrac{ep}{1 - e\cos\theta}$，

其中 θ 为极角，p 为极点到准线的距离，e 为离心率，当 $e=1$ 时为抛物线；$e<1$ 时为椭圆；$e>1$ 时为双曲线.

11. 直角坐标与极坐标之间的关系是

$$\begin{cases} x = \rho\cos\theta \\ y = \rho\sin\theta \end{cases}, \begin{cases} \rho = \sqrt{x^2 + y^2} \\ \theta = \arctan\dfrac{y}{x} \end{cases}$$

习题答案

习题 1.1

1. (1) B；(2) B；(3) D；(4) C．
2. (1) $(0, 2)$；(2) $(-2, 0] \bigcup [1, +\infty)$；(3) $[-1, 3]$；(4) $[1, 4]$．
3. (1) $y = \sin u, u = x^3$；　　　　　　(2) $y = \sqrt{u}, u = \lg x$；
   (3) $y = \ln u, u = \tan v, v = x^{-2}$；　　(4) $y = u^2, u = \sin v, v = \ln x$．

习题 1.2

1. (1) D；(2) A．　2. (1) 0；(2) 0．　3. (1) 0；(2) 不存在．

习题 1.3

1. (1) 14；　(2) 0；　(3) $\dfrac{1}{2}$；　(4) 0；　(5) ∞；　(6) 3；　(7) $-\dfrac{1}{4}$；
   (8) $\dfrac{3}{2}$；　(9) 6；　(10) 0；　(11) 0；　(12) 0．
2. $\dfrac{1}{2}$．
3. 5．

习题 1.4

1. (1) $\dfrac{1}{7}$；　(2) $\dfrac{1}{5}$；　(3) $\dfrac{3}{5}$；　(4) 8；　(5) x；　(6) $\dfrac{1}{2}$；　(7) 2；
   (8) -2．
2. (1) e^{-2}；　(2) e^2；　(3) e；　(4) e^6；　(5) 1；(6) 1．

习题 1.5

1. (1) B、D；　(2) B；　(3) C．
2. (1) 1；　(2) 2；　(3) $\dfrac{1}{2}$；　(4) 0；　(5) 1；　(6) $\dfrac{1}{2}$．

习题 1.6

1. (1) 一类跳跃间断点；　(2) $x = 3$；　(3) $k = 2$．
2. (1) D；　(2) A．
3. $x = 1$ 是第一类可去间断点；$x = -2$ 是第二类无穷间断点．

4. $a = 2$, $b = 3$.

5. 略 .

复习题 1

1. (1) $[-10,1) \bigcup (1,2)$ ；　　(2) $[-1,1)$.

2. (1) $y = u^2, u = \arctan v, v = \dfrac{2x}{1-x^2}$ ；

　　(2) $y = \log_a u, u = e^v, v = \sqrt{t}, t = x^2 + 1$.

3. (1) 2；　　(2) e^3 ；　　(3) $\dfrac{1}{2}$ ；　　(4) 2；　　(5) 1；　　(6) 2.

4. (1) $a = 1, b = -1$ ；　　　(2) $a = 1, b = -\dfrac{1}{2}$.

5. $x = 0$ 是第一类可去间断点，补充定义 $f(0) = e$ ，即 $f(x) = \begin{cases} (1+x)^{\frac{1}{x}}, (x \neq 0) \\ e, \qquad (x = 0) \end{cases}$.

习题 2.1

1. (1) B；　　(2) D；　　(3) B；　　(4) C.

2. (1) 30 m/s；　　(2) 3；　　(3) 4.

3. (1) 连续但不可导；(2) 连续且可导 .

习题 2.2

1. （略）. 2. （略）.

3. (1) $9x^2 + 3^x \ln 3 + \dfrac{1}{x \ln 3}$ ；　　　　　(2) $-\sin x + 2x \sin x + x^2 \cos x$ ；

　　(3) $\tan x + x \sec^2 x + \csc^2 x$ ；　　　(4) $\arcsin x + \arccos x$ ；

　　(5) $1 + \ln x$ ；　　　　　　　　　(6) $\dfrac{\sin x - x \cos x}{\sin^2 x} + \dfrac{x \cos x - \sin x}{x^2}$ ；

　　(7) $\dfrac{1}{(x+2)^2}$ ；　　　　　　　(8) $\dfrac{x + (\ln x)^2}{(x + \ln x)^2}$.

4. $x - y - 1 = 0$.

5. $(1,1)$ ，$x - 2y + 1 = 0, 2x + y - 3 = 0$.

习题 2.3

1. (1) $2\cos 2x \cdot \ln(1-x) - \dfrac{\sin 2x}{1-x}$ ；　　　(2) $\sin 1$；

　　(3) $\dfrac{1}{\arcsin \sqrt{x}} \cdot \dfrac{1}{\sqrt{1-x}} \cdot \dfrac{1}{2\sqrt{x}}$ ；　　(4) $\dfrac{x}{\sqrt{1+x^2}} \sin(\ln x) + \dfrac{\sqrt{1+x^2}}{x} \cos(\ln x)$.

2. (1) $\dfrac{y^2 - 4xy}{2x^2 - 2xy + 3y^2}$ ；　　　　　(2) $-\dfrac{a \sin(x+y)}{e^y + a \sin(x+y)}$ ；

(3) $\dfrac{y-2x\cos(x^2+y)}{\cos(x^2+y)-x}$;

(4) $\dfrac{\sqrt{1-x^2y^2}-y}{3y^2\sqrt{1-x^2y^2}+x}$.

3. (1) $x^{\cos x}\left(\dfrac{\cos x}{x}-\sin x\cdot\ln x\right)$;

(2) $(\cot x)^{\frac{1}{x}}\cdot\dfrac{-2x\csc 2x-\ln(\cot x)}{x^2}$;

(3) $\dfrac{5}{8}\sqrt{2}$;

(4) $-t$.

4. (1) $e^{\cos x}(\sin^2 x-\cos x)$;

(2) $2\arctan x+\dfrac{2x}{1+x^2}$;

(3) $\dfrac{2-\ln x}{x\ln^3 x}$;

(4) $-4\csc 2x\cdot\cot 2x$.

5. -0.04 .

习题 2.4

1. (1) $\dfrac{1}{3}x^3+C$; (2) $\dfrac{1}{3}\sin 3x+C$; (3) x^4+C ; (4) $\arctan x+C$.

2. (1) $e^{\sin x}\cos x\,dx$;

(2) $\sin 2(1-x)dx$;

(3) $-\dfrac{\tan\sqrt{x}}{2\sqrt{x}}dx$;

(4) $\dfrac{1-x-y}{(x+y)e^y-1}dx$.

3. $80\pi=251.33(\text{cm}^3)$.

4. (1) 9.9867 ; (2) 2.0052 ; (3) 1.0058 .

复习题 2

1. (1) 连续且可导, $f'(0)=1$; (2) 连续且可导, $f'(0)=0$.

2. (1) $-\dfrac{2}{\pi^2+6}$; (2) $-\dfrac{1}{e^2}$; (3) 2 ; (4) 0 .

3. (1) $-\dfrac{2}{x\sqrt{x^2-1}}\arcsin\dfrac{1}{x}$; (2) $-2(x+1)e^{x^2+2x+2}\sin e^{x^2+2x+2}$;

(3) $(\tan x)^x(\ln\tan x+x\cot x+x\tan x)$;

(4) $\dfrac{1}{\cos x}\sqrt{\dfrac{1+\sin x}{1-\sin x}}$.

4. (1) $\dfrac{2x\cos 2x-y-xye^{xy}}{x^2e^{xy}+x\ln x}$; (2) -2 .

5. (1) $\sqrt{3}-2$; (2) $\dfrac{1}{t^3}$.

6. (1) $y^{(n)}=a^n e^{ax}$; (2) $y^{(n)}=(-1)^{n-1}\dfrac{(n-1)!}{(1+x)^n}$.

7. (1) $dy=6\tan 3x\cdot\sec^2 3x\,dx$; (2) $dy=2(e^{2x}-e^{-2x})dx$.

8. $0.14\dfrac{\text{rad}}{\text{min}}$

习题 3.1

(1) $\dfrac{m}{n}a^{m-n}$; (2) $\dfrac{1}{2}$; (3) 2; (4) 1; (5) $\dfrac{m^2-n^2}{2}$; (6) $\dfrac{1}{3}$; (7) $-\dfrac{1}{8}$; (8) 1; (9) $\dfrac{1}{5}$;

$(10) -1$ ；$(11)\ 1$ ；$(12)\ \dfrac{1}{3}$ ；$(13) -\dfrac{2}{\pi}$ ；$(14)\ \dfrac{1}{2}$ ；$(15)\ \dfrac{1}{2}$ ；$(16)\ 1$ ；$(17)\ 1$ ；$(18)\ 1$ ．

习 题 3.2

1. (1) 单调递增区间 $(-\infty,-1]\bigcup[3,+\infty)$ ；单调递减区间 $(-1,3)$ ；

    (2) 单调递增区间 $(\dfrac{1}{2},+\infty)$ ；单调递减区间 $(0,\dfrac{1}{2}]$ ；

    (3) 单调递增区间 $(-1,1)$ ；单调递减区间 $(-\infty,-1]\bigcup[1,+\infty)$ ；

    (4) 单调递增区间 $(-\infty,+\infty)$ ；

2. (1) 极小值 $y(0)=0$ ；

    (2) 极大值 $y(-1)=2$ ，极小值 $y(1)=-2$ ；

    (3) 极大值 $f(0)=0$ ，极小值 $f(\dfrac{4}{5})=-\dfrac{6}{5}\sqrt[3]{\dfrac{16}{25}}$ ；

    (4) 极大值 $f(1)=\dfrac{1}{2}$ ，极小值 $f(-1)=-\dfrac{1}{2}$ ；

    (5) 极小值 $f(\mathrm{e}^{-\frac{1}{2}})=-\dfrac{1}{2\mathrm{e}}$ ；

    (6) 没有极值；

    (7) 极大值 $f(1)=\dfrac{\pi}{4}-\dfrac{\ln 2}{2}$ ．

3. $a=2$ ，极大值；$f\left(\dfrac{\pi}{3}\right)=\sqrt{3}$ ．

4. 最大值 $f(3)=18-\ln 3$ ；最小值 $f(\dfrac{1}{2})=\dfrac{1}{2}+\ln 2$ ．

5. （略）． 6. （略）．

7. $x=\dfrac{a}{2}$ 8. $AD=15$ ．   9. 矩形场地的长为 18 m，宽为 12 m．

习 题 3.3

1. (1) 在 $(-\infty,+\infty)$ 内向上凹，无拐点；

    (2) 在 $(-\infty,1),(2,+\infty)$ 内向上凹，在 $(1,2)$ 内向下凹，拐点为 $(1,-3)$ ，$(2,6)$ ；

    (3) 在 $(0,\mathrm{e}^{\frac{3}{2}})$ 内向下凹，在 $(\mathrm{e}^{\frac{3}{2}},+\infty)$ 内向上凹，拐点为 $(\mathrm{e}^{\frac{3}{2}},\dfrac{3}{2}\mathrm{e}^{-\frac{3}{2}})$ ；

    (4) 在 $(-\infty,4)$ 内向上凹，在 $(4,+\infty)$ 内向下凹，拐点为 $(4,2)$ ．

2. 水平渐近线为 $y=0$ ，铅垂渐近线为 $x=-3$ ．

3. （略）．

习 题 3.4

1. $k=1$ ；   2. $k=2$ ，$R=\dfrac{1}{2}$ ；   3. $(\dfrac{\sqrt{2}}{2},-\dfrac{\ln 2}{2})$ ．

复习题 3

1. (1) 2; (2) ∞; (3) 0; (4) $\dfrac{1}{2}$.

2. (1) 极小值 $y(0)=0$; (2) 极大值 $y(0)=0$, 极小值 $y(1)=-\dfrac{1}{2}$.

3. 高:宽 $=\sqrt{2}:1$ 时强度最大.   4. (1) $\dfrac{1}{2\sqrt{2}}$; (2) $\dfrac{b}{a^2}$.   5. (略).

习题 4.1

1. (1) $12x^2$;   (2) x^4;   (3) $\sqrt{x}$;   (4) $\sqrt{x}+C$;   (5) $\dfrac{1}{x}+C$;   (6) $\dfrac{1}{1+x^2}$;

(7) $f(x)+C$;   (8) e^{2x};   (9) $e^{-x}+C, -e^{-x}+C$;

(10) $-\cos x+\sin x+C$; $\sin x+\cos x+C$.

2. (1) D;   (2) D;   (3) A.

3. (1) $3x+\dfrac{3}{4}x^{\frac{4}{3}}-\dfrac{1}{2x^2}+\dfrac{3^x}{\ln 3}+C$;   (2) $\ln|x|+e^x+C$;

(3) $-\cos x+2\arcsin x+C$;   (4) $\dfrac{3^x e^x}{1+\ln 3}+C$;

(5) $\dfrac{1}{2}(x-\sin x)+C$;   (6) $-\cot x-x+C$;

(7) $-\cot x-\tan x+C$;   (8) $-\cot x+\csc x+C$;

(9) $\dfrac{1}{2}(\tan x+x)+C$;   (10) $\sin x+\cos x+C$;

(11) $\arctan x-\dfrac{1}{x}+C$;   (12) $2x-2\arctan x+C$;

(13) $\ln|x|+\arctan x+C$;   (14) $\dfrac{1}{3}x^3-x+\arctan x+C$.

习题 4.2

(1) $-\dfrac{1}{3}e^{-3x}+C$;   (2) $\dfrac{1}{2}\sin 2x+C$;   (3) $\dfrac{1}{2}x+\dfrac{1}{4}\sin 2x+C$;

(4) $\sin x-\dfrac{1}{3}\sin^3 x+C$;   (5) $\dfrac{1}{2}\ln(1+x^2)+C$;   (6) $-\ln|1-x|+C$;

(7) $\dfrac{1}{2}\ln|2x-1|+C$;   (8) $-\dfrac{1}{63}(2-3x)^{21}+C$;   (9) $\dfrac{1}{3}(4+x^2)^{\frac{3}{2}}+C$;

(10) $-e^{\frac{1}{x}}+C$;   (11) $-\ln|\cos x|+C$;   (12) $-2\cos\sqrt{x}+C$;

(13) $\dfrac{1}{2}(\ln x+1)^2+C$;   (14) $\dfrac{1}{3}\ln(1+\sin^3 x)+C$;   (15) $-\sqrt{1-x^2}+C$;

(16) $\dfrac{2}{3}(\arcsin x)^{\frac{3}{2}}+C$;   (17) $\dfrac{1}{2}\arctan(2x)+C$;   (18) $\dfrac{1}{6}\arctan\dfrac{3}{2}x+C$;

(19) $\dfrac{1}{12}\ln\left|\dfrac{2+3x}{2-3x}\right|+C$;   (20) $\arctan e^x+C$;   (21) $\dfrac{1}{6}\ln\left|\dfrac{3+\sin x}{3-\sin x}\right|+C$;

(22) $\arcsin\dfrac{x+1}{\sqrt{6}}+C$ (电脑 Matlab 算答案：asin（1/6^（1/2）*（1+x）））；

(23) $\dfrac{1}{2}\arctan(\dfrac{x}{2}+1)+C$（电脑 Matlab 算答案：1/2*atan（1/2*x+1））；

(24) $\ln(x^2+2x+10)+\arctan\dfrac{x+1}{3}+C$

（电脑 Matlab 算答案：log（x^2+2*x+10）+atan（1/3+1/3*x））；

(25) $\ln\left|\dfrac{x-2}{x-3}\right|+C$；

(26) $\dfrac{1}{3}\ln\left|2-\dfrac{3}{x}\right|+C$

习题 4.3

(1) $\dfrac{1}{10}(2x+3)^5+C$；   (2) $\sqrt{3+2x}+C$；

(3) $-\dfrac{1}{2}\mathrm{e}^{-2x}+C$；   (4) $\dfrac{1}{2}\ln\mid 2x+3\mid+C$；

(5) $\dfrac{1}{4\,028}(3-2x)^{-2014}+C$；   (6) $-\dfrac{1}{2}\mathrm{e}^{-x^2}+C$；

(7) $2(\cos x)^{-\frac{1}{2}}+C$；   (8) $x-\ln(\mathrm{e}^x+1)+C$；

(9) $\dfrac{1}{3}(\ln x+3)^3+C$；   (10) $\ln(\mathrm{e}^x+2)+C$；

(11) $\sqrt{2x}-\ln(1+\sqrt{2x})+C$；   (12) $2\arctan\sqrt{x}+C$；

(13) $\dfrac{1}{2}[x^2-9\ln(x^2+9)]+C$；   (14) $\ln\left|\dfrac{\sqrt{x^2+1}-1}{x}\right|+C$；

(15) $\dfrac{1}{2}\ln(x^2+2x+2)+\arctan(x+1)+C$；

(16) $\arcsin\dfrac{x}{\sqrt{2}}-\dfrac{x}{2}\sqrt{2-x^2}+C$；

(17) $\dfrac{1}{3}\ln\left|\dfrac{3-\sqrt{9-x^2}}{x}\right|+C$

（电脑 Matlab 算答案：$-1/3*\mathrm{atanh}(3/(9-x^2)^{(1/2)})$；

(18) $\dfrac{x}{a^2\sqrt{x^2+a^2}}+C$（电脑 Matlab 算答案：1/（x^2+a^2）^（1/2）/a^2*x）.

习题 4.4

1. (1) $-\dfrac{1}{2}x\cos 2x+\dfrac{1}{4}\sin 2x+C$；   (2) $\dfrac{1}{4}x\sin 4x+\dfrac{1}{16}\cos 4x+\dfrac{1}{4}\sin 4x+C$

   (3) $x^2\sin x+2x\cos x-2\sin x+C$；   (4) $-\mathrm{e}^{-x}(x+1)+C$；

   (5) $2^x(\dfrac{x^2}{\ln 2}-\dfrac{2x}{(\ln 2)^2}+\dfrac{2}{(\ln 2)^3})+C$；   (6) $(x^2-2x+1)\mathrm{e}^x+C$；

(7) $\frac{1}{2}(x-1)^2\ln x-\frac{1}{4}x^2+x-\frac{1}{2}\ln|x|+C$；

(8) $x\ln(x+1)-x+\ln|x+1|+C$；

(9) $\frac{1}{4}x^4\ln x-\frac{1}{16}x^4+C$；　　　　(10) $x\arcsin x+\sqrt{1-x^2}+C$；

(11) $x\arctan x-\frac{1}{2}\ln|1+x^2|+C$；　　　(12) $\frac{1}{2}x^2\text{arccot}\,x+\frac{1}{2}(x+\text{arccot}\,x)+C$；

(13) $\frac{1}{2}e^x(\sin x+\cos x)+C$；　　　　(14) $(\frac{2}{5}\sin 2x-\frac{1}{5}\cos 2x)e^{-x}+C$；

(15) $\frac{\ln 2\sin x-\cos x}{1+(\ln 2)^2}2^x+C$；

(16) $2\sqrt{x}\ln(1+x)-4(\sqrt{x}-\arctan\sqrt{x})+C$；

(17) $x\ln(x+\sqrt{1+x^2})-\sqrt{1+x^2}+C$．

2. $(2x-1)e^{2x}+C$

复习题 4

1. $\frac{4}{15}(1+x^3)^{\frac{5}{4}}+C$；　　　　2. $\frac{1}{6}\arctan\frac{3}{2}x+C$；　　　　3. $2\arctan\sqrt{x}+C$；

4. $\frac{1}{4}\ln\left|\frac{x+1}{x+5}\right|+C$；　　　　5. $\frac{1}{6}\arctan\frac{2x+1}{3}+C$；

6. $\frac{3}{2}x^{\frac{2}{3}}-3x^{\frac{1}{3}}+3\ln|1+x^{\frac{1}{3}}|+C$；　　　7. $x-2\sqrt{x+2}+2\ln(1+\sqrt{x+2})+C$

8. $\frac{1}{4}\arcsin 2x+\frac{x}{2}\sqrt{1-4x^2}+C$；　　9. $\frac{1}{2}\ln\left|\frac{x}{\sqrt{x^2+4}+2}\right|+C$；

10. $x-2\ln(\sqrt{e^x+1}+1)+C$；　　　11. $\frac{2}{3}x^{\frac{3}{2}}\ln x-\frac{4}{9}x^{\frac{3}{2}}+C$

习题 5.1

1. (1) $>$；　　(2) π.　2. （略）.

习题 5.2

1. (1) $\frac{3}{2}$；　　(2) $2x\sin x^4$；　　(3) 0；　　(4) $\frac{1}{6}$.

2. (1) C；　　(2) A.

3. (1) $\frac{58}{3}$；　　(2) 2；　　(3) $\frac{9}{10}$；　　(4) $\frac{1}{2}$；　　(5) $-\frac{1}{4}$；　　(6) $\frac{\pi}{6}$；

(7) $\frac{\pi}{6a}$；　　(8) $\frac{1}{2}$；　　(9) $\frac{3}{20}$；　　(10) $2\sqrt{3}-2\sqrt{5}$；　　(11) $\frac{\pi}{4}$；　　(12) $\frac{2}{3}$.

习题 5.3

1. (1) $\frac{3\pi}{16}$；　　(2) $\frac{8}{15}$.　　(3) 0；　　(4) 0；　　(5) 0；　　(6) 0.

2. (1) C；　　(2) D；　　(3) D.

3. (1) $\dfrac{40}{3} + \ln \dfrac{1}{4} = 11.947$；　　(2) $\dfrac{5}{3}$；　　(3) $2 - \dfrac{\pi}{2} = 0.4292$；

(4) $\ln 3 = 1.0986$.

4. (1) $1 - 3\mathrm{e}^{-2}$；　　(2) $\dfrac{1}{4}(\mathrm{e}^2 + 1) = 2.0973$；　　(3) $\dfrac{1}{2}$；　　(4) $\pi^2 - 4$；

(5) $2 - 5\mathrm{e}^{-1}$；　　(6) $\mathrm{e} - 2 = 0.7183$；　(7) $2 + 2\mathrm{e}^2$；

(8) $\dfrac{\pi^2}{4} - 2$（提示：令 $\arcsin x = t$）.

习题 5.4

1. (1) 3；　　(2) $\ln 2$；　　(3) $\dfrac{1}{3}$；　　(4) $\dfrac{16\sqrt{2}}{3}$；　　(5) $\dfrac{9}{2}$.

2. (1) $\dfrac{31}{5}\pi$；　　(2) $\dfrac{3}{10}\pi$；　　(3) $\dfrac{2}{15}\pi$；　　(4) $\dfrac{\pi^2}{2}$.

3. (1) $\dfrac{8}{27}(10\sqrt{10} - 1)$；　　(2) 8.

习题 5.5

1. 0.96 度；　　2. $\dfrac{4\,900}{6}\pi R^2 H^2 (\mathrm{J})$；　　3. $\dfrac{4}{3}\pi g R^4 (kJ)$；　　4. 14 373(kN).　　5. （略）.

习题 5.6

(1) 收敛于 $\dfrac{1}{24}$；　　(2) 发散；　　(3) $\dfrac{1}{3\mathrm{e}}$；　　(4) 1；　　(5) $\dfrac{\pi}{2}$；　　(6) $-\dfrac{1}{4}$.

复习题 5

1. （略）.

2. (1) $\dfrac{1}{2}$；(2) 0.

3. (1) $\dfrac{2}{3}(\sqrt{8} - 1)$；(2) $2 - \sqrt[4]{8}$；(3) 2；(4) $\arctan \mathrm{e}^2 - \dfrac{\pi}{4}$；(5) $\dfrac{1}{5}(\mathrm{e} - 1)^5$；(6) $\dfrac{4}{3}$；

(7) $2 - \dfrac{\pi}{2}$；(8) $\dfrac{22}{3}$；(9) $\sqrt{3} - \dfrac{\pi}{3}$；(10) 1；(11) $\dfrac{1}{2}(1 + \mathrm{e}^{\frac{\pi}{2}})$；(12) $2(\dfrac{\pi^2}{4} - 2)$.

4. $\dfrac{16}{3}$.

5. $V_x = \dfrac{\pi}{2}$，$V_y = 2\pi$.

习题 6.1

1. (1) ×；　　(2) √；　　(3) ×.

2. (1) 一阶；　　(2) $y^4 = Cx$；　　(3) $y = x^3 + 1$.

3. (1) $\ln(x^3+5)+3y=C$; 　　　　　 (2) $e^x-e^{-y}=C$;

(3) $y=C-\ln^2 x$; 　　　　　　　　　 (4) $y^2=2\ln(1+e^x)+C$;

(5) $3\ln y+x^3=0$; 　　　　　　　　　 (6) $2\ln(1-y)=1-2\sin x$.

4. $x^2+y^2=1$. 　　　　　 5. $u=20+80\left(\dfrac{1}{2}\right)^{\frac{t}{5}}$ 　　　　 6. $\begin{cases} mg-kv(t)=m\dfrac{\mathrm{d}v}{\mathrm{d}t} \\ v(0)=\sqrt{2gh} \end{cases}$.

习题 6.2

1. (1) $\arcsin\dfrac{y}{x}=\ln x+C$; 　　　　　 (2) $y=xe^{Cx}$;

(3) $e^{\frac{x}{z}}=Cy$; 　　　　　　　　　 (4) $\sin\dfrac{y}{x}=\ln x+C$.

2. (1) $y^2=x^2\ln x^2+2x^2$; 　　　　　 (2) $y^3=x^3\ln x^3$.

3. (1) $y=\dfrac{1}{2}e^x+Ce^{-x}$; 　　　　　 (2) $y=\cos x(-2\cos x+C)$;

(3) $y=\dfrac{1}{x}(-\cos x+C)$; 　　　　　 (4) $x=y(ye^y-e^y+C)$.

4. (1) $y=x-x^2$; 　　　　　 (2) $y=1$.

习题 6.3

1. (1) $y=-x\sin x-2\cos x+C_1 x+C_2$; 　　　 (2) $y=C_1+C_2 e^x-x(\dfrac{1}{2}x+1)$;

(3) $y=C_1(x-e^{-x})+C_2$;

(4) $y=\dfrac{-1}{C_1 x+C_2}$ （电脑 Matlab 算答案：y=0，y=−1/（x＊C1＋C2）） .

2. (1) $y=\dfrac{1}{12(x+2)^3}$; 　　 (2) $y=\dfrac{1}{2}x^2$; 　　 (3) $y=\arctan x+\dfrac{1}{2}\ln(1+x^2)+x+1$;

(4) $y=-\dfrac{1}{2}\ln|2x+1|$.

习题 6.4

1. (1) $y=C_1+C_2 e^{5x}$; 　　　　　　　　　 (2) $y=(C_1+C_2 x)e^{2x}$;

(3) $y=C_1 e^{2x}+C_2 e^{3x}$; 　　　　　　　 (4) $y=e^{-x}(C_1\cos 2x+C_2\sin 2x)$.

2. (1) $y=e^{-x}(\cos 3x+\sin 3x)$; 　　　　　 (2) $x=\dfrac{1}{4}(e^t-e^{-3t})$.

习题 6.5

(1) $y=(C_1+C_2 x)e^{-x}-2$. 　　　　　　　 (2) $y=(C_1+C_2 x)e^{2x}+\dfrac{1}{4}x^2+\dfrac{1}{2}x+\dfrac{3}{8}$.

(3) $y=C_1 e^{\frac{x}{2}}+C_2 e^{-x}+e^x$. 　　　　　 (4) $y=(C_1+C_2 x)e^{-2x}+4x^2 e^{-2x}$.

(5) $y=(C_1+C_2 x)e^{-x}+\dfrac{1}{4}(x-1)e^x$.

(6) $y = C_1 + C_2 e^{-2x} + \dfrac{1}{4} x(x-1)$.

电脑 Matlab 算答案：y＝1/4＊x2－1/2＊exp（－2＊x）＊C1－1/4＊x＋C2，与笔算答案一样的．

(7) $y = e^x (C_1 \sin 2x + C_2 \cos 2x) + \dfrac{1}{3} e^x \sin x$.

电脑 Matlab 算答案：y＝1/3＊exp（x）＊（3＊sin（2＊x）＊C2＋3＊cos（2＊x）＊C1＋sin（x）），两答案一样的．

(8) $y = C_1 e^x + C_2 e^{6x} + \dfrac{1}{74} (5 \sin x + 7 \cos x)$.

电脑 Matlab 算答案：y＝exp（x）＊C2＋exp（6＊x）＊C1＋7/74＊cos（x）＋5/74＊sin（x），两答案相同．

复习题 6

1. （1）特解；（2）通解．

2. (1) $y = (1 + \ln y + Cy) \cos x$ ；   (2) $y = e^{\csc x - \cot x}$ ；   (3) $y = Ce^{-2x} + e^{-x}$ ；

    (4) $y = (C + x) e^{-x^2}$ ；   (5) $y = Cx^2 + x^2 \sin x$ ；   (6) $\ln x = e^{\frac{y}{x}} + C$ ；

    (7) $y = \dfrac{1}{3} x^3 \ln x - \dfrac{5}{18} x^3 + C_1 x + C_2$ ；   (8) $y = C_1 x^2 + C_2$.

3. (1) $y = 4e^x + 2e^{3x}$ ；   (2) $y = C_1 + C_2 e^{-8x} + \dfrac{1}{2} x^2 - \dfrac{1}{8} x$ ；

(3) $y = (C_1 \cos x + C_2 \sin x) e^{-x} + \dfrac{1}{2} x$ ；

(4) $y = e^{-x} (C_1 \cos 2x + C_2 \sin 2x) - \dfrac{1}{4} x e^{-x} \cos 2x$.

习题 7.1

1. $\boldsymbol{AB} = \dfrac{1}{2}(\boldsymbol{a} - \boldsymbol{b})$, $\boldsymbol{BC} = \dfrac{1}{2}(\boldsymbol{a} + \boldsymbol{b})$, $\boldsymbol{CD} = \dfrac{1}{2}(\boldsymbol{b} - \boldsymbol{a})$, $\boldsymbol{DA} = -\dfrac{1}{2}(\boldsymbol{a} + \boldsymbol{b})$.

2. $a = 1$ 或 $a = -3$

3. $3\sqrt{5}$ ； $\dfrac{2}{3\sqrt{5}}, \dfrac{4}{3\sqrt{5}}, -\dfrac{5}{3\sqrt{5}}$ ； $\dfrac{1}{3\sqrt{5}}(2, 4, -5)$.

4. $0, 0, -1$ 或 $\dfrac{\sqrt{2}}{2}, \dfrac{\sqrt{2}}{2}, 0$.   5. $(\sqrt{2}, \sqrt{2}, 2\sqrt{3})$ 或 $(-\sqrt{2}, -\sqrt{2}, 2\sqrt{3})$.

习题 7.2

1. (1) $(5, 2 - \sqrt{5}, 2)$ ；(2) $3 - 2\sqrt{5}$.

2. $\dfrac{3\pi}{4}$.   3. $3\,600$（J）．   4 $\pm \dfrac{1}{3}(1, -2, 2)$.

5. (1) $\arccos \dfrac{1}{\sqrt{7}}$ ；(2) $2\sqrt{6}$ ；(3) $2\sqrt{3}$.

习题 7.3

1. $11x-17y-13z+3=0$.　　2. $y+z=0$.　　3. $\dfrac{\pi}{3}$.　　4. 1.

习题 7.4

1. $(1,-2,2)$，$R=4$.

2. $4x^2-9(y^2+z^2)=36$；　　$4(x^2+z^2)-9y^2=36$.

3. （1）椭球面；（2）单叶双曲面；（3）锥面；（4）椭圆抛物面；（5）双叶双曲面；
（6）双曲抛物面；（7）圆柱面；（8）抛物柱面.

复习题 7

1. $M(3\sqrt{2},3,-3)$.　　2. $W=15$.　　3. $\dfrac{1}{2}\sqrt{54}$.　　4. $5x-8y+z-24=0$.

5. $x+\sqrt{26}y+3z-3=0$ 或 $x-\sqrt{26}y+3z-3=0$.

6. （略）.

习题 8.1

1. （1）$\{(x,y)\mid 0<x^2+y^2<1,y^2\leqslant 4x\}$；　　（2）$\{(x,y)\mid x+y>0,x-y>0\}$.

2. （1）$\dfrac{1}{2}$；（2）0.

3. $f(x,y)$ 在 $(0,0)$ 处不连续.

习题 8.2

1. （1）$\dfrac{\partial z}{\partial x}=\dfrac{x}{x^2+y^2}$，　　$\dfrac{\partial z}{\partial y}=\dfrac{y}{x^2+y^2}$；

（2）$\dfrac{\partial z}{\partial x}=\dfrac{y^2}{1+x^2y^4}$，$\dfrac{\partial z}{\partial y}=\dfrac{2xy}{1+x^2y^4}$；

（3）$\dfrac{\partial z}{\partial x}=\dfrac{\mathrm{e}^{xy}\left[y(x^2+y^2)-2x\right]}{(x^2+y^2)^2}$，$\dfrac{\partial z}{\partial y}=\dfrac{\mathrm{e}^{xy}\left[x(x^2+y^2)-2y\right]}{(x^2+y^2)^2}$；

（4）$\dfrac{\partial u}{\partial x}=-\dfrac{y}{x^2}-\dfrac{1}{z}$，$\dfrac{\partial u}{\partial y}=\dfrac{1}{x}-\dfrac{z}{y^2}$，$\dfrac{\partial u}{\partial z}=\dfrac{1}{y}+\dfrac{x}{z^2}$；

（5）$\dfrac{\partial u}{\partial x}=\mathrm{e}^{x(x^2+y^2+z^2)}(3x^2+y^2+z^2)$，$\dfrac{\partial u}{\partial y}=2xy\mathrm{e}^{x(x^2+y^2+z^2)}$，$\dfrac{\partial u}{\partial z}=2xz\mathrm{e}^{x(x^2+y^2+z^2)}$.

2. （1）$\dfrac{8}{5}$，$\dfrac{9}{5}$；　　（2）0，1；　　（3）$\dfrac{1}{2}$，1，$\dfrac{1}{2}$.

3. （1）$\dfrac{\partial^2 z}{\partial x^2}=12x^2-8y^2$，$\dfrac{\partial^2 z}{\partial x\partial y}=-16xy$，　　$\dfrac{\partial^2 z}{\partial y^2}=12y^2-8x^2$；

（2）$\dfrac{\partial^2 z}{\partial x^2}=\mathrm{e}^x\left[(2+x)\sin y+\cos y\right]$，$\dfrac{\partial^2 z}{\partial x\partial y}=\mathrm{e}^x\left[(1+x)\cos y-\sin y\right]$，

$\dfrac{\partial^2 z}{\partial y^2}=-\mathrm{e}^x\left[(\cos y+x\sin y)\right]$；

(3) $\dfrac{\partial^2 z}{\partial x^2} = 2a^2 \cos 2(ax+by)$, $\dfrac{\partial^2 z}{\partial x \partial y} = 2ab \cos 2(ax+by)$,

$\dfrac{\partial^2 z}{\partial y^2} = 2b^2 \cos 2(ax+by)$;

(4) $\dfrac{\partial^2 z}{\partial x^2} = 2\ln y$, $\dfrac{\partial^2 z}{\partial x \partial y} = \dfrac{2x}{y}$, $\dfrac{\partial^2 z}{\partial y^2} = -\dfrac{x^2}{y^2}$.

习题 8.3

1. (1) $yx^{y-1} \mathrm{d}x + x^y \ln x \mathrm{d}y$; (2) $1 \cdot \mathrm{d}x$.

2. (1) $\mathrm{d}z = \mathrm{e}^{xy} \{ [y \sin(x+y) + \cos(x+y)] \mathrm{d}x + [x \sin(x+y) + \cos(x+y)] \mathrm{d}y \}$;

(2) $\mathrm{d}z = \dfrac{1}{1+x^2 y^2}(y \mathrm{d}x + x \mathrm{d}y)$; (3) $\mathrm{d}u = \dfrac{x \mathrm{d}x + y \mathrm{d}y + z \mathrm{d}z}{x^2 + y^2 + z^2}$;

(4) $\mathrm{d}u = (y+z)\mathrm{d}x + (x+z)\mathrm{d}y + (y+x)\mathrm{d}z$.

3. 2.95 .

习题 8.4

1. (1) $\dfrac{\partial z}{\partial x} = \dfrac{2(1+xy)}{1+(2x-y^2+x^2 y)^2}$, $\dfrac{\partial z}{\partial y} = \dfrac{x^2-2y}{1+(2x-y^2+x^2 y)^2}$;

(2) $\dfrac{\partial z}{\partial x} = -\dfrac{2y^2}{x^3} \ln(x^2+y^2) + \dfrac{2y^2}{x(x^2+y^2)}$, $\dfrac{\partial z}{\partial y} = \dfrac{2y}{x^2}\left[\ln(x^2+y^2) + \dfrac{y^2}{x^2+y^2}\right]$;

(3) $\dfrac{\partial z}{\partial x} = (x^4+y^4)^{xy}\left[\dfrac{4x^4 y}{x^4+y^4} + y\ln(x^4+y^4)\right]$,

$\dfrac{\partial z}{\partial y} = (x^4+y^4)^{xy}\left[\dfrac{4xy^4}{x^4+y^4} + x\ln(x^4+y^4)\right]$;

(4) $\dfrac{\partial z}{\partial x} = f'_1 + yf'_2$, $\dfrac{\partial z}{\partial y} = f'_1 + xf'_2$.

2. $\dfrac{\mathrm{d}y}{\mathrm{d}x} = -\dfrac{y^2-\mathrm{e}^x}{2xy-\cos y}$.

3. (1) $\dfrac{\partial z}{\partial x} = \dfrac{2x-yz^2}{2xyz}$, $\dfrac{\partial z}{\partial y} = \dfrac{3y^2-xz^2}{2xyz}$;

(2) $\dfrac{\partial z}{\partial x} = -\dfrac{x}{z}$, $\dfrac{\partial z}{\partial y} = -\dfrac{y}{z}$;

(3) $\dfrac{\partial z}{\partial x} = \dfrac{1}{\mathrm{e}^z-1}$, $\dfrac{\partial z}{\partial y} = \dfrac{1}{\mathrm{e}^z-1}$.

4. $\mathrm{d}z = \dfrac{z}{z^2-xy}(y \mathrm{d}x + x \mathrm{d}y)$.

习题 8.5

1. (1) 极小值 $f(3,-1) = -8$; (2) 无极值.

2. 各边长分别为 $6\ \mathrm{cm}$、$6\ \mathrm{cm}$、$9\ \mathrm{cm}$.

3. 长、宽、高均为 $\dfrac{2a}{\sqrt{3}}$.

4. $\dfrac{8\sqrt{3}}{9}abc$.

5. $\left(\dfrac{1}{2}, \dfrac{1}{2}, \dfrac{1}{2}\right)$.

复习题 8

1. 连续 .   2. (1) 1; (2) $\dfrac{1}{2}$.

3. $\dfrac{\partial^2 z}{\partial x^2} = \dfrac{e^{x+y}}{(e^x + e^y)^2}$, $\dfrac{\partial^2 z}{\partial y^2} = \dfrac{e^{x+y}}{(e^x + e^y)^2}$, $\dfrac{\partial^2 z}{\partial x \partial y} = -\dfrac{e^{x+y}}{(e^x + e^y)^2}$.

4. （略）.

5. $\dfrac{1}{3}\mathrm{d}x + \dfrac{2}{3}\mathrm{d}y$.

6. $(x^2 + y^2)^{xy}\left[\dfrac{2x^2 y}{x^2 + y^2} + y\ln(x^2 + y^2)\right]$, $(x^2 + y^2)^{xy}\left[\dfrac{2xy^2}{x^2 + y^2} + x\ln(x^2 + y^2)\right]$.

7. $\dfrac{y[2x - \cos xy]}{x[\cos xy - x]}$.

8. $\dfrac{yz\cos(xyz) - 1}{1 - yx\cos(xyz)}$, $\dfrac{xz\cos(xyz) - 1}{1 - xy\cos(xyz)}$.

9. 提示：求 $d = \dfrac{1}{\sqrt{2}}\,|\,x + y + 2\,|$ 最值，转化求 $u = 2d^2 = (x + y + 2)^2$ 的最值，满足约

束条件 $y - x^2 = 0$ ，答案：$d = \dfrac{7}{8}\sqrt{2}$.

10. 各边长分别为 6 m、6 m、3 m

习题 9.1

1. (1) π;   (2) $\dfrac{2}{3}\pi R^3$.

2. (1) $V = \iint\limits_{D} \dfrac{y^2}{a}\mathrm{d}\sigma$, $D: x^2 + y^2 \leqslant R^2$;

    (2) $\iint (x^2 + y^2)\mathrm{d}\sigma$, D 是由 $y = x^2, y = 1$ 所围区域.

3. $Q = \iint\limits_{D} \mu(x, y)\mathrm{d}\sigma$.

4. $F = \iint f(x, y)\mathrm{d}\sigma$.

5. (1) $I = \int_0^1 \mathrm{d}y \int_0^y f(x, y)\mathrm{d}x$;   (2) $I = \int_0^1 \mathrm{d}y \int_{y^2}^{\sqrt{y}} f(x, y)\mathrm{d}x$;

    (3) $I = \int_0^1 \mathrm{d}y \int_0^{\sqrt{1-y}} f(x, y)\mathrm{d}x$;   (4) $I = \int_0^2 \mathrm{d}y \int_{\frac{y}{2}}^{y} f(x, y)\mathrm{d}x + \int_2^4 \mathrm{d}y \int_{\frac{y}{2}}^{2} f(x, y)\mathrm{d}x$.

6. (1) $\dfrac{8}{3}$;   (2) $\dfrac{1}{e}$;   (3) $\dfrac{3}{2} + \cos 1 + \sin 1 - \cos 2 - 2\sin 2$;   (4) $\dfrac{6}{55}$;

    (5) $\dfrac{1}{3}\left(1 - \dfrac{1}{e}\right)$ （注意积分顺序：先 x 后 y ）;   (6) $\dfrac{13}{6}$;   (7) $\dfrac{27}{4}$;   (8) $\dfrac{7}{12}$.

习题 9.2

(1) $\pi(e^4 - 1)$;   (2) $\dfrac{15}{4}\pi$;   (3) 25π;   (4) $\dfrac{\pi}{4}(2\ln 2 - 1)$.

习题 9.3

1. (1) $\dfrac{\pi}{48}$;   (2) $\dfrac{\pi R^4}{4a}$.   2. $(\pi - 2)a^2$.

3. 重心 $\left(\dfrac{2(R^3 - r^3)\sin\alpha}{3(R^2 - r^2)\alpha}, 0 \right)$.   4. 重心 $\left(\dfrac{3a}{4}, \dfrac{3b}{10} \right)$.   5. $I_y = \dfrac{\pi}{4}$, $I_o = \dfrac{\pi}{2}$.

习题 9.4

1. (1) $\dfrac{1}{10}$;   (2) $\dfrac{1}{24}$;   (3) $\dfrac{1}{64}$.   2. (1) $\dfrac{7\pi}{12}$; (2) $\dfrac{4\pi}{21}$;   (3) $\dfrac{2\pi}{15}$.

3. $\dfrac{1}{12}$.   4. $\left(0, 0, \dfrac{3h}{4}\right)$.   5. 重心 $\left(0, 0, \dfrac{3}{8}R\right)$.   6. $\dfrac{1}{2}\pi R^4 h$.

习题 9.5

1. (1) $2\pi a^{2n+1}$; (2) $3\sqrt{10}\pi$; (3) $\dfrac{4}{3}(2\sqrt{2} - 1)$; (4) $\sqrt{2}$.

2. (1) $-\dfrac{56}{15}$;   (2) 0.   3. (1) $\dfrac{34}{3}$; (2) 11.   4. $I_x = 2\pi a^4$.

习题 9.6

1. (1) $\dfrac{1}{2}$; (2) $\dfrac{\pi}{2}a^4$.   2. (1) $\dfrac{5}{2}$; (2) 236; (3) 5.   3. （略）.

复习题 9

1. -90.   2. 3π.   3. $\dfrac{88}{105}$.   4. $\dfrac{2\pi}{3}(2\sqrt{2} - 1)$.   5. $\left(0, \dfrac{4b}{3\pi}\right)$.

6. $I_x = \dfrac{1}{3}ab^3$, $I_y = \dfrac{1}{3}a^3 b$.   7. $\dfrac{1}{48}$.   8. $\left(0, 0, \dfrac{1}{4}\right)$ 9. $\dfrac{\pi}{6}$

10. 0.   11. $\dfrac{256}{15}a^3$.   12. $\dfrac{3}{2}$.   13. $-\dfrac{1}{5}(e^\pi - 1)$.   14. 8.

习题 10.1

(1) 发散; (2) 收敛于 $\dfrac{1}{2}$; (3) 收敛于 $\dfrac{9}{19}$; (4) 发散.

习题 10.2

1. (1) 发散; (2) 收敛; (3) 发散; (4) 收敛.

2. (1) 发散; (2) 收敛; (3) 收敛; (4) 收敛.

3. (1) 条件收敛；(2) 绝对收敛；(3) 发散；(4) 绝对收敛.

习题 10.3

1. (1) $R=+\infty$, $(-\infty,+\infty)$; (2) $R=2$, $[-2,2]$;

(3) $R=3$, $[-3,3)$; (4) $R=\dfrac{1}{5}$, $\left(-\dfrac{1}{5},\dfrac{1}{5}\right]$.

2. (1) $\dfrac{\pi^2}{8}$; (2) $\dfrac{\pi^2}{12}$.

习题 10.4

1. $\displaystyle\sum_{n=0}^{\infty}\dfrac{(-1)^n}{n!}x^{2n},(-\infty,+\infty)$; 2. $\displaystyle\sum_{n=0}^{\infty}\dfrac{1}{a^{n+1}}x^n,(-a,a)$;

3. $\ln a+\displaystyle\sum_{n=1}^{\infty}\dfrac{(-1)^{n-1}}{n}\left(\dfrac{x}{a}\right)^n,(-a,a]$; 4. $\displaystyle\sum_{n=0}^{\infty}\dfrac{(-1)^n}{(2n+1)!}\left(\dfrac{x}{2}\right)^{2n+1},(-\infty,+\infty)$.

*习 题 10.5

1. 当 $x=k\pi$ 时，其傅里叶级数收敛于 $\dfrac{-1+1}{2}=0$ ，

当 $x\neq k\pi$ ，傅里叶级数为

$$f(x)=\dfrac{4}{\pi}\left[\sin x+\dfrac{1}{3}\sin 3x+\cdots+\dfrac{1}{2n-1}\sin(2n-1)x+\cdots\right]$$

其中 $-\infty<x<+\infty$ 且 $x\neq k\pi$, $k=0,\pm 1,\pm 2,\cdots$.

2. $x^2=\dfrac{\pi^2}{3}+4\displaystyle\sum_{n=1}^{\infty}(-1)^n\dfrac{\cos nx}{n^2}$, $-\pi\leqslant x\leqslant\pi$.

复习题 10

1. (1) 发散（提示： $\ln\dfrac{n+1}{n}=\ln(n+1)-\ln n$ ）；(2) 发散；(3) 收敛（提示：用比较法极限形式）；(4) 收敛；

2. (1) 绝对收敛；(2) 条件收敛.

3. 收敛半径为 $R=\dfrac{1}{2}$ ，收敛区间为 $\left(-\dfrac{1}{2},\dfrac{1}{2}\right)$ ，收敛域为 $\left[-\dfrac{1}{2},\dfrac{1}{2}\right]$.

4. $\ln(1-x)=-x-\dfrac{x^2}{2}-\dfrac{x^3}{3}-\cdots-\dfrac{x^{n+1}}{n+1}-\cdots$, $x\in[-1,1)$.

参考文献

[1] 同济大学应用数学系.高等数学.北京：高等教育出版社，2004.

[2] 同济大学数学系.高等数学.上海：同济大学出版社，2009.

[3] 曹怀信，舒尚奇.高等数学.长春：吉林大学出版社，2009.

[4] 赵树原.微积分.北京：中国人民大学出版社，2007.

[5] 石博强.Matlab数学计算范例教程.北京：中国铁道出版社，2004.

[6] 唐国兴，王永廉.理论力学.北京：机械工业出版社，2008.

参考文献